AF707856

Ulrich Kutschera

# Das Gender-Paradoxon

Science and Religion
Naturwissenschaft und Glaube

Volume/Band 13

LIT

Ulrich Kutschera

# Das Gender-Paradoxon

Mann und Frau als evolvierte Menschentypen

2. Auflage

Mit 75 Abbildungen

LIT

Umschlagbild: *Drei Geschwister*, 1982.
Aquarell des Kunstmalers Alfred Kutschera (1928 – 2004)
Sammlung des Autors

Adresse des Autors:
Prof. Dr. U. Kutschera
Institut für Biologie
Universität Kassel
Heinrich-Plett-Str. 40
34109 Kassel
Germany
E-mail: kut@uni-kassel.de

**Bibliografische Information der Deutschen Nationalbibliothek**
Die Deutsche Nationalbibliothek verzeichnet diese Publikation in der Deutschen Nationalbibliografie; detaillierte bibliografische Daten sind im Internet über http://dnb.d-nb.de abrufbar.

2. Auflage 2018

ISBN 978-3-643-13297-0 (br.)
ISBN 978-3-643-33297-4 (PDF)

© LIT VERLAG Dr. W. Hopf Berlin 2018
Verlagskontakt:
Fresnostr. 2 D-48159 Münster
Tel. +49 (0) 2 51-62 03 20
E-Mail: lit@lit-verlag.de http://www.lit-verlag.de

**Auslieferung:**
Deutschland: LIT Verlag, Fresnostr. 2, D-48159 Münster
Tel. +49 (0) 2 51-620 32 22, E-Mail: vertrieb@lit-verlag.de

E-Books sind erhältlich unter www.litwebshop.de

# Vorwort

Seit der Veröffentlichung meines Bestsellers *Tatsache Evolution. Was Darwin nicht wissen konnte* (Februar 2009) werde ich regelmäßig von Journalisten kontaktiert mit der Bitte, mich nicht nur mit dem *Kreationismus*, d. h. dem auf Realwelt-Phänomene übertragenen biblischen *Schöpfungsglauben*, sondern auch mit der *Gender-Ideologie* öffentlich auseinanderzusetzen. Die Grundgedanken dieser „Geschlechter-Weltanschauung" lassen sich wie folgt verdeutlichen. Im November 2014, nur wenige Tage nach dem 100. Todestag des Urvaters der modernen „Sex-Forschung", August Weismann (Freiburg i. Br.), ist in dessen Bundesland Baden-Württemberg ein sogenannter „Entwurf zum Bildungsplan 2015" der Stuttgarter Landesregierung bekanntgeworden. Nach Veröffentlichung dieses Dokuments gab es bundesweit Proteste – warum?

Vertreter der Gender-Ideologie wollten für alle Schulen und Fächer vorschreiben, dass die Schüler von nun an „gendersensibel" erzogen werden. Man plante, z. B. Achtklässler (ca. 14 Jahre alt, mitten in der Pubertät) im Biologieunterricht zu fragen, ob sie wirklich „heterosexuell seien oder sein wollen". Weiterhin sollte vermittelt werden, dass die „Heteronormalität", d. h. die Tatsache, dass etwa 95 % aller Männer und Frauen über einen evolutionär verankerten, dem anderen Geschlecht zugewandten „Fortpflanzungstrieb" verfügen, als konservativ-reaktionäre Weltanschauung zu gelten habe. Die Vater/Mutter-Kind-Familie sei überholt, während eine homoerotische Neigung als frei wählbarer *Life Style* propagiert wurde. Proteste aus ganz Deutschland haben dann bald dazu geführt, dass der Ministerpräsident Baden-Württembergs, der hinter diesen genderistischen Irrlehren stand, seinen Vorschlag zurückgezogen hat. Da ich mich, unabhängig von diesem Vorfall, im „Weismann-Jahr 2014" u. a. im Fachjournal *Nature* mit dem Darwinischen Feminismus auseinandergesetzt hatte, begann ich mit der systematischen Sichtung meiner Aufzeichnungen zum Gender-Thema.

Der Text baut auf der 4. Auflage meines Lehrbuchs *Evolutionsbiologie* (2015) auf und stellt eine Erweiterung der dort zusammengetragenen Sachverhalte dar. Er kann mit acht runden „Sex/Gender-Geburtstagen" in Verbindung gebracht werden:

1. Vor 150 Jahren (1865) wurde die deutsche Frauenbewegung gegründet, die mit vernünftigen Sachargumenten der damaligen Diskriminierung des weiblichen Teils der deutschen Bevölkerung entgegengetreten ist. Im selben Jahr hat der deutsche Biologe Julius Sachs (1832–1897) ein Lehrbuch verfasst, in welchem eine erste Sex-Gender-Definition niedergeschrieben war.
2. Vor 70 Jahren (1945) wurde auf der Gründungsversammlung der Vereinten Nationen (UN) in San Francisco/Kalifornien (USA) die Gleichberechtigung von Mann und Frau festgeschrieben, die dann 1958 im Grundgesetz verankert worden ist.
3. Vor 60 Jahren (1955) hat der US-Psychologe und Erziehungswissenschaftler John Money (1921–2006) die aus Zwitter (Hermaphroditen)-Studien abgeleitete „Gender-Theorie" formuliert, welche besagt, dass Menschen als geschlechtsneutrale Unisex-Wesen geboren werden und erst später eine erzieherische Prägung in männliche bzw. weibliche Richtung erfahren.
4. Vor 50 Jahren (1965) ist Bruce (David) Reimer in Kanada als eineiiger Zwillingsbruder zur Welt gekommen. Der Junge wurde zum „Beweis" der Gender-These als Säugling kastriert und zu einem Mädchen umgestaltet – der gepeinigte Kastrat beging 2004 Selbstmord.
5. Vor 30 Jahren (1985) ist ein Artikel „Sex and Gender" in der Serie *Annual Review of Psychology* erschienen, wo diese Begriffe präzise definiert worden sind, mit Kritik an der feministischen Gleichmacher-Ideologie. Im selben Jahr hat John Money in einem Fachbeitrag dargelegt, dass der biblische Schöpfer ein Hermaphrodit sei („manwoman God"), d. h. seine Lehre hat vermutlich auch eine religiöse Komponente.
6. Vor 20 Jahren (1995) ist auf der Pekinger Weltfrauenkonferenz (Beijing, China) die „Gender-Agenda" beschlossen worden (Macht-Gleichstellung von Mann und Frau). Diese auf Moneys Geschlechter-Dogmatik basierende Lehre ist daraufhin unter dem Pseudonym „Gender Mainstreaming" (GM) von der damaligen rot/grünen Bun-

desregierung als verbindliche Leitlinie umgesetzt worden. Das Doppelwort GM wird oft fälschlicherweise mit „Frauenförderung bzw. Gleichberechtigung“ übersetzt. Dahinter verbirgt sich jedoch ein radikal-feministisches Umerziehungsprogramm, basierend auf dem Moneyistischen Glaubenssatz, das Geschlecht des Menschen sei nicht primär biologisch bestimmt, sondern gesellschaftlich-sozial konstruiert und daher form- und wandelbar. Diese Sicht ist mit dem biblischen Kreationismus geistesverwandt.

7. Vor zehn Jahren (2005) wurde entdeckt, dass sich Mann und Frau, wie die Säugerarten Schimpanse/Mensch, um ca. 1,5 % genetisch voneinander unterscheiden. Dieser „große Erbgut-Unterschied“ basiert auf einer evolutionär herausgebildeten Geschlechter-Verschiedenheit (Sexual-Dimorphismus), die wiederum auf die unterschiedlichen Größen und Funktionen der Geschlechtszellen (XY- bzw. XX-Gameten) zurückgeführt werden kann (Anisogamie). Diese gravierenden Mann-Frau-Unterschiede resultierten 2005 in der Konsolidierung der bereits 1993 eingeführen geschlechtergerechten Tier- bzw. Menschen-Forschung, die international als *Gender Biomedizin* (GB) bezeichnet wird.
8. Vor einem Jahr (2014) wurde die GB als neue, der soziologisch begründeten GM-Ideologie (Moneyismus) entgegengerichtete Wissenschaftsdisziplin auf internationaler Ebene etabliert.

In diesem Fachbuch, das stellenweise den Charakter einer Fakten- bzw. Textesammlung zeigt, wird zunächst dargelegt, was Biologen seit ca. 1735 unter „Sex“ verstehen und dass dieses Wort von Erziehungs- bzw. Sozialwissenschaftlern im Sinne von „erotische Akte“ verwendet wird. In verschiedenen Kapiteln wird die Entwicklung der Gender-Ideologie in all ihren Facetten beleuchtet, wobei auch Erlebnisberichte des Autors aufgenommen worden sind. Das Buch ist als Nachfolge-Titel meiner Monographie *Design-Fehler in der Natur* konzipiert und steht daher in der bewährten Tradition der LIT-Serie „Naturwissenschaft und Glaube“.

Die in diesem Text zusammengetragenen Fakten, Theorien und Modelle sind weder religiös noch politisch motiviert (ich bin ein ungläubiger Nichtwähler und Kriegsdienstverweigerer). Wie in meinen Büchern zur *Pflanzenphysiologie* und *Evolutionsbiologie* wurden sämtliche Aussagen mit soliden Quellen belegt. Die Schlussfolgerungen stellen somit nicht meine persönliche Meinung dar, sondern reflektieren den Erkenntnisstand der internationalen Biowissenschaften. In diesem Aufklärungstext ist unser aktuelles Bild von Mann und Frau als evolvierte XY- bzw. XX-Menschentypen dargelegt, wobei, entwicklungsbiologisch, das Weibliche als „primäres Geschlecht" interpretiert wird. Das Buch soll u. a. dazu beitragen, biologische Sachinformationen in die aktuelle Gender-Debatte einzubringen und damit einen interdisziplinären Diskurs auf rational-naturwissenschaftlicher Ebene anregen.

Kassel, im November 2015 U. Kutschera

## Vorwort zur 2. Auflage

Vor sechzig Jahren (1948) hat Alfred C. Kinsey (1894–1956) einen *Report* publiziert, der zwei Irrtümer enthält, die bis heute fortleben. Jeder 10. Mann soll schwul sein, und es gäbe einen Gradienten zwischen „vollkommen homosexuell", über Zwischenstufen, bis „komplett heteronormal" (Kinseys Regenbogenskala). Beide Mythen wurden in diesem Text unter Verweis auf biologische Fakten widerlegt.

Obwohl dieses *Aufklärungsbuch* für Personen verfasst worden ist, die an den Ursachen und Folgen der evolvierten Zweigeschlechtlichkeit des Menschen interessiert sind, waren die öffentlichen Reaktionen vorwiegend negativ.

Kürzlich ist die folgende juristische Einsicht publiziert worden: „Ein Forschungsergebnis mag richtig, falsch oder umstritten sein; es ist aber nicht rechtswidrig oder rechtmäßig" (Gärditz 2018).

Da dieses Buch im Wesentlichen auf den Ergebnissen biomedizinischer Forschung basiert, gebe ich die aktualisierte Neuauflage mit Zuversicht in den Druck. Naturwissenschaftliche Wahrheiten sind oft unbequem, aber man wird sie nicht auf Dauer unterdrücken können.

Kassel, im April 2018 U. Kutschera

# Inhalt

# 1. Einleitung: Was ist Sex? Darwinischer Feminismus und die Moneyistische Gender-Ideologie

Während meiner Kindheit hatte ich immer wieder das Vergnügen, mit meinen Eltern unsere Verwandtschaft in der damaligen „Deutschen Demokratischen Republik“ (DDR) besuchen zu dürfen. Im Jahr 1968 waren wir wieder einmal bei meiner Tante in Heldrungen bei Erfurt zu Besuch – damals erfuhr ich etwas Erstaunliches. Als DDR-Menschenideal schwebte den damaligen kommunistischen Diktatoren vor, Kinder, ob Jungen oder Mädchen, geschlechtsneutral im Sinne der Ideologien von Karl Marx (1818–1883) und Friedrich Engels (1820–1895) zu erziehen. Auf vielen Plakaten, die mir noch heute anschaulich in Erinnerung sind, wurden gleichgeschaltete Männer und Frauen abgebildet, die nahezu identische Gesichtszüge zeigten und somit demselben „sozialen Geschlecht“ angehören (Abb. 1.1).

Diese virtuellen Einheitsmenschen erinnern an Mitglieder einer zu züchtenden neuen Menschenrasse (geschlechtsneutrale *Homo sapiens*-Individuen). Sie ähneln eher Gespenstern als aus „Leib und Seele“ bestehenden, realen menschlichen Lebewesen. Es ist verständlich, dass kommunistische Diktatoren derartig ideologisch uniforme „Mann-Weiber“ leichter manipulieren und beherrschen können, als natürlich gebliebene Menschen (Großsäuger), die mit evolutionär entstandenen Bestrebungen nach einem „artgerechten, selbstbestimmten Leben“ ausgestattet sind. Obwohl ich damals erst 13 Jahre alt war, erinnere ich mich noch heute an die Streitgespräche meines Vaters mit dem „Onkel aus der DDR“, der, als Parteimitglied und „Blockwart“, das Ideal des neuen, geschlechtsneutralen, mit der Marx-Engel’schen kommunistischen Ersatzreligion indoktrinierten Menschen vertreten hat. Über

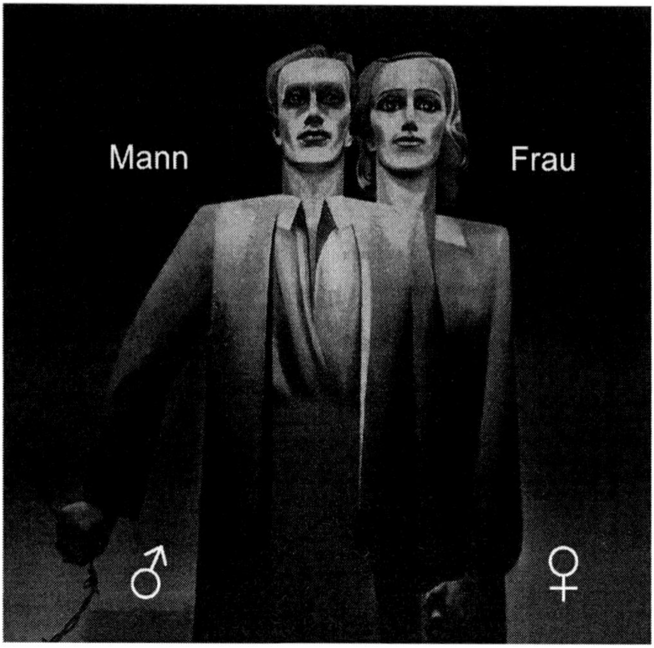


**Abb. 1.1**: Sozialistische Weltanschauung, dargestellt auf einem DDR-Propagandaplakat aus dem Jahr 1948. Es wird deutlich, dass hier ein geschlechtsneutraler Unisex-Mensch, in geringfügig abgewandelter männlicher/weiblicher Version, dargestellt ist. Bemerkenswerterweise steht die Frau hinter und nicht neben dem kampfbereiten Mann (nach einem DDR-Poster aus dem Jahr 1948).

seine ehrenamtliche „Blockwart-Tätigkeit" horchte mein Onkel regelmäßig Nachbarn aus, um dann, bei Nicht-Einhaltung der Parteidoktrin, eine Meldung an das lokale Politbüro der Sozialistischen Einheitspartei Deutschlands (SED) seines Bezirks zu veranlassen.

Da aufgrund millionenschwerer Subventionen aus der damaligen Bundesrepublik Deutschland das kommunistische „Wahn-System" einer politisch-ideologisch uniformen, geschlechtsneutralen Gesellschaft aufrechterhalten werden konnte und über 95 % der Bevölkerung einer Schein-Beschäftigung nachging, waren viele Menschen, so auch fast alle meine Verwandten, damit zufrieden. Nach dem Motto „mir geht es gut in der DDR" wurde der westliche „Klassenfeind", von dessen Geld man gelebt hat, verunglimpft. So kann ich mich noch gut daran erinnern, dass meine sozialistisch geprägten DDR-„Brüder“ den Geld- und Sachgüter-Transfer aus dem Westen begrüßt haben, da sie von der naiven Vorstellung ausgegangen sind, sie könnten damit den Niedergang der freien kapitalistischen Welt herbeiführen und gleichzeitig, gemeinsam mit der Sowjetunion, eine kommunistische Weltherrschaft aufbauen. Nachdem dann am 3. Oktober 1990 Berlin die neue Hauptstadt des wiedervereinigten Deutschland wurde, erkannten viele ehemalige Ostdeutsche die Finanz- und Umweltmisere, die das korrupte kommunistische Zwangsregime an den Rand des Zusammenbruchs gebracht hatte (Schroeder 2013).

In diesem einführenden Kapitel werden wir zunächst auf Charles Darwins Evolutionskonzepte sowie das Jungen/Mädchenbild seiner Zeit zu sprechen kommen. Als Kontrast wird die Geschlechter- (Gender)-Dogmatik 2014 beispielhaft vorgestellt. Der aus den Biowissenschaften stammende Gender-Begriff wird in der Soziologie im Sinne von einem „sozialen Geschlecht“ des Menschen verwendet, das unabhängig von der Biologie existieren soll (Hark und Villa 2015). Darauf basierend werden die ideologischen Wurzeln des *Genderismus* (d. h. Gender als Ideologie) vorgestellt und diese Weltsicht mit dem biblischen Schöpfungsglauben (*Kreationismus*) verglichen. Da das genderistische Gedankengebäude ähnlich wie der auf Marx und Engels basierende „reale Sozialismus“ auf fiktiven Annahmen bzgl. der Biospezies Mensch basiert, soll das steril-trostlos wirkende „Unisex-Bild“ (Abb. 1.1) als Symbol für diese Geistesströmung dienen.

## Charles Darwins Artenbuch-Trilogie und die evolutionäre Psychologie

Nur wenige Biologen sind außerhalb ihrer Fachwissenschaft allgemein bekannt geworden. Zu den prominentesten Lebenswissenschaftlern des 19. Jahrhunderts, dessen Name noch heute in einem Schlagwort fortlebt, zählt der britische Privatforscher Charles Darwin (1809–1882) (Abb. 1.2). Nachdem die 1809 publizierte These des französischen Biologen Jean Baptiste de Lamarck (1744–1829), die Tier- und Pflanzenarten wären keine biblischen Schöpfungen, sondern hätten sich aus Urformen entwickelt, wieder in Vergessenheit geraten war, schaffte der 50-jährige Darwin mit seinem Artenbuch, *On the Origin of Species* (1859; 6. Auflage 1872) den Durchbruch: Auf ca. 500 Druckseiten konnte er überzeugend darlegen, dass sich die Arten in kleinen Schritten über natürliche Ausleseprozesse aus einfach gebauten, einzelligen Ur-Wesen entwickelt haben (Prinzip der Abstammung mit Abänderung, heute als Evolution bezeichnet). Darwin hat den Mit-Entdecker des Selektionsprinzips in der Natur, Alfred Russell Wallace (1823–1913), mehrfach erwähnt und seine Leistungen voll anerkannt. In Kapitel 3 werden wir auf Wallace, der u. a. ein früher Vertreter der Frauenrechte-Bewegung war, zurückkommen. Die verschiedenen Aspekte des Darwin'schen Theoriengebäudes sind u. a. in Fachbüchern beschrieben, auf die an dieser Stelle verwiesen wird (Mayr 1982, 2001, 2004, Junker und Hossfeld 2009, Kutschera 2009 a, 2013 a, 2015 a, Knoflacher 2011). Wenig bekannt ist, dass Charles Darwin nicht nur ein Buch zum Ursprung der Arten veröffentlich hat, sondern drei Werke, insgesamt fünf Bände umfassend, diesem Thema widmete. Die Originaltitel der Darwin'schen Artenbuch-Trilogie lauten wie folgt:

1. Darwin, C. 1859, *On the Origin of Species by Means of Natural Selection, or the Preservation of Favoured Races in the Struggle for Life.* John Murray, London (6. Ed. 1872).
2. Darwin, C. 1868, *The Variation of Animals and Plants under Domestication* (Vols. 1 and 2). John Murray, London (2. Ed. 1875).
3. Darwin, C. 1871, *The Descent of Man, and Selection in Relation to Sex* (Vols. 1 and 2). John Murray, London (2. Ed. 1874).

Alle drei Bücher wurden kurz nach dem Erscheinen ins Deutsche übersetzt und mit den folgenden Originaltiteln veröffentlicht:

1. *Über die Entstehung der Arten im Thier- und Pflanzenreich durch natürliche Züchtung oder Erhaltung der vervollkommneten Rassen im Kampfe um's Daseyn* (1860).
2. *Das Variieren der Tiere und Pflanzen im Zustande der Domestikation.* Bd. 1 und 2 (1868).
3. *Die Abstammung des Menschen und die geschlechtliche Zuchtwahl.* Bd. 1 und 2 (1871).

Der Autor Charles Darwin betrachtete diese drei Werke als Einheit, wobei seine Schlussfolgerungen bezüglich der Abstammung des Men-

**Abb. 1.2**: Der britische Naturforscher Charles Darwin (1809–1882) in einer kalifornischen Karikatur aus der in San Francisco publizierten Satire-Zeitschrift „Die Wespe". Die Zeichnung erschien im Frühjahr 1882, anlässlich des Todestages von Darwin (nach einer Karikatur in *The Wasp*, 28. April 1882).

schen, im Artenbuch 1859 nur kurz angedeutet, erst im dritten Werk, dem Doppelband mit dem Zusatz „und die geschlechtliche Zuchtwahl", ausformuliert sind. Die Inhalte dieser fünf Bände (Darwin 1859, 1868, 1871) wurden in tabellarischer Form in einem Lehrbuch übersichtlich-thesenhaft zusammengefasst (Kutschera 2015 a).

Für unsere Betrachtungen ist das letzte Wort des 1871 erschienenen Doppelbandes von entscheidender Bedeutung: Der englische Begriff „Sex" steht in der Biologie einerseits, vereinfacht, für „Befruchtung" (d. h. zweigeschlechtliche Fortpflanzung, sexual reproduction), andererseits aber auch für „Geschlecht“ (Gender). Bei Tieren und Pflanzen sind das die männlichen und weiblichen Individuen, wobei es allerdings bei vielen Arten auch Zwitter (Hermaphroditen) gibt. Diese Befunde bilden die Grundlage unserer Darlegungen zum sogenannten „Darwin’schen Feminismus“, der, über die Thesen des US-Psychologen und Erziehungswissenschaftlers John Money (1921–2006), die Basis der Gender-Ideologie darstellt. Ähnlich wie die Kommunisten in der ehemaligen DDR berufen sich auch die Vertreter der Gender-Studien u. a. selektiv auf Charles Darwin: Einige seiner Thesen werden akzeptiert, andere strikt abgelehnt, wie z. B. die aus Verhaltensstudien hervorgegangene Soziobiologie. Es sei daran erinnert, dass Darwin im Jahr 1880 das ehrenvolle Angebot von Karl Marx, für die englische Ausgabe des Buchs *Das Kapital* als Gewährsmann zur Verfügung zu stehen, dankend abgelehnt hat. Darwin war intelligent genug, um zu erkennen, dass diese Marx’schen Schriften, in welchen von einem idealisierten Menschen ausgegangen wird (der in der Realität nicht existiert), nichts mit naturwissenschaftlichem Denken und Forschen zu tun haben. Marx wollte durch eine mögliche Darwin’sche Widmung internationale Popularität erlangen, die ihm dann allerdings, außerhalb der Naturwissenschaften, als Sozialpolitiker später zuteil geworden ist (Hinweis: Der hier angesprochene Marx-Darwin-Schriftwechsel wird von manchen „Marxologen“ angezweifelt).

Wie ausführlich dargelegt (Kutschera 2009 a, b, c), hat sich Charles Darwin über Jahrzehnte hinweg mit der sexuellen Fortpflanzung von Blütenpflanzen (Orchideen usw.) beschäftigt und hierbei erkannt, dass nur eine Fremdbefruchtung (Heterosex) auf Dauer zu fertilen Nachkommen führt. Pflanzliche Selbstbefruchtungen (Homosex) sind hingegen gemäß der Studien von Darwin (1862) schädlich und führen zur Degeneration der Population. Da bereits der deutsche Botaniker Christian K. Sprengel (1750–1816) erkannt hatte, dass Fremdbestäubungen für die Vitalität von Pflanzen unabdingbar sind, wurde der Begriff „Sprengel-Darwin-Principle of Cross Fertilisation“ geprägt (Kutschera 2010).

Außerdem sei hervorgehoben, dass sich aus den drei Darwin’schen Artenbüchern (1859, 1868, 1871), in Kombination mit den Erkenntnissen von Wallace (1889) u. a. Biologen, Anfang der 1990er Jahre die *Evolutionäre Psychologie* herausgebildet hat. Dieser Zweig der Evolutionswissenschaften wurde wie folgt umschrieben: „Erklärung des Verhaltens bzw. geistiger Veranlagungen des Menschen auf Grundlage der Jahrmillionen langen Stammesgeschichte unserer Spezies, die bei heute lebenden *H. sapiens*-Individuen zu zahlreichen genetisch verankerten Anpassungen geführt hat" (Kutschera 2015 a). Dieses evolutionäre Erklärungsprinzip menschlicher Verhaltensweisen (Buss 2015) liegt den nachfolgenden Analysen zugrunde.

In den nächsten beiden Abschnitten wollen wir auf das klassische und moderne Jungen-Mädchen-Bild zu sprechen kommen, um danach die Bedeutung der Begriffe „Sex und Gender" in der Biologie darzulegen.

## Eine Darwin'sche Dorfschule 1848 in bildhafter Darstellung

Vierzehn Jahre nach Charles Darwins Tod (1896) hat der Schweizer Maler Alfred Anker (1831–1910) ein Bild fertiggestellt, welches in den letzten Jahrzehnten Pädagogen als Grundlage unzähliger Diskussionen gedient hat (Meier 2015). Die Frage, ob der Künstler mit diesem idealisierten Gemälde (Abb. 1.3) die Verhältnisse in einer typischen europäischen Dorfschule 1848 treffend charakterisiert hat oder ob auch Phantasievorstellungen des Künstlers eingeflossen sind, kann nicht beantwortet werden. Allerdings sei vermerkt, dass die in diesem Gemälde dargestellten Schulklassenverhältnisse z. B. durch Erzählungen meines Vaters und meiner Mutter, die Ende der 1930er Jahre im entsprechenden Alter waren, bestätigt werden. Zur Veranschaulichung der grundlegenden Verhältnisse in der „guten alten Darwin'schen Zeit" soll das bekannte Kunstwerk hier vorgestellt und analysiert werden.

Die im Biedermeier-Stil „à la Carl Spitzweg (1808–1885)" gezeichnete Schulszene zeigt einen mit Schlagstock in der Hand vor der Klasse stehenden Dorfschulmeister, der etwas dämlich in die Menge blickt und einen frustriert-verzweifelten Gesichtsausdruck zeigt. Wir sehen auf dem Bild 25 Jungen und 8 Mädchen. Das Gemälde verdeutlicht auf den ersten Blick ganz unterschiedliche Verhaltensweisen der männlichen und weiblichen Klassenmitglieder. In der ersten Sitzbankreihe scheinen die männlichen Schüler dem Lehrer zuzuhören, jedoch etwas gelangweilt zu sein. Bereits in der zweiten Reihe beginnt das Chaos: Die Jun-

**Abb. 1.3**: Illustration geschlechterspezifischer Verhaltensweisen von Jungen bzw. Mädchen in einer deutschen Dorfschule, 1948. Zu dieser Zeit war der britische Naturforscher Charles Darwin bereits Vater entsprechend alter Kinder und auf dem Höhepunkt seiner wissenschaftlichen Produktivität (nach einem Gemälde von Alfred Anker, 1896).

gen unterhalten sich und blicken teilweise zur Seite oder nach hinten. In der dritten Schulbankreihe herrscht Anarchie: Die Jungen unterhalten sich gestikulierend, wobei die Aufmerksamkeit überhaupt nicht mehr dem Lehrer, sondern den Klassenkaspern geschenkt wird.

Ganz anders verhielten sich im Jahr 1848 die Mädchen. Alle acht weiblichen Klassenmitglieder sitzen still und unbewegt auf ihrer Bank und konzentrieren sich auf den Lehrstoff, ohne Unterhaltung oder Ablenkungen. Aus der Perspektive der Evolutionsbiologie (bzw. Psychologie) verdeutlicht das Bild die naturgegebenen Geschlechterrollen: Die Jungen sind mehrheitlich aktiv-aggressiv-autoritätsverachtend-selbstbestimmt und wollen durch ihr auffällig-lautes Verhalten den Mädchen imponieren, nach dem Motto „schaut mal her, ich bin ein mutiger Kämpfer und zeige es dem doofen alten Lehrer". Die Mädchen hingegen sind brav und angepasst in ihre Schul-Lektüre vertieft, vermutlich weil sie die Prügelstrafe fürchten, über welche die Jungen hinwegsehen bzw. respektlos lachen, nach dem männlichen Leitspruch: „Was soll uns der alte, schwache Lehrertyp da vorne denn antun können? Wir sind jung und vital und können uns gegen diesen selbsternannten Klassenführer problemlos wehren." Selbstverständlich ist dieses Jungen-Mädchen-Rollenverhalten nicht nur biologisch, sondern auch sozial geprägt. Mädchen wurden, anders als Jungen, zum Gehorchen erzogen und ein Aufbegehren gegen männliche Autoritäten wurde schon wegen der im 20. Jahrhundert ausgeprägten Vaterrolle unterbunden (männliche Respektsperson, d. h. der Familienvorstand, welcher den Lebensunterhalt einbringt). Trotz dieser unterschiedlichen Erziehung von Jungen und Mädchen wird aber auf einen Blick deutlich, dass auch 1848 die Jungen schon in gewisser Weise als mutige, risikobereite Kämpfer den eher demütig-angepassten Mädchen gegenübergestanden haben (ein wilder Junge konnte sich wesentlich leichter gegen die Autorität des Lehrers zur Wehr setzen als ein zart-sensibles Mädchen).

*Fazit*: In der Zeit um 1848, als Charles Darwin bereits schulpflichtige Kinder hatte, und an seinem Hauptwerk zum Ursprung der Arten arbeitete, gab es klar erkennbare Rollen-Verhaltensweisen, die letztendlich die Geschlechterunterschiede der werdenden Männer und Frauen wiederspiegelten. Auf die moderne Soziobiologie übertragen, erkennen wir das Prinzip der „male competition vs. female choice" (junge Männer konkurrieren um Frauen, die dann den geeignetsten Partner auswählen). Dieses Naturgesetz der sexuellen Selektion (geschlechtliche Zuchtwahl) werden wir noch ausführlich diskutieren.

## Bio-Unterricht in einer Engels'schen Stadtschule 2014

Bevor wir die Verhältnisse im Jahr 2014 darlegen, soll eine Episode aus der Geschichte der Gender-Bewegung vorausgeschickt werden. Wie die amerikanische Soziologin Dale O'Leary (1997) in ihrem Sachbuch zur Gender-Agenda darlegt, berief man sich in den 1970er Jahren u. a. auf ein Zitat des deutschen Sozialpolitikers Friedrich Engels. Im Jahr 1884 argumentiert dieser sinngemäß wie folgt: Die monogame Familie... zeigt ganz deutlich den Gegensatz zwischen dem Mann und der Frau, der in der männlichen Überlegenheit zum Ausdruck kommt. Dieser familiäre „Klassenkampf" wurde dann später in die feministische Weltanschauung, aus welcher der Genderismus hervorgegangen ist, integriert:

Nicht nur sollten die Privilegien des Mannes abgeschafft werden, sondern auch die Unterschiede zwischen den Geschlechtern. Anders formuliert: Der Marx-Engels'sche Klassenkampf zwischen „arm (d. h. unterdrückt) und reich (d. h. überlegen)" sollte zur Befreiung der zu Müttern und Kindererzieherinnen abgeordneten Frauen dienen (Brown 2014). Diese These wurde später in das sogenannte „Gender Mainstreaming (GM)-Konzept" integriert (s. unten).

Wie Abb. 1.4 zeigt, wurde in der ehemaligen DDR ein Idealbild des geschlechtsneutralen Jugendlichen popularisiert, das an unser Propagandaplakat mit erwachsenen Menschen erinnert (Abb. 1.1). Mädchen und Jungen sind in dieser zweiten Darstellung (Abb.1.4) nahezu identisch: männlich (m) gleich weiblich (w). Unter dem Motto „Die Partei der jungen Menschen" hat die damalige „Sozialistische Einheitspartei Deutschlands" (SED) versucht, ihr Unisex-Ideal den Heranwachsenden zu vermitteln. Wie ich aus eigener Erfahrung bestätigen kann, hat diese kommunistische Gehirnwäsche verheerende Wirkungen gezeigt: Bei einem meiner Besuche in der ehemaligen DDR fingen zwei ca. zwölf Jahre alte Jugendliche plötzlich an, wiederholt das Wort „Volksarmee" zu brüllen, als wären sie einem Wahn verfallen. Meine Nachfrage, was dieser Gemütsausbruch denn für eine Bedeutung habe, wurde nicht beantwortet. Diese Episode belegt dennoch ganz klar, dass die ideologische Gleichschaltung im genderistisch geprägten Kommunismus ihre volle Wirkung gezeigt hat (d. h. unreflektiertes, maschinenartiges von sich geben eingeimpfter Propaganda-Begriffe) (Abb. 1.1,1.4).

Zurück zur Gender-Ideologie 2014. Als Zweitprüfer im Examensfach Humanbiologie hatte ich im Mai 2015 eine wissenschaftliche Hausarbeit zum Themenbereich „Bewegungsmangel bei Kindern und Jugendlichen in Deutschland" zu begutachten. Zu meiner Verwunderung referierte der Kandidat auf zwei Druckseiten den „Bauplan des Menschen", mit Verweis auf das Schulbuch *Biologie heute 1 Hessen*, herausgegeben von Walory und Westendorf-Bröring (2014). Da die Angaben in der Abschlussarbeit nahezu komplett aus dem Schul-Lehrwerk übernommen worden sind, soll hier kurz umrissen werden, wie „Der Bauplan des Menschen 2014" schulbiologisch vermittelt worden ist. Dargestellt ist bei Walory und Westendorf-Bröring (2014), in vier Abbildungen, eine junge Frau, deren Körper aus nur 4 Organsys-

**Abb. 1.4**: Vermännlichtes Mädchen und verweiblichter Junge, dargestellt auf einem Werbeplakat der Sozialistischen Einheitspartei Deutschlands (SED) aus dem Jahr 1950. Die Gesichter sind bzgl. ihrer Morphologie und Ausdrucksweise nahezu identisch und reflektieren das Unisex-Ideal in der ehemaligen kommunistischen Region Deutschlands.

temen zusammengesetzt ist: Herz-/Kreislauf-, Atmungs-, Verdauungs- und Harn-System bilden den Organismus des Menschen. Es fehlen das Bewegungs- (Skelett/Muskulatur) und das Fortpflanzungs-System (Geschlechtsorgane), ebenso wie das Nervensystem (Gehirn, Rückenmark usw.). Interessanterweise hat „der Mensch 2014“ ein weibliches Gesicht, Brüste und das typisch feminine Fettgewebe – der männliche *Homo sapiens*-Gegenpart fehlt in dieser Schul-Darstellung. Die Autoren behaupten, diese vier Organsysteme würden „alle Lebewesen kennzeichnen“ und ein grundlegendes Prinzip der Biologie darstellen. Demnach gibt es weder in diesem typischen Menschen ein Bewegungs- noch ein Fortpflanzungs-System, d. h. *H. sapiens* ist ein „geschlechtsloses weibliches Wesen“, ohne Hirn und Skelett/Muskulatur. Die Autoren beschreiben anschließend in einem separaten Abschnitt die Fortpflanzung und Entwicklung des Menschen und gehen dort auch auf die Geschlechtsorgane ein.

Noch deutlicher wird die Vereinnahmung der unwissenschaftlichen Gender-Ideologie im Schulbuchbereich bei der Analyse einer zweiseitigen Darlegung zum menschlichen Rollenverhalten. Im oben zitierten „Biologie-Lehrwerk“ ist ein Mädchen in Boxkampfposition einem tanzenden Jungen gegenübergestellt und es wird dargelegt, dass im Jahr 2014 keine geschlechterspezifischen Verhaltensweisen mehr existieren: „traditionelle Geschlechterrollen sind heutzutage überholt“ (Walory und Westendorf-Bröring 2014).

Selbstverständlich gibt es (und gab es auch früher schon) Mädchen, die boxen, und Jungen, die gerne tanzen, aber diese Verhaltensweisen stellen Extreme in einem Kontinuum dar. Bedingt u. a. durch den mindestens zehnfach höheren Testosterongehalt im Körper junger Männer gegenüber heranwachsenden Frauen, sind die typischen Verhältnisse, die sich auf ca. 90 % der Population erstrecken, genau umgekehrt: Junge Männer lieben in der Regel den Faustkampf und Mädchen tanzen gerne (Frauenüberschuss in Tanzkursen!) (s. Kapitel 6 und 7). In den 1960er Jahren hat man derartige Verhaltensweisen wie folgt kommentiert: „Mädchen, die pfeifen, Hühner, die krähen, denen sollte man bei Zeiten die Hälse umdrehen“ (Bedeutung dieses Spruchs: Mädchen sollten sich nicht wie Jungs verhalten, das ist unweiblich und für junge Männer wenig attraktiv).

In einem weiteren Absatz des Kapitels zum Rollenverhalten ist ein „Vater in Elternzeit“ abgebildet, während eine Mutter fehlt. Ein junger Mann wickelt ein neugeborenes Baby, und es wird dargelegt, dass heutzutage immer mehr Männer „Elternzeiten“ nehmen und sich intensiv um ihren Nachwuchs kümmern. Die Autoren behaupten, „Eigenschaften wie ‚mutig und stark' oder ‚mitfühlend und sensibel' findet man in beiden Geschlechtern", und sie argumentieren weiterhin, dass Mädchen ebenso naturwissenschaftlich interessiert seien wie junge Männer. Als Gipfel dieser genderistischen Manipulation deutscher Schüler/innen wird behauptet, die Erziehung würde das Rollenverhalten als Mädchen, Junge, Mann oder Frau ganz entscheidend prägen. Fakt ist jedoch, dass Jungen und Mädchen bereits vor der Geburt und, beginnend mit den ersten Lebenstagen aufwärts, eindeutige biologische Unterschiede zeigen, die wir noch im Detail aufzeigen werden (s. Kapitel 6).

Ich möchte aber hervorheben, dass junge Männer, die sich freiwillig für die Option einer „Elternzeit" entscheiden und vorübergehend die Mutterrolle spielen, Respekt und Anerkennung verdienen. Allerdings sei vermerkt, dass dieser Ausstieg aus dem Berufsleben für Finanzbeamte und Lehrer problemlos verwirklicht werden kann, aber z. B. bei Naturwissenschaftlern (Physiker, Chemiker, Biologen, Geologen) oder Managern (Geschäftsführer), die permanent beruflich „am Ball bleiben müssen", um im harten Daseinswettbewerb dieser Branchen stetig konkurrenzfähig zu sein, kaum realisierbar ist. Weiterhin wissen Evolutionsbiologen seit Jahrzehnten, dass viele Männer mit Babys überhaupt nichts anfangen können bzw. gestresst-aggressiv auf deren Hilferufe reagieren, und dass ein von Männern ausgeübter Infantizid (Kindestötung) während der Stammesentwicklung des Menschen ein natürlicher Auslesefaktor war (s. Kapitel 7). Die ideologische Gleichschaltung junger Frauen und Männer (denen, hormonell bedingt, der „Mutterinstinkt" fehlt) ist unakzeptabel und letztendlich destruktiv: Viele junge Männer, die an ihrem naturgegeben hohen Testosteronspiegel unschuldig sind, werden durch Verbreitung derartiger Glaubenssätze als „Rabenväter" diskreditiert, weil sie das tun, was evolutionär bedingt über Jahrmillionen hinweg ihre Aufgabe war: im Daseinswettbewerb den Lebensunterhalt zu verdienen und diesen altruistisch mit Frau und Kindern zu teilen.

Zusammenfassend zeigt diese Biobuch-Analyse, dass die quasireligiösen Dogmen der Gender-Ideologen inzwischen zum festen Bestandteil der Schulausbildung herangereift sind: Das kommunistische Ideal einer biologisch-kulturellen „Mann-Frau-Gleichheit" (Abb. 1.1, 1.4) konnte sich, nahezu ohne Widerstände durch sachkompetente Biologen, fest etablieren und wird ab 2015 im universitären Umfeld fachübergreifend umgesetzt (s. Kapitel 2).

Wie ist dieser erstaunliche Sachverhalt zu erklären? Das vom „Bildungshaus Schulbuchverlage" publizierte Bio-Lehrwerk (Walory und Westendorf-Bröring 2014) wurde von zehn Herausgebern bzw. Autoren sowie fünf Redaktionsmitgliedern und Illustrationinnen erstellt. Von diesen 15 Personen ist die Redaktion/Illustration weiblich (5 Personen); die beiden Herausgeber sind ein Mann und eine Frau, während unter den acht Autoren 5 Frauen und 3 Männer aufgelistet sind. Insgesamt haben also 11 Frauen und 4 Männer dieses Biologiebuch erarbeitet, d. h. die männlichen Mitarbeiter sind deutlich unterrepräsentiert. Hier kommt beispielhaft ein wachsendes bundesdeutsches Problem zum Vorschein: Die Verweiblichung des gesamten Schulsystems mit drastisch-negativen Folgen für die heranwachsenden jungen Männer (Schüler-Diskriminierung und Mädchen-Bevorzugung; fehlende männliche Identifikationspersonen für Söhne alleinerziehender Mütter usw., s. Hoffmann 2007, Sonnefeld 2005, 2014).

Nach diesem Exkurs soll die Erforschung der Sexualität bei Tieren und Pflanzen dargelegt werden. Eine umfassende Monographie dieses Themenbereichs wurde von Bell (1982) publiziert, die sich allerdings an Spezialisten wendet. Zur Vertiefung des nachfolgend Gesagten möchte ich dieses Werk ausdrücklich empfehlen, wie auch die entsprechende „Sex-Monographie" der amerikanischen Verhaltensbiologin Low (2000).

## Kurze Geschichte der Sex-Forschung

Charles Darwin und andere Biologen seiner Zeit haben den Begriff „Sex" von ihren Vorgängern übernommen – die Geschichte der Analyse von Fortpflanzungsprozessen bei Tieren und Pflanzen verliert sich im 17. Jahrhundert, sodass es heute kaum noch möglich ist, den ersten Denker, der dieses englische Wort mit der Bedeutung „Geschlecht" eingeführt hat, ausfindig zu machen. Schon Carl von Linné (1707–1778) hatte 1735 ein umfassendes „Sexualsystem der Pflanzen" publiziert, das Teil der Erstauflage der *Systema Naturae* war. In der Biologie steht somit das Wort „Sex" bzw. die erweiterte Form „Sexualität" für „Geschlecht" bzw. „Geschlechtlichkeit", die der „zweigeschlechtlichen Fortpflanzung" dient. Biologen benutzen seit ca. 1750 das Kürzel „Sex" als Synonym für „sexuelle Reproduktion", wobei diese zweigeschlechtliche Vermehrung der Tiere und Pflanzen der vegetativen (a-sexuellen bzw. ungeschlechtlichen) Hervorbringung von Nachkommen gegenübergestellt wird (Low 2000, Gilbert 2006). So trägt z. B. der Linné'sche Schlüssel zum Sexualsystem der Gewächse im Originaltitel die Bezeichnung „Clavis Systematis Sexualis" (Linnaeus 1735). Der schwedische Biologe erkannte, dass die Staubblätter und Stempel der Blüten die männlichen bzw. weiblichen Sexualorgane der Pflanze sind, ohne jedoch Details zur Bestäubung bzw. Befruchtung entschlüsselt zu haben (Geber et al. 1999, George 2014).

Viele Gewächse pflanzen sich durch Ausläufer oder über Knollen fort (z. B. Erdbeere, Kartoffel). Auch im Tierreich, wie z. B. bei gewissen Ringelwürmern (Anneliden) kann durch ungeschlechtliches Abtrennen von Körperteilen ein neues Individuum entstehen (z. B. Zerfall von Süßwasser-Wenigborstern in mehrere Teile, wobei dann aus einem zwittrigen „Mutter"-Ringelwurm drei „Töchter", d. h. hermaphroditische Abkömmlinge, hervorgehen). Diese a-sexuellen Fortpflanzungsprozesse, welche bei Säugern nicht vorkommen, sind seit Jahrhunderten recht genau beschrieben, ohne dass wir bis heute die exakten molekularen Mechanismen vegetativer Vermehrungsvorgänge kennen (wie wird z. B. die Zellteilungs-Rate exakt reguliert?).

Wesentlich obskurer war über Jahrhunderte hinweg die Sexualität (zweigeschlechtliche Fortpflanzung der Tiere und Pflanzen) über die Produktion von Keimzellen (Gameten, d. h. Eier bzw. Spermien im weiblichen und männlichen Geschlecht). Eine exakte Beschreibung dieser von Linnaeus (1735) nur grob umrissenen Prozesse konnte erst gegen Ende der 1860er Jahre erarbeitet werden, sodass in Darwins berühmten zweibändigen „Sex-Buch" (*The Descent of Man*) die bisexuelle Fortpflanzung noch ohne Beschreibung des Zeugungsvorganges diskutiert ist, da der Ablauf dieser komplexen biologischen Vorgänge damals noch rätselhaft war. Unter den bekanntesten „Aufklärern" der Sexualvorgänge im Tier- und Pflanzenreich sollen exemplarisch die folgenden Forscher genannt werden: Rudolf Jacob Camerarius (1665–1721), Josef Gottlieb Kohlreuter (1733–1805), Christian Kon-

**Abb. 1.5**: Pioniere der Sex-Forschung, dargestellt in Portraits, ergänzt durch die Kernthesen bzw. Entdeckungen der abgebildeten Biologen (zwei Botaniker, Sachs und Strasburger, sowie zwei Zoologen, Hertwig und Weismann)(nach Fotos aus dem 19. Jahrhundert).

rad Sprengel (1750–1860), Julius Sachs (1832–1897), Oskar Hertwig (1849–1922), Eduard Strasburger (1844–1912) und August Weismann (1834–1914). Auf den Biologen Max Hartmann (1876–1962) werden wir in Kapitel 5 zu sprechen kommen, da dieser „Sexologe“ eine Außenseiterrolle eingenommen hat. Da die obengenannten Naturforscher außerhalb ihrer Fachdisziplin kaum bekannt sind, ist in Abb. 1.5 eine

„Stufenleiter" der wichtigsten Aufklärer der Menschheit zusammengestellt.

Die Tatsache, dass sich Landwirbeltiere, wie z. B. geschlechtsreife Mäuse oder Menschen paaren (Kopulation zwischen Männchen und Weibchen, innere Befruchtung), ist naturwissenschaftlich geschulten Denkern im Zusammenhang mit dem Hinterlassen von Nachkommen lange bekannt gewesen. Es sei allerdings erwähnt, dass es noch heute Naturvölker gibt, bei denen die ursächliche Verknüpfung zwischen der Kopulation (Geschlechtsverkehr) und der Geburt von Kindern unbekannt ist. Eine zentrale Frage war allerdings, ob es auch im Pflanzenreich tatsächlich das Phänomen der Sexualität (d. h. zweigeschlechtliche Fortpflanzung über Kopulationsvorgänge zwischen männlichen und weiblichen Individuen ) gibt, wie von Linnaeus (1735) angenommen. Darüber haben Generationen forschender Biologen erbittert gestritten.

Bemerkenswerterweise hat der Begründer der experimentellen Pflanzenphysiologie, der Botaniker Julius Sachs, in seinem 1868 erschienenen *Lehrbuch der Botanik* ein umfassendes Kapitel geschrieben, das die Überschrift „Die Sexualität" trägt. Sachs (1868) liefert in diesem großartigen Werk die folgende klassische Sex-Definition:

„Das Wesen der Sexualität liegt darin, dass im Verlauf der Entwicklung der Pflanze zweierlei Zellen erzeugt werden, die einzeln für sich nicht weiter entwicklungsfähig sind, aus deren materieller Vereinigung aber ein entwicklungsfähiges Produkt hervorgeht."

Ersetzen wir den Begriff „Pflanze" durch „Tier" bzw. „Mensch", so haben wir hier eine allgemeine Definition des Begriffs „Sex" vorliegen, die auch z. B. von Darwin (1871) übernommen worden ist (Abb. 1.5). Da Sachs (1868) von ein- bzw. zweigeschlechtlichen Pflanzen spricht, die männliche bzw. weibliche Geschlechtszellen (Gameten) hervorbringen (Spermatozoide, Eizellen), und in diesem Zusammenhang den Begriff „Geschlechtsakt" verwendet, hat er erstmals die Unterscheidung Sex/Gender vorweggenommen. Die Fragen, was bei dieser „materiellen Vereinigung" zweier Zellen (Spermien bzw. Eier, hervorgebracht von männlichen bzw. weiblichen Geschlechts-Individuen) passiert, konnte der bedeutende Physiologe Sachs nicht beantworten. Er verwies allerdings auf die Schriften seines Freiburger Kollegen Anton de Bary (1831–1888), dessen Lebenswerk (u. a. als Begründer der Phytopathologie) in einer Monographie gewürdigt worden ist (Kutschera 2011). So betrachtete de Bary in einer seiner Publikationen die Konjugation als eine, und zwar die einfachste, Form der Sexualität (Vereinigung gewisser Zellen bei Algen, Pilzen, Myxomyceten und anderen Protisten). Die Sexualakte (Zellverschmelzungen) bei Pilzen bzw. Myxomyceten sind ein umfassendes Spezialthema, welches mit den Forschungen von de Bary ihren Ursprung nahm und bis heute zu unüberschaubar vielen Fachpublikationen geführt hat (Hoppe und Kutschera 2010).

Mit dieser Sachs'schen Sex-Definition waren allerdings noch immer zwei Fragen ungeklärt: 1. Was passiert bei dieser Vereinigung ungleicher Geschlechtszellen (Gamenten-Fusion)? und 2. welche biologische Bedeutung haben die Sexualvorgänge für das Überleben und die Stammesentwicklung (Evolution) der betreffenden bi-sexuellen Organismen? Diese Probleme bzgl. der zellulären Grundlagen und Funktion der Sexualität im Tier- und Pflanzenreich werden im nächsten Abschnitt diskutiert.

## Der Sexualakt und die biologische Gender-Definition

Die erste Frage konnte im Rahmen detaillierter Studien des Befruchtungsvorgangs bei Seeigel-Eiern beantwortet werden. Der Zoologe Oskar Hertwig (1849–1922) (Abb. 1.5) studierte die Fortpflanzungsbiologie des marinen Purpur-Seeigels (*Toxopneustes lividus*), eine von Jean Lamarck 1816 beschriebene Art, die u. a. im Mittelmeer weit verbreitet ist. In der Regel sind die männlichen und weiblichen Tiere in Gruppen anzutreffen, wobei allerdings auch, als seltene Ausnahme, zwittrige Individuen (Hermaphroditen) entdeckt worden sind (Abb. 1.6). Der Zoologe Hertwig konnte anhand mikroskopischer Untersuchungen nachweisen, dass die Verschmelzung einer beweglichen (kleinen) Spermazelle mit einer vergleichsweise großen, unbeweglichen Eizelle und anschließender Fusion der beiden Kerne den eigentlichen „Sex-Akt" ausmacht: Sexualität bedeutet somit, vereinfacht, Zell-/Kern-Fusion und, übertragen in unsere moderne Sprache, die Bildung einer befruchteten, entwicklungsfähigen Eizelle (Zygote).

Wie Abb. 1.6 zeigt, können aus den Hertwig'schen Beobachtungen die Begriffe Befruchtung und Zygotenbildung (Sex) bzw. Geschlecht

(Gender) exakt definiert werden. Die überwiegende Mehrzahl der Seeigel sind getrenntgeschlechtliche Tiere, wobei nur Individuen mit männlichen oder weiblichen Gonaden angetroffen werden (d. h. Spermien- bzw. Eizellen-Produzenten). Nach Abgabe der Geschlechtszellen in das Meerwasser kann, über eine äußere Befruchtung, die Fusion (Verschmelzung) eines Spermiums mit einer Eizelle beobachtet werden (Zell- und Kernfusion): Für das Tierreich war mit Hertwigs Beobachtungen (1886) der verborgene Sex-Akt offengelegt. Wie der Evolutionsforscher Bell (1982) in einer umfassenden Monographie zu den Sexualvorgängen im Tier- und Pflanzenreich darlegt, zählt die Unterscheidung zwischen Sex (Befruchtung) und Gender (Ausbildung von Männchen und Weibchen, d. h. anatomisch/funktionell verschiedene Geschlechtstiere bzw. Pflanzen) zum Bestandteil unseres biologischen Grundlagenwissens (Details, s. Geber et al. 1999, Low 2000, Vskot und Hobza 2004, Delph und Wolf 2005, Lorenzi und Sella 2013).

Der Botaniker Eduard Strasburger (1844–1912) (Abb. 1.5) entdeckte bei Blütenpflanzen im Jahr 1884 einen völlig analogen Prozess – aus seinen mikroskopischen Beobachtungen schlussfolgerte er, dass „der Befruchtungsvorgang auf der Kopulation des Spermakerns mit dem Eikern basiert, wobei hierbei die Eigenschaften des Vaters durch den Spermakern übertragen werden und die Zellkerne die wichtigsten Träger der Erbanlagen sind.“ Da die Pollenschläuche der Pflanzen einen zweiten generativen Zellkern enthalten, kommt es hierbei zu einer „doppelten Befruchtung“. Zum einen entsteht über die Zygote ein Embryo (d. h. der eigentliche Pflanzen-Sex), und zum anderen wird das Nährgewebe (Endosperm) gebildet (s. Kapitel 9) (Kniep 1928). Da die Körperzellen pro Kern einen doppelten Chromosomensatz tragen (2 n, d. h. diploid, mit n = Zahl der Chromosomen, beim Mensch z. B. 23) und dieser bei der Gameten-Fusion (Befruchtung) entsteht, sind die Keimzellen somit haploid (1 n) (Bergfeld 1973, Höxtermann und Hilger 2007).

Nach diesen großartigen Entdeckungen von Hertwig und Strasburger war die von Sachs (1868) beschriebene „materielle Vereinigung“ der Geschlechtszellen im Prinzip aufgeklärt. Die zweite Frage, warum es überhaupt den Sexual-Dimorphismus (d. h. unterschiedlich aussehende Männchen und Weibchen) gibt und wozu dieser große Aufwand der Werbung, Rivalenkämpfe der Männchen, Kopulationen mit Verletzun-

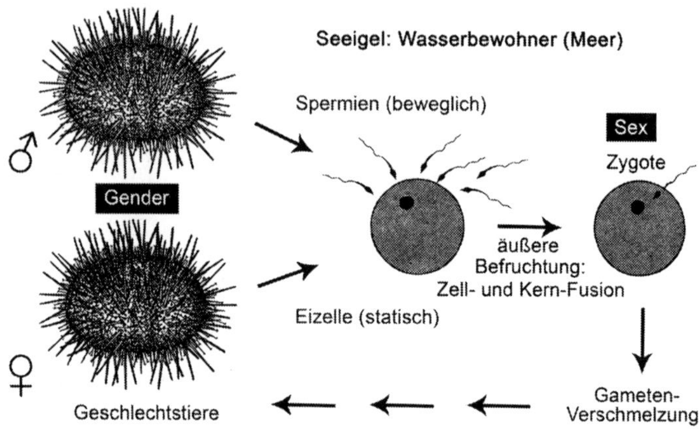


**Abb. 1.6**: Oskar Hertwigs Entdeckung des Sexualaktes bei Tieren durch Beobachtungen der Befruchtung beim Purpur-Seeigel (*Toxopneustes lividus*). Männliche und weibliche Seeigel, d. h. Spermien- bzw. Eizell-Produzenten, geben ihre Gameten ins Meerwasser ab, wo, zufallsbedingt, eine Fusion stattfindet. Die Zell- und Kern-Vereinigung (Sex) kann vom Geschlecht der Tiere (Gender) klar unterschieden werden (männliche bzw. weibliche Geschlechtstiere, die sich bei dieser Seeigelart morphologisch nicht voneinander unterscheiden) (Originalgrafik 2015).

gen usw. betrieben wird, konnte erst Jahre später geklärt werden. Diese Leistungen hat der große Freiburger „Sex-Forscher" August Weismann erbracht, dessen Entdeckungen und Schlussfolgerungen, insbesondere auch mit Blick auf die Bedeutung „der Frau" bezüglich der Charaktereigenschaften ihrer leiblichen Kinder, in einem separaten Abschnitt vorgestellt werden sollen (Kapitel 5).

Forschende Biologen, angefangen von Camerarius bis Weismann, haben somit unter Verweis auf ihre jeweiligen Vorgänger den Begriff „Sex" im Sinne von „zweigeschlechtliche Fortpflanzung", d. h. sexuelle Reproduktion, geprägt und benutzt. Erst mit den Weismann'schen Entdeckungen und weiterführenden Studien wurde dann aber klar, dass Sex ganz allgemein das Folgende bedeutet: Zweigeschlechtliche Fortpflanzung über die Bildung und Fusion männlicher bzw. weiblicher Gameten (Spermien, Eier), die auf verschiedenste Art und Weise zusammengebracht werden können; im Tierreich wird die geschlechtliche Vereinigung als Kopulation bezeichnet, bei Blütenpflanzen ist die Übertragung von Pollenkörnern und das Pollenschlauch-Wachstum in der weiblichen Narbe (Fruchtknoten) das evolutionsbiologische Gegenstück. Wie Weismann (1892) nachweisen konnte, besteht die Funktion dieser Sexualvorgänge u. a. in der Produktion variabler Nachkommen (Erzeugung unterschiedlicher Individuen innerhalb der jeweiligen Nachfolge-Generation, die aufgrund ihrer ungleichen Körpergrößen usw. bessere Überlebenschancen unter sich stetig ändernden Umweltverhältnissen mitbringen). Des Weiteren postulierte der Freiburger Biologe die Reduktionsteilung, ein Thema, welches wir in Kapitel 5 aufgreifen und thematisieren werden.

## A-sexuelle erotische Akte beim Menschen

Dieser eindeutig formulierte Sex-Begriff (Linnaeus 1735), der in analoger Weise auch für Algen, Pilze, Myxomyceten und zahlreiche andere einfacher gebaute kernhaltige (eukaryotische) Lebewesen gilt, wird in allen Teilgebieten der Biowissenschaften verwendet (Kniep 1928, Hartmann 1946, 1947, Bergfeld 1973, Bell 1982, Low 2000, Gilbert 2006, Futuyma 2005, Kutschera 2009 a, b, c, 2015 a, Niklas et al. 2014, Niklas und Kutschera 2014, 2015 a,b). Der Begriff steht im diametralen Gegensatz zum umgangssprachlichen Gebrauch dieses Wortes. Im Allgemeinen wird z. B. eine Kopulation zwischen Mann und Frau, bei der eine Befruchtung vorsätzlich verhindert wird (z. B. Anti-Baby-Pille), als „Sex“ bezeichnet, obwohl keine Zygotenbildung erfolgen kann. Man spricht z. B. auch von „Homosexualität“, wobei hier Verhaltensweisen umschrieben sind, die biologisch betrachtet, niemals zu einer Befruchtung führen können. Daher sollten all diese „Sexualvorgänge“ beim Menschen als „erotische Akte“ deklariert werden. Selbstverständlich gibt es auch im Tierreich unzählige Kopulationen, die nicht von einem Erfolg, d. h. der Befruchtung und der Erzeugung von Nachwuchs, gekrönt sind. Diese „misslungenen Akte“ dienen aber letztendlich dazu, über die sexuelle Reproduktion Nachkommen zu erzeugen, damit (populationsgenetisch betrachtet) der Bestand des Kollektivs erhalten bleibt (hierbei geht es allerdings nicht um die Arterhaltung, wie oft fälschlicher Weise angenommen wird, s. Kutschera 2015 a).

Man kann diesen Sachverhalt auch anschaulich beschreiben: Hätten sich unsere Eltern nicht sexuell fortgepflanzt (eine vegetative Vermehrung ist bei Säugern nicht möglich), so wären wir nicht hier, und ohne sexuelle Mann-Frau-Reproduktion über eine Gametenfusion (Zygotenbildung) würden wir keine Nachkommen hinterlassen und aussterben. Diese Zusammenhänge waren bereits Charles Darwin (Abb. 1.2) und vielen anderen großen Forschern seiner Zeit intuitiv bekannt, ohne dass sie allerdings die hier beschriebenen Details (welche noch immer offene Fragen beinhalten) gekannt haben.

Meine eigenen Forschungen auf diesem Gebiet umfassen Studien (d. h. Publikationen) zur sexuellen Fortpflanzung bei Plasmodialen Schleimpilzen (Myxomyceten), Anneliden (Süßwasseregel und Regenwürmer) sowie Bakterien (Methylotrophe Mikroben, die auf Pflanzenoberflächen wachsen). Ich konnte, zum Teil mit Mitarbeitern, u. a. die Sexualvorgänge der Myxomyceten und zwittrigen Egel (Hirudinea) in vielen Details offen legen und auch die Vermehrung bei Bakterien quantifizieren. Allerdings bin ich aufgrund eigener Studien der Ansicht, dass man bei Bakterien, die keinen Zellkern enthalten (prokaryotische Mikroben), nicht von „Sex“ sprechen sollte, obwohl diese Winzlinge immer wieder über „Sexual-Pili“ (d. h. Verbindungskanäle zwischen Einzelzellen) Erbmaterial (DNA) austauschen. Da jedoch das Wesen der Sexualität, wie Sachs (1868) eindeutig herausgestellt hat, in der Verschmelzung zweier Geschlechtszellen besteht (Ei + Spermium, nur diese Kombination funktioniert), und Mikroben nur DNA-Stücke transferieren, sollte man nicht von „Bakterien-Sex“ sprechen. Die Bakterien vermehren sich durch Zweiteilung und sind daher ein Paradebeispiel für die a-sexuelle (vegetative) Fortpflanzung. Weiterhin habe ich zahlreiche evolutionstheoretische Beiträge veröffentlicht, in welchen das Phänomen „Sex“ im Zusammenhang mit der Fortpflanzung von Rädertierchen, Fadenwürmern, Pflanzen usw. analysiert worden ist (z. B. Kutschera 2009 a, b, c; 2010; Niklas et al. 2014).

Diese Ausführungen sollen verdeutlichen, dass der populäre Begriff „Sex“ in unzähligen Forschungsarbeiten (Publikationen) des 19. Jahrhunderts, und bereits früher, definiert und in diesem Sinne benutzt worden ist. Die willkürliche Übertragung der Befruchtung (Gameten-Fusion) auf „erotische Akte beim Menschen ohne Zygotenbildung und

Fortpflanzung" ist im wissenschaftlichen Kontext daher fragwürdig. Allerdings sei erwähnt, dass es z. B. bei Bonobos (Menschenaffen) und Menschen zu erotischen Akten (bzw. Kopulationen) ohne Fortpflanzung kommt, die man heute im Sinne einer Hierarchien- bzw. Paarbindung interpretiert. Streng genommen sollte man diese Verhaltensweisen aber nicht unter dem Stichwort „Sexualität" beschreiben.

Zur Verdeutlichung des Gesagten soll ein fiktives Beispiel angeführt werden. Zwei Rentner unterhalten sich über ihr früheres Geschlechtsleben. Ein abgearbeiteter, vierfacher Vater leiblicher Kinder (Geologe) und ein frisch-fröhlicher, kinderloser Ex-Playboy (Jurist), der sich in jungen Jahren hat sterilisieren lassen (Vasektomie) und immer wieder neue Partnerinnen hatte. Der alternde Sterilisierte prahlte ganz stolz: „Ich hatte mit zahlreichen Frauen Sex!" Daraufhin antwortete der fertile Mehrfach-Vater: „Ich hatte nur viermal erfolgreich Sex, aber lebe in meinen leiblichen Kindern weiter, während Du trotz zahlreicher a-sexueller erotischer Akte, als Sackgasse der Evolution, aussterben wirst." Der „Rechtsverdreher" nahm diese Belehrung durch einen „Steinesammler" mit Verwunderung zur Kenntnis (der negativ besetzte Sackgassen-Ausdruck „evolutionary dead end" für Organismen, die infolge ausbleibender Nachkommenschaft aussterben, entstammt der referierten Fachliteratur).

Ohne auf die Monographie des Biologen Bell (1982) zu verweisen, hat der Psychologe Deaux (1985) die Begriffe Sex/Gender für seine Fachdisziplin neu definiert. Unter „Sex" versteht Deaux (1985) die biologisch begründeten Kategorien männlich und weiblich, während er den Begriff „Gender" benutzt, um psychologische Eigenschaften wie Femininität und Maskulinität zu charakterisieren. Demnach bezieht sich das Wort Sex auf die Biologie, während Gender u. a. die sozialen Funktionen der Geschlechter in der modernen Gesellschaft umschreibt. Weiterhin zieht Deaux (1985) die Schlussfolgerung, dass Gender in der Regel eine biologische Grundlage hat, und er kritisiert Soziologen, die die Unterscheidung Sex/Gender zur Verbreitung unwissenschaftlicher Ideologien missbrauchen. Dieser Sachverhalt wird weiter unten aufgegriffen und vertiefend thematisiert. Nach Darlegung dieser Grundlagen wird im nächsten Abschnitt der Darwin'sche Feminismus vorgestellt und diskutiert.

## Darwins Zwitter-Hypothese und der Feminismus

Im Mai 2014 publizierte eine amerikanische Wissenschaftshistorikerin, die sich auf Frauen- und Geschlechterforschung spezialisiert hat, einen bemerkenswerten Kommentar im Wissenschaftsmagazin *Nature*. Unter der Überschrift „Darwin and the women" behauptete Richardson (2014), unter Verweis auf ein Sachbuch ihrer Kollegin Hamlin (*From Eve to Evolution: Darwin, Science, and Women's Rights in Gilded Age America*, 2014), Charles Darwin (Abb. 1.2) und andere bedeutende Evolutionsforscher könne man als Vorläufer der Frauenrechte-Bewegung, aus der dann der Feminismus (und als derzeitige Endstufe die Gender-Ideologie) hervorgegangen sind, anführen. Angeblich sollen Darwinische Ideen die ideologische Grundlage der Frauenbewegung darstellen. Was wird in dem von Richardson (2014) rezensierten Buch ihrer Kollegin Hamlin (2014) behauptet?

Bereits in der Einleitung mit dem Titel „The Gendered Reception of the Descent of Man" (die genderistische Interpretation der Abstammung des Menschen) schreibt Hamlin (2014), Darwin hätte in seinem Artenbuch *On the Origin of Species* (1859) das Folgende gesagt: „Alle Arten haben sich graduell aus einer gemeinsamen Urform entwickelt, wahrscheinlich einem einzelligen hermaphroditischer Organismus." In den Schlussfolgerungen zu ihrem Buch verdeutlicht Hamlin (2014) ihre These in den folgenden Worten: „Darwins Vermutung, alle Lebewesen hätten sich aus einer einzelligen hermaphroditischen Form entwickelt, verursachte bei einigen Männern und Frauen Verunsicherung, denn sie wurden nach der Doktrin erzogen, die Geschlechter seien, physiologisch betrachtet, verschieden bzw. Frauen seien deutlich anders veranlagt als Männer. Für andere ist jedoch die Möglichkeit einer hermaphroditischen Vergangenheit aufregend und sie eröffnet uns eine neue Welt der Gender-Perspektive" (Hamlin 2014).

Diese hier in sinngemäßer Übersetzung wiedergegebenen Thesen basieren auf einem Irrtum. In keiner Zeile hat Darwin (1859) von einer hermaphroditischen (zwittrigen) Urform gesprochen. Der Evolutionsbiologe postulierte, dass alle Lebewesen von einer einzelligen Tier-Pflanze-Zwischenform abstammen könnten, analog z. B. dem Augentierchen *Euglena*, d. h. Einzellern, die mit und ohne Licht (photosynthetisch bzw. heterotroph) leben können. Diese Darwin'sche Proto-*Euglena*-Hypothese ist aber, im Lichte heutigen Wissens, als Irrtum zu bezeichnen: Die von Darwin angenommenen Einzeller (*Euglena* sp.) sind mit einem Zellkern ausgestattete (eukaryotische) Mikroben, welche über sekundäre Endosymbioseprozesse relativ spät in der organismischen Evolution entstanden sind. Die ältesten Ur-Mikroben waren prokaryotische Formen, wobei wir heute den letzten gemeinsamen Vorfahren aller Organismen, LUCA genannt, recht gut rekonstruieren können (Kutschera 2009 a, 2015 a). Diesen Sachverhalt habe ich im Wissenschaftsmagazin *Nature* dargelegt und dort auch darauf hingewiesen, dass nicht Darwin, sondern sein jüngerer Kollege A. R. Wallace als Urvater der Frauenrechte-Bewegung gewürdigt werden sollte (Kutschera 2014 a). In einem ausführlicheren Folgeartikel, den Leistungen des Darwin-Nachfolgers August Weismann gewidmet, wurde daraufhin diese unwissenschaftliche Besprechung eines auf irrtümlichen Darwin-Interpretationen basierenden Buchs kritisiert. Weiterhin bin ich in diesem Zusammenhang auf ein Feminismus-kritisches Buch des Entwicklungsbiologen Wolpert (2014) eingegangen und habe offen gelegt, dass selbst das renommierte britische Fachjournal *Nature* inzwischen genderistisch unterwandert ist, was jedoch nur den Magazinteil, nicht aber die Fachbeiträge betrifft (unkritische, politisch korrekte Lobpreisungen wissenschaftlich fragwürdiger Bücher mit genderistischem Inhalt) (s. Kapitel 6). Mit diesem zweiten Beitrag in einem referierten Fachjournal mit dem Untertitel „Science versus Ideology" (Kutschera 2014 b) wurde letztendlich meine Agenda gegen die genderistische Unterwanderung der Biowissenschaften eröffnet.

Es sei abschließend angemerkt, dass Darwin in seinem Buch zur Abstammung des Menschen die Vermutung äußerte, dass der Vorläufer aller Wirbeltiere (Vertebraten) eine Zwitterform (Hermaphrodit) gewesen sein könnte. Die Geisteswissenschaftlerinnen Hamlin (2014) sowie ihre Rezensentin (Richardson 2014) haben offensichtlich die Begriffe „universelle Urform aller Lebewesen" mit dem „entfernten Vorläufer der Wirbeltiere" verwechselt. Auch der bereits im Vorwort erwähnte Psychologe und Erziehungswissenschaftler John Money (1921–2006) hat sich auf angebliche Hermaphroditen (menschliche Zwitter) bezogen und seine Irrlehre von einer geschlechtsneutralen Geburt des Menschen auf diesen „paradoxen Lebensformen“ aufgebaut (Abb. 1.10). Das geisteswissenschaftliche Gedankenkonstrukt eines angeblichen „Darwin’schen Feminismus“ wird in der einschlägigen US-Literatur noch immer lebhaft diskutiert; wir wollen daher in Kapitel 4 auf Charles Darwins Ansichten zur Rolle von Mann und Frau zurückkommen und in diesem Zusammenhang auch einen namhaften deutschen Philosophen zu Wort kommen lassen. Wie wir in Kapitel 9 im Detail erfahren werden, wurde ich Mitte 2015 als „Gender-Kritiker“ von Feministinnen beschuldigt, diesbezüglich fachlich inkompetent zu sein (Kissler 2015). Mit den nachfolgenden Darlegungen soll dieser Einwand ausgeräumt werden.

## Aquatische Selbstbefruchter und der tierische „Homosex“

Was hat unser „Gender-Sex-Thema“ mit den Original-Forschungsarbeiten des Autors zu tun? Seit 1979 untersuche ich die Fortpflanzungsbiologie und Systematik aquatischer Ringelwürmer (Anneliden) mit Schwerpunkt auf die Rekonstruktion der Stammesentwicklung (Phylogenese) dieser zwittrigen Wirbellosen (Hermaphroditen). Wie Abbildung 1.7 zeigt, konnte ich Anfang der 1980er Jahre in Freiburg i. Br. eine neue Egelart der Gattung *Helobdella* entdecken, die dann unter dem wissenschaftlichen Namen *Helobdella europaea* Kutschera 1987 in die Fachliteratur eingegangen ist. Dieser „Europäische Plattegel“ ist nicht nur eine vermutlich aus Südamerika stammende invasive Ringelwurm-Art, die weltweit verbreitet ist, sondern auch, als echter Zwitter mit Hoden- und Ovarien-Paaren versehen, ein Selbstbefruchter (Gender-Verhältnis m/w = 1 : 1, s. Delph und Wolf 2005). In Forschungsarbeiten konnte nachgewiesen werden, dass *H. europaea* zu den seltenen Hermaphroditen zählt, die, zunächst als Männchen fungierend, ihre eigenen, reifen Eier in der Weibchen-Rolle selbst befruchten können (Kutschera und Wirtz 1986, 2001).

Bei einer Fremd-Befruchtung (Egel 1 transferiert Spermien in Egel 2 und wird daher von einem Artgenossen begattet) sprechen wir von „Heterosex“ (zwei verschiedene Individuen kopulieren). Mein Europäischer Plattegel pflanzt sich aber in der Regel durch „Homosex“ fort, indem er sich selbst eine Spermatophore auf den Körper setzt, um, ohne Kopulationspartner, Nachkommen produzieren zu können (das gleiche Tier

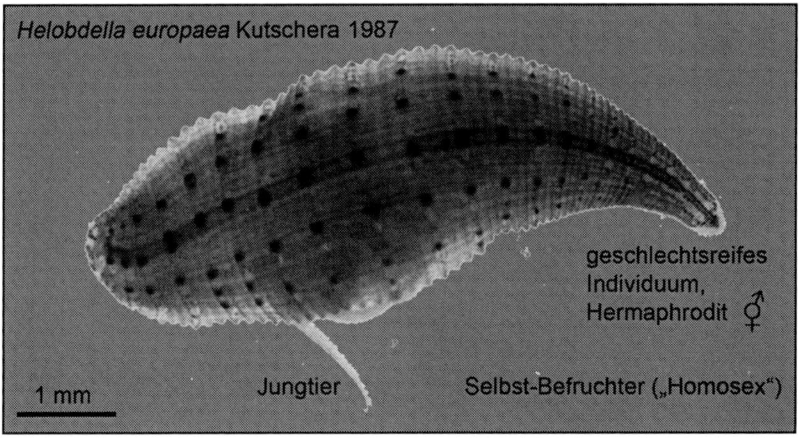


**Abb. 1.7**: Homosex bei Ringelwürmern. Foto des Europäischen Plattegels *Helobdella europaea* Kutschera 1987, eine vom Autor in einem Bach bei Freiburg i. Br. entdeckten Süßwasser-Art (Hirudinea). Die nur etwa 12 bis 15 mm langen Plattegel ernähren sich u. a. räuberisch-parasitisch von Wasserschnecken. Obwohl diese echten Hermaphroditen (Hoden- und Ovarien-Paare in einem Individuum) zu Heterosex-Akten befähigt sind (Spermien-Übertragung zwischen verschiedenen Tieren), pflanzen sie sich bevorzugt durch Selbstbefruchtung fort (Eigenkopulation, d. h. Homosex) (nach Kutschera, U. et al.: Zoosyst. Evol. 89, 239–246, 2013).

kopuliert mit sich selbst und es entstehen somit Klone). Dieses paradoxe „Homosex-Verhalten“ und dessen evolutionsbiologische Konsequenzen wurden analysiert und umfassend für verwandte kalifornische Arten dokumentiert (Kutschera und Weisblat 2015). Da ich auch das Fortpflanzungsverhalten anderer Ringelwurmarten über Jahrzehnte hinweg erforscht und dokumentiert habe, spreche ich diesbezüglich als „Insider“ der tierischen „Homosex-Gender-Szene“ und bin nicht in der undankbaren Rolle eines Kompilators (Jarne und Auld 2006, Anthes et al. 2005, Kutschera et al. 2013, Kutschera und Elliott 2010, 2014).

Zurück zu Charles Darwin. Wie oben erwähnt, hat sich der britische Forscher mit den Bestäubungsprozessen bei den meist zwittrigen Blütenpflanzen beschäftigt. Im Pflanzenreich ist die Fremdbefruchtung („Heterosex“) die Regel, das „Homosex“-Phänomen aber die Ausnahme (Selbst-Bestäubung bzw. Befruchtung mit der Konsequenz einer geneti-

**Abb. 1.8**: Der Großsäuger Mensch (*Homo sapiens* L. 1758) ist, wie alle Primaten, ein Gonochorist (zweigeschlechtliches Lebewesen). Weiterhin sind Menschen durch einen ausgeprägten Sexual-Dimorphismus (Geschlechter-Verschiedenheit) und die Anisogamie gekennzeichnet (männliche Individuen produzieren zahlreiche kleine bewegliche Spermien, während weibliche Vertreter wenige große, unbewegliche Eizellen hervorbringen) (Originalgrafik 2015).

schen Verarmung der Population) (Darwin 1862). Eine in der Forschung wichtige Modellpflanze, die Ackerschmalwand (*Arabidopsis thaliana*), pflanzt sich aber in der Regel durch Selbstbestäubung fort. Die evolutionsbiologischen Konsequenzen dieser „homosexuellen Neigung" von *Arabidopsis* sind noch Gegenstand der Forschung. In Kapitel 9 werden wir ein Beispiel für echte homosexuelle Reproduktion bei einem Kürbisgewächs kennenlernen. Man kann in der Pflanzenzucht homosexuelle Hybride generieren, die den heterosexuell erzeugten Kontroll-Typen bzgl. der Größe der Früchte überlegen sind (Sanwal et al. 2011).

## Gender-Agenda und Unisex-Menschen

Kommen wir nun auf die Definition und „Stammesentwicklung" der Gender-Ideologie zu sprechen. Unser evolutionsbiologisch begründetes Bild der unterschiedlichen Funktionen von „Mann und Frau", d. h. das Faktum, dass Menschen getrenntgeschlechtliche Landwirbeltiere (Gonochoristen) mit ausgeprägter Geschlechterverschiedenheit (Sexual-Dimorphismus) und innerer Befruchtung sind, zeigt Abbildung 1.8. Details zu diesem Menschenbild werden noch ausführlich mit empirischem Faktenmaterial untermauert (s. Kapitel 6, 7 und 10). Wie kam es dennoch zu einem Multi-Agenda-Angriff auf dieses x-fach bestätigte Konzept biologisch begründeter Geschlechterverschiedenheiten? Da wir im historischen Kapitel 4 die Wurzeln der Frauenbewegung darlegen werden (Ursprungsjahr 1865), soll hier die Entwicklung ab Anfang der 1970er Jahre vorgestellt werden. Wir beziehen uns in diesen Erörterungen u. a. auf die Monographien von O'Leary (1997) und Zastrow (2006).

Wie die Autorin darlegt, können wir rückblickend eine stufenweise Entwicklung dieser Weltanschauung rekonstruieren. Ausgehend von der rational-sachlich begründeten Frauenrechte-Bewegung, die 1865 mit der Gründung des „Allgemeinen Deutschen Frauenvereins" ihren Ursprung hatte, entstand Anfang der 1970er Jahre der letztendlich auf dem Marx-Engels'schen Klassenkampf-Konzept basierende Feminismus. Wie oben bereits dargelegt, wurde von Friedrich Engels die gesellschaftspolitische Klassenkampf-Idee (Befreiung unterdrückter Minderheiten von dominierenden Herrschern) auf die aus Vater, Mutter und Kindern zusammengesetzte Kernfamilie übertragen. Frauen wurden als unterdrückte Mütter und minderwertige Kindermädchen deklariert; man kann auch sagen, die Klasse der Männer, als soziale Oberschicht, wird als Unterdrückungsapparat interpretiert, der den Frauen eine untergeordnete, zweitrangige, abhängige und weniger wichtige Zuarbeiter-Funktion zuordnete. Ganz allgemein gesagt, wurden Mutterschaft und Kinderliebe zu Kampfbegriffen umdefiniert: Frauen mit ausgeprägtem Kinderwunsch und einer biologisch bedingten Neigung, ihren eigenen Nachwuchs liebevoll aufziehen zu wollen, wurden als reaktionäre, altmodische, dumme, unterdrückte, geistig beschränkte und bemitleidenswerte Kreaturen diffamiert (d. h. Männer- und Normalfrauen-Hass).

Feministinnen argumentierten, dass beliebige Abtreibungen, Verhütungsmittel, zwanghafte Frauenarbeit, die Wegnahme der Kinder von ihren Müttern und deren Einweisung in staatlich organisierte Aufzuchtanstalten („Kitas“) zur Befreiung der Frauen notwendig sind. Diese feministischen Thesen fanden ihren Höhepunkt mit der Behauptung, man könne das biologische Geschlecht (Sex) vom sozialen Frau-Mann-Sein (Femininität, Maskulinität) abtrennen: Geschlechtlichkeit, d. h. das Leben als Mann bzw. als Frau, sei ein rein soziales Phänomen, oder anders gesagt: „Man wird nicht als Frau geboren, sondern dazu gemacht.“ Dieses Fundamental-Dogma der lesbisch veranlagten Feministin Simone de Beauvoir (1908–1986) wird in späteren Kapiteln aufgegriffen und kommentiert.

Die oben skizzierten ersten beiden Stufen in der Evolution hin zum Genderismus wurden nach O’Leary (1997) im Jahr 1995 überschritten. Auf der „World Conference on Women“ (Welt-Frauenkonferenz) in Peking (Beijing), China, hat man ein radikales Programm formuliert, das von fundamentalistischen Feministinnen ausgearbeitet und mit Mafia-artigen Kampfmethoden gegen Widerstände durchgesetzt worden ist; letztendlich ist daraus die Gender-Ideologie hervorgegangen. Über die europäische Union (EU) und andere Institutionen (United Nations, UN) wird seither diese kommunistisch-feministische Radikal-Dekonstruktion naturgegebener Mann-Frau-Verhältnisse (Abb. 1.9) medienwirksam verbreitet. Wie O’Leary (1997) darlegt, kann dieses politische „Männer als Täter-Frau als Opfer-Programm“, sinngemäß aus dem Englischen übersetzt, in den folgenden Thesen zusammengefasst werden:

1. Auf der Welt sollten weniger Menschen existieren und mehr erotische Vergnügungen verfügbar sein. Die Unterschiede zwischen Männern und Frauen sowie Vollzeitmütter sollten abgeschafft werden.

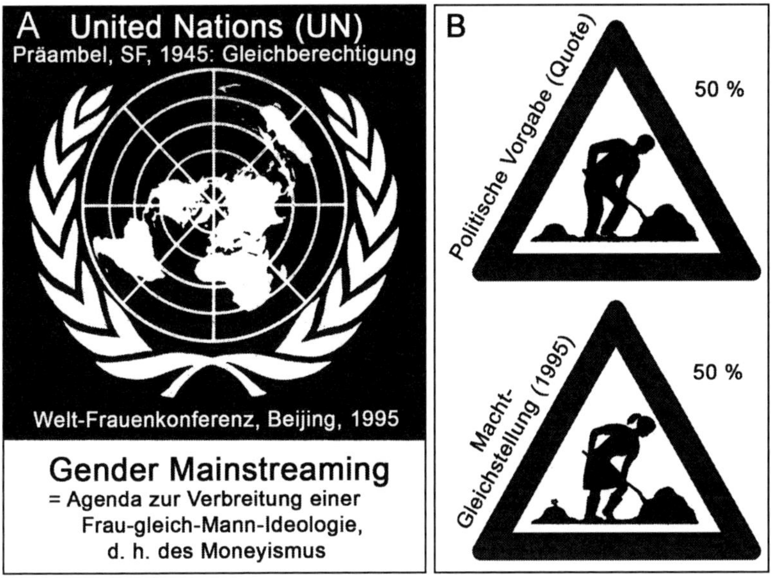


**Abb. 1.9**: Logo der Vereinten Nationen (United Nations, UN), die 1945 in San Francisco (CA, USA) gegründet wurden und die Gleichberechtigung von Mann und Frau in der Präambel verankert haben. Exakt 50 Jahre später (1995) ist die Gender-Agenda auf der UN-Frauenkonferenz in Beijing (Peking), China, verabschiedet worden, welche seit 1999 unter dem wissenschaftlich klingenden Kunstwort-Paar „Gender Mainstreaming" (GM) verbreitet wird (A). Die beiden Verkehrszeichen (Wien, Österreich) versinnbildlichen die GM-Ideologie vom Einheitsmenschen sowie das Prinzip der Macht-Gleichstellung der Geschlechter (50 %-Quotenregelung) (B).

2. Da mehr erotische Vergnügungen möglicherweise zu einem Überschuss an Kindern führen könnten, müssen Verhütungen und Abtreibung für alle verfügbar sein; weiterhin sollten homosexuelle Verhaltensweisen gefördert werden, da es hierbei zu keinem Nachwuchs kommt.
3. Die Welt benötigt einen Sexualkundeunterricht für Kinder und Heranwachsende, der erotisches Experimentieren ermutigt. Des Weiteren sollten die Rechte der Eltern bzgl. der Erziehung ihrer Kinder abgeschafft werden.
4. Auf der Welt sollte eine 50 : 50 Männer/Frauen-Quotenregel in al-

len Lebens- und Arbeitsbereichen eingeführt werden (Grundsatz der Macht-Gleichstellung). Alle Frauen müssen möglichst zu allen Zeiten einer Erwerbstätigkeit nachgehen.

5. Religiöse Glaubenssysteme, die mit dieser Befreiungs-Agenda im Widerspruch stehen, sollten diskreditiert und somit der Lächerlichkeit preisgegeben werden.

*Anmerkung:* die Naturwissenschaft Biologie wird in diesem Forderungskatalog völlig ausgeklammert, d. h. die Gender-Agenda ist ein irrationales politisches Programm, ausgehend von einer Frau-gleich-Mann-Ideologie, die auf die Irrlehre von John Money zurückführbar ist (Repo 2016) (s. Abb. 1.10).

Nach O'Leary (1997) sind das die Hauptthesen der Gender-Agenda; diese sollen in den politischen Mainstream (d. h. Massenmeinung) eingebracht und unter positiv besetzten Begriffen wie „Frauenrechte, Geschlechtergleichheit", verbreitet werden. Wie O'Leary (1997) ausführt, gibt es gemäß der „Gender-Agenda Beijing 1995" nicht zwei, sondern fünf gleichberechtigte Geschlechter: männlich, weiblich, homosexuell-m., homosexuell-w. und bisexuell. In die Sprache der Biologie übersetzt, bedeutet das, es gibt Männer bzw. Frauen, die sich erotisch zum anderen oder demselben Geschlecht oder zu beiden Geschlechtern hingezogen fühlen.

Diese hier wiedergegebene Version der Pekinger Gender-Agenda 1995 (O'Leary 1997) wird seit Jahren u. a. in christlich-konservativen Medien verbreitet. Da die Katholikin O'Leary hier ihre persönliche Interpretation der Beschlüsse wiedergibt, sind diese Gender-Thesen möglicherweise subjektiv bzw. überzogen dargelegt. Dennoch können aus der im Internet verfügbaren „Erklärung von Beijing" (September 1995, im 50. Gründungsjahr der Vereinten Nationen) (Abb. 1.9) einige der fünf O'Leary'schen Thesen herausgelesen werden. Es wird in 38 Abschnitten u. a. von der Macht-Gleichstellung, Selbstbestimmung der Fruchtbarkeit der Frau usw. gesprochen, wobei der forsch-fordernd-kämpferische Stil eine aggressive Anti-Männer-Stimmung erzeugt, wie sie noch heute in den Schriften vieler Genderistinnen anzutreffen ist. Diese Interpretation kann u. a. durch das folgende Zitat aus den Pekinger Dokumenten bestätigt werden:

„Jedes Kind wird nach der Geburt in eine Kategorie gestellt, basierend auf der Form und der Größe seiner Geschlechtsorgane. Danach werden wir zu dem, was die Kultur glaubt, was wir sind: feminin oder maskulin – Gender ist ein Produkt der menschlichen Gedankenwelt und Kultur oder eine soziale Konstruktion“ (O’Leary 1997).

Diese und ähnliche Feministinnen-Zitate unterstreichen die Korrektheit der Interpretation der Ereignisse in Peking 1995, wie sie von O’Leary (1997) beschrieben worden sind. Bemerkenswerterweise wurde 1995 auch erstmals von einer prominenten US-Juristin vorgeschlagen, die „Geschlechter-Vorurteile“ zu eliminieren und nach einem Schema bestimmte Begriffe neu zu definieren: „husbands and wives“ (Ehemänner und Ehefrauen) sollten als „spouses“ (Eheleute), „fathers and mothers“ (Väter und Mütter) als „parents“ (Eltern) und „brothers and sisters“ (Brüder und Schwestern) als „siblings“ (Geschwister) bezeichnet werden. Dieser Vorschlag soll, Medienberichten zufolge, im gendersierten Deutschland 2015 wie folgt umgesetzt werden: Abschaffung der Bezeichnung „Vater und Mutter“ und Einführung der geschlechtsneutralen Begriffe „das Elter 1“ bzw. „das Elter 2“ (zur Veranschaulichung dieser Unisex-Menschen, s. Abb. 1.1).

Die fünf „Pekinger Beschlüsse 1995“ wurden von den Vereinten Nationen (UN) in eine Resolution umgesetzt; die Agenda hat man dann vier Jahre später unter dem irreführenden, nirgendwo präzise erläuterten Begriff „Gender Mainstreaming“ (GM) im Amsterdamer Vertrag der EU verankert.

Eine Definition von GM lautet wie folgt: „An acitve and visible policy of mainstreaming a gender perspective in all policies and programs“ – d. h. „Eine aktive und sichtbare Agenda, um die Gender-Perspektive in alle politische Entscheidungen und Programme zu integrieren“. Der Schlüsselbegriff in dieser GM-Definition lautet „Gender-Perspective“, d. h. eine das soziale (vom biologischen entkoppelte) Geschlecht in den Mittelpunkt aller Betrachtungen rückende Weltsicht. Nach Zastrow (2006) kann GM auch treffend als „politische Geschlechtsumwandlung“ bezeichnet werden. Die fünf GM-Komponenten können, in anderen Worten als bereits oben dargelegt, wie folgt zusammengefasst werden:

1. Abschaffung der Unterschiede Mann/Frau sowie der Vollzeit-Mütter;
2. Förderung von Verhütung und Abtreibung sowie Bewerbung homoerotischer Verhaltensweisen;

3. staatliche Sexualpädagogik der Vielfalt unter Ausschluss der Eltern;
4. Quoten-Regelung 50 : 50 Mann/Frau in allen Lebensbereichen mit Frauen-Erwerbsarbeit als Leitlinie, und
5. die Gegner der Punkte 1. bis 4. müssen diffamiert bzw. politisch in eine bestimmte (rechte) Ecke gestellt werden. Gemäß einer Analyse der Politikwissenschaftlerin Jemima Repo (2016) ist „Gender" ein politischer Kampfbegriff zur Durchsetzung des GM-Umerziehungsprogramms.

Im Jahr 1999 wurde von der damaligen rot/grünen Bundesregierung das zusammengesetzte Kunstwort GM als politisches Leitprinzip verabschiedet und 2000 unter der Tarnkappe von Frauenförderprogrammen umgesetzt (Kabinettsbeschluss). Im November 2014 (Weismanns 100. Todestag) konnte man z. B. in Verlautbarungen des Familienministeriums von Geschlechter-Rollen lesen, die erlernbar seien, und das Dogma einer „effektiven Gleichstellungspolitik" in verschiedenen Stellungnahmen wiederfinden – biologische Unterschiede zwischen den Geschlechtern werden in diesen politischen Propagandaschriften ignoriert. Die von O'Leary (1997) dargelegte 50 : 50-Regel steht hinter dieser Ideologie: Männer und Frauen sollen je zur Hälfte die gleichen Stellen erhalten und werden somit als gleichartige Wesen deklariert (Abb. 1.9).

Aus einer Pressemitteilung im Juni 2015 geht aber hervor, dass an deutschen Universitäten z. B. im Studienfach Elektrotechnik 90 % Männer und 10 % Frauen eingeschrieben waren, während in der Erziehungslehre ca. 80 % Frauen und nur 20 % Männer als Studierende verzeichnet wurden. Diese u. a. Fakten stehen im Widerspruch zur GM-Unisex-Staatsdoktrin (Schulze et al. 2012). Vertreter der Gender-Weltsicht wollen diese Situation ändern und man versucht, junge Frauen mit allen Mitteln dazu zu überreden, Ingenieurinnen zu werden (in analoger Weise müssen junge Männer dazu gebracht werden, nicht als Ingenieure, sondern als Kindergärtner ihren Lebensunterhalt zu bestreiten). Diese geistige Vergewaltigung heranwachsender Frauen und Männer kann man als „Staats-Terrorismus" bezeichnen, da die naturgegebenen Neigungen der Menschen ignoriert werden.

## Analoge Entwicklung der GM- und Intelligent Design-Ideologie

Im letzten Abschnitt wurde eine Entwicklungslinie von der klassischen Frauenrechte-Bewegung über den (Darwinischen) Feminismus zur Gender-Ideologie skizziert. Schematisch lässt sich diese Drei-Stufen-Evolution des fundamentalistischen Gender-Glaubens, der im Widerspruch zu den Erkenntnissen der Evolutionswissenschaften steht (Abb. 1.8), wie folgt aufzeigen:

1. Frauenrechte-Bewegung, Beginn: ca. 1865 (Einforderung grundlegender Rechte für die damals in der Tat im männlich dominierten Gesellschaftssystem unterdrückten Frauen).
2. Feminismus, Beginn: ca. 1970 (Ideologisierung der Argumente zur Gleichberechtigung von Frauen, wobei die Ansichten des US-Psycho-Erziehers John Money, Abb. 1.10, in die theoretischen Konzepte integriert worden sind).
3. Genderismus, Beginn: ca. 1995 (fundamentalistischer Radikal-Feminismus, Moneyistisches Gleichstellungs-Dogma, mit ideologischer Verankerung im Marxismus, u. a. nach dem Vorbild der ehemaligen DDR).

Dieses Drei-Stufen-Modell lässt sich mit der Entwicklung des Kreationismus analogisieren (definiert als wörtlich verstandener, auf biologische Phänomene übertragener biblischer Schöpfungsglaube unter Zurückweisung evolutionsbiologischer Fakten, s. Blancke et al. 2014, Junker und Hossfeld 2009, Kutschera 2004, 2007 a, 2011, 2013 a, 2015 a). Die internationale „Anti-Evo-Agenda“ kann, in zeitlicher Abfolge, wie folgt zusammengefasst werden:

1. Klassischer biblischer Schöpfungsglaube, Beginn: ca. 1925 (Scopes-Gerichtsverhandlungen in den USA; Etablierung des amerikanischen Instituts für Schöpfungsforschung, biblischer Alte-Erde-Kreationismus).
2. Wissenschaftlicher Kreationismus, Beginn: ca. 1982 (Einführung des Begriffs Creation Science, d. h. Schöpfungswissenschaft bzw. Scientific Creationism; Bezüge zur Bibel als alleingültige Wahrheit, aber Zugeständnisse an die Geologie und Biologie).
3. Intelligent Design (ID)-Bewegung, Beginn: ca. 1990 (das Buch von

P. Johnson, *Darwin on Trail*, markiert den Aufstieg dieser Anti-Darwin-Ideologie; Versuch, den „Schöpfergott“ unter dem Deckmantel wissenschaftlicher Begriffe in die Biologie zu integrieren).

Sowohl in der stufenweisen Entwicklung der Frauenbewegung hin zum Moneyistischen Genderismus (Fundamentaldogma: GM), als auch bei der Weiterentwicklung des klassischen Kreationismus zur ID-Lehre ist die folgende Tendenz zu erkennen: Die Vertreter dieser Glaubensrichtungen bemühten sich, von Stufe zu Stufe immer abstraktere, wissenschaftlich klingende Begriffe zu verwenden, um den Eindruck zu erwecken, ihre Ideologien wären auf Fakten basierende Theorien, die als Bestandteil der „Modern Sciences“ zu bewerten sind (z. B. Wort-Konstrukte wie ID bzw. GM). Ähnlich wie Vertreter der Intelligent Design-Agenda in den USA haben unsere deutschen Genderistinnen inzwischen erreicht, dass ihre quasi-religiöse Ideologie in die Bioschulbuch-Lehre integriert worden ist (Walory und Westendorf-Bröring 2014).

In diesem Zusammenhang ist zu konstatieren, dass an ca. 100 Evangelischen Bekenntnisschulen die kreationistische „Grundtypen-Biologie“ der evangelikalen Studiengemeinschaft W+W (s. Junker und Scherer 1986, 2013) Bestandteil des naturwissenschaftlichen Unterrichts geworden ist – ein beachtlicher Erfolg der christlichen Anti-Darwin-Agenda (Junker und Hossfeld 2009, Kutschera 2013 a, 2015 a). Wie oben dargelegt, konnten auch die Dogmen der Gender-Ideologie im Schulunterricht verankert werden. In den nächsten Abschnitten wollen wir einige für den Hochschulbereich konzipierte Geschlechter-Thesen thematisieren.

## Gender-Ideologie *Made in Germany* als Scheinwissenschaft

In diesem Abschnitt sollen die Gender Studies in Deutschland angesprochen und auf ihren Ursprung zurückgeführt werden. In einem „Lehrbuch“ für Hochschulen mit dem Titel *Gender/Queer Studies. Eine Einführung* sind die Grundthesen dieser Weltanschauung wie folgt zusammengefasst (Degele 2008). Zunächst wird behauptet, die bedeutendste Entdeckung der Frauen- bzw. Geschlechterforschung sei die Unterscheidung zwischen Sex und Gender. Fakt ist jedoch, dass bereits der Pflanzenphysiologe Sachs (1868) und andere Biologen diese Differenzierung zwischen dem eigentlichen Sexualakt (Befruchtung) und der Geschlechterausbildung (männliche/weibliche Tiere bzw. Pflanzen) definiert haben (Abb. 1.5, 1.6), wie es z. B. in der Monographie von Bell (1982) im Detail dargelegt ist (es sei angemerkt, dass Degele 2008 und andere sogenannte Gender-Forscherinnen die biologische Sex-Definition ignorieren – ich habe in keiner ihrer Schriften die oben dargelegten biologischen Sachverhalte nachlesen können, ebenso wenig wie die international akzeptierten Definitionen des Psychologen Deaux 1985).

Des Weiteren führt Degele (2008) aus, dass im Rahmen der Gender Studies die Geschlechtscharaktere von Mann und Frau zurückgewiesen werden: Es sei falsch, dass man aus anatomischen Unterschieden weiblich-männliche Wesenseigenschaften ableiten könne (Abb. 1.8). Auf physiologisch-biochemisch-molekulare Zusammenhänge, die grundlegende Geschlechter-Verschiedenheiten belegen, gehen die Genderistinnen nicht ein (s. Kapitel 6, 7). Aus diesen Thesen abgeleitet, behauptet nun Degele (2008), die Geschlechterverhältnisse seien weder naturgegeben noch unveränderlich (somit können z. B. homoerotische Neigungen, als gewählter Lebensstil, an- oder aberzogen werden – in Übereinstimmung mit der menschenverachtenden Rassenpolitik in Russland sowie in afrikanischen Staaten, s. Nordling 2015). Das Ziel der Genderisierung der deutschen Bevölkerung sei es, eine Entnaturalisierung durchzuführen. Zitat: „Vermeintlich natürliches wie Geschlecht/Sexualität soll als sozial konstruiert gelten und demnach dekonstruiert werden“ (Degele 2008).

Diese Irrlehre basiert auf den folgenden Annahmen. Zunächst soll das „Dogma der Heteronormativität“ kritisiert werden, um dann die folgenden Tatsachen zu bekämpfen: 1. Menschsein soll nicht natürlicherweise zweigeschlechtlich organisiert und 2. die Heterosexualität soll nicht die naturgegebene (ausschließliche, essenzielle) unveränderbare Grundlage menschlicher Populationen sein. Diese „Annahme der Zweigeschlechtlichkeit als Naturtatsache“ soll somit in Frage gestellt und zurückgewiesen werden. Integriert in diese Gender-Ideologie *Made in Germany* ist die These, es gäbe nicht nur zwei Geschlechter (männlich/weiblich), sondern mindestens fünf davon: homoerotisch veranlagte Personen (bei Degele 2008 als „Homosexuelle“ deklariert) seien ebenso

Standard, wie bi-geschlechtliche Menschen (sogenannte „transsexuelle“ Personen) (s. Pekinger Beschlüsse, O’Leary 1997 und Kapitel 6).

Auf dieser dogmatischen Grundlage, die in diametralem Widerspruch zu den Erkenntnissen der Biologie steht (Abb. 1.8) bzw. die Biowissenschaften ignoriert/diskreditiert, soll nun z. B. die Gleichstellungspolitik oder die Prostitution analysiert sowie eine Naturwissenschaftskritik durchgeführt werden. Es sei hervorgehoben, dass, wie O’Leary (1997) bereits dargelegt hat, in der deutschen Gender-Ideologie eine inhaltliche Anknüpfung an „Marxismus und Ungleichheitstheorien“ thematisiert wird (Degele 2008). Im Zusammenhang mit den sogenannten Queer (d. h. Gay-Lesbian-Bi-Transsexual)-Studies wird das Gender-Konzept bezeichnenderweise als „para-wissenschaftliche“ Richtung umschrieben, wie das folgende Zitat belegt: „Die Queer Studies mischen seit einem guten Dutzend Jahren das akademische Parkett auf. Sie wollen keine ‚normale‘ wissenschaftliche Disziplin sein (noch weniger als die Gender Studies, die damit ohnehin schon Probleme haben), sondern vielmehr die etablierte gesellschaftliche Ordnung als zweigeschlechtlich und heterosexuell organisierte Zwangsveranstaltung auf den Kopf stellen – mit wissenschaftlichen Mitteln“ (Degele 2008).

Mit diesem Zitat wird deutlich, dass der Genderismus, unter den positiv besetzten Begriffen wie „Gender-„ bzw. „Queer-Studies“ verborgen, nichts anderes ist als eine pseudowissenschaftliche Ersatzreligion gewisser weiblicher, meist homoerotisch veranlagter, kinderloser Personen, die mit ihrem biologischen Frau-Sein Probleme haben – für diese Aktivitäten privilegierter Damen werden staatliche Gelder in Millionenhöhe verausgabt, was wahrlich eine fragwürdige Zukunftsinvestition darstellt (zur Ideologie des Sozial-Konstruktivismus, s. Kapitel 10).

Im letzten Abschnitt mit dem Titel „Was macht die Frau zur Frau und den Mann zum Mann? Geschlechterkonstruktionen über die Evolution“ behauptet Degele (2008), die Erkenntnisse der modernen Evolutionsbiologie seien „nur angeblich objektiv“ und daher zurückzuweisen. Zitat: „Gender in Science dekonstruiert den Objektivitätsmythos der Naturwissenschaften.“ Unter Anführung populärer Sachbücher (d. h. referierte Fachliteratur fehlt) wird, analog der Strategie der geistesverwandten deutschen Kreationisten Junker und Scherer (1986, 2013), gegen die

Erkenntnisse der Evolutionsforschung polemisiert, ohne die Inhalte des Kritisierten überhaupt dargestellt zu haben. Gender-Forscherinnen wie Degele (2008) sollten zunächst verstanden haben, was Evolutionsforscher an Erkenntnissen erarbeiten konnten. Die Tatsache, dass Degele (2008) z. B. von der „Gattung Mensch" (gemeint ist die Biospezies *Homo sapiens*) spricht, belegt das rudimentäre biologische Faktenwissen der Autorin. Wie die oben zitierte Dame ignorieren bzw. pervertieren auch Hark und Villa (2015) biologische Tatsachen – sie versuchen, eine Sicht von Mann und Frau zu konstruieren, ohne den evolutionären Hintergrund zur Kenntnis zu nehmen.

## Moneyismus als Grundlage der Gender-Weltanschauung

Wir haben uns in den obigen Ausführungen nur auf eine Quelle bezogen (Degele 2008). Dort wird der geistige Urvater der Gender-Theorie, der bereits erwähnte US-Psychologe und Erziehungswissenschaftler John Money sowie dessen Opfer, der künstlich zu einem Mädchen umgestaltete Bruce (David) Reimer (1965–2004, Suizid), nicht erwähnt. Die Autorin verweist allerdings auf sekundäre Quellen (d. h. populäre Bücher), wo der „Kriminalfall Money/Reimer" zitiert wird, und verschleiert diesen Zusammenhang mit dem Hinweis auf „klinische Studien". Nach Darlegung historischer und fachbiologischer Grundlagen (Kapitel 2 bis 7) werden wir in Kapitel 8 auf das menschenverachtende „Kleinkind-Experiment" zurückkommen und basierend auf diesen Befunden den Begriff „Moneyismus" in all seinen Spielarten vertiefend behandeln. Wie Abb. 1.10 zeigt, hat der US-Psychologe auf Grundlage von Studien „hermaphroditischer Menschen" (die es in der Realität zumindest in Europa nicht gibt) per Analogieschluss die These formuliert, dass Vertreter der Biospezies *Homo sapiens* als geschlechtsneutrale Wesen zur Welt kommen und erst ab dem zweiten Lebensjahr über Erziehungsmaßnahmen bzw. kulturelle Einflüsse in männliche bzw. weibliche Richtung erzogen werden. In einem Fachartikel legte Money (1985) dar, dass der biblische Schöpfergott seiner Interpretation gemäß ein Hermaphrodit sei.

Über die Schriften der US-Feministin Judith Butler (1990, 2004) und anderer „Frauen-Rechtlerinnen" ist diese These (Originalzitate s.

Abb. 1.10) zum Grundsatz der „Gender-Theorie“ geworden. Da Theorien jedoch auf reproduzierbaren Fakten basieren, möchte ich diesen Terminus in dem Zusammenhang nicht verwenden und anstelle dessen von „Gender-Ideologie“ (bzw. Genderismus) sprechen (d. h. eine Glaubenslehre, Details s. Kapitel 8).

Da, wie oben dargelegt, der im Wesentlichen von Soziologen verwendete Gender-Begriff bereits von der Biologie bzw. Psychologie besetzt ist (Bell 1982, Deaux 1985, Low 2000, Johnson 2013) und z. B. im Doppelwort „Gender-Biomedizin“ fortlebt, wollen wir zur Auflösung dieses Paradoxons die folgende klärende Terminologie einführen:

*Gender-Studies/Moneyismus* = Sozialwissenschaftlich begründete soziokulturelle Gender-Lehre des US-Psycho-Erziehers John Money, 1955 erstmals formuliert. Annahme einer geschlechtsneutralen Geburt mit nachfolgender Prägung in männliche bzw. weibliche Richtung, Gleichartigkeit von Mann und Frau, Grundlage der soziologischen Gender Studien bzw. der politischen Gender Mainstreaming (GM)-Vorgabe (irrationale, quasi-religiöse Frau-gleich-Mann-Ideologie, mit Früh-Sexualisierung der Kinder und Biologie-Kritik).

*Gender-Biomedizin/Forschungsagenda* = Ein auf den Erkenntnissen der Evolutionsbiologie basierendes logisch-rationales Konzept zur Ergründung geschlechter-spezifischer physiologisch-biochemischer Prozesse. Die 2014 endgültig etablierte Gender-Biomedizin (GB) wird auch in der Therapie eingesetzt, da sich Mann und Frau grundlegend voneinander unterscheiden, d. h. „verschiedenartige“ Mitglieder derselben Spezies repräsentieren (rationales Frau-ungleich-Mann-Konzept, basierend auf einem naturwissenschaftlichen, ideologiefreien Weltbild, ergebnisoffene Problemlösungs-Strategie).

Während der biophobe Moneyismus ein geschlossenes Dogmen-System bzw. eine Ersatzreligion (Ideologie) darstellt, ist die Gender-Biomedizin (GB) eine fakten-basierte naturwissenschaftliche Disziplin mit praktischer Anwendung (z. B. geschlechterspezifische Behandlung bestimmter Krankheiten).

Nachfolgend sollen zwei weitere Schriften aus der deutschen Gender-Sozialszene angeführt werden, um die oben zitierten Degele'schen Geschlechter-Thesen (Prinzip des Moneyismus) in ihrer Allgemeingültigkeit zu untermauern. In einem Buch mit dem Titel *Ein-*

*führung in die Gender Studies* schreibt die Autorin Schößler (2009), das Ziel dieser Bemühungen könne wie folgt zusammengefasst werden: „Die Gender Studies, die seit den 1990er Jahren an den deutschsprachigen Universitäten verstärkt Fuß fassen, setzen dasjenige Projekt fort, das feministische Ansätze seit den 1970er Jahren verfolgen: die Analyse und Kritik asymmetrischer Geschlechterverhältnisse." Ähnliche Ausführungen finden wir auch in einer populären Darstellung mit dem Titel *Frauen auf dem Sprung* von Allmendinger (2005). Die Autorin führt aus, dass Männer und Frauen grundsätzlich gleich sind und daher auch identische Aufgaben übernehmen können, wollen und sollen und auch die gleichen Rechte haben müssen. Die weiblichen und männlichen Verhaltensweisen würden durch herrschende Rollenvorstellungen in der Erziehung (Sozialisation) entstehen und werden als Gender (soziales Geschlecht) bezeichnet. Nach Allmendinger (2005) hat das biologische Geschlecht (Sex) keinen bestimmenden Einfluss auf das Verhalten des Menschen. Daher gäbe es keine biologisch vorbestimmten, natürlichen Eigenschaften bzgl. Mann und Frau; diese würden nur in der jeweiligen Gesellschaft konstruiert und sollten demnach dekonstruiert werden, um dem Ideal der Gleichheit gerecht zu werden (Allmendinger 2009, s. Unisex-Ideal, Abb. 1.1). Ergänzend sei auf die Monographie von Hark und Villa (2015) verwiesen, wo Gender als die „soziale Beschaffenheit von Geschlecht" definiert wird.

Alle genannten Autorinnen stimmen somit in ihrer Kernthese überein: Gemäß den Money'schen Dogmen (die sie nicht im Original anführen) werden Menschen angeblich als geschlechtsneutrale Säuger geboren und danach von der Gesellschaft entweder männlich oder weiblich geprägt (Repo 2016) (Glaubenssatz einer Gender-Entwicklungsrichtung ohne biologische Grundlage, verdeutlicht u. a. im Kunstwort „doing gender" – entscheide dich, ob du homo- oder heteroerotisch veranlagt sein möchtest, Abb. 1.10). Da diese irrationale Weltsicht mit dem fundamentalistischen Bibelglauben homologisiert werden kann, ist es angemessen, an dieser Stelle den Begriff *Moneyistischer Gender-Kreationismus* einzuführen.

**Fundamental-Dogma des Moneyismus:**

Menschen werden als geschlechtsneutrale Unisex-Babys geboren und sozio-kulturell zu Männern oder Frauen erzogen (Grundsatz der Gender-Ideologie)

Originalzitate:

- „Evidence of hermaphroditism: ... sexuality is undifferentiated at birth and ... becomes differentiated as masculine or feminine in the course of the various experiences of growing up." (1955)
- „Like hermaphrodites, all the human race follow the same pattern, namely, of psychosexual undifferentiation at birth." (1963)
- „Infant boys can, with surgery and hormone treatment, be turned into heterosexual woman." (1988)

**Abb. 1.10**: Die Leitprinzipien der Gender-Agenda wurden 1955 von dem US-Psychologen und Erziehungswissenschaftler John Money formuliert. Aus einer fehlgeleiteten „Hermaphroditismus-Analogie" schlussfolgerte er, wir würden als geschlechtsneutrale Unisex-Babys zur Welt kommen und erst später zu Mann bzw. Frau hin erzieherisch geprägt. Drei englische Original-Zitate dokumentieren die Kern-Thesen des Moneyismus, d. h. der ideologischen Grundlage soziologischer Gender Studies (Originalgrafik 2015).

## Humankapital Kind und die Macht-Gleichstellung der Frau

In diesen letzten Zeilen des einleitenden Kapitels soll verdeutlicht werden, dass die Gender-Agenda 1995, unter der Bezeichnung „Gender Mainstreaming" (GM), bereits in der realen Bundespolitik 2015 angekommen ist. Nach Dokumenten, die im Rahmen von Bildungsreformen von der Bundesregierung veröffentlicht worden sind, werden Frauen heute als „am schnellsten aktivierbare ungenutzte Potenziale für den Arbeitsmarkt" definiert. Das Ideal der kinderlosen (bzw. maximal Ein-

Kind)-Mann-Frau (Abb. 1.1) kommt in diesem Satz bespielhaft zum Ausdruck.

Leibliche Kinder, d. h. ungewünschte Nebenprodukte eines sorglosen erotischen Lebens, müssen als Belastungen des Daseins hingenommen werden. Kinder sind z. B. vom *Institut der Deutschen Wirtschaft* in Köln als ein mit ausreichendem „Humankapital" versehene Menschenmasse deklariert worden. In der Gender-Welt sollte „das Elter 1 u. 2" am besten gleich entmündigt werden, um dieses kindliche „Investitionsmaterial" in staatlichen Verwahranstalten unterzubringen und über die Sexualpädagogik der Vielfalt GM-gerecht zu formen. Diese „infantile Menschenmenge" soll dann später die „technologische Wettbewerbsfähigkeit" und Attraktivität für ausländische Investoren absichern, wobei staatliche Aufzuchtanstalten bzw. Kinder-Depots, nach der GM-Ideologie organisiert, als ideale Lösung angesehen werden (Ziel: Hervorbringung geschlechtsneutralisierter-anpassungsfähiger Arbeitskräfte, s. Abb. 1.4). Wie wir in Kapitel 8 noch im Detail erfahren werden, fühlen sich viele (gerade sensible) Kinder in derartigen Massenunterkünften mit militärisch vorgegebenen Zeitrahmen extrem unwohl, leiden unter Stress und können depressiv werden (Waisenhaus-Symptom). Weiterhin werden Schulen nicht länger als soziale Bildungseinrichtungen definiert – diese Institutionen sollen langsam aber sicher in „Dienstleistungsgesellschaften im Bereich der Bildung" umgebaut werden. In diesem Zusammenhang stehend wurde 2014 eine Bewegung junger Mütter in Frankreich, die mehr Zeit für die Betreuung ihrer Kinder eingefordert hatten und sich treffend als „Feministinnen" bezeichneten, hierzulande von den meist ohne Nachwuchs lebenden Kampf-Emanzen mit Spott und Verachtung belohnt. Das verwertbare „Humankapital Kind" ist in Deutschland aber, insbesondere wegen der Genderismus-Bewegung, ein sinkendes Schiff. Nach dem Motto: „Auf in die kinderlose, staatlich alimentierte Lebensabschnitts-Vergnügungspartner-Zukunft" wird blind-naiv vor sich hingelebt, unter maximaler Ausschöpfung aller Ressourcen, denn „mir soll es gut gehen, frei nach dem Bibel-Vers ‚nach uns die Sintflut'" (in diesem Kontext sei auf den Geburtenrückgang hingewiesen).

Wie oben erwähnt, wurden die Pekinger Beschlüsse 1995 offiziell in eine Resolution der Vereinten Nationen (UN) übernommen. Die Präambel der Charta dieser Vereinigung wurde 50 Jahre zuvor, am 26. Juni 1945, in San Francisco, Kalifornien (USA), unterzeichnet (Abb. 1.9). Dort steht der folgende Satz:

„Wir, die Völker der Vereinten Nationen – fest entschlossen, künftige Geschlechter von der Geißel des Krieges zu bewahren,... unseren Glauben an die Grundrechte des Menschen, an Würde und Wert der menschlichen Persönlichkeit, an die Gleichberechtigung von Mann und Frau sowie von allen Nationen,... haben beschlossen, in unserem Bemühen um die Erreichung dieser Ziele zusammenzuwirken."

Das Prinzip der Gleichberechtigung der Geschlechter (unter Berücksichtigung biologischer Unterschiede von Mann und Frau) ist somit in dieser 1945 in San Francisco unterzeichneten Präambel klar dargelegt (Deutsches Gleichberechtigungsgesetz 1958). Die exakt 50 Jahre später publizierte „Erklärung von Beijing" geht weit darüber hinaus. Unter Ignorierung biologischer Geschlechter-Verschiedenheiten wird dort in vielen Sätzen eine „Macht-Gleichstellung der Frau" gefordert aber in keiner Zeile auf die evolutionär herausgebildeten unterschiedlichen Interessen von Frauen und Männern eingegangen – die Autorinnen legen ihren Forderungen implizit das Moneyistische „Frau-gleich-Mann-Weltbild" zugrunde (Abb. 1.1) und offenbaren damit die radikalfeministische ideologische Basis ihrer absurden pseudowissenschaftlichen Thesen (Repo 2016).

*Fazit:* Gleichberechtigung (1945/1958) und Gleichstellung (1995) sind zwei grundlegend verschiedene Konzepte. Die rechtliche Gleichbehandlung von Mann und Frau ist logisch-rational begründbar, während die (Macht)-Gleichstellung von hypothetischen, gesellschaftlich geformten menschlichen Unisex-Individuen ausgeht (Abb. 1.1, 1.10), was den Erkenntnissen jahrzehntelanger biomedizinischer Forschungen widerspricht.

Im nächsten Kapitel werden wir auf die Leihmutterschafts-/Gender-Debatte im „Golden State" der Vereinigten Staaten zu sprechen kommen, um dann noch detaillierter in diese naturwissenschafts-feindliche Ideologie (bzw. staatlichen Ersatzreligion) vorzudringen.

# 2. Leihmutter-Menschenzucht, Gender-Kreationismus und die Ideologisierung der Biologie

Im Februar 2005 berichtete die linksliberale US-Tageszeitung *The New York Times* unter der Schlagzeile „Furor Lingers as Harvard Chief Gives Details of Talk on Women" über einen sich anbahnenden Skandal an der ältesten Elite-Universität der Welt in Cambridge, Massachusetts. In einer nicht öffentlichen Versammlung wurde der damalige Uni-Präsident Dr. Lawrence H. Summers gefragt, warum es denn an der Harvard University in den Bereichen Natur- und Ingenieurwissenschaften so wenig Frauen auf Professorenstellen gibt. Der erfahrende Stratege Summers antwortete sehr geschickt und indirekt in etwa wie folgt: „Meiner Theorie gemäß gibt es eine wesentlich höhere Zahl verheirateter Männer als Frauen, die bereit wären, 80 Stunden pro Woche zu arbeiten, um eine Spitzenposition zu erlangen." Im nächsten Satz erwähnte er, dass eine Rassen- und Geschlechter-Diskriminierung mit aller Macht bekämpft werden muss, aber, so Summers, diese Vorurteile würden nicht vollständig die geringe Zahl an Frauen unter Wissenschaftlern und Ingenieuren erklären. Der ehemalige Sekretär des *United States Treasury* verglich daraufhin die relativ niedrige Zahl von Frauen in den Natur- und Ingenieurwissenschaften mit den wenigen Katholiken im Investment-Banking, der geringen Zahl weißer US-Bürger in der nationalen Basketball-Association und den wenigen Juden, die als Farmer arbeiten (Summers entstammt einer jüdischen Akademiker-Familie). Abschließend betonte der Harvard-Boss, er wäre glücklich darüber, wenn seine Theorie, dass soziale Faktoren weniger verantwortlich seien als die „innere Bereitschaft zu Spitzenleistungen", durch nachfolgende Forschungen widerlegt werden könnten.

Diese privaten, nicht zur Veröffentlichung vorgesehenen Bemerkungen gelangten dann bald an entsprechende Medien, wo sie unter dem Stichwort „Harvard-Präsident verteidigt Frauen-Diskriminierung“ verbreitet wurden. Nach einer wochenlangen kontroversen Diskussion, in der immer wieder „Dr. Summers Glaube an angeborene Unterschiede zwischen den Geschlechtern“ als Ursache für den Mangel an Naturwissenschaftlerinnen betont worden ist, musste der Uni-Präsident im Juni 2006 zurücktreten. Nachdem dann sein Freund und Kollege Barack Obama im Jahr 2008 das US-Präsidentenamt übernehmen konnte, wurde Kollege Summers 2009 zum Direktor des Nationalen Ökonomierats berufen.

Dieser „Harvard-Frauenskandal“, auf den wir noch zurückkommen werden, wurde in der wissenschaftlichen Presse, z. B. in *Nature* und *Science*, ausführlich dargestellt und diskutiert (Hyde 2014). Auch an der konkurrierenden Elite-Uni an der Westküste der USA, der Stanford University in Palo Alto bei San Francisco/Kalifornien (Abb. 2.1), hat man die Thesen von Summers kontrovers diskutiert. In diesem Kapitel werden wir die „kalifornische Leihmutterschaft“ als integrale Komponente der Gender-Ideologie kennenlernen, die geschlechtergerechte Biomedizin thematisieren, meine Verstrickungen im Gender-Netzwerk ansprechen und Versuche, die Biowissenschaften geschlechterneutral umzugestalten, kommentieren.

## Stanford-Gender und Biomedizin: Eine paradoxe Verwirrung

Die am Rand des Silicon Valleys gelegene, nach dem einzigen, früh verstorbenen Sohn Leland jr. (1864–1884) des Ehepaars Stanford benannte Privat-Universität wirbt u. a. damit, dass sie, als Vorort der US-Metropole San Francisco, in einer der beliebtesten Regionen der USA lokalisiert ist (Abb. 2.1). Eine dort in Lehre und Forschung tätige Professorin wird von den deutschen Vertretern der Gender Studies seit Jahren als „Kronzeugin“ ihrer Weltanschauung angeführt. So zählt z. B. ein Buch der Wissenschaftshistorikerin Londa Schiebinger (1993) zur empfohlenen Lektüre all jener Frauen und Männer, die sich mit der Ideologie der Genderisten vertraut machen wollen. Außerdem hat sich die

**Abb. 2.1**: Logo der US-Tageszeitung „San Francisco Chronicle" – die Stimme der US-Westküste, im Jahr 1865 gegründet. In diesem Medium wurde 1976 ein Artikel veröffentlicht, in welchem eine Scheinmutterschaft (Surrogate Motherhood) beschrieben worden ist. Ein kalifornischer Anwalt mit persönlicher Bindung zur Metropole San Francisco (s. Wappen der Stadt) hat sich durch diesen Zeitungsbeitrag inspirieren lassen und Ende der 1970er Jahre das Scheinmutterschafts-Business gegründet.

Wissenschaftshistorikerin Schiebinger mit der Geschichte der Botanik befasst und u. a. eine Monographie zur Entdeckung exotischer Pflanzen publiziert.

Im „Weismann-Jahr 2014" überraschte die vermeintliche „Stanford-Genderfrau" ihre Leser mit einem Kommentar im Wissenschaftsmagazin *Nature*. Wie Schiebinger (2014) in diesem Kurzbeitrag darlegte, ist es unabdingbar, die Geschlechter-Unterschiede zwischen Mann und Frau in der Medizin zu berücksichtigen – nahezu alle Studien zur Wirkung von Medikamenten usw. wurden an männlichen Test-Tieren durchgeführt (in der Regel Labormäuse, die zu ca. 80 % mit Menschen genetisch übereinstimmen, s. Kutschera 2015 a). Gemäß der Moneyistischen „beide-Gender-sind-gleich-Lehre" haben Biomediziner über Jahrzehnte hinweg angenommen, dass es unerheblich sei, ob man Medikamente an männlichen oder weiblichen Versuchstieren (bzw. menschlichen Probanden) testet. Da in der Geschichte unserer Spezies immer schon die Männer herhalten mussten, sobald es ungemütlich wurde (schwere, gefährliche Arbeiten; Kriege mit männlichen Soldaten als Kanonenfutter usw.), war es selbstverständlich, dass die Männer „ran mussten". Weibliche Versuchstiere (bzw. Frauen) wurden verschont – sie sind ja so zart und feinfühlig, möglicherweise sogar schwanger. Schiebinger (2014) führte in ihrem Essay einige Beispiele zur Unterstützung ihrer These von einer geschlechtergerechten Biomedizin (Gender Medicine) an, z. B. in der Osteoporose-Analytik oder bei der Erforschung von Herzkrankheiten. Seit 2014 ist die Stanford-Professorin Direktorin des Projekts „Gendered Innovations in Science, Health and Medicine, Engineering and Environment". Diese Agenda basiert auf den Unterschieden der Geschlechter, d. h. der Gender-Begriff wird im Sinne der Biologie (Differenzen Mann/Frau) verwendet.

Diese Studien und Aktivitäten der angeblichen Gender-Theoretikerin Schiebinger (2014) belegen, dass man sorgfältig zwischen der Ideologie gemäß den „Beijing 1995-Agendistinnen" und der naturwissenschaftlich fundierten *Gender Medicine* unterscheiden muss. Die 2014 endgültig etablierte geschlechtergerechte Biomedizin hat in den letzten Jahren zu der Erkenntnis geführt, dass man auf Grundlage der erheblichen biologischen Unterschiede zwischen Männern und Frauen, die vom Genom bis zur Depression reichen (s. Kapitel 6 und 7), nicht von einem geschlechtsneutralen Einheitsmensch ausgehen kann. In den USA haben Biologen, in analoger Weise, schon vor Jahren erkannt, dass z. B. kaukasische (weiße) und afrikanische (dunkelhäutige) Männer bzw. Frauen bezüglich gewisser Medikationen unterschiedlich reagieren. Daher wird z. B. in Kalifornien die sogenannte Race-Based-Medicine diskutiert, ins Deutsche übersetzt „Rassenspezifische Heilkunde". In Deutschland wären derartige Studien, die höchsten wissenschaftlichen Standards genügen, verboten, da hier irrationale Strömungen stärker sind als vernünftige Erkenntnisse (man stelle sich vor, ein deutscher Mediziner würde sich als „Rassendoktor" präsentieren – der Nazi-Vorwurf käme sofort, ohne eine wissenschaftlich fundierte Begründung des Beschuldigten überhaupt zur Kenntnis zu nehmen). Wir werden in Kapiteln 7 und 10 den doppelten Gender-Begriff (ein Paradoxon) an weiteren Beispielen thematisieren. Nach diesen Darlegungen wollen wir ein kalifornisches Feministinnen-Thema ansprechen, welches auch in Deutschland aktuell ist.

**Abb. 2.2**: In San Francisco entstand während der 1970er Jahre eine einflussreiche Feministinnen-Szene, die sich für das Scheinmutterschafts-Gewerbe eingesetzt hat, sowie neue Comics. Das Bild zeigt die Ausgabe 1 des SF Comic Book von Gary Arlington.

## Genderistische Menschenzucht *Made in California* und die Vater-Frage

Anfang Januar 2015 hatte ich mich, nach mehreren Anfragen, mit der Problematik kalifornischer „Menschenzucht-Firmen" beschäftigt.

Da diese Thematik von Vertretern der Gender-Ideologie diskutiert und befürwortend vertreten wird, soll nachfolgend dieses Feministinnen-Lieblingsprojekt dargestellt werden. Im „Golden State der USA" vertritt man eine äußerst liberale Grundposition und begrüßt letztlich all das, was den hoch verschuldeten Staatshaushalt an der pazifischen Westküste entlastet: Auch fragwürdige Projekte werden akzeptiert, sofern sie noch mit dem amerikanischen Freiheits-Ideal in Einklang gebracht werden können und die leeren Staatskassen über Steuereinnahmen etwas füllen. Die Geschichte des „Leihmutter-Geschäftsmodells" kann wie folgt zusammengefasst werden. Im Jahr 1976 las ein kalifornischer Anwalt in der Tageszeitung *San Francisco Chronicle* (Abb. 2.1) den folgenden Bericht. Ein Mann hatte über eine Spermien-Übergabe und künstliche Befruchtung durch eine ihm bekannte Dame ein Baby kreieren lassen. In einer darauf folgenden Pressemitteilung wurde der Schlüsselbegriff „Surrogate Mother" geprägt. In Primatenversuchen hatten Verhaltensforscher die Frage analysiert, wie sich neugeborene Äffchen verhalten, nachdem sie anstelle bei ihrer leiblichen Mutter bei einer ausgestopften Affen-Puppe untergebracht sind. Diese „Scheinmutter" (Surrogate Mother) diente als ein „Surrogat" für den lebendigen Körper einer Primatin, die gerade ein Baby zur Welt gebracht hatte (biologische Mutter). Die Resultate bestätigten die Tatsache, dass eine lebendige leibliche Mutter nicht durch Surrogate ersetzbar ist.

Der kalifornische Anwalt, dessen Ehefrau unfruchtbar war, beschaffte sich nach genau dieser Methode ein leibliches Kind und in diesem Zusammenhang erfuhr der Rechtsgelehrte eine wahre „Erleuchtung": Als Attorney war ihm klar, dass man ganz einfach Verträge mit Pseudo-Müttern und Wunsch-Vätern abschließen kann, um damit den Großteil des zu bezahlenden „Muttergeldes" selbst einstreichen zu können. Nach diesem Prinzip ist dann das äußerst lukrative Business der künstlichen Menschenzucht über Scheinmutterschaften hervorgegangen.

Wie Annas (1997) darlegt, entbrannten jedoch in den USA diesbezüglich kontroverse Diskussionen, die bis heute nicht abgeschlossen sind. Im Jahr 2000 gab es in den USA ca. 1.000 „surrogate births", d. h. Ersatzgeburten, wobei die Zahl vermutlich bis heute in ähnlicher Größenordnung geblieben ist. Nachdem dann Ende der 1970er Hippie-

Jahre (Abb. 2.2) diese Form der Baby-Produktion bekanntgeworden ist, haben sich sofort Feministinnen der kalifornischen Gay-Lesbian-Vereinigungen der Sache angenommen; noch heute gehört die Scheinmutterschaft zum Kernstück der Gender-Ideologie. Es sei in diesem Zusammenhang angemerkt, dass in den USA Kinderlosigkeit als Mangel bzw. Defizit gilt: Das Hinterlassen von Nachkommen ist in der US-Gesellschaft noch immer Bestandteil eines normalen Lebens. Auf dieser Grundlage kann das Aufkommen der Scheinmutter-Bewegung teilweise erklärt werden. Ganz anders verhält sich die Situation in Deutschland: Selbst Spitzenpolitiker können als Kinderlose ein Land in „die Zukunft" führen, und das Leben ohne Kinder wird hier als „*Life Style*-Entscheidung" bezeichnet (biologisch betrachtet ist dies ein trauriger „*Dead Style*").

Da mir die entsprechenden kalifornischen Surrogacy-Unternehmen aus erster Hand bekannt sind (u. a. Diskussionsveranstaltungen in Palo Alto/Stanford University), habe ich am 8. Januar 2015 unter der Schlagzeile „Leihmutterschaft: Frauenfeindliche Menschenzucht" den nachfolgend geringfügig abgeänderten *Kommentar* im Online-Journal *Humanistischen Pressedienst* (hpd) publiziert.

*Zusammenfassung*: Am 10. Dezember 2014 hat der Bundesgerichtshof (BGH) eine kalifornische Gerichtsentscheidung zur „Leihmutterschaft" anerkannt: Zwei homosexuelle Männer aus Berlin, die durch eine Spermien-Spende, einen anonymen Eizellen-Kauf sowie über eine angemietete „Surrogate mother" ein künstlich erzeugtes Kind erworben haben, wurden als rechtliche Eltern anerkannt (Eintrag im Geburtsregister). Die biologischen Grundlagen dieser kommerziellen Menschenzucht sind nachfolgend dargestellt und aus ethischer Sicht bewertet.

*Haupttext*: Nur wenige Wochen nach dem 100. Todestag des Urvaters der „Sex-Forschung" August Weismann (dessen Leben und Werk in Kapitel 5 dargestellt ist) hat ein deutsches Gericht (BGH) einen Text mit problematischem Inhalt veröffentlicht. Seit Jahren ist in Kalifornien die Schein-Mutterschaft (Surrogate motherhood) ein lukratives Geschäftsmodell, das mit der freizügigen US-Weltanschauung in Einklang steht. So bietet z. B. die Firma *West Coast Surrogacy (Agency)* in verschiedenen kalifornischen Städten (Abb. 2.3) die folgenden Dienstleistungen an:

Surrogate mothers erhalten für einen erfolgreichen Gebärvorgang (Implantation einer befruchteten Eizelle ohne genetische Verwandtschaft mit dem Mutterkörper) ein Honorar zwischen 20.000 und 40.000 US$, während die Kunden („Eltern“) pro Baby zwischen 60.000 und 120.000 US$ zu bezahlen haben. Diese Fakten belegen, dass im Wesentlichen die Baby-Produktions-Agenturen (bzw. deren Anwälte) sehr gut verdienen, während die angemieteten Mutterkörper recht bescheiden entlohnt werden (Hakim 2011).

Ein homosexuelles Paar aus Berlin hatte 2010 mit einer Surrogate Mother aus Kalifornien einen Vertrag abgeschlossen, um über eine Spermien-Spende einer der beiden Männer sowie eine käuflich erworbene Eizelle einer anonymen Frau im Reagenzglas eine Zygote kreieren zu lassen, die dann im Körper einer Schein-Mutter entwickelt, ernährt und 2011 zur Welt gebracht worden ist. Nach kalifornischem Recht sind die männlichen Kunden dieser frischen Menschen-Ware die rechtlichen Eltern, da es sich um ein in den USA legales *Homo sapiens*-Zuchtprodukt handelt. Nach deutschem Recht sind „Leih-Mutterschaften“ verboten (Bachinger 2015). Aus naturwissenschaftlicher Sicht bemerkenswert, wird von unseren Juristen als „Mutter eines Kindes jene Frau angenommen, die es geboren hat“ (§ 1591 BGB). Nachfolgend möchte ich diesen Sachverhalt „im Lichte der Biologie“ klarstellen.

Wie aus Lehrbuch-Darstellungen hervorgeht, werden bei Säugetieren, wie Mäusen und Menschen, als Eltern (Mutter/Vater) jene Individuen definiert, die Eizellen- bzw. Spermien-Lieferanten waren (Johnson 2013, Kutschera 2015 a). Die Eizelle und das Spermium steuern bei der Zeugung jeweils einen einfachen (haploiden) Chromosomensatz bei und es entsteht in der Zygote ein diploider Chromosomensatz, der zu je 50 % von der Mutter und dem Vater stammt. Darüber hinaus enthält die weibliche Eizelle sämtliche Mitochondrien für das zukünftige Kind. Das Erbgut (DNA) stammt somit bzgl. des chromosomalen Kern-Genoms je zur Hälfte von der Eizelle und dem Spermium, während die relativ große weibliche Keimzelle außerdem noch das mitochondriale Genom (mt-DNA) liefert (s. Abb. 1.8, S. 42). Unabhängig davon, ob die entstandene befruchtete Eizelle (Zygote) von einer leiblichen oder einer Ersatz-Mutter ausgetragen wird, sind die Eltern immer die Keimzellen-Lieferanten (bei genetischen Abstammungstests wird das Kern- bzw.

**Abb. 2.3**: Drei Wahrzeichen der Westküsten-Metropole San Francisco, Kalifornien, USA: Die Golden Gate Bridge, das Scheinmutterschafts-Business (Firmenlogo der West Coast Surrogacy) und die berühmte gute Küche. Die aus Anzeigen zusammengestellte Grafik soll verdeutlichen, dass es in Kalifornien nicht nur Sehenswürdigkeiten und gutes Essen, sondern auch eine florierende Baby-Produktionsindustrie gibt.

mt-Genom der Eltern analysiert, während der weibliche Ernährungs- bzw. Gebärapparat nicht erfasst wird).

Im BGH-Text steht geschrieben, dass nach deutschem Recht „der Lebenspartner, der die Vaterschaft anerkennt, der rechtliche Vater des Kindes“ sei; als rechtliche Mutter gilt die gebärende „Leih-Mutter“ – eine den biologischen Fakten widersprechende Behauptung. Die genetische Mutter (Eizellen-Spenderin) wird komplett ignoriert, nur der Spermien-Lieferant (Mann) zählt – er wird als „mit dem Kind genetisch verwandt“ bezeichnet. Fakt ist jedoch, dass Eizellen- wie Spermien-Produzenten zu je 50 % mit dem Kind genetisch weitgehend identisch sind, wobei die leibliche Chromosomen-Mutter zusätzlich über die Eizelle das lebensnotwendige mt-Genom einbringt (Stichworte: eukaryotischer Zellstoffwechsel, ATP-Produktion, mitochondriale Erbkrankheiten); der bakterielle Erst-Besatz des weitgehend steril geborenen Babys wird von dem austragenden Mutter-Körper bereitgestellt (Kutschera 2007 b).

Die im BGH-Schreiben dargelegte, einer antiquierten Männerdenkweise entstammenden Sicht des menschlichen Reproduktionsvorgangs ist zutiefst frauenverachtend: Feministen-Verbände sollten dagegen protestieren, da in dieser Vor-Darwin'schen Gedankenwelt die genetische Abstammung eines Menschen nur über den Vater definiert wird. Frauen sind gemäß dieser pseudowissenschaftlichen Biopolitik anonyme, genetisch tote Eizellen-Spenderinnen bzw. zum Gebären angemietete, rechtlose Legehennen.

Wir wollen zum Berliner „Zwei-Männer-Elternpaar" zurückkommen. Wie der BGH-Text enthüllt, kam das Kind im Mai 2011 in Kalifornien zur Welt; bereits im Juni reisten die „Wunscheltern" mit ihrem Zucht-Baby nach Deutschland. Bei Menschen u. a. Säugetieren (Mammalia) gehört aber das Stillen (Brust-Ernährung) zum natürlichen Verhaltensmuster, da die Muttermilch nicht nur der Ernährung dient, sondern auch das Immunsystem des Babys aufbaut. Im Tier- und Menschenreich ist darüber hinaus die Mutter-Kind-Bindung die stärkste Assoziation, die es überhaupt gibt – „Mama" = Mutter = Säugevorgang! Offensichtlich sollte das künstlich hergestellte Baby nach dem Abwerfen durch die gefühlskalte Gebärmaschine vom Aufbau einer natürlichen Mutter-Baby-Bindung abgehalten werden: Das ist eine eklatante Grund- und Menschenrechtsverletzung des Kindes sowie der kalifornischen Miet-Mutter. Weiterhin wird das Baby auf die Stimme der Mutter geprägt, aber in diesem Fall dieser intimen Beziehung gewaltsam entrissen.

Im Berliner Geburtenregister sind nun zwei Männer, d. h. der Spermien-Lieferant (Vater) sowie ein genetisch fremder Lebenspartner als „Eltern" eingetragen, aber die beiden Mütter, d. h. die echte, genetische Eizellen-Mama 1 und die austragende, vom Säugevorgang abgehaltene Pseudo-Mama 2, fehlen (eine Adoption durch den „Vater 2" wäre eine vertretbare Lösung gewesen). Spätestens in der Schule beginnen aber die Probleme: Das Kind wird nach seiner Mutter gefragt werden – was soll es antworten? Was wird z. B. bei einer Heirat in der Abstammungsurkunde stehen? Wie soll ein Familienstammbaum dargestellt werden?

Abschließend sei vermerkt, dass die Berliner Leihmutter-Geschichte in zahlreichen Medien (FAZ-, Spiegel-, und Focus-online usw.) kommentiert wurde, aber die hier dargestellten biologischen Fakten fehlen in diesen Berichten.

Nachdem dieser auf wissenschaftlichen Erkenntnissen basierende

Artikel über den hpd veröffentlicht war, setzte eine genderistische Protestwelle (Shitstorm) ein, die ich, unter Verweis auf einige Zitate, folgendermaßen kommentieren möchte:

*Einwand 1:* „Als Frau finde ich es ganz, ganz furchtbar, wie der Autor von mir als Frau spricht, dass er meint, er wäre auf der Frauenrechsseite, toppt das Ganze. Mutterschaft auf das Stillen zu beschränken (Frauen, die nicht stillen, sind wohl auch keine Mütter) und auf die genetische Gemeinsamkeit mit dem Kind, ist ziemlich herablassend."

*Antwort:* Die o. g. kalifornischen Firmen nutzen in der Regel die Geldnot armer Frauen aus (oft aus Mexiko stammend), die ihren Körper vermieten, um wohlhabenden Paaren einen Wunsch zu erfüllen. Da die angemietete Ersatz-Mutter das Kind sofort nach der Geburt abgeben muss, handele es sich eindeutig um eine menschenverachtende, frauenfeindliche Ausbeutung (Prostitution). Bei Kälbern bleibt das Neugeborene natürlicherweise mindestens 3 Monate lang bei der Mutter. In Zuchtanstalten entfernt man das Baby-Kälbchen sofort von dieser austragenden Kuh, um die Verwertung der Zuchtware zu optimieren (Gewinn-Maximierung).

*Einwand 2:* „Wird das Kind nach der biologischen Mutter gefragt, berichtet es einfach, dass es diese nicht kennt. Ein Schaden muss das nicht sein... Zur Familienstammbaum-Forschung möchte ich sagen, dass sie abseits medizinischer Gründe für mich einen rassistischen Beigeschmack zu haben scheint."

*Antwort:* Einem Menschen nicht zu sagen, wer die leibliche Mutter bzw. der Vater ist, obwohl man diese Informationen besitzt, ist eine eklatante Verletzung grundlegender Persönlichkeitsrechte. Weiterhin sei vermerkt, dass Familien, die ihre Herkunft über eine Stammbaum-Rekonstruktion ergründen, in keinster Weise mit dem Begriff „Rassismus" in Verbindung gebracht werden sollten. Rassisten behaupten, es gäbe überlegene und minderwertige ethnische Menschengruppen, was den Erkenntnissen der Evolutionsforschung widerspricht. Alle heute existierenden Populationen der Biospezies *Homo sapiens* sind, biologisch betrachtet, gleichwertige Produkte der Humanevolution.

*Einwand 3:* „Einen solch unsachlichen, polemischen, eigentlich sogar demagogischen Artikel, der anstatt einen biologischen Sachverhalt für den Laien informativ darzustellen oder zu analysieren sicherlich viele Menschen beleidigt, hätte ich auf einer religiösen Hardliner-Seite erwartet, aber nicht auf einer an wissenschaftlichen Grundkriterien orientierten humanistischen Webseite.“

*Antwort:* In dem Beitrag werden ausschließlich biologische Zusammenhänge aus der Sicht unseres aktuellen Wissens dargelegt, einschließlich der Tatsache, dass die weibliche Eizelle neben dem Kern-Genom auch noch die Mitochondrien (Kraftwerke der Zelle), nebst mtDNA, für die nächste Generation liefert. Beleidigt können höchstens die kalifornischen Menschenzucht-Betreiber sein, deren ausbeuterisches Verhalten, zum Wohle reicher Möchtegern-Eltern, angeprangert wird. Wie Bachinger (2015) darlegt, wirbt eine Klinik in Kiew (Ukraine) mit dem folgenden Slogan: „Discount! Best Deal! 9.900 €, unlimitierte Versuche, Rückzahlung bei negativem Ergebnis!“ Des Weiteren wird u. a. das „29.000-€-Inklusiv-Leihmutterschaftspaket“ angeboten. Meine Aussage, es handele sich hierbei um eine moralisch verwerfliche Menschenzucht, wird durch diese Werbesprüche nochmals bestätigt. Ich vermute, dass viele meiner Kritiker die zentralen Argumente, auf die reproduktionsbiologischen Unterschiede von Mann und Frau abhebend, nicht verstanden haben. In Kapitel 1 sind diese Befunde, mit Grafiken verständlich gemacht, in einem größeren Zusammenhang dargestellt.

Zusammenfassend zeigen diese und ähnliche Kommentare, dass offensichtlich grundlegende Prinzipien der Evolutions- und Reproduktions-Biologie vielen Personen, die über derartige Dinge ihre Meinung verbreiten, unklar sind. Diese Beobachtung passt zu dem Befund, dass seit 2013 (dem Jahr, als in den Biowissenschaften der 100. Todestag von A. R. Wallace begangen worden ist) das Fach Biologie an deutschen Gymnasien immer mehr in den Hintergrund gedrängt wird bzw. in die Sozialkunde verschoben werden soll. Die Konsequenzen dieser Geringschätzung der „Leitwissenschaft des 21. Jahrhunderts“ kommen in den oben zitierten Aussagen exemplarisch zum Ausdruck.

## Anti-Leihmutterschafts-Kampagne in der *Emma*

Als Ergänzung zum kalifornischen Menschenzucht-Projekt sei auf ein Ereignis, das am 19. Mai 2015 in verschiedenen Pressemitteilungen verbreitet worden ist, hingewiesen. In diesem Fallbeispiel wurden notleidende Frauen in Nepal dazu überredet, nach schweren Erdbeben (wie z. B. vom 25. April 2015) ihren Körper als Leihmutter zu vermieten, um damit ihr eigenes Überleben zu ermöglichen. Medienberichten zufolge wurden mehrere künstlich erzeugte Babys, die Jahre zuvor in Nepal produziert worden sind, an homosexuelle Männer aus Israel verkauft. Da die Frauen die Sprache ihrer Herrscher nicht verstehen und in völliger Armut leben, ist der Begriff „Leihschwangerschafts-Prostitution" angemessen, weil der Körper dieser bedauernswerten Scheinmütter als reine Gebärmaschinen ausgenutzt worden sind. In unserer derzeitigen, materiell übersättigten westlichen Kultur bahnt sich ein „Recht auf ein Kind" an. Dieses Anspruchsdenken, verbunden mit einer mittelalterlichen „Wir-haben-das-Geld-Überheblichkeit", wie sie nur in den schlimmsten Auswüchsen aus früheren Zeiten bekannt ist, wird der Scheinmutterschafts-Babyhandel betrieben, so z. B. in Kalifornien (Abb. 2.1, 2.2), Indien oder Nepal (Bachinger 2015). Kinderlose Paare (ca. 15 % der Population sind aus biologischen Gründen unfruchtbar) könnten z. B. ein Kleinkind adoptieren, das bereits auf der Welt ist, aber seine biologischen Eltern verloren hat bzw. ausgesetzt worden ist. Die oben beschriebenen Schein-Mutterschaften sind vorgetäuschte „eigene Kindes-Produktionen", wobei die generierten Nachkommen genauso wenig mit einem „Pseudo-Elter" erblich verwandt sind wie Adoptivkinder.

Am 26. Juni 2015 erhielt ich per Post von der *Emma*-Herausgeberin Alice Schwarzer ein Freiexemplar ihres Feministinnen-Journals, Ausgabe 321/Juli/August 2015. Auf den Seiten 6 und 7 zitierte mich Frau Schwarzer in einem Editorial unter dem Titel „Leihmutter? Geht gar nicht! Warum ich den Appell gegen Leihmutterschaft unterzeichnet habe". Abgesehen von einigen missverständlichen Formulierungen, die Humanbiologie betreffend, argumentierte Schwarzer unter Verweis auf das BGH-Urteil vom 10. Dezember 2014 logisch konsistent und verweist auf das Kutschera-Zitat „frauenfeindliche Menschenzucht". Besonders erfreulich für mich war Schwarzers Vermerk, dass die Pro-Leihmutterschafts-Fraktion im Wesentlichen mit der deutschen Gender/Queer-Gruppierung übereinstimmt: All diese Gleichstellungs-/Feministinnen-Vereinigungen argumentieren, jeder hätte ein Recht auf ein Kind – das Surrogate Mother-Prinzip ist somit eine Komponente des Moneyismus. Schwarzer widerspricht dieser Ansicht und plädiert dafür, über eine politische Aktion im Jahr 2016 die geplante Legalisierung der Leihmutterschaft in Europa zu verhindern. Wie aus dem *Emma*-Editorial von Frau Schwarzer weiterhin hervorgeht, soll es derzeit in Deutschland etwa 150 Leihmütter-Kinder geben, international schätzt man die Zahl auf über 10.000, mit einer steigenden Tendenz. Ich habe mich daraufhin bei Frau Schwarzer für die Zusendung des Freiexemplars der *Emma* bedankt und ihr viel Erfolg bzgl. ihrer geplanten politischen Aktion gewünscht.

Mit den meisten anderen Artikeln in der *Emma* stimme ich aber nicht überein; so wird z. B. in einem ausführlichen Beitrag der alte Mythos kinderloser Kampf-Emanzen verbreitet, in der Steinzeit hätten stillende Mütter, ein Baby am Körper tragend, gemeinsam mit den Männern mit Waffen in der Hand wilde Tiere gejagt. Diese Behauptung steht im Widerspruch zu den Erkenntnissen der evolutionären Anthropologie. Weiterhin werden in der *Emma*, Ausgabe Juli/August 2015, Frauen vorgestellt, die es bereut hätten, Mutter geworden zu sein. Auch Frau Schwarzer begründet, warum sie glücklich darüber ist, niemals ein Kind zur Welt gebracht zu haben – eine absurde, egomanische „nach-mir-die-Sintflut-Ideologie“. Nach diesem Bericht verfasste ich einen weiteren hpd-Kommentar zu einem damals aktuellen BGH-Urteil.

## Retortenbabys: Mittelalterliche Männerdominanz

Der nachfolgende Aufsatz, der sich inhaltlich-logisch an den Retortenbaby-Beitrag anschließt, wurde vom *hpd* nicht zum Druck angenommen, da er offensichtlich ungewünschte Passagen enthält.

*Zusammenfassung:* Am 28. Januar 2015 hat der BGH entschieden, dass Kinder ein Recht darauf haben, den Namen ihres biologischen Vaters zu erfahren. Mit diesem Urteil wird der Spermien-Lieferant als Erzeuger anerkannt, während bei der Leihmutterschaft die Eizellen-Spenderin, d. h. die biologische Mutter, ignoriert wird – eine unakzeptable Frauen-Diskriminierung.

*Haupttext:* Biologen unterscheiden seit Darwins Zeiten zwischen den Verbreitungseinheiten der Blütenpflanzen (d. h. Samen, bestehend aus einem Embryo, dem Nährgewebe und einer Schutzhülle) sowie den männlichen Gameten, Spermien genannt. Diese mit einem einfachen Chromosomensatz versehenen (haploiden) Geschlechtszellen sind das männliche Gegenstück zur befruchtungsfähigen weiblichen Eizelle. Diese trägt, im Gegensatz zu den Spermien, neben der Kern-DNA auch das mitochondriale (mt) Erbgut – über die große Eizelle wird somit mehr genetische Information in die nächste Generation eingebracht als über die kleinen Spermien: Die diploide Zygote trägt neben den beiden haploiden Eltern-Genomen zusätzlich das mt-Erbgut der Mutter (Stichwort: Mitochondrien-Eva, Kutschera 2015 a).

Begrüßenswert ist, dass der BGH künstlich hergestellten Kindern mit bekannter Mutter zugesteht, den Spermien-Bereitsteller kennen zu dürfen (was eigentlich eine Selbstverständlichkeit ist). Die BGH-Juristen belegen jedoch mit jedem neuen Urteil ihre Ignoranz biologischer Sachverhalte: Sie verwechseln Keimzellen (d. h. Gameten), die es im Tier- und Pflanzenreich gibt, mit den Verbreitungseinheiten (d. h. Samen) der Gewächse und kennen offensichtlich nicht das mitochondriale Genom. Bei dem Leihmutterschafts-Business wird, wie bereits dargelegt, die Abstammung des Menschen ausschließlich über die männliche Linie definiert: Die „anonyme Eizell-Spenderin", d. h. die biologische Mutter, wird ausgeklammert, als wäre sie ein austauschbares, käufliches Warenhausprodukt.

Diese BGH-Urteile zeigen, dass wir im Deutschland 2015 leider noch immer, bezüglich der allgemeinen Kenntnis biologischer Sachverhalte, im Vor-Darwin'schen Mittelalter leben: Damals dachten unsere biblisch-theologisch geschulten Herrscher, der Mann sei das Maß aller Dinge und Frauen seien beliebig austauschbare, rechtlose „Reproduktionsmaschinen" (Stichwort: Homunkulus – im Spermium sitzt das Mini-Baby). Dieser evolutionsbiologische Analphabetismus hat sich in unserem Land bis heute in vielen Kreisen (insbesondere unter Soziologen und manchen Geisteswissenschaftlern) erhalten.

Der oben wiedergegebene kritische Beitrag wurde von der *hpd*-Redaktion zurückgewiesen, vermutlich, weil zu viele „biologistische" Bemerkungen aufgenommen waren. Ich vertrete dennoch die oben zusammengetragenen Thesen und bin der Ansicht, dass die Ignoranz bzw. das Kleinreden der Biologie als Schlüsselwissenschaft entscheidend daran mitverantwortlich ist, dass die Moneyistische Gender-Ideologie inzwischen in Deutschland weit verbreitet ist.

## Alters-Scheinmutterschaft ohne Verwandtschaftsgrad

Im Zusammenhang mit der feministischen „Ich-will-aber-ein-Kind-Ideologie" soll nachfolgend eine Pressemitteilung vom 23. Mai 2015 kommentiert werden. Unter der Überschrift „Erneut Mutter geworden: Annegret R. aus Berlin" wurde der folgende Fall popularisiert. Eine 65-jährige Frau, die bereits 13 leibliche Kinder zur Welt gebracht und aufgezogen hat, wünschte sich im Alter nochmals „eigenen Nachwuchs". Medienberichten zufolge hat sich die kinderliebe deutsche Frau in der Ukraine Embryonen, die aus Eizellen und Spermien anonymer Spender (d. h. der genetischen Mutter und dem biologischen Vater) in den Uterus einpflanzen lassen. Um sicher zu sein, dass wenigstens eines der fremden Embryonen im Mutterleib anwachsen und ernährt werden kann, wurden mehrere Embryos eingepflanzt. Nach einer als „Mehrlingsschwangerschaft" bezeichneten Austrage- und Ernährungsperiode kamen in der 26. Schwangerschaftswoche vier lebende Frühchen zur Welt. Medienberichten zufolge soll bei der 65-jährigen Frau eine Milchproduktion eingesetzt haben, was jedoch angezweifelt werden muss (für vier Babys reicht die angebliche Post-Menopause-Muttermilch mit Sicherheit nicht aus). Unter erheblichem medizinischen Einsatz wurden die vier Fremdlinge, die mit der Mutter nicht verwandt sind, am Leben erhalten.

Wie bereits erwähnt, wurde die 65-jährige Berlinerin als „weltweit älteste Mutter" in der Presse gefeiert. Dieser Sachverhalt ist unzutreffend. Die genetisch/biologischen Eltern (d. h. Eizell- bzw. Spermien-Spender) sind unbekannt, und der Körper der älteren Frau fungierte lediglich als Austrage-Apparat (Ernährungs- und Geburtsfunktion über Kaiserschnitt). Daher ist der Ausdruck „Legehenne" zutreffend, da weder die biologischen Eltern bekannt sind noch der weibliche Ernährungs-Körper in irgendeiner Weise mit den vier bedauernswerten Menschenwesen in Verbindung steht. Diese biologischen Fakten werden in der deutschen Öffentlichkeit nicht zur Kenntnis genommen, da offensichtlich eine naturwissenschaftliche Denk- und Arbeitsweise wenig verbreitet ist (zur Erinnerung: nach deutschem Recht ist die „Mutter" immer jene Frau, die das Kind ausgetragen hat). Die Mehrlingsschwangerschaft wurde ironischerweise über einen „Mutterpass" dokumentiert, was absurd ist. Biologen wissen seit Jahrzehnten, dass (bei natürlicher Zeugung) im Mutterleib eine enge Mutter-Kind-Bindung besteht und daher derartige Reproduktions-Experimente auf Kosten unschuldiger Kinder in jeder Beziehung eklatante Menschenrechts-Verletzungen darstellen. Sobald die Vierlinge etwas größer sind und nach leiblicher Mutter und Vater fragen, beginnen Probleme, die sich jeder denkende Mensch selbst ausmalen kann. Sollte die Berliner Menschenzüchterin ihren Fremdlingen vermitteln, sie wären „eigene Kinder", so wäre diese Falschaussage in keiner Weise zu rechtfertigen und als weiterer Beweis des Egoismus der „kinderlieben Scheinmutter" zu bewerten.

Diese für manche Leser als „hart" bzw. „verurteilend" klingende Schlussfolgerung wird durch eine mit den Berliner Vierlings-Zuchtfall stehende Pressemitteilung vom 13. Juni 2015 unterstützt. Unter der Überschrift „Vaterlose Kinder des Krieges" wurde berichtet, dass nach 1945 mindestens 200.000 Kinder, die von alliierten Soldaten erzeugt worden sind, in Deutschland zur Welt kamen. Die betroffenen Menschen wurden u. a. im Amtsdeutsch als „Kriegsschadensfall" bezeichnet, oft wurden sie auch als „Russenkinder" klassifiziert. In der Geburtsurkunde steht in den meisten Fällen „Vater unbekannt", was gemäß der Gender-Ideologie 2015 unproblematisch ist. Dennoch wurde auf einer internationalen Tagung in Hannover im Juni 2015 unter der Überschrift „Vaterlos und ausgegrenzt?" dieses Thema aufgearbeitet. Keineswegs ist es den heute im sechsten Lebensjahrzehnt stehenden Frauen und Männern gleichgültig, wer ihr biologischer Vater ist. Nach verschiedenen Studien fühlen sich diese „Besatzungskinder" bis heute diskriminiert bzw. psychisch geschädigt. Über aufwendige Suchaktionen bemühen sich diese Menschen, ihre biologischen Wurzeln, d. h. ihren leiblichen Vater, zu finden. Diese Problematik wurde in einer Publikation zusammenfassend dargestellt (Behlau 2015) und belegt, dass der Moneyistische Gender-Glaube an einen wurzellosen Einheitsmenschen absurd ist.

Im nächsten Abschnitt werden wir meine Bewertung der Gender-Ideologie kennenlernen. Mit diesem publizierten Text wurde meine

Creationism in Germany

AAAS 2015 ANNUAL MEETING
INNOVATIONS, INFORMATION, AND IMAGING

*Friday, 13 February 2015: 10:00 AM-11:30 AM*
*Room LL21B (San Jose Convention Center)*

***Ulrich Kutschera***, *University of Kassel, Kassel, Germany*

2015 AAAS Annual Meeting, 12 – 16 February 2015 in San Jose, California, USA
Session ID number/title: 9654, Creationism in Europe
Abstract
**Creationism in Germany**
Ulrich Kutschera, University of Kassel, Kassel, Germany. e-mail kut@uni-kassel.de

AK EVOLUTIONSBIOLOGIE

The difference between biologists and creationists is that the former assess theories by how well they fit empirical data, whereas the latter (i.e. Biblical literalists) evaluate facts by how good they can be incorporated into their theistic ideology. The second way of thinking is the core principle of an influential creationist group in Germany, the evangelical "Studiengemeinschaft Wort und Wissen" (Study Community Word and Knowledge, W+W). Founded in 1979 by the theologian and engineer Horst W. Beck (1933 –2014), W+W expanded ever since, with a creationist textbook in its 7th. edition, a "scientific" journal (Studium Integrale Journal), two attractive web pages (www.wortundwissen.de, www.genesisnet.info), and a strong lobby among Christian academics throughout Germany. W+W promotes a kind of "theo-biology" that can be labeled as "Young Earth-Intelligent Design-Creationism", with the Genesis-inspired "Basic Types of Life" as central dogma. In this presentation, I summarize the origin and evolution of W+W, with special reference to their flagship "Evolution – a critical textbook", authored by Reinhard Junker and Sigfried Scherer (1986; 7th. ed. 2013). This colorful monograph is sponsored/distributed by the publisher Ulrich Weyel, a member of the "German Evangelical Alliance". The "critical textbook" has been translated into several European languages and is used by biology teachers in ca. 100 "Bekenntnisschulen" (faith schools) that are supported by the German government. Finally, I will address the "open dialogue 2014" between W+W and the "Arbeitskreis (AK) Evolutionsbiologie" (Association of Evolutionary Biologists, www.evolutionsbiologen.de), which documents that these evangelical Anti-Darwinists adhere to a Bible-based pseudoscience, that has no place in biology classes.

**Abb. 2.4**: Eine durch den „Wallace-Fisch" ergänzte Zusammenfassung des öffentlichen US-Vortrags U. Kutschera: Kreationismus in Deutschland. Der Abstract wurde von der AAAS 2014/15 weltweit verbreitet.

mit biologischen Sachargumenten geführte öffentliche Gender-Debatte 2015 eröffnet.

## Universitäre Pseudowissenschaft: Humanistische Zensur 2015

Am Montag, den 13. April 2015, hat der *hpd* den nachfolgenden Kommentar publiziert, der innerhalb weniger Stunden im Internet eine weite Verbreitung gefunden hat. Mein Text wurde ca. 24 Std. später vom Server genommen. Hier folgt die nachkorrigierte Urversion:

*Zusammenfassung:* Vor zwei Monaten (Freitag, 13. Februar 2015) fand auf dem AAAS Annual Meeting in San Jose, Kalifornien (USA) ein Symposium zum Thema „Creationism in Europe" statt. Hierbei wurde neben der deutschen Anti-Darwin-Bewegung auch der damit geistesverwandte Genderismus thematisiert.

*Haupttext:* Die 1848 gegründete *American Association for the Advancement of Science* (AAAS) veranstaltet ein jährliches, internationales Wissenschaftlertreffen (Annual Meeting), das jeweils in einer größeren Stadt durchgeführt wird und bis zu 2000 Redner umfasst. Bereits 2007 wurde auf dem AAAS Annual Meeting in San Francisco, CA (Abb. 2.1, 2.3), das Thema „Is Anti-Evolutionism spreading in Europe?“ diskutiert, wobei mir damals die Aufgabe übertragen worden war, über die deutsche Anti-Evo-Bewegung zu referieren. In einer anschließenden Pressekonferenz wurden die „Invited Speakers“ gebeten, Vorschläge zur Eindämmung der wissenschaftsfeindlichen Kreationisten-Propaganda zu unterbreiten. Meine Anregung, den Begriff „Darwinismus“ durch „Evolutionsbiologie“ zu ersetzen, wurde positiv aufgenommen, in einem 2008-*Science*-Artikel vertiefend begründet und ist inzwischen zum Lehrbuchwissen herangereift (Kutschera 2013 a, b; 2015 a).

Im „Weismann-Jahr 2014“ wurde von den Organisatoren des AAAS Annual Meeting 2015 ein Symposium zum Thema „Creationism in Europe“ geplant, bei dem auch das mit dem deutschen *Arbeitskreis (AK) Evolutionsbiologie* kooperierende *US National Center for Science Education* (NCSE) (Oakland, CA) beteiligt war. Die von zahlreichen Journalisten besuchte Vortragsveranstaltung führte zu einer lebhaften Diskussion, wobei meine Information, dass die evangelikale *Studiengemeinschaft Wort und Wissen* (Sg. W+W) über ihr Mitglied Prof. Siegfried Scherer die universitäre Webpage der TU München benutzt, um die pseudowissenschaftliche „Grundtypen-Biologie“ zu bewerben, mit Erstaunen zur Kenntnis genommen wurde (Zusammenfassung des Vortrages, s. Abb. 2.4). In einem am 7. April 2015 von der US-Journalistin Nala Rogers (Science Communication Program, UC Santa Cruz, CA) publizierten Interview mit dem Titel „Ulrich Kutschera, evolutionary biologist“ sind u. a. Details zur kreationistischen Unterwanderung des deutschen Biologieunterrichts dargelegt (s. u.).

In der nur informell geführten Diskussion zum „Genderismus in Europa“ wurde klar, dass diese fundamentalistische Anti-Darwin-Ideologie dieselben Wurzeln hat wie der wörtlich verstandene biblische Schöpfungsglaube (Kreationismus). Moneyistische Gender-Vertreter glauben, dass das „soziale Geschlecht“ des Menschen, d. h. die Maskulinität und Femininität (Mann- bzw. Frau-Sein) unabhängig vom biologischen Geschlecht (XY- bzw. XX-Chromosomensatz, Testosteron- bzw. Estrogen-Pegel usw.) zum Ausdruck kommt und als „gesellschaftliches Konstrukt“ interpretiert werden kann. Eine faktenbasierte, naturwissenschaftliche Analyse dieses destruktiven, quasi-religiösen Glaubens steht derzeit noch aus, aber eine Schlussfolgerung kann definitiv gezogen werden: „Nichts in den Geisteswissenschaften ergibt einen Sinn, außer im Lichte der Biologie“.

Die Diskussion in San Jose, CA, führte zum folgenden Konsens: Evolutionsbiologen sollten den Genderismus, eine universitäre Pseudowissenschaft, die den deutschen Steuerzahler jährlich viele Millionen Euro kostet (ProfessorInnen-Stellen für inhaltsleere Gender-Studien usw.), mit demselben Ernst analysieren und sachlich widerlegen wie den damit geistesverwandten Kreationismus.

Nur wenige Stunden nach der Rücknahme des Artikels durch den *hpd* („Zugriff verweigert“) wurde mein Beitrag im Internet auf zahlreichen Plattformen verbreitet. Am wirkungsvollsten war die Veröffentlichung auf den Webseiten der „Ruhrbarone“ und der „Evidenz-basierten Wissenschaft“, mit positiven und negativen Kommentaren, die weiter unten thematisiert werden.

## Exkurs: Kreationistische Ideologie contra Evolution

Wie im zensierten *hpd*-Beitrag kurz erwähnt, wurde das AAAS 2015-Symposium zum Thema „Kreationismus in Europa“ (Abb. 2.4) von einer informellen Diskussion zur Genderismus-Problematik begleitet. Da der Zeitrahmen für das Symposium eng gesetzt worden ist, konnte das Gender-Thema nicht offiziell angesprochen werden. Nach Abschluss der Kreationismus-Diskussion fand dann allerdings eine rege Debatte zur Gender-Problematik statt, an der Biologen und Historiker aus Deutschland, Dänemark und den USA beteiligt waren. Alle Diskutanten vertraten die Ansicht, dass der „Gender-Kreationismus“ als fehlgeleitete, anti-naturwissenschaftliche Ideologie ein wachsendes Problem darstellt und endlich von wissenschaftlich geschulten Denkern aufgegriffen und inhaltlich bewertet werden sollte. Mein nachfolgend abgedrucktes Interview zum AAAS-Symposium bezog sich dann ausschließlich auf den Kreationismus in Deutschland. Die US-Journalistin Nala Rogers hat unser mehrstündiges Gespräch vor dem Tagungsgebäude in San Jose aufgezeichnet und in einen populären Aufsatz integriert. Dieser wurde unter der Überschrift „Ulrich Kutschera, Evolutionary Biologist" zunächst über die *UC Santa Cruz* und dann vom NCSE sowie der amerikanischen *Richard Dawkins Foundation* (Washington) im englischen Original weltweit verbreitet. Hier folgt eine geringfügig abgewandelte deutsche Version. Die Ausführungen sollen dazu dienen, die Kreationismus-Problematik besser zu verstehen, um auf dieser Grundlage die Strategien der Gender-Ideologen verdeutlichen zu können.

*Titel*: „Junge-Erde-Kreationisten verbreiten in Europa ihre Pseudowissenschaft. Der deutsche Evolutionsbiologe Prof. Ulrich Kutschera widerspricht ihren Behauptungen". Ein Interview von Nala Rogers (University of California, Santa Cruz, USA/7. April 2015).

*Haupttext*: Im Jahr 2000 behauptete der Paläontologe Stephen Jay Gould (1941–2002), der Kreationismus sei weitgehend eine „lokale, indigene amerikanische Absonderlichkeit". In letzter Zeit hat die Junge-Erde-Bewegung jedoch in ganz Europa an Einfluss gewonnen. Eine Gruppe europäischer Wissenschaftler beschäftigte sich mit dieser Entwicklung in dem Buch *Creationism in Europe*, das im vergangenen Jahr erschienen ist (Blanke et al. 2014).

Das auf Deutschland bezogene Kapitel dieses Buches schrieb U. Kutschera, der auch Gastwissenschaftler am Carnegie Institut der Stanford University ist. Der Autor beschreibt darin, wie eine deutsche Gruppe namens *Studiengemeinschaft Wort und Wissen* (Sg. W+W) ihre kreationistische Botschaft verbreitet.

Die Sg. W+W lehrt, der biblische Gott habe vor etwa 10.000 Jahren eine kleine Anzahl von „Grundtypen des Lebens" erschaffen, und diese Typen hätten sich rasch in alle heutigen Spezies weiter entwickelt. Kutschera schildert, dass die Studiengemeinschaft elegant entworfene Bücher, Zeitschriften und Websites anfertigt. Ihre Flaggschiff-Publikation *Evolution – ein kritisches Lehrbuch* (Junker und Scherer 2013) wurde ins Italienische, Portugiesische und in weitere Sprachen übersetzt, und Schüler in über hundert Bekenntnisschulen befassen sich heute mit diesem Text. Kutschera befürchtet, dass diese Zahl im Anstieg begriffen ist.

Noch immer akzeptieren die meisten Deutschen die Evolution. Die Hochglanzbroschüren der Sg. W+W und ihre wissenschaftlich klingende Sprache überzeugen aber immer mehr Menschen, unter anderem auch Lehrkräfte und Entscheidungsträger, wie Kutschera erklärt. Auf der Konferenz zum Thema Kreationismus in Europa, organisiert von der AAAS in San Jose, Kalifornien (USA), war Kutschera, wie auch einige andere Co-Autoren des Buches *Creationism in Europe*, im Februar 2015 als Gastredner vertreten. Anschließend gab er Nala Rogers vom SciCom (Science Communication Program, University of California) folgendes Interview.

*N. Rogers: Was können Sie mir von der Studiengemeinschaft W+W berichten?*

U. Kutschera: Die Studiengemeinschaft ist Teil der evangelikalen Bewegung in Deutschland. Sie wurde 1979 von Theologen und anderen Akademikern gegründet, jedoch ohne Beteiligung sachkundiger Biologen. Siegfried Scherer (einer der bekanntesten Mitglieder von W+W) ist davon überzeugt, dass nicht die Evolution, sondern der Kreationismus wahr ist, und dass der biblische Gott vor 10.000 Jahren alle Lebewesen erschaffen hat. Scherer hat eine einflussreiche, staatlich geförderte Stelle an einer wichtigen Universität, der Technischen Universität (TU) München, inne. Er hat mehrere Preise für seine wissenschaftliche Lehrtätigkeit erhalten und verbreitet unter dem Namen dieser Universität seine Version des „Intelligenten Design" und Junge-Erde-Kreationismus. Meiner Ansicht nach ist das nicht akzeptabel.

*N. Rogers: Warum sollten Kreationisten wie Scherer denn nicht Biologieprofessoren sein?*

U. Kutschera: Ich möchte Ihnen das einmal so erklären: Vor zehn Jahren gab ich der christlichen Zeitung *Chrismon* in Deutschland ein Interview, der Journalist war Theologe. Ich versuchte ihn davon zu überzeugen, dass es nicht in Ordnung ist, wenn ein Professor, der mit öffentlichen Geldern dafür bezahlt wird, Biologie zu unterrichten, über seine Institution auch Kreationismus verbreitet. Der Journalist verstand meine Haltung nicht. Dann fragte ich ihn: „Was würden Sie mit einem Theologen machen, der von der Kirche bezahlt wird, und der sagt, es gibt keinen Gott?“ Er sagte: „Wir würden ihn entlassen.“ Und ich antwortete: „Jetzt verstehen Sie mich“.

*N. Rogers: Was genau meinen Sie, wenn Sie den Begriff „Kreationismus“ verwenden?*

U. Kutschera: Ich habe eine präzise Definition. Kreationismus ist das Bestreben, alle Lebensformen, die heute existieren, auf Basis der biblischen Schöpfungsgeschichte zu interpretieren. Vor ein paar Wochen erst erklärte mir Reinhard Junker (einer der Autoren von *Evolution – ein kritisches Lehrbuch*), dass für ihn die Bibel als Wort Gottes wahr ist und im Prinzip wie ein Biologielehrbuch zu lesen sei.

*N. Rogers: In Creationism in Europe schreiben Sie und die anderen Beitragenden, dass Europa früher relativ unbehelligt vom Kreationismus war. Wie unterscheidet sich das, was Sie heute in Deutschland beobachten, von dem, was die Menschen glaubten, bevor Darwin 1859 sein Buch „Die Entstehung der Arten“ veröffentlicht hat?*

U. Kutschera: Im Unterschied zum Kreationismus des 19. Jahrhunderts verbreitet die Sg. W+W keine primitive, auf der Bibel beruhende „biologische Predigt“. Die Studiengemeinschaft versucht, die Öffentlichkeit – und insbesondere Schulkinder – davon zu überzeugen, dass die Makroevolution (Bauplan-Transformationen im Verlauf der Jahrmillionen) nicht bewiesen ist. Sie definiert sich als wissenschaftliche Organisation und bedient sich der Sprache der Evolutionsbiologie, um für eine pseudowissenschaftliche Weltsicht zu werben. Die W+W-Strategen gehen sogar so weit zu behaupten, der biblische Schöpfer habe „polyvalente Stammformen“ geschaffen – eine alternative Bezeichnung für die sogenannten „Grundtypen“. Für Lehrer oder Schüler klingt das nach Wissenschaft. Einem Nicht-Spezialisten ist es fast nicht möglich zu erkennen, dass dies reiner Unsinn ist, und das ärgert mich.

*N. Rogers: Sie sind beruflich erfolgreich als internationaler Wissenschaftler und Biologieprofessor und veröffentlichen trotzdem Artikel sowie Bücher gegen den Kreationismus. Sie betreiben sogar einen YouTube-Kanal. Warum wenden Sie Zeit für diese Dinge auf?*

U. Kutschera: Ich sehe das als eine Art Hobby. Es ist Teil meiner Agenda, die sich dem Verständnis der Öffentlichkeit für die Wissenschaft widmet (Public Understanding of Science). Ich muss jedoch gestehen, dass ich mich manchmal bei der Beschäftigung mit den Argumenten der Sg. W+W dazu inspirieren lasse, noch präziser über die Evolution zu unterrichten und zu schreiben, da manche der Argumente (des Kreationismus) nicht dumm sind. Ihre Anti-Evo-Thesen sind mitunter recht durchdacht. Dadurch schärft man seinen Intellekt und kann die Evolution besser verteidigen – nicht als Theorie, sondern als naturgegebene Tatsache.

*N. Rogers: Andere Biologen sagen, die Evolution sei eine wissenschaftliche Theorie, aber Wissenschaftler verwenden das Wort „Theorie" anders als die Öffentlichkeit. Für Biologen ist eine „Theorie" eine Reihe prüfbarer Hypothesen, die von umfangreichen Belegen gestützt werden.*

U. Kutschera: Das ist absolut richtig. Aber ein durchschnittlicher Mensch wird sagen: „In Ordnung, die Evolution ist eine wissenschaftliche Theorie. Die Studiengemeinschaft behauptet, dass das Konzept der ‚Grundtypen des Lebens' auch eine brauchbare wissenschaftliche Theorie darstellt." Ein Laie ohne wissenschaftliches Hintergrundwissen ist verwirrt. Wer hat Recht? Der die Evolution bejahende Atheist oder der die Evolution ablehnende, gläubige Theist? Aus diesem Grund argumentiere ich genau umgekehrt. Ich würde zu einem Kreationisten niemals sagen, dass die Evolution eine Theorie ist; manche Strategen argumentieren, das „Intelligent Design" sei ebenfalls eine Theorie. Die Evolution ist eine Tatsache. Nur jene Individuen innerhalb variabler Populationen, die Nachkommen hinterlassen, werden in der nächsten Generation vertreten sein. Daher gibt es eine unermesslich lange Abstammungslinie der Lebewesen, mit Modifikationen, bis hin zu den ersten Organismen der Erde. Unser Planet hat sich im Verlauf der vergangenen 4,6 Milliarden Jahre seiner Geschichte kontinuierlich verändert (Erdplatten-Dynamik), und Organismen mussten sich anpassen oder sind ausgestorben.

*N. Rogers: Sie bezeichnen Ihre Tätigkeit gegen den Kreationismus als Hobby. Warum ist sie dann überhaupt wichtig?*

U. Kutschera: Ich möchte Ihnen erklären, warum Kreationismus in Deutschland ein Problem ist. Ein Schüler, etwa im Alter von 14 Jahren, soll für die Schule etwas zum Thema Makroevolution, rudimentäre Organe oder zu einem anderen Thema der Evolutionsbiologie schreiben. Der durchschnittliche Schüler verwendet dann das Internet (kalifornische Suchmaschine *Google*), und beim ersten Suchergebnis stößt er auf Argumente gegen Makroevolution. Und dieser Schüler findet dann die bunt-ansprechend gestaltete Website der Sg. W+W, weil diese vier Vollzeit-„Prediger" beschäftigt, die das Internet mit ihrer biblischen Pseudo-Biologie infiltrieren. Sogar Studenten in meinen Evolutionsbiologie-Kursen an der Universität Kassel verweisen manchmal auf im Internet entdeckte Informationen, die aus Propagandamaterial der Studiengemeinschaft bestehen. Im Wesentlichen kann man sagen, dass sich in Deutschland das Thema Evolution in der Hand einer kleinen, aber einflussreichen religiösen Sekte befindet – diese hat das nötige Geld und Personal. Die Studiengemeinschaft W+W veröffentlicht Zeitschriften, die wie echte wissenschaftliche Journale aussehen. Aber sie sind voll von kreationistischem Unsinn, wie etwa dem Glauben an eine junge Erde.

*N. Rogers: Sollten Schüler nicht Zugang zu allen Argumenten haben, um ihre eigenen Entscheidungen treffen zu können?*

U. Kutschera: Zweifellos hat die Sg. W+W das Recht, ihre Propaganda zu verbreiten. Das ist die Redefreiheit, bzw. die Freiheit zur unzensierten Meinungsäußerung. Das Problem ist, dass es in Deutschland nur wenige Evolutionsbiologen gibt, und die meisten von ihnen sind auf enge Gebiete spezialisiert. Sie ignorieren die Studiengemeinschaft oder behaupten feige, das Thema Kreationismus ginge sie nichts an.

Im Grunde gibt es zwei Parallelwelten. Auf der einen Seite existieren die Propagandisten der Sg. W+W und auf der anderen die Biologen an den Universitäten, die zu ganz spezifischen Themen publizieren. Leider bringt kaum jemand sachliche Einwände gegen den Unsinn der Studiengemeinschaft vor. Aber es ist mein Hobby dieses zu tun, und das macht mir viel Freude. Diese Aktivitäten haben meine Karriere als internationaler Wissenschaftler sogar gefördert (z. B. zwei Einladungen als Invited Speaker auf die AAAS 2007 und 2015-Annual Meetings in San Francisco bzw. San Jose mit Vorträgen zum Thema Kreationismus in Deutschland) – ich bin den Schöpfungsgläubigen dafür dankbar.

*N. Rogers: Ich verstehe Ihre Einwände gegen den Kreationismus im naturwissenschaftlichen Unterricht. Was ist aber mit den Menschen, die an die biblische Schöpfung glauben und nicht versuchen, sich in den Biologieunterricht einzumischen?*

U. Kutschera: Die katholische und die evangelische Kirche, die zwei großen Konfessionen in Deutschland, behaupten, dass sie „alle Tatsachen, die Biologen in ihren Zeitschriften publiziert haben, akzeptieren, jedoch daran glauben, dass ihr biblischer Gott im Hintergrund aktiv ist." Das ist das Konzept der theistischen Evolution, sinngemäß zusammengefasst: „Wir akzeptieren die Evolution, aber Gott ist für das Resultat verantwortlich." Wenn man jedoch mit herkömmlichen Theologen über die theistische Evolution diskutiert, findet man schnell heraus, dass ihr Theos sehr schwach ist. Er ist ein hoch verdünnter Gott, ohne große Wirkung. Kreationistische Evangelikale wie Reinhard Junker sagen hingegen: „Mein Gott ist der Gestalter. Er erschuf uns, und überall in der Natur sehe ich sein Design." Das ist eine klare Aussage, unvereinbar mit der Tatsache der Makroevolution.

*N. Rogers: Sie sind also einverstanden mit dem Konzept eines „Gottes im Hintergrund"?*

U. Kutschera: Nein, absolut nicht. Meiner Ansicht nach ist das Konzept einer theistischen Evolution sogar noch schizophrener als die ehrliche Interpretation der Bibel, wie sie die Studiengemeinschaft W+W vornimmt. Ihre Ideologen sagen einfach: „Die Bibel hat Recht und Makroevolution hat nicht stattgefunden." Die theistische Evolution, für die der Papst und mit ihm die katholische Kirche eintritt, ist, wie ich meine, eine Mischung aus Wissenschaft und irrationalem religiösen Glauben. Warum ließ es der „Gott im Hintergrund" zu, dass 99 Prozent aller angeblich von ihm erschaffenen Tier- und Pflanzenarten wieder ausgestorben sind? Wo sind die erschaffenen Dinosaurier heute, und warum sind wir Menschen die destruktivsten Säugetiere auf Erden?

Ich finde, dass die naturalistische Evolution die einzig vernünftige Weltsicht ist und die Menschheit nur überleben kann, wenn mehr Wissenschaftler aus ihren Laboren heraustreten und die Öffentlichkeit und Politiker davon überzeugen. Nur wenn sich die Wissenschaft durchsetzt, können wir den Klimawandel umkehren und die wachsende Menschheit ernähren, etwa mithilfe gentechnisch verbesserter Pflanzen. Religiöse Überzeugungen sollten in den Kirchen bleiben und nicht in wissenschaftliches Denken eingehen.

*N. Rogers: Wie unterscheiden sich die USA von Deutschland in Bezug auf kreationistische Bewegungen?*

U. Kutschera: In Deutschland gibt es Ethik- oder Religionsunterricht. Hier in den USA (Abb. 2.1 bis 2.3) darf aufgrund der amerikanischen Verfassung Religion in öffentlichen Schulen nicht unterrichtet werden. Wenn man Religionsunterricht in Schulen nicht erlaubt, bleiben diese irrationalen Überzeugungen eine unkontrollierte Privatangelegenheit. In den USA versuchen Kreationisten, ihre religiösen Dogmen in den Biologieunterricht einzuschleusen, weil es ihnen nicht gestattet ist, im Fach Ethik Religion zu unterrichten. Es wäre besser für die USA, christlichen Religionsunterricht in öffentlichen Schulen zuzulassen, wie es auch in Deutschland und anderen europäischen Ländern der Fall ist.

*N. Rogers: Was würden Sie jemandem antworten, der behauptet, dass wir die Idee der Studiengemeinschaft W+W von den „Grundtypen des Lebens" und rascher Mikroevolution als eine Art Kompromiss akzeptieren sollten, um Wissenschaft und Religion zu vereinen?*

U. Kutschera: Tatsache ist, dass es sich nicht um Wissenschaft handelt, sondern um biblische Dogmen. Es gibt keine empirischen Beweise für die Erschaffung von „Grundtypen des Lebens". Und es existieren ebenso wenig Belege für die von W+W geglaubte Hochgeschwindigkeits-Mikroevolution (angebliche Entstehung aller Lebensformen innerhalb von ca. 10.000 Jahren aus den „intelligent geplanten Grundtypen"). Die europaweite Verbreitung dieser wissenschaftsfeindlichen „Theo-Biologie" muss verhindert werden, denn Wissenschaft und Glaube sollte man nicht verwechseln bzw. miteinander vermischen.

*N. Rogers: Vielen Dank für diese Darlegungen.*

Die hier vorgetragenen Argumente gegen die Thesen der Kreationisten können, in abgewandelter Form, auch zur Widerlegung der Gender-Ideologie angeführt werden. Das Feministinnen-Dogma einer angeblichen „biologisch und sozialen Gleichheit der Geschlechter" entspricht, per Analogieschluss, den „erschaffenen Grundtypen" des Lebens (Junker und Scherer 1986, 2013). Wir werden, ergänzend zu den Ausführungen in Kapitel 1, weiter unten eine vergleichende Analyse des Schöpfungs- bzw. Gender-Glaubens vornehmen und die oben getroffenen Aussagen vertiefend begründen.

## Proteste gegen U. Kutschera und das *hpd*-Rechtfertigungsschreiben

Nachdem am 13. April 2015 der *hpd* meinen Kommentar mit dem Titel „Universitäre Pseudowissenschaft“ publiziert hatte, gab es Proteste von zwei Seiten: Zum einen haben sich Humanisten, die der Genderismus-Ideologie nahestehen, beschwert und diesen Beitrag als nicht der *hpd*-Linie entsprechend kritisiert. Wie oben dargelegt, hat sich die Redaktion daraufhin entschlossen, die Publikation des kontroversen Artikels rückgängig zu machen. Man möchte sich in Zukunft mit der Genderismus-Problematik auseinandersetzen, was eine akzeptable Strategie und Lösung der „U. Kutschera-/*hpd*-Kontroverse“ sei, so wurde argumentiert. Als Termin hatten wir den September 2015 vereinbart. In diesem Monat wurde dann von der Berliner Tageszeitung *Der Tagesspiegel* eine Pro-Gender-Artikelserie publiziert, auf die wir in Kapitel 9 und 10 zurückkommen werden.

Zeitgleich mit der U. Kutschera/*hpd*-Kontroverse hat sich die evangelikale *Studiengemeinschaft Wort und Wissen* (W+W) bei der Journalistin Nala Rogers (UC Santa Cruz, USA) darüber beschwert, dass U. Kutschera im April 2015-Interview einige Dinge nicht korrekt dargestellt hätte. So wurde z. B. von R. Junker behauptet, S. Scherer wäre kein Gründungsmitglied gewesen und R. Junker würde die Bibel nicht so wörtlich nehmen, wie im Interview dargestellt. Weiterhin sagte R. Junker, sein Kollege S. Scherer hätte niemals die Internetseite der TU München dazu benutzt, W+W-Thesen zu verbreiten: Am 22.04.2015 waren aber in der Scherer-Rubrik „Taxonomy and evolution“ unter den Publikations-Nummern 1., 21. die „erschaffenen Grundtypen“ dargestellt; Artikel, veröffentlicht im W+W-Sektenblatt *Studium Integrale Journal*, wurden als wiss. Publikationen ausgewiesen (z. B. Nr. 27. und 33.): Das ist ein unakzeptabler Missbrauch universitärer Einrichtungen zur Verbreitung christlich-fundamentalistischer Glaubensinhalte (Blancke et al. 2014, Junker und Hossfeld 2009, Kutschera 2004, 2007 a, 2013 a, 2015 a).

Nachdem der Chefredakteur des *US Science Communication Programs* die von U. Kutschera eingebrachten Gegenargumente überprüft hatte, wurde am 21.04.2015 eine geringfügig korrigierte Version des Interviews N. Rogers/U. Kutschera veröffentlicht: Im ersten Abschnitt der nachgebesserten Version wurde ein Satz verändert, alles andere ist so geblieben wie in der Urversion vom 7. April 2015. Soviel zur Kritik aus dem Lager der Kreationisten. Wie reagierte der humanistische Pressedienst?

Am 2. Juni 2015 veröffentlichte der Chef-Herausgeber Frank Nicolai unter der Überschrift „In eigener Sache" eine Klarstellung. Als Titelzeile hat man das Kürzel „Ulrich Kutschera, der *hpd* und die Zensur" gewählt, um sich bei seinen Lesern für das Löschen des Genderismus-kritischen Beitrags vom 13. April 2015 (Universitäre Pseudowissenschaft) zu rechtfertigen. Ein Motiv war die Veröffentlichung eines Gender-kritischen Beitrags des Biologie-Didaktikers Hans-Peter Klein, der unter dem Titel „Heldenhafte Spermien und wachgeküsste Eizellen" am 30.05.2015 in der *Frankfurter Allgemeinen Zeitung* (FAZ) erschienen ist. Fazit des Autors: „Die ‚Gender Studies' haben Fachbereiche und Schulfächer fest im Griff. Kritik ist unerwünscht. Wer aufbegehrt, wird – mindestens – als ‚reaktionär' bezeichnet. Die genderorientierten Curricula halten aber wissenschaftlichen Ansprüchen keineswegs stand" (Klein 2015). Dieser exzellente Beitrag wird auch im *hpd*-Rechtfertigungsbeitrag zitiert. Aus dem Text: Der *hpd* vertritt die Ansicht, dass die Rollen und Methoden der Geschlechterforschung komplex seien. Diese stehe mitsamt ihrer normativen und politischen Implikationen im Spannungsverhältnis der Natur- und Sozialwissenschaften. Die Redaktion des *hpd* habe den Anspruch, dieser Komplexität gerecht zu werden. Da man plane, verschiedene Debattenbeiträge zu veröffentlichen, wurde vorab eine Rezension von U. Kutschera, die ursprünglich unter der Überschrift „Universitäre Paramedizin" eingereicht worden ist, publiziert.

Da in dieser Buchbesprechung meine Position zur Gender-Problematik nochmals auf den Punkt gebracht worden ist, folgt anschließend dieser Text, eine Rezension des Werks von Graf und Lammers (2015), veröffentlicht am 2. Juni 2015 unter der Überschrift „Anders heilen?".

*Zusammenfassung*: Was haben der Kreationismus, die Astrologie und die Homöopathie gemeinsam? Mit dieser spannenden Frage beschäftigen sich neun Autoren in einem lesenswerten Sammelband mit dem Titel „Anders heilen? Wo die Alternativmedizin irrt“.

*Haupttext*: Es ist wenig bekannt, dass sich der britische Naturforscher Charles Darwin (1809–1882) nicht nur gegen die spiritistischen Verirrungen seines Kollegen Alfred Russel Wallace (1823–1913) ausgesprochen hat (Kutschera 2013 a), sondern auch Hellseherei und Homöopathie als unsinnige Bemühungen gläubiger Menschen kennzeichnete. Mit einem treffenden diesbezüglichen Zitat beginnt das von Dittmar Graf und Christoph Lammers (2015) herausgegebene Buch, das einen weiten Bogen spannt: Am Anfang steht eine präzise Darstellung der Frage, was Para- und Pseudowissenschaften sind (Martin Mahner), und am Ende greift Colin Goldner die alternative Tierheilkunde auf. Als zentrales Leitthema zieht sich die von Samuel Hahnemann (1755–1843) erfundene Homöopathie wie ein roter Faden durch das spannende Buch. Diese Irrlehre kann in dem folgenden, im *Sceptical Inquirer* von U. Kutschera publizierten Satz charakterisiert werden: „Nichts, in reinem Wasser gelöst, wirkt besser als reines Wasser, in dem nichts gelöst ist.“

Geistesverwandt mit der Hahnemann’schen Esoterik ist die von Rudolf Steiner (1861–1925) kreierte anthroposophische Medizin, die, als Geheimwissenschaft, nur bestimmten erleuchteten Personen zugänglich sein soll. In einem Kapitel zur „anthroposophischen Heilkunst“ wird dieser Themenkomplex kompetent und anschaulich abgehandelt. Auch die heute wieder aktuelle Impf-Kritik, die auf Alfred Russel Wallaces Kampagnen im 19. Jahrhunderts zurückgeführt werden kann, ist faktenreich und kompetent dargestellt. Wallace hat die Impf-Probleme seiner Zeit erkannt und die damaligen Gefahren (d. h. drastische Nebenwirkungen) zur Grundlage seiner Aktivitäten gemacht, aber heute sind diese Probleme lange überwunden.

Besonders interessant und aufschlussreich sind die Darlegungen zur Verankerung homöopathischer Schein-Medizin an unseren Hochschulen. Der von Graf und Lammers herausgegebene Sammelband behandelt somit ein wichtiges Problem, d. h. die Ausbreitung und Verankerung universitärer Pseudowissenschaften an deutschen Lehr- und Forschungsanstalten. Auch der Genderismus, d. h. eine die Darwin’sche Evolution leugnende Ideologie, hätte in diesem Zusammenhang thematisiert werden können. Leider hat sich aber die Gender-Dogmatik inzwischen derart fest in unserem Hochschulsystem eingenistet, dass diesem Wildwuchs anti-naturwissenschaftlicher Verirrungen nur mit aufwendiger, Fakten-basierter Überzeugungsarbeit entgegengetreten werden kann – Textende der *hdp*-Ausführungen.

Dieser Artikel wurde ausschließlich wegen der letzten beiden Genderismus-kritischen Zeilen heftig kritisiert. In 45 Kommentaren zum Rechtfertigungsschreiben des *hpd*-Chefredakteurs vom selben Tag (2. Juni 2015) wurde von vielen Lesern Zustimmung signalisiert; einige aus den Geisteswissenschaften kommende Kommentatoren vertraten jedoch die Ansicht, die Genderforschung müsse man ernst nehmen und im Rahmen der Sozialwissenschaften bewerten, ohne aber eine Pauschalkritik aus dem Blickwinkel der Biologie zu akzeptieren. Der ganze Sachverhalt belegt anschaulich, dass die Gender Studies zumindest als problematisch-kontroverses Unternehmen bewertet werden müssen. Die hier vertretene, streng naturwissenschaftliche Weltsicht wird nicht von jedermann (bzw. -frau) geteilt – ich halte sie dennoch für die einzig vernünftige Basis, um erkenntnis- und wissenschaftstheoretisch zu klaren Resultaten zu kommen. Nachfolgend wollen wir die Bewertung des Genderismus aus der Sicht der deutschen Amtskirchen darlegen.

## Das Bibel-Paradoxon: Christliche Kritik an den Gender Studies

In Abbildung 2.5 ist ein alter Merian-Kupferstich der Stadt Fulda wiedergegeben, wobei drei katholische Kirchen die Gebäudegruppen überragen. Dieses Bild soll uns dem Thema „Genderkritik aus christlich-religiöser Perspektive“ näher bringen. Wir müssen in diesem Zusammenhang drei Glaubensrichtungen voneinander unterscheiden: Die Position der Evangelischen Kirche Deutschland (EKD), Ansichten evangelikaler Christen, die in der Regel mit der EKD assoziiert sind (der „biblisch-fundamentalistische Rand“) und die Position katholischer Christen.

Die EKD war schon immer ein chaotisches Sammelbecken aller möglichen bibelfesten Glaubens-Gruppierungen, von liberalen Christen bis hin zu Kreationisten, wie sie z. B. in der freikirchlich/evangelikalen

**Abb. 2.5**: Ausschnitt eines historischen Stiches: Stadt Fulda mit drei Kirchen-Gebäuden, die das Gesamtbild dieser Menschenansiedlung dominieren. Die katholischen „Gotteshäuser“ überragen sämtliche Wohngebäude und dokumentieren damit die herausragende Bedeutung des christlich-religiösen Glaubens in der damaligen Zeit (nach einem Merian-Holzschnitt aus dem Jahr 1550).

*Studiengemeinschaft Wort und Wissen* (W+W) zusammengeschlossen sind – an über 100 „Evangelischen Bekenntnisschulen“ wird der Kreationismus „à-la W+W“ gelehrt, ein unakzeptabler Zustand in unserem Land (Kutschera 2013 a). Seit einiger Zeit betreibt die EKD ein Institut zur Beforschung bzw. der geplanten Beseitigung von „Einschränkungen durch Geschlechterrollen und Geschlechtsidentitäten“ im kirchlichen Leben. Diese 2014 eröffnete Institution trägt den offiziellen Namen *Studienzentrum für Genderfragen in Kirche und Theologie* (Hannover). Dort wird, ganz im Sinne der Gender-Ideologie, auf Grundlage schwer nachvollziehbarer Bibel-Interpretationen die „Frau- gleich Mann-Weltanschauung“ propagiert, einschließlich einer Befürwortung von Eheschließungen homoerotisch veranlagter Männer und Frauen (sogenannte „Homo-Ehen“, s. S. 266). Ich kann diesbezüglich aus eigener Erfahrung berichten. Anlässlich einer Tagung an der *Evangelischen Akademie Tutzing* (Bayern) vom 18. bis 20. September 2015 wurde in offiziellen Dokumenten immer wieder von der „Bewahrung der Schöpfung" gesprochen – ein eindeutiges Zugeständnis an den Kreationismus. Gleichzeitig forderten die EKD-Schöpfungsgläubigen ihre Autoren für den Symposiums-Band in schriftlicher Form auf, den gesamten Text „nach dem Gender-Prinzip" zu formulieren (geschlechtsneutrale Begriffe, Gott ist somit männlich und weiblich, bzw. ein Unisex-Wesen). Diese EKD-Erfahrung hat mir eindrucksvoll gezeigt, dass kreationistisches Gedankengut und die Gender-Ideologie wesensverwandte Glaubenskonstrukte sind. Money (1985) hat den biblischen Schöpfer, aus Genesis-Texten abgeleitet, als einen „Mann-Frau-Gott" (Hermaphrodit) interpretiert. Diese Exegese offenbart den religiösen Grundton der Moneyistischen Gender-Ideologie.

Im Gegensatz zu den links-liberalen EKD-Mitgliedern argumentieren die evangelikalen Christen genau umgekehrt. Diese bibeltreuen Jesus-Fanatiker lehnen aus religiösen Gründen den Genderismus strikt ab. Typische Argumente lauten etwa wie folgt: „Die Gender-Ideologie leugnet, dass Gott den Menschen als Mann und Frau geschaffen hat." Unter Nennung entsprechender Bibelstellen verweisen evangelikale Christen dann üblicherweise auf die „Gute Schöpfungsordnung Gottes" bzw. das „Christliche Menschenbild".

*Fazit:* Evangelische bzw. evangelikale Christen lesen aus ihrem biblischen „Wort Gottes" genau gegenteilige Schlussfolgerungen heraus: Während EKD-Vertreter die Gender-Dogmatik, einschließlich homoerotischer Lebenszeit-Verbindungen, biblisch bestätigt sehen, interpretieren Evangelikale dasselbe „Gotteswort" anders herum – das erste Menschenpaar, Adam und Eva, wurde als Mann und Frau geschaffen, und daher sind die Geschlechter verschieden und können nicht als ein Unisex-Wesen betrachtet werden. In ähnlicher Weise argumentierte die Sg. W+W in einer Pressemitteilung vom September 2015: Da nach biblischem Zeugnis Adam und Eva „erschaffene Grundtypen" sind, kann der Gender-Glaube nicht korrekt sein. Kurz formuliert: Die Bibel und das Gender-Dogma passen zueinander wie Feuer und Wasser. Aus diesem Grund lehnt man bei W+W auch den hier eingeführten Begriff „Gender-Kreationismus" ab. Da jedoch das „Adam und Eva-Grundtypen-Gleichnis" jeglicher faktischen Basis entbehrt, ist diese sogenannte „biblische Zurückweisung" der Gender-Ideologie unakzeptabel (man kann nicht Mythos 1 mit Glaubenskonstrukt 2 widerlegen).

Abschließend soll die Position der katholischen Kirche angesprochen werden. Der amtierende Papst Franziskus (ernannt am 13. März 2013) hat die Gender-Ideologie in einer weit verbreiteten Schrift als „dämonisch“ und „familienfeindlich“ bezeichnet. Im Gegensatz zu seinen EKD-Kollegen interpretiert er das Bibelwort ganz im Sinne evangelikaler Christen und fügt nur wenige weitere Sachargumente hinzu (z. B. den Hinweis auf den biblischen Schöpfungsbericht, wo geschrieben steht, Gott schuf den Menschen als Mann und Frau). Wir wollen in diesem Zusammenhang ein Jesus-Zitat einfügen: „Ihr Frauen, ordnet euch euren Männern unter wie dem Herrn; denn der Mann ist das Haupt der Frau wie Christus das Haupt der Gemeinde ist … Wie aber die Gemeinde sich aber Christus unterordnet, sollen sich die Frauen in allem den Männern unterordnen (Neues Testament, Epheserbrief 5, 22–24).“ Diese Zeilen widerlegen die „biblische Mann- gleich-Frau-Ideologie“ der EKD-Vertreter in eindrucksvoller Weise.

Zusammenfassend zeigt diese Analyse, dass die deutschen Christen, je nach subjektiver Auslegung der Bibeltexte, paradoxerweise die Gender-Ideologie befürworten oder ablehnen. Da in all diesen Fällen eine auf Offenbarungen und Wundern basierende Sammlung archaischer Erzählungen zu Grunde liegt, sind diese Zustimmungen bzw. Ablehnungen in keinem Fall wissenschaftlich begründet. Wir wollen in unserer Analyse religiöse Argumente komplett ausklammern und rein biologisch-faktenorientiert argumentieren: Geglaubt wird in der Kirche, naturwissenschaftlich geforscht/gedacht im Freiland bzw. Labor.

## Genderismus und die Ideologisierung der Biologie

Im Sommer 2001 hat der aus Deutschland stammende emeritierte Harvard-Professor Dr. h. c. mult. Ernst Mayr (geb. 1904) anlässlich der Verleihung einer Urkunde zu seinem 75. Doktorjubiläum an der Humboldt-Universität Berlin einen bemerkenswerten Vortrag gehalten. Als Ambiente dieser „Mayr-Lecture 2001“, die der US-Evolutionsbiologe in seiner Muttersprache vortrug, wurde der Dinosaurier-Saal des Berliner Naturkundemuseums ausgewählt. Der publizierte Vortrag des renommierten Biologen mit dem Titel: „Die Autonomie der Biologie“ war im „Mayr-Jahr 2015“ so aktuell wie damals (Mayr 2004).

Ein Jahrzehnt nach dem Tod des „Darwin des 20. Jahrhunderts“ ist eine „Genderisierung“ der deutschen Biologie geplant, wie es z. B. auf der „Gender Curricula“-Internetseite werbewirksam angekündigt wird (Hilgemann et al. 2012). In „Vorschlägen zur Integration von Lehrinhalten der Genderforschung“ in die Curricula der Bachelor- und Masterstudiengänge sollen 54 Studienfächer mit Gender-Aspekten durchsetzt werden, darunter auch die Biologie. Die Mayr’sche „Autonomie der (deutschen) Biologie“ soll über diese Aktivitäten unterwandert und letztendlich aufgehoben werden. Worum geht es hierbei?

Die Texte der von fünf „Gender-ExpertInnen“ (alle ohne Forschungsexpertise in den Biowissenschaften) erstellten „Lehrinhalte der Geschlechterforschung“ beginnen mit der korrekten Feststellung, dass „Geschlecht auch in der Biologie eine zentrale Kategorie ist“. Diese These soll der Entwicklung einer sogenannten „Geschlechtergerechten Biologie“ wichtige Anregungen liefern. Die Autorinnen schlussfolgern, dass „biologisches Wissen… Teil von Geschlechterpolitik ist.“ Diesen Satz möchte ich präziser wie folgt umformulieren: Die Erkenntnisse der Biowissenschaften liefern die rationale Basis für politische Entscheidungen bezüglich einvernehmlich-konfliktfreier Beziehungen zwischen Männern und Frauen.

Leider weichen die „ExpertInnen für das Fach Biologie“ dann aber von ihrem logischen Grundsatz ab, indem sie von „vermeintlichen (d. h. irrtümlich angenommenen) Geschlechtsunterschieden des Menschen bezüglich Gehirn, Intelligenz, kognitiver/körperlicher Eigenschaften und Geschlechtshormonen“ sprechen. Im juristischen Kontext umschreibt das Wort „vermeintlich“ den festen Glauben an etwas, das sich aber in der Regel bereits als Irrtum herausgestellt hat. So wird z. B. eine Sinnestäuschung bzw. irrtümliche Vermutung mit dem Adjektiv „vermeintlich“ versehen. Als Beispiel sei der folgende Satz genannt: „Die junge Frau vermeinte ein Gespenst gesehen zu haben, aber da war nichts“ (Abb. 2.6). Weiterhin wird von den fünf „ExpertInnen“ die biologische Geschlechter-Ausbildung während der menschlichen Entwicklung als „Annahme“ bezeichnet, die durch „androzentrische Perspektiven“ bedingt sei. Auch soll der im Dienste der Fortpflanzung stehende, von Naturforschern, wie z. B. dem Zoologen August Weismann (1834–1914), im Detail entschlüsselte menschliche Sexualakt (d. h. die Fusion eines Spermiums mit einer weiblichen Eizelle) u. a. auf „biologischen Erzählungen“ beruhen – man sieht darin ein künstliches hierarchisches Verhältnis, mit dem „höhergestellten Mann“ als aktivem, die Frau unterdrückenden Part. In diesen Ausführungen kommt das feministische Dogma einer stereotypen „Täter-Opfer-Beziehung der Mann-Frau-Interaktion“ zum Ausdruck.

Diese Thesen finden ihren Höhepunkt in der Behauptung, die Biologie sei keine objektive, exakte Naturwissenschaft, sondern ein „gesellschaftliches Unternehmen“ – das im Freiland und Labor erarbeitete Faktenwissen sei somit ein „gesellschaftlich-kulturell geprägtes Produkt“. Diese Ausführungen stellen die Grundlage dar, auf welcher dann, im Rahmen sogenannter „Gender & Science Studies“, Module zur „Einführung von Frauen- und Geschlechterforschung in der Biologie“ vorgestellt werden. Diese durch eine ausgeprägte Biophobie gekennzeichneten Vorschläge zur Integration pseudowissenschaftlicher Ideologien in die *Life Sciences* werden in Kapitel 3 thematisiert.

Die von Vertretern der „Gender-Curricula“ eingebrachten Vorschläge zur Geschlechts-Neutralisierung der Biologie (Hilgemann et al. 2012) widersprechen den Erkenntnissen der Evolutionswissenschaften. So sind z. B. sämtliche Lebewesen, vom Bakterium über die Pflanzen bis zum Schimpanse/Menschen, durch die Merkmale 1. Stoffwechsel/Energiegewinn, 2. Reizbarkeit/Kommunikation, 3. Wachstum/Entwicklung, 4. Fortpflanzung/Vermehrung und 5. Variabilität/Evolution gekennzeichnet (Kutschera 2015 a). Gemäß der Gender-Ideologie ist das Hinterlassen von Nachkommen nur eine willkürliche „Lebensstil-(*Life Style*)-Wahl“, und eine Evolution der Hominiden wird ausgeklammert bzw. ignoriert. Insofern müssen wir nochmals betonen, dass der Begriff „Gender-Kreationismus“ gerechtfertigt ist. Der Versuch, das Mensch-Sein ohne das genetisch verankerte Fortpflanzungsbestreben (und einer Jahrmillionen langen Abstammung mit Abänderung, d. h. Evolution) verstehen zu wollen, ist ein unsinniges Unterfangen, welches zu keinen vernünftigen Resultaten führen kann (s. Junker und Scherer 1986, 2013).

**Abb. 2.6**: Illustration des Begriffs „vermeintlich“, ein Adjektiv, das u. a. in der deutschen Rechtsprechung verwendet wird. Ein schlafendes Mädchen wacht nachts auf und vermeint, ein mit ihr sprechendes männliches Geistwesen zu sehen. Das Gespenst existiert in der Realität nicht (Phantasieprodukt der jungen Frau). In diesem Sinne unterstellen Vertreter der Gender-Ideologie, Biologen würden ihre erarbeiteten Fakten und Theorien nur irrtümlicherweise als real betrachten (nach einer Anzeige aus dem Jahr 1926).

## Schlussfolgerungen und die Harvard-Stanford-Kontroverse

Kommen wir nach diesen Ausführungen zu allgemeinen Schlüssen und Thesen. Ähnlich wie bibeltreue Schöpfungsanhänger (Kreationisten) konstruieren Vertreter des Moneyistischen Gender-Glaubens ein „Wurzel-loses“, a-historisches Menschenbild, unter Ausklammerung unserer mehr als 2 Millionen Jahre langen Evolution als Hominiden, welche vom Übergang aus dem tropischen Urwald in die Savanne gekennzeichnet ist. Die Biologie (*Life Science*) hat, als „Wissenschaft des 21. Jahrhunderts“, entscheidend dazu beigetragen, dass wir heute wohlgenährt und gut gekleidet leben können. Eine Lösung der anstehenden Menschheitsprobleme kann nur auf der Basis biowissenschaftlicher Erkenntnisse herbeigeführt werden (Sicherung der Ernährungsgrundlage, Erhalt einer lebenswerten Umwelt usw.). Daher ist die Gender-Ideologie ein unakzeptables, anti-Darwin'sches Gedankenkonstrukt ohne rationale Basis und wissenschaftlichen Gehalt. Wir Biologen würdigten im „Mayr-Jahr 2015“ die Leistungen des bedeutendsten Evolutionsforschers des 20. Jahrhunderts. Ernst Mayr (1904–2005) hat, als Wissenschaftsphilosoph, der Biologie den Status einer unabhängigen Fachdisziplin zugeteilt und in seinen Werken die Grundlage unzähliger aktueller Forschungsprogramme niedergelegt (Mayr 1982, 2001, 2004).

An anderer Stelle habe ich die Aktivitäten der Genderisten in Deutschland bereits als „universitäre Pseudowissenschaft“ gekennzeichnet und in Interviews dargelegt, dass sich die „Gender-Ideologie“ wie ein Krebsgeschwür ausbreitet und über das Einnehmen universitärer Planstellen nahezu alle Fachgebiete erobert – es besteht erhebliche Erstickungsgefahr für den „Wirtskörper Hochschule“. Es ist mir klar, dass dieser „Krebsgeschwür-Vergleich“ eine Provokation darstellt, aber als Biologe fällt mir keine bessere Analogiebetrachtung ein. In letzter Konsequenz würde eine genderisierte Biologie den Status einer exakten Naturwissenschaft verlieren und Teil der Sozialkunde werden, was unakzeptabel ist. Leider hat sich der wissenschaftsfeindliche Gender-Kreationismus seit den 1990er Jahren im deutschen Hochschulwesen derart gut etabliert, dass eine Elimination dieses „pseudoakademischen Wildwuchses“ immer schwieriger wird, denn der irrationale Glaube ist viel stärker als das mühselig erarbeitete naturwissenschaftliche Faktenwissen.

Kommen wir zum Abschluss dieses Kapitels zu Larry Summers zurück. Wie man leicht durch solide Quellen belegen kann (z.B. Hyde 2014), wurden die Vorwürfe gegen den ehemaligen Harvard-Unipräsidenten von US-Feministinnen in Umlauf gebracht. Letztendlich wurde dieser renommierte Wirtschaftswissenschaftler und

Hochschul-Manager seines Amtes enthoben, weil hysterische Genderistinnen über bekannte Medien-Aktivitäten eine Hetzkampagne eingeleitet hatten. Der Harvard-Boss verwies aber lediglich auf die bei Männern vielfach belegte, größere Bereitschaft zu wissenschaftlichen Spitzenleistungen. Da die „Herren der Schöpfung“, als zweites Geschlecht, evolutionsbiologisch betrachtet „gebärunfähige Variationen-Generatoren“ sind (Kutschera 2015 a), haben die „muskulös-behaarten Vertreter unserer Spezies“ eine Reihe schwerwiegender Probleme. Mangels biologischer Reproduktionsfähigkeit ist eine starke Tendenz zur Selbst-Aufopferung im Beruf zu verzeichnen, wie die Biografien großer Naturwissenschaftler, Komponisten und anderer kreativer Männer eindrucksvoll belegen. Dieses biologische Faktum ist im Moneyistischen Gender-Germany 2015 ein Tabuthema, das im nächsten Kapitel angesprochen wird.

# 3. Alfred Russel Wallace als Frauenrechtler und hessische Gender Studies in Aktion

Nicht nur in den Wissenschaften, sondern auch in der Kunst gab es immer wieder Außenseiter, die sich all das Wissen und Können selbst angeeignet haben, wofür andere ein akademisches Studium benötigen. So berichtete z. B. der deutsche Komponist Georg Philipp Telemann (1681–1767) in seinen Lebenserinnerungen, wie er sich, fast ohne fremde Hilfe, das Klavierspiel sowie die Fertigkeit zum Komponieren selbst beigebracht hat. Da die Biografie Telemanns, der mit Johann Sebastian Bach (1685–1750) und Georg Friedrich Händel (1686–1754) zu den drei wichtigsten Barock-Komponisten Europas zählt, auch interessante Einblicke in die Stellung der Frau im 17. Jahrhunderts liefert, sollen hier einige Zitate angeführt und kommentiert werden (Abb. 3.1).

In seiner 1740 erschienenen Autobiografie äußerte sich der hessische Barock-Komponist Telemann zu seiner Ausbildung u. a. wie folgt: „Ich bin ... in Magdeburg 1681 den 14. Märtz gebohren... ich gerieth aber zum Unglück an einen Organisten, der mich mit der deutschen Tabulatur erschreckte, die er ebenso steiff spielte, wie vielleicht sein Großvater gethan, von dem er sie geerbt hatte. In meinem Kopffe spuckten schon muntere Töngens, als ich hier hörte. Also schied ich, nach einer vierzehntägigen Marter, von ihm; und nach der Zeit habe ich, durch Unterweisung, in der Musik nichts mehr gelernt." Diese und andere Passagen zeigen, dass Telemann während seiner Jugendjahre offensichtlich nur kurzfristig einen schlechten Musikunterricht in Anspruch genommen hat; alles andere, insbesondere die Kunst der Komposition, hat er sich, als Autodidakt, selbst beigebracht.

Zu seinen privaten Lebensverhältnissen äußerte sich Telemann nur beiläufig in den folgenden Sätzen: „Anno 1709 verheirathete ich mich zum erstenmahl mit Jungfer Amalien Luisen Julianen: zwoten Tochter Hrn. Daniel Eberlins, ... meine zwote Heirath wurde allhie in Frankfurt, 1714, mit Hrn. Andrea Textors, Rathskornschreibers ältesten Jungfer Tochter, Maria Catharina, vollzogen.... Endlich wäre auch meiner aus zwo Ehen erzeugten Kinder zu gedencken. Aus der ersten Ehe habe ich nicht mehr, als eine Tochter: Maria Wilhelmina Eleonore, geb. 1711.... aus der andern, einen Sohn: Andreas, geb. 1715.... einen Sohn: Hans, geb. 1716; ... einen Sohn: Heinrich Matthias, geb. 1717... eine Tochter: Clara, geb. 1719,... einen Sohn: August Bernhard, geb. 1721, gest. 1738. Einen Sohn: Johann Berthold Joachim, geb. 1723, einen Sohn: Benedikt Conrad Eibert, geb. 1724, einen Sohn: Ernst Conrad Eibert, geb. 1726, gest. 1727. Summa: sieben Söhne und zwo Töchter; davon waren zween Söhne verstorben; daß also noch fünf Söhne und die zwo Töchter am Leben sind." (Grebe 1992).

Der Komponist Telemann erwähnt nicht, dass seine erste Ehefrau Amalie nach der Geburt der Tochter Maria gestorben ist. Dieser Bericht, eingebettet in seitenlange Ausführungen zu den beruflichen Erfolgen als Tonsetzer, Kapellmeister usw. sowie die Auflistung seiner großartigen Werke mit Aufführungsdaten, belegt, wie damals die Frauen behandelt worden sind. Ihre Hauptaufgabe bestand darin, den Mann zu versorgen bzw. zu unterhalten, Kinder zu gebären und diese groß zu ziehen. Letztendlich zählte für Telemann, der ein erfolgreicher und humorvoller Ehepartner war, nur sein eigener Lebenszeit-Fortpflanzungserfolg (Darwin'sche fitness); diese evolutionsbiologische Interpretation kann aus seinen Schriften herausgelesen werden. Frauen waren damals unmündige, rechtlose, einem hohen Sterberisiko ausgesetzte Gebär- und Kinderaufzucht-Wesen (s. Kapitel 4).

Einer der begabtesten Biologen, Alfred Russel Wallace (1823–1913), war, wie Telemann, Autodidakt (Abb. 3.2). Wallace ist in seiner Bedeutung mit Charles Darwin und August Weismann auf eine Stufe zu stellen, obwohl er sich in späteren Jahren dem Spiritismus verschrieben hatte. Der 43-jährige Wallace heiratete eine vermittelte junge Frau, aber diese arrangierte, kinderreiche Ehe verlief dennoch außergewöhnlich harmonisch. Nachdem der 90-jährige Wallace an Altersschwäche dahingeschieden war, verstarb auch seine 23 Jahre jüngere Ehefrau innerhalb weniger Monate (Kutschera 2013 a). Diese historischen Fakten,

**Abb. 3.1**: Das Feindbild der Gender-Ideologie: Großfamilie im 19. Jahrhundert beim Musizieren. Der Vater sitzt am Klavier, die Mutter steht dahinter und hält das Jüngste von fünf Kindern im Arm, während sich die Großmutter am Ofen wärmt. Zwei Haushunde, d. h. domestizierte Säugetiere, runden das Organismen-Kollektiv ab. Es wird deutlich, dass unter Kulturbürgern die Musik wichtig war und Kinder sowie Großeltern, mit Mutter und Vater, eine arbeitsteilig organisierte Überlebensgemeinschaft gebildet haben (Großfamilie, heteronormales Leben genetisch verwandter Menschen).

auf die wir zurückkommen werden, bilden den Rahmen der nachfolgenden Ausführungen. Im nächsten Abschnitt werden wir zunächst auf ein sinnvolles Frauen-Förderprogramm zu sprechen kommen und dann das Thema „Gender-Ideologie in der Biologie" behandeln.

## Pro-Professur: Mentoring für hessische Wissenschaftlerinnen

Im September 2011 wurde ich von einer Wissenschaftlerin der Universität Frankfurt angeschrieben mit der Bitte, im Projekt „Pro-Professur" mitzuwirken. Eine in Frankfurt tätige Biologin, die berufliche Probleme nach Abschluss ihrer Habilitation befürchtete, hatte mich als Mentor vorgeschlagen. Nach einigen Bedenken sagte ich dann letztendlich zu,

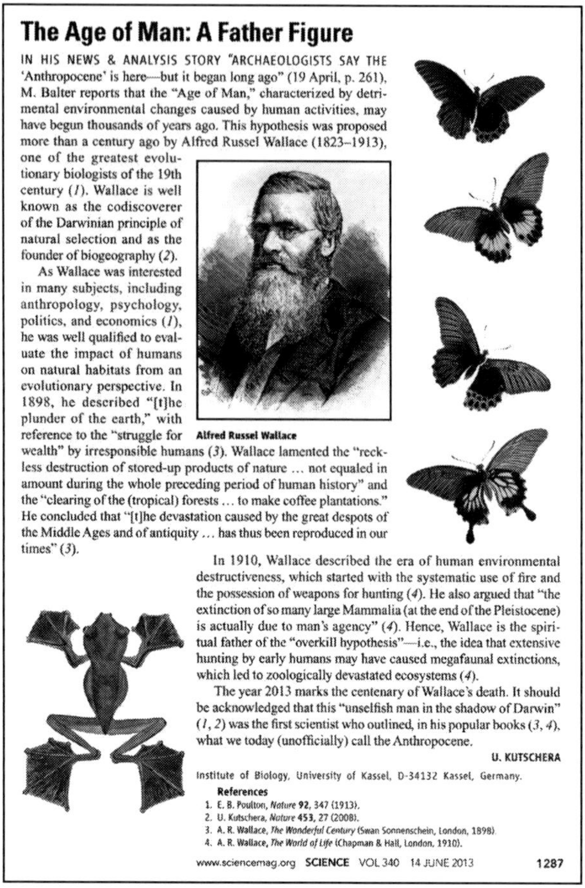

## The Age of Man: A Father Figure

IN HIS NEWS & ANALYSIS STORY "ARCHAEOLOGISTS SAY THE 'Anthropocene' is here—but it began long ago" (19 April, p. 261), M. Balter reports that the "Age of Man," characterized by detrimental environmental changes caused by human activities, may have begun thousands of years ago. This hypothesis was proposed more than a century ago by Alfred Russel Wallace (1823–1913), one of the greatest evolutionary biologists of the 19th century (*1*). Wallace is well known as the codiscoverer of the Darwinian principle of natural selection and as the founder of biogeography (*2*).

As Wallace was interested in many subjects, including anthropology, psychology, politics, and economics (*1*), he was well qualified to evaluate the impact of humans on natural habitats from an evolutionary perspective. In 1898, he described "[t]he plunder of the earth," with reference to the "struggle for wealth" by irresponsible humans (*3*). Wallace lamented the "reckless destruction of stored-up products of nature ... not equaled in amount during the whole preceding period of human history" and the "clearing of the (tropical) forests ... to make coffee plantations." He concluded that "[t]he devastation caused by the great despots of the Middle Ages and of antiquity ... has thus been reproduced in our times" (*3*).

**Alfred Russel Wallace**

In 1910, Wallace described the era of human environmental destructiveness, which started with the systematic use of fire and the possession of weapons for hunting (*4*). He also argued that "the extinction of so many large Mammalia (at the end of the Pleistocene) is actually due to man's agency" (*4*). Hence, Wallace is the spiritual father of the "overkill hypothesis"—i.e., the idea that extensive hunting by early humans may have caused megafaunal extinctions, which led to zoologically devastated ecosystems (*4*).

The year 2013 marks the centenary of Wallace's death. It should be acknowledged that this "unselfish man in the shadow of Darwin" (*1*, *2*) was the first scientist who outlined, in his popular books (*3*, *4*), what we today (unofficially) call the Anthropocene.

**U. KUTSCHERA**

Institute of Biology, University of Kassel, D-34132 Kassel, Germany.

**References**

1. E. B. Poulton, *Nature* **92**, 347 (1913).
2. U. Kutschera, *Nature* **453**, 27 (2008).
3. A. R. Wallace, *The Wonderful Century* (Swan Sonnenschein, London, 1898).
4. A. R. Wallace, *The World of Life* (Chapman & Hall, London, 1910).

www.sciencemag.org **SCIENCE** VOL 340 14 JUNE 2013 **1287**

**Abb. 3.2**: Beitrag zu Leben und Werk des britischen Naturforschers Alfred Russel Wallace (1823–1913), publiziert im Wissenschaftsjournal *Science*. In dem Artikel wird dargelegt, dass Wallace u. a. auch das Konzept des Anthropozän (Zeitalter des von zerstörerischen Menschen geprägten Lebens auf der Erde) beschrieben hat, ohne diesen Begriff jedoch zu benutzen. Der Text wurde durch den „Wallace-Flugfrosch" und Schmetterlinge, die der Naturforscher gesammelt und klassifiziert hat, ergänzt.

in diesem Projekt als ehrenamtlicher Betreuer einer Nachwuchsforscherin mitzuwirken. Nach einem ersten Treffen mit der Frankfurter Biologin hatte ich einen äußerst positiven Eindruck, der sich über meine Mentoriumszeit hinweg noch verstärkte. Die 37-jährige Forscherin hatte sich auf einem molekular-medizinischen Gebiet qualifiziert und sich über eine Reihe innovativer Forschungsarbeiten in ihrer Fachdisziplin einen Namen gemacht. Die von ihr vorgetragenen Probleme als Frau im biomedizinischen Sektor überzeugten mich derart, dass ich sie über nahezu zwei Jahre hinweg beraten habe; wir konnten zahlreiche organisatorische Probleme, z. B. bei der Wahl des Habilitations-Themas usw. gemeinsam einer Lösung näher bringen. Im Herbst 2013, als meine Aktivitäten bzgl. der Würdigungen von A. R. Wallace (Abb. 3.2) immer mehr Zeit in Anspruch genommen hatten, wurde das Projekt „Pro-Professur" im Rahmen einer Vortrags-Veranstaltung abgeschlossen.

Diese Erfahrung hat mir gezeigt, dass es noch immer in gewissen naturwissenschaftlichen Sparten, darunter im biomedizinischen Bereich (Männer-Hierarchien in deutschen Kliniken), Gleichberechtigungsprobleme für begabte Frauen gibt. Derartige Vorurteile gegenüber hoch qualifizierten Forscherinnen sind unakzeptabel und müssen, im Rahmen rational-fairer Frauenförder-Bemühungen, überwunden werden, ohne hierbei allerdings qualifizierte Männer zu benachteiligen (geschlechterunabhängige Gleichberechtigung, gemäß der Präambel der United Nations, San Francisco, 1945, s. S. 45). Es ist unakzeptabel, dass man einer motivierten, kreativen, fleißigen Nachwuchsforscherin eine universitäre Karriere erschwert, nur weil sie, wie z. B. bei meiner Kandidatin, als Mutter von zwei Kindern Konkurrenznachteile hat. Insbesondere Biologinnen, die nebenbei auch Mütter sind, sollte man einen entsprechenden Bonus zugestehen, z. B. bzgl. der Zahl wissenschaftlicher Publikationen und der für Naturwissenschaftler noch immer unabdingbaren Ortswechsel im Verlauf einer Karriere (Aufenthalte an renommierten ausländischen Universitäten). Die liebevolle Betreuung und Aufzucht des Nachwuchses gehört zu den Kernaufgaben verantwortungsvoller Eltern und ist für den Fortbestand eines Staates unabdingbar.

Wie Abb. 3.3 zeigt, wurden meine Aktivitäten mit einer ansprechenden Urkunde belohnt. Dieses Dokument soll beweisen, dass ich nicht gegen die Förderung qualifizierter Frauen bin, aber gleichzeitig den aus der Gleichstellungs-Dogmatik hervorgegangenen radikalen Feminismus, der zur Moneyistischen Gender-Ideologie ausgebaut wurde, auf Grundlage biowissenschaftlicher Fakten argumentativ zurückweise.

Herr Prof. Dr. Ulrich Kutschera
Universität Kassel, Lehrstuhl für Pflanzenphysiologie und Evolutionsbiologie

hat als Mentor im

**Projekt „ProProfessur – Mentoring und Intensivtraining für hoch qualifizierte Wissenschaftlerinnen auf dem Weg in die Professur"**

der Goethe-Universität Frankfurt am Main, der Technischen Universität Darmstadt, der Justus-Liebig-Universität Gießen, der Philipps-Universität Marburg und der Universität Kassel gewirkt.

Das Projekt unterstützte von April 2012 bis September 2013 ausgewählte Postdoktorandinnen, Habilitandinnen, Privatdozentinnen und Juniorprofessorinnen mit dem Karriereziel Professur, durch One-to-One-Mentoring, Intensivtrainings und Networking.

Für Ihr Engagement zur Förderung des Professorinnennachwuchses dürfen wir Ihnen im Namen aller Beteiligten sehr herzlich danken.

Prof. Dr. Werner Müller-Esterl
Präsident der Goethe-Universität Frankfurt

Dr. Astrid Franzke
Projektleiterin ProProfessur

Frankfurt, im November 2013

**Abb. 3.3**: Editierte Version einer Urkunde, die der Autor im November 2013 vom Präsidenten der Goethe-Universität Frankfurt erhalten hat. In dem Schreiben wurden die Aktivitäten bzgl. einer zielgerichteten Förderung begabter Nachwuchs-Wissenschaftlerinnen gewürdigt.

## Ein Zufall, den es eigentlich nicht geben sollte

Am Donnerstag, den 7. November 2013 wurde weltweit des 100. Todestages des britischen Evolutionsforschers, Naturschützers und Frauenrechtlers Alfred Russel Wallace (1823–1913) gedacht (Abb. 3.2). Im

Londoner Naturkundemuseum, wo Vortragsreihen zu Leben und Werk des „Mannes im Schatten von Charles Darwin“ veranstaltet wurden, das Wallace-Textarchiv eingerichtet ist und die wichtigsten Aktivitäten zum „Wallace-Jahr 2013“ koordiniert worden sind, fand eine internationale Feier statt, die über Medienberichte weltweite Beachtung fand (z. B. Darlegung im Fachjournal *Nature* usw.).

In meinem Sachbuch *Design-Fehler in der Natur. Alfred Russel Wallace und die Gott-lose Evolution* (Kutschera 2013 a) sowie Kurzbeiträgen im Wissenschaftsmagazin *Science* und *Nature* (Abb. 3.2, 3.4) bin ich auf Leben und Werk dieses bedeutenden Biologen eingegangen (Kutschera 2013 b, 2014 a, 2015 b). Wallace musste, als Arme-Leute-Kind, im Alter von 14 Jahren die Schule verlassen, um sich seinen Lebensunterhalt selbst zu verdienen. Als angestellter Landvermesser eignete er sich im Selbststudium (autodidaktisch) ein enormes biologisch-geologisches Wissen an. Im Alter von 23 Jahren brach Wallace mit einem Kollegen zu einer Urwald-Expedition auf, um sich als Tierhändler und freiberuflicher Naturforscher durch das Leben zu bringen. Der im hohen Alter verstorbene Biologe ist im Wesentlichen als Mit-Entdecker des Prinzips der natürlichen Auslese im Freiland bekannt geworden (Darwin-Wallace-Principle of Natural Selection; Kutschera 2015 a); er war aber auch auf zahlreichen anderen Gebieten der Bio- und Geowissenschaften aktiv: Als einer der ersten Naturschützer, der das *Anthropozän* (Zeitalter des vom Menschen bestimmten Lebens auf der Erde) vorhergesehen hat (Kutschera 2013 a, b), hinterließ er, ohne Schulabschluss und Universitätsstudium, ein gewaltiges, vielfältiges Lebenswerk (22 Bücher und ca. 700 Fachpublikationen) (Kutschera und Hossfeld 2013).

Aufgrund dieser außergewöhnlichen Leistungen habe ich 2013 den Begriff „Wallace-Prinzip der Eigeninitiative und Freidenker-Mentalität“ geprägt. Wallace ist ein Musterbeispiel für Motivation, Frustrationstoleranz, Kreativität und wissenschaftliche Genialität; er sollte daher als Vorbild für alle Selbst-Denker (und -Denkerinnen), unabhängig von der jeweiligen Fachrichtung, in Erinnerung bleiben. So war Wallace z. B. der erste Weltklasse-Naturforscher, der sich öffentlichkeitswirksam und mit stichhaltigen Argumenten für eine Gleichberechtigung von Mann und Frau eingesetzt hat (Abb. 3.4). Seine spiritistischen Verirrungen kann man auf Wallaces finanzielle Probleme zurückführen (der Biologe

## Alfred Russel Wallace: An early champion of women's rights

In his 1859 book *On the Origin of Species*, Charles Darwin argues that "all animals and plants have descended from some one prototype". In none of the book's six editions does he refer to this common ancestor as being an animal-like hermaphrodite with male and female gonads, as Kimberly Hamlin suggests in her book on Darwinian feminism, *From Eve to Evolution* (reviewed in *Nature* **509**, 424; 2014). Hamlin writes, for example, that "the possibility of a hermaphroditic past ... opened up a new world of gendered possibilities".

It was the co-discoverer of natural selection, Alfred Russel Wallace, who was a public advocate of women's rights. As reported in *The Times* on 11 February 1909, he wrote: "All the human inhabitants of any one country should have equal rights and liberties before the law; women are human beings; therefore they should have votes as well as men."

**U. Kutschera** *Institute of Biology, University of Kassel, Germany. kut@uni-kassel.de*

NATURE/VOL 510/12 JUNE 2014 218

**Abb. 3.4**: Illustrierter Kurzbeitrag aus dem Wissenschaftsmagazin *Nature*, in welchem dargelegt ist, dass der Darwinistische Feminismus auf einer Falsch-Interpretation der Werke des Namensgebers beruht. Im zweiten Abschnitt wird ein Zitat angeführt, das belegt, dass Alfred Russel Wallace der eigentliche Urvater der britischen Frauenrechte-Bewegung war.

hat sich, als Außenseiter der etablierten Wissenschaft, einer Alternativbewegung angeschlossen und dort sein soziales Umfeld gefunden). Obwohl ihm zwei Ehrendoktor-Titel verliehen worden sind und er von der *Linnean Society of London* die Darwin-Wallace-Medaille 1908 erhalten hat, ist er, als Kind verarmter Eltern, immer ein unangepasster Querdenker geblieben. Wallace hat niemals ein akzeptables Stellenangebot erhalten – er musste sich als freiberuflich tätiger Schriftsteller, Vortragsredner und Korrektor von Schülerarbeiten selbst finanzieren. Eine kleine Leibrente, die u. a. über seinen Freund und Kollegen Charles Darwin von der britischen Regierung zu Wallaces 50. Geburtstag eingerichtet worden war, reichte bestenfalls zur Begleichung der monatlichen Mietzahlungen (Wallace 1905).

Am Freitag, den 8. November 2013, nur vierundzwanzig Stunden nach dem 100. Todestag des großen Evolutionsforschers und Humanisten Wallace, erhielten die Professoren der hessischen Universitäten von der „Referentin für Chancengleichheit" des Frauen- und Gleichstellungsbüros ein mit dem Logo des „Hessischen Ministeriums für Wissenschaft und Kunst" versehenes Schreiben:

Überschrift: „Förderkonzept für den hessischen Forschungsschwerpunkt – Dimensionen der Kategorie Geschlecht – Frauen- und Geschlechterforschung in Hessen".

In der Einleitung betonten die Autorinnen der Ausschreibung dieses „Landesforschungs-Schwerpunktes", dass das neue Projekt zu einer weiteren Verankerung der „Gender Studies" an hessischen Universitäten beitragen und deren Profilierung unterstützen solle. Offen-naiv berichteten die Verfasserinnen des Förderkonzepts, dass auch dieses neue Programm in einem Diskussionsprozess, bei dem Wissenschaftlerinnen aller hessischen Hochschulen sowie der Stiftung „Archiv der deutschen Frauenbewegung" durch externe Gutachterinnen bewertet worden seien. Diese externen Expertinnen des Forschungsschwerpunkts, Professorinnen der Soziologie und Geschichtswissenschaften, sind im Dokument namentlich genannt. Weiterhin wurden sechs außerhessische Expertinnen aufgelistet, die sich ebenfalls positiv zum einzurichtenden Forschungsschwerpunkt mit Projekten in den Bereichen „Frauen- und Geschlechterforschung, feministische Theorienbildung sowie Methodenentwicklung" beteiligt haben (paradoxerweise war unter den Gutachtern kein einziger Mann, d. h. die 50 : 50-GM-Quote wurde ignoriert).

Unter Verweis auf die Debatte zur Unterscheidung zwischen „Sex und Gender" sowie der „Zweigeschlechtlichkeit (Queer Studies)" wird, in einem mit Fremdworten durchsetzten Redeschwall, eine Liste von „Forschungsthemen" präsentiert: So sollen unter den Stichworten „sozialer Wandel, soziale Ungleichheiten, Herrschaft und Gewalt in den Geschlechterverhältnissen, Frauenbewegungen, Heteronormativität, Geschlechterpolitik" usw. verschiedene Aspekte des „Frau-Seins in Deutschland" beforscht werden (das „Mann-Sein" sowie der Urvater der Frauenrechte-Bewegung, A. R. Wallace, Abb. 3.2 und 3.4, wurden in diesem Dokument nicht erwähnt).

Um meine harsche Kritik rechtfertigen zu können, sollen im nächsten Abschnitt die Prinzipien naturwissenschaftlicher Forschungsprojekte beispielhaft dargelegt werden. Obwohl sich die Gender-Forscherinnen der Soziologie bzw. den Sozialwissenschaften zuordnen, sind die nachfolgend dargelegten Beispiele von übergeordneter Relevanz und keineswegs unter dem unsinnigen Schlagwort „Biologismus" abzuqualifizieren.

## Das Wesen wissenschaftlicher Forschung: Drei Fallbeispiele

Um zu verdeutlichen, was man im eigentlichen Sinne unter „wissenschaftlicher Forschung" versteht, sollen nachfolgend drei Projekte mit eindeutigen Fragestellungen angeführt werden, die ich 2009 bis 2014 in Zusammenarbeit mit US-Kollegen bearbeitet habe. Diese Studien wurden von der *Alexander von Humboldt-Stiftung* (AvH) unterstützt, der ich auf Lebenszeit angehöre. Nach Darlegung dieser Studien wollen wir auf den hessischen Forschungsschwerpunkt zur Geschlechter-Analyse zurückkommen und diesen inhaltlich bewerten. Alle drei nachfolgend angeführten Forschungsprojekte stehen in direktem Bezug zur Gender-Problematik.

- Projekt 1: Funktion pflanzlicher Steroidhormone bei der Entwicklung der Nutzpflanze Mais (*Zea mays*). Welche Rolle spielen die Brassinosteroide bei der Steuerung des Organwachstums? Kooperationsprojekt U. K. mit Prof. Zhi-Yong Wang, Carnegie Institution for Science, Stanford University, Kalifornien, USA.
- Projekt 2: Art-Status und Fortpflanzungsbiologie invasiver kalifornischer Süßwasseregel der Gattung *Helobdella*. Ist jene Spezies, für welche das Referenz-Genom sequenziert worden ist (*H. robusta*), ein geeigneter Modellorganismus für die Evo-Devo-Forschung? Kooperationsprojekt U. K. mit Prof. David A. Weisblat, Department of Cell & Developmental Biology, University of California-Berkeley, USA.

– Projekt 3: Der Zusammenhang zwischen der Körpergröße und dem Sauerstoffverbrauch verschiedener Organismen. Gilt „Kleibers Gesetz“, d. h. die doppel-logarithmisch-lineare Beziehung zwischen der Körpermasse und der Stoffwechselrate, auch für Keimpflanzen; Modellorganismus Sonnenblume (*Helianthus annuus*)? Kooperationsprojekt U. K. mit Prof. Karl J. Niklas, Department of Plant Biology, Cornell University, Ithaca, New York, USA.

Die inhaltlichen Verbindungen dieser drei Forschungsprojekte zur „Sex-Gender-Problematik“ können wie folgt charakterisiert werden:

Zu 1: Die pflanzlichen Brassinosteroide sind, wie die Geschlechtshormone der Säugetiere einschließlich des Menschen (Testosteron usw.), chemisch betrachtet Steroide und ein Beleg für die stammesgeschichtliche Verwandtschaft von Menschen, Tieren und Pflanzen (gleiches chemisches Grundgerüst aller Steroidhormone; die Moleküle stammen von einem gemeinsamen Vorfahren ab). Bei der Maispflanze wird die Sex-Gender-Determination (Ausbildung männlicher und weiblicher Blüten) über den Brassinosteroid-Pegel im Gewebe geregelt, analog dem Testosteron-/Estrogen-Level beim Menschen (Mann- bzw. Frau-Sein).

Zu 2: Wie unsere Regenwürmer sind auch die Egel (Hirudinea) Zwitter, d. h. Hermaphroditen. Im Gegensatz zu den getrennt geschlechtlichen Tieren (Gonochoristen), wie z. B. Mäuse, Kühe und Menschen, sind bei den Hermaphroditen männliche und weibliche Gonaden (Testes bzw. Ovarien) in einem Körper vereinigt, sodass der Wurm zunächst als Männchen fungiert (Spermien-Produktion und -Verbreitung) und danach die Weibchen-Rolle einnimmt (Eizellen-Herstellung, Akzeptanz einer Spermien-Übertragung mit anschließender Befruchtung und Zygotenbildung) (Hetero- bzw. Homo-Sex, s. S. 40). Bei Menschen soll es nach Money und Ehrhardt (1972) „Hermaphroditen“ geben (in der Realität werden weniger als 1 % aller Babys mit einer „zwittrigen Entwicklungsstörung“ geboren, ohne dass echte Hermaphroditen mit funktionalen Hoden und Ovarien in mitteleuropäischen Menschen-Populationen nachgewiesen sind, s. Kapitel 6).

Zu 3: In einer klassischen Veröffentlichung des Tierphysiologen Max Kleiber (1893–1976) aus dem Jahr 1932, mit einer Grafik bekannt als „Maus zu Kuh-Kurve“, wurde erstmals dargelegt, dass in einer

Doppel-Log-Darstellung der Messgrößen „Körpermasse gegen Stoffwechselrate“ Geschlechter-Unterschiede bei Mäusen, Ratten, Hunden, Kühen und Menschen existieren; die männlichen Säuger haben eine um 10 bis 20 % höhere Stoffwechselrate als ihre weiblichen Gegenparts. Dieser Geschlechter-Unterschied zeigt sich z. B. in der verbreiteten Beobachtung, dass Frauen eher frieren als Männer, da die „Herren“ einen biologisch bedingt höheren metabolischen Grundumsatz aufweisen als die meisten „Damen“.

Zu den drei oben aufgelisteten Forschungsthemen, mit jeweils einer präzise gestellten Frage, konnten klare Antworten erarbeitet und in englischsprachigen Fachjournalen publiziert werden:

Zu 1: Brassinosteroide regulieren bei Maiskeimlingen die Entwicklung des unteren Stängelabschnitts (Mesocotyl) (Kutschera und Wang 2016).

Zu 2: Die Art-Zugehörigkeiten der Modell-Egel aus der Gattung *Helobdella* konnten eindeutig festgelegt und über Gensequenzen sowie morphologische Daten definiert werden (Kutschera und Weisblat 2015).

Zu 3: Das berühmte Naturgesetz von Max Kleiber, u. a. geschlechtsspezifische Stoffwechselraten bei Säugetieren belegend, gilt in seiner Urversion nicht für Pflanzen, da diese „grünen Organismen“ einen speziellen, von Tieren abweichenden Körperbau zeigen. Gewächse bestehen u. a. aus Bildungsgeweben (Meristeme) und Organbereichen, die sich über eine irreversible Wasseraufnahme in die Länge strecken (vakuolisierte Zellen) (Niklas und Kutschera 2015).

Anhand dieser drei Forschungsprojekte, die auf klaren Fragen basieren und zu eindeutigen Antworten geführt haben, soll exemplarisch dargelegt werden, wie der Erkenntnisfortschritt in den Naturwissenschaften zustande kommt. Selbstverständlich werfen die drei Antworten, veröffentlicht in der referierten Fachliteratur (Kutschera und Wang 2016, Kutschera und Weisblat 2015, Niklas und Kutschera 2015) neue Fragen auf, die durch nachfolgende Forschungsvorhaben einer Lösung nähergebracht werden können. Es sei in diesem Zusammenhang hervorgehoben, dass die AvH nur Projekte fördert, die den höchsten wissenschaftlichen Standards entsprechen.

## Diffuse Problemstellungen und die Beforschung fragwürdiger Gender-Probleme

Kommen wir zum „Förderkonzept für den hessischen Forschungsschwerpunkt Frauen- und Geschlechterforschung" zurück. Die für die Naturwissenschaften obligatorischen Begriffe „Frage- bzw. Problemstellung", mit klar strukturiertem Forschungsplan und einer Lösungsstrategie, fehlen dort. Man (bzw. „Frau") spricht von „Forschungsfeldern", wie z. B. „Theorienansätze der Geschlechterforschung" sowie „Forschungsthemen", wie z. B. „sozialer Wandel", oder auch von der „Geschlechterpolitik". Welche präzise, ungelöste Fragen sollen unter diesen allgemeinen Worthülsen beforscht werden? Man kann bestenfalls eine Bestandsaufnahme liefern und Befunde zusammentragen (z. B. um wieviel Prozent sind die Monatsgehälter weiblicher Mitarbeiter einer Firma, bei gleicher Arbeitsleistung, geringer ist als jene der Männer?). Mit einer ergebnisoffenen Forschung hat dieses Verbalwissenschaftler-Projekt wenig zu tun. In welchen internationalen Fachjournalen sollen derartige Zustands-Beschreibungen publiziert werden? Im jährlichen Verzeichnis des „Scientific Impact of Nations" tauchen nur Veröffentlichungen als Bewertungskriterium auf, die in streng referierten Fachjournalen erschienen sind (s. z. B. die drei oben zitierten *Research Papers*), und in dieser Kultur werden Erhebungen ohne Fragestellung und klaren Antworten nach dem Einreichen von den betreffenden Editoren abgelehnt: Eine Weiterleitung an Fachgutachter unterbleibt bei Nichteinhaltung gewisser Standards. Als *Associated Editor* bzw. *Editorial Board Member* zahlreicher englischsprachiger Fachjournale kenne ich die Publikationskultur in den Naturwissenschaften im Detail, wie sie auch in den seriösen Fachjournalen der Sozialwissenschaften gelten (s. Kapitel 8).

Wie eingangs dargelegt, wurde das Förderkonzept für den hessischen „Forschungsschwerpunkt Frauen- und Geschlechterforschung" ausschließlich von Gutachterinnen bzw. außerhessischen Expertinnen beurteilt, die offensichtlich der Gender-Ideologie nahestehen. Diese „objektive Evaluation" ist vergleichbar mit den folgenden konstruierten Verfahrensweisen.

Vom deutschen Steuerzahler finanziert, schreibt eine Institution ein

Millionen-Projekt zur „Schöpfungs- bzw. Evolutionsforschung“ aus und bittet die Mitglieder der evangelikalen *Studiengemeinschaft Wort und Wissen* (W+W), eingereichte Förderanträge mit der Fragestellung „Biblische Schöpfungslehre oder atheistische Evolution – was ist wahr?“ beurteilen zu lassen. Die Vertreter von W+W erhalten dann die Forschungsgelder über die von ihnen selbst positiv evaluierten Anträge. Man könnte als Alternative auch die US-Flache-Erde-Gesellschaft (*Flat Earth Society*) als Gutachtergremium anschreiben, um ein Forschungsprojekt zum Themenfeld „Erdform: Scheibe oder Kugel?“ zu bewerten, oder eine Homöopathen-Gesellschaft (z. B. *Deutsche Homöopathie-Union*) mit der Bewertung des Forschungsschwerpunktes „Das Gedächtnis des Wassers: Weiß das geschüttelte, verdünnte $H_2O$, dass da mal gelöste Moleküle vorhanden waren?“ beauftragen.

In allen drei Fällen, d. h. bei den Kreationisten, Flache Erde-Vertretern und Homöopathen würden die angefragten Experten bzw. -innen ein nicht objektives, durch Vorurteile belastetes, eindeutig befürwortendes Gutachten verfassen – von einer objektiven, sachlich-fundierten, an Fakten orientierten Bewertung der Forschungsvorhaben könnte in keinem dieser Beispiele die Rede sein.

Diese drei fiktiven Szenarien sollen verdeutlichen, dass die „weitere Verankerung der Gender Studies an hessischen Universitäten“ (Zitat aus dem Schreiben des Hessischen Ministeriums vom 08.11.2013) über ein neu einzurichtendes Nachfolge-Förderprogramm bereits bei der Evaluation als ideologisches Konstrukt zu bewerten war, von den völlig belanglosen, logisch-zirkulären Inhalten ganz abgesehen (die Gender-gläubigen Wissenschaftlerinnen wissen bereits mit Beginn ihrer „Forschungen“, was als Resultat ihrer Bemühungen herauskommen soll: Weitere nutzlose Frauenförderprogramme zu Lasten benachteiligter Männer und heteronormaler Mütter mit Kindern).

Kommen wir zurück in das reale Forscher-Leben eines bedeutenden Mannes. Der aus ärmlichen Verhältnissen zum weltbekannten Naturwissenschaftler aufgestiegene britische Biologe Alfred Russel Wallace hat sein umfassendes Lebenswerk ohne den Verbrauch staatlicher Steuermittel erarbeitet – dieser Genius der Biologie würde sich im Grabe umdrehen, wenn er erfahren könnte, dass nur 24 Stunden nach seinem 100. Todestag ein fragwürdiges universitäres Projekt bekanntgegeben worden ist. Die Tatsache, dass Wallace der erste international anerkannte Naturwissenschaftler war, der sich öffentlich für die Gleichberechtigung der Frauen eingesetzt hat (Abb. 3.4), ist den Genderistinnen offensichtlich unbekannt – ich konnte seinen Namen in keiner ihrer Abhandlungen entdecken.

## Gender-Curricula für Bachelor und Master

Im „Weismann-Jahr 2014“ hat eine sogenannte „Koordinations- und Forschungsstelle Netzwerk Frauen- und Geschlechterforschung NRW“, mit Unterstützung des *Ministeriums für Innovation, Wissenschaft und Forschung* des Landes Nordrhein-Westfalen, Vorschläge zur Integration von Lehrinhalten der Genderforschung in die Curricula der Studienfächer deutscher Universitäten publiziert. Die dort niedergeschriebenen Thesen sind auch in einer umfassenden, vom Steuerzahler alimentierten Monographie nachlesbar, die weiter unten vorgestellt ist (Hilgemann et al. 2012, s. Kapitel 2).

Für 54 Studienfächer bzw. Fachgebiete, von den Agrarwissenschaften bis zur Zoologie, werden Lehrinhalte aus der Frauen- und Geschlechterforschung vorgeschlagen, die von den entsprechenden „Gender- bzw. Gleichstellungs-Beamtinnen“ in die betreffenden Fachbereiche eingebracht werden sollen. An der Universität Frankfurt hat man sich Ende April 2015 gegen diese Einmischung unwissenschaftlicher Ideologien in die Biowissenschaften gewehrt. Ein Kollege aus der Frankfurter Biologiedidaktik argumentierte diesbezüglich u. a. wie folgt: „Die von der Koordinationsstelle der Universität Duisburg/Essen (Anmerkung U. K.: das Politbüro der Gender-IdeologInnen) erstellten und von der Gender-Fraktion der Uni Frankfurt aufgegriffenen Vorschläge zur Thematisierung insbesondere des sozialen Geschlechts stehen in diametralem Gegensatz zu den forschungsbezogenen Kenntnissen in den Biowissenschaften zum Thema Sexualität. Wir werden keinesfalls derartige Konzepte… in eine fachwissenschaftlich fundierte Lehrerausbildung, als Gegensatz zu den wissenschaftlichen Erkenntnissen in den Biowissenschaften, übernehmen.“ Worum geht es? Nachfolgend soll eine Zusammenfassung der Kernkonzepte der Gender-Ideologen aufgelistet werden.

In den naturwissenschaftlichen Fächern soll derzeit angeblich die aktuelle gendersensible (fachdidaktische) Ausbildung in den MINT (Mathematik-, Ingenieur-, Natur- und Technik-Wissenschaften)-Bereichen vernachlässigt sein. Die Vorschläge bzgl. der Biologie (auf welche wir uns hier beschränken wollen) greifen nach Hilgemann et al. (2012) auf folgende fachspezifische Lehrinhalte aus den „Gender Curricula" zurück: „Zentral für die Frauen- und Geschlechterforschung in der Biologie ist die Beziehung von Biologie und der gesellschaftlichen Geschlechterordnung, die von Interaktionen gekennzeichnet ist. Im Mittelpunkt der geschlechterperspektivischen Studien der Biologie steht zum einen die Frage, wie gesellschaftliche und kulturelle Vorstellungen von Geschlecht in biologisches Wissen eingeschrieben und naturalisiert werden können. Zum anderen wird untersucht, wie biologisches Wissen an der Herstellung, Legitimierung, Aufrechterhaltung und Veränderung der gesellschaftlichen Geschlechterordnung teilhat. Biologisches Wissen ist demnach Teil von Geschlechterpolitik." Diese zitierten Aussagen aus den oben angeführten Online-Gender Curricula interpretiere ich als intelligent klingenden Redeschwall, der nur das eine Ziel verfolgt: die Ideologisierung der objektiven Wissenschaft Biologie. Zur Umsetzung werden u. a. dort die folgenden Gender-Module vorgeschlagen (Hilgemann et al. 2012):

1. Tier- und Pflanzenbiologie: „Das Modulelement ‚Gender im Tier- und Pflanzenreich' soll die Verwobenheit zoologischer und botanischer Wissensproduktion mit den soziokulturellen Vorstellungen von Geschlecht behandeln. Konkret können hier folgende Themen behandelt werden: Primatologie ist Politik mit anderen Mitteln; Spiegelung der Geschlechterverhältnisse in der zoologischen und botanischen Systematik; Die Bedeutung des Begriffs ‚Mutterpflanze'; Metaphern in der Biologie; Hetero-, Homo-, Inter- und Transsexualität im Tierreich."

   *Kommentar:* Das gesamte feministische Gedankenkonstrukt steht im Widerspruch zu den Erkenntnissen der Biologie, s. Kapitel 1. Im Tierreich gibt es Männchen und Weibchen (bzw. männliche bzw. weibliche Mutterpflanzen), aber auch Missbildungen bzw. Design-Fehler, die man unter der Rubrik „homo- und inter-transsexuelle Individuen" zusammenfassen kann. Diese Irrläufer der Ontogenese (und

Evolution) hinterlassen keine Nachkommen und werden daher über die stabilisierende Selektion in jeder Generation aufs Neue ausgelesen (Details zur Homosexualität im Tierreich, s. S. 261).

2. Humanbiologie: „Zu den Themen des Modulelements ‚Gender und die Biologie des Menschen' könnten geschlechterperspektivische Analysen (vermeintlich) biologisch determinierter Geschlechterdifferenzen hinsichtlich Intelligenz, Gehirn, Geschlechterrollen, Sexual- und Reproduktionsverhalten, Hormone und Chromosomen sowie die Themen Inter- und Transsexualität und Hominiden-Evolution gehören."
   *Kommentar:* Der Gonochorist Mensch ist durch einen Sexual-Dimorphismus gekennzeichnet, der real und nicht „vermeintlich" ist. Die angesprochenen Probleme sind Hirngespinste phantasiebegabter Genderistinnen ohne faktische Grundlage (inter- und transsexuelle Menschen bzw. homoerotisch veranlagte Paare hinterlassen keine leibliche Nachkommen; sie spielen daher in der Hominiden-Evolution keine Rolle und können als „Design-Fehler" interpretiert werden, s. Kutschera 2013 a).
3. Versuchs-Interpretation: „In dem Modulelement ‚Biologische Experimente reflektieren' könnten die Studierenden die konkrete Herstellung naturwissenschaftlicher Fakten in der alltäglichen Laborpraxis untersuchen. In diesem empirischen Praxisseminar sollten sie Einführungen in die Gender & Science Studies, in die in der Wissenschaftsforschung entwickelten Laborstudien und in Theorien über wissenschaftliches Experimentieren erhalten. Anschließend sollen sie selbst teilnehmende Beobachtungen in der biologischen Laborpraxis durchführen und schriftlich auswerten."
   *Kommentar:* Eine Moneyistische Interpretation experimenteller Daten, z. B. zur Photosynthese-Aktivität von Wasserpflanzen in Abhängigkeit von der Lichtintensität, ist so unsinnig wie die genderistische Auslegung von Bibelsprüchen (Beispiel, s. S. 368). Im Gegensatz zur „feministischen Theologie", die zwar viel Geld kostet, aber niemandem schadet, steht mit der Ideologisierung der Biowissenschaften aber die Ernährungs- und Gesundheits-Frage der deutschen Bevölkerung auf dem Spiel. Die objektiv-wertneutrale pflanzenphysiologische und biomedizinische Forschung soll als Beispiel ange-

führt werden. Ähnlich wie die kreationistische Unterwanderung des Biologie-Unterrichts zersetzend wirkt, wird durch die geplante genderistische Indoktrination die naturalistische Grundlage der Leitwissenschaft des 21. Jahrhunderts angegriffen und letztendlich zerstört (weiterführende Darlegungen s. unten).

Aus den Lebensläufen der vorgeschlagenen „Expertinnen" gehen weder fachbiologische noch fachdidaktische Vorkenntnisse mit Bezug zu den Biowissenschaften hervor (Hilgemann et al. 2012). Zusammenfassend zeigt diese Analyse, dass die auf Physik und Chemie basierende Naturwissenschaft Biologie „verweichlicht" (bzw. verweiblicht) werden soll, mit dem Ziel, die *Life Sciences* als „Brückenfach" langfristig in die Sozialkunde zu verschieben. Dieser biophobe Angriff auf die Autonomie der Lebenswissenschaften muss mit allen Mitteln zurückgewiesen werden. Die Juristin Frommel (2015) argumentierte diesbezüglich wie folgt: „Die Polemik gegen ‚Biologie' muss Biologen stören und sie müssen ihre Einwände formulieren." Diese Verteidigungs-Strategie habe ich bereits seit Jahren vertreten – sie war ein Hauptmotiv für mich, dieses Gender-kritische Fachbuch zu verfassen.

## Das Marburger Quallen-Buch: Hessische Genderperspektiven in der Biologie

Auf der Internetseite zur Bewerbung der „Gender Curricula" wurde im März 2015 eine Broschüre mit dem Titel *Genderperspektiven in der Biologie* angekündigt, die als „Qualitätssiegel" dieser Moneyistischen Umerziehungs-Agenda angeführt ist. Eine kritische Durchsicht dieser aus Mitteln des „Bundes und der Länder im Rahmen des Professorinnenprogramms" geförderten Projekts, mit herausgegeben vom „Zentrum für Gender Studies und feministische Zukunftsforschung", der „Frauenbeauftragten" und dem „Zentrum für Lehrerbildung" der Philipps Universität Marburg, ist ernüchternd.

Wir wollen im Folgenden einige Thesen der Genderistin M. Ah-King (2014) aufgreifen und im Lichte unseres evolutionsbiologischen Wissens bewerten. Wie aus dem *Vorwort* hervorgeht, war die aus Schweden stammende Autorin im Wintersemester 2013/14 als Gastdozentin an der Universität Marburg tätig, und man erhoffte sich, dass ihre dort vorgetragenen Thesen über ihren Text eine weite Verbreitung finden werden.

Bereits das ansprechende Cover (Abb. 3.5) suggeriert, worum es in dieser Schrift geht: Die abgebildete Meeresqualle gehört, wie Blutegel und Regenwürmer, reproduktionsbiologisch betrachtet, zu den Hermaphroditen (Kutschera 2015 a). Mit dem ansprechenden Logo der Universität Marburg versehen, wird bei Betrachtung dieses Bildes die Kernthese des „Darwinischen Feminismus" vermittelt: Alle Tiere, wie auch wir Menschen, sollen von einem urtümlichen Zwitterwesen abstammen, welches über männliche und weibliche Geschlechtsorgane verfügt haben soll (Darwin 1871). Wie an anderer Stelle ausführlich dargelegt (Kutschera 2014 b, 2015 b), ist diese Darwin'sche Hypothese bis heute unbestätigt geblieben. Es gibt keine belastbaren Fakten, die für einen zwittrigen Ursprung sämtlicher animalischer Lebewesen sprechen würden (s. Kapitel 1). Das Gegenteil ist der Fall: Hermaphroditen waren und sind noch heute eher Sackgassen der Evolution, als dass sie innovative Abstammungslinien begründet hätten. Weiterhin sind menschliche „Hermaphroditen" das Wahrzeichen der Moneyistischen Irrlehre – ein klares Symbol, welches die Genderistin Ah-King (2014) ihren Studierenden zu vermitteln versucht.

Bereits im *Vorwort* weist Ah-King (2014) darauf hin, dass sie vom schwedischen Sekretariat für Genderforschung beauftragt worden sei, ein Buch zur Einführung in die Genderperspektiven in der Biologie zu verfassen. Sie bedankt sich ausdrücklich beim „Marburger Zentrum für Genderstudies und feministische Zukunftsforschung" für die Einladung nach Deutschland.

Wir wollen nachfolgend einige Thesen aus den „Genderperspektiven in der Biologie" aufgreifen und fachlich bewerten (Ah-King 2014). In der *Einleitung* wird bereits eine unzutreffende Definition der Biologie geliefert, mit der Behauptung, „die Wirkung der Gene hänge (bei Tieren) häufig von Umweltfaktoren ab" (*Credo*: Erziehung, und nicht die Biologie macht das Mädchen zur Frau). Nach Ansicht der Autorin haben sich Genderperspektiven in der Biologie unter anderem mit der Kritik von Interpretationen biologischer Phänomene zu befassen. Mit „Gender" sind nach Ah-King (2014) „ans Männliche und Weibliche geknüpfte gesellschaftlich geprägte Vorstellungen, Normen und

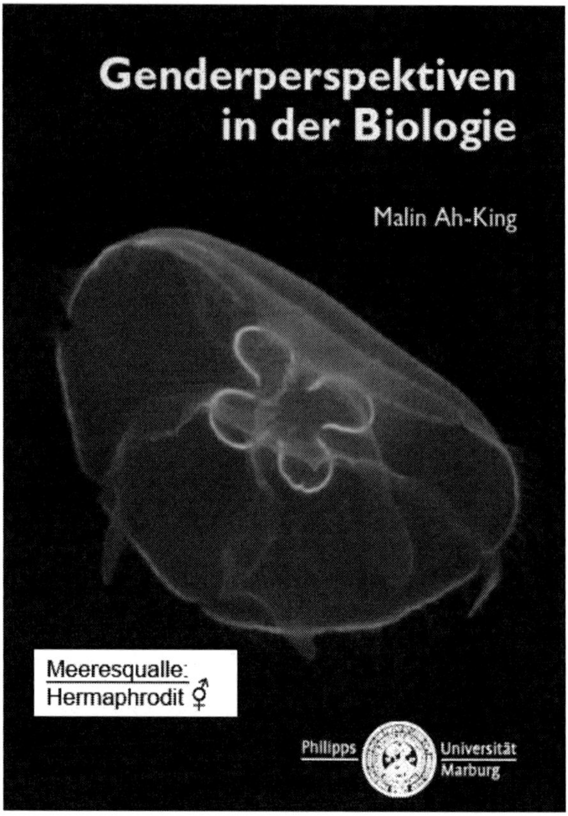


**Abb. 3.5**: Titelseite einer Werbebroschüre zur Genderisierung der deutschen Biologie. Der Text wurde aus dem schwedischen Original von einer Übersetzerin ins Deutsche übertragen. Das Werbeprodukt wird auf Kosten des Steuerzahlers über die Website „Gender Curricula“ verbreitet. Die Infos in der eingefügten Box wurden dem Titelbild beigefügt (Moneyistisches Hermaphroditen-Dogma).

Machtverhältnisse gemeint, die sich historisch verändert haben und sich je nach Kultur unterscheiden.“ Diese Aussage ist biologisch betrachtet unsinnig, da es in der Jahrmillionen langen Evolution der Organismen, einschließlich des Menschen, immer naturgemäß männliche bzw. weibliche Geschlechtstiere (Gender) gegeben hat, die sich über Sex-Akte (Gametenfusion, Befruchtung) fortgepflanzt haben – sonst wären wir nicht hier und Ah-King (2014) hätte auch ihre Broschüre nicht schreiben können. Weiterhin wirft Ah-King (2014) u. a. die folgende Frage auf: „Wie haben Vorstellungen von ‚männlichen' und ‚weiblichen' Theorien und Forschung die Biologie beeinflusst?" Die Antwort ist ganz einfach – überhaupt nicht. Die großen Theoretiker der Biologie, wie Lamarck, Darwin, Wallace, Sachs, Weismann, Haeckel, Mayr und andere, hatten keine „Gender-Perspektiven" im Hinterkopf gehabt, als sie ihre grundlegenden Forschungsprojekte und Theoriensysteme realisiert haben. Ebenso wenig haben diese „Superstars der Biowissenschaften" kulturelle Vorstellungen in ihren Forschungen berücksichtigt: Es ging ihnen ausschließlich um den naturwissenschaftlichen Erkenntnisgewinn; sie hatten für politische Debatten keine Zeit bzw. das Interesse daran fehlte (Ausnahme: der Sozialist A. R. Wallace publizierte auch politische Schriften; seine biologischen Veröffentlichungen sind aber frei von jeglicher unwissenschaftlicher Ideologie).

Des Weiteren sei vermerkt, dass es die von Ah-King (2014) aufgelisteten „kulturellen Vorstellungen", welche Interpretationen von Tierverhalten beeinflusst hätten, in der Realität forschender Biologen nicht gibt. So studieren z. B. Ethologen tierisches Verhalten aus der evolutionären Perspektive heraus, ohne damit politische Propaganda zu betreiben. Die Autorin greift z. B. das u. a. von Darwin (1859, 1871) ausführlich beschriebene Prinzip der geschlechtlichen Zuchtwahl (sexuelle Selektion) auf, welches u. a. das Konzept der „male competition vs. female choice" hervorgebracht hat (Konkurrenz der Männchen um die wählerischen Weibchen, s. Futuyma 2005, Chapman 2006, Kappeler 2006, Krebs und Davies 2012). Sie kritisiert dieses Naturgesetz unter Verweis auf seltene Ausnahmen dieser Regel (einige Fallbeispiele, wie z. B. Seepferdchen, sind in der Tat bekannt). Das ist eine unwissenschaftliche Ideologisierung der evolutionären Verhaltensforschung: Ausnahmen bestätigen die Regel; sie können diese jedoch nicht widerlegen. In diesem Zusammenhang argumentiert die Gender-Frau auch im Sinne einer Gleichheit von Männern und Frauen bzgl. des Gehirns und des Mutterinstinkts. Dieser soll nach Ah-King (2014) bei Männern ebenso ausgebildet sein wie bei Frauen, was sachlich falsch ist (dieser Glaubenssatz ist leider bereits Bestandteil gewisser Schulbuch-Texte, s. Walory und Westendorf-Bröring 2014, Kapitel 1). Das bekannte Argument, man könne wissenschaftliches Arbeiten nicht von gesellschaftlichen Ideologien trennen, wird ebenso thematisiert wie die Leugnung bzw. Infragestellung biologischer Unterschiede zwischen Männern und Frauen. Ah-King (2014) argumentiert z. B., dass sich Männer und Frauen nicht grundlegend bzgl. ihrer Muskelmasse unterscheiden würden. Zitat: „So verfügt eine erhebliche Anzahl von Frauen über eine größere Muskelmasse als manche Männer“. Hier werden Extreme angeführt und nicht der Durchschnitt von Populationen – eine unwissenschaftliche, willkürliche Fakten-Verdrehung (Kirchengast 2010, s. Kapitel 6).

Als Beispiel für eine „Genderperspektive in der Biologie“ wird der Befruchtungsakt (Sex, d. h. Fusion Eizelle/Spermium) als „romantische Geschichte“ gekennzeichnet, und die Eizelle als stereotypes Bild einer „schwachen, passiven Frau“ charakterisiert. Das ist unzutreffend, da die Eizelle im Gegensatz zum Spermium viel größer ist und darüber hinaus Mitochondrien beinhaltet. Das Sinnbild „starke, mächtige Eizelle“ und „schwache, unterlegene Spermien“ wäre eher zutreffend. Letztendlich werden die „Geschlechterrollen im Tierreich“ genderistisch uminterpretiert, was zu nicht ernst zu nehmenden feministischen Spekulationen führt. Die Autorin Ah-King (2014) spricht im Zusammenhang mit dem Menschenkörper von „Anschauungen, d. h. kulturellen Schöpfungen“, wobei man bei diesen Ausführungen an die kreationistischen, vom biblischen Gott ins Dasein gerufenen „Grundtypen des Lebens“ erinnert wird (Junker und Scherer 1986, 2013).

Abschließend folgen der bekannte „Biologismus-Vorwurf“ und eine feministische Kritik an den Naturwissenschaften. Das Moneyistische Zwitter-Pamphlet, mit dem Logo der Universität Marburg versehen, kann als Lehrstück für pseudowissenschaftliche Verdrehungen von Fakten und willkürliche genderistische Interpretationen angesehen werden (Abb. 3.5). Es ist ein Beispiel für leicht zu widerlegende, sich selbst widersprechende Scheinwissenschaft, analog dem Kreationismus bzw. der Homöopathie.

Man könnte die nachfolgend aufgeführte Kritik an meinen Äußerungen anführen. Frau Ah-King ist eine promovierte Zoologin und hat u. a. im Springer-Verlag ein Gender-Fachbuch editiert/publiziert – diese Herabwürdigung ihrer Forschungsleistung ist arrogant und inakzeptabel! Meine Antwort darauf lautet wie folgt: Die Zoologin Ah-King hat, jenseits ihrer Dissertation, keine originären, Fakten-basierten Forschungsarbeiten (*Research Papers*) publiziert, sondern im Wesentlichen immer nur feministische Darwin-Kritiken veröffentlicht (z. B. Schein-Argumente gegen das fachlich solide belegte Prinzip der „Damenwahl im Tierreich“, s. Krebs und Davies 2012).

Der Springer-Sammelband (Ah-King 2013) enthält den bekannten Moneyistischen Sermon vom vermeintlichen Unisex-Wesen *Homo sapiens*, allerdings unter der Tarnkappe seriöser Wissenschaft verdeckt. Der „kreationistische Marburger Taschenspielertrick“, mit einer schwedischen Zoologin unter dem Deckmantel feministischer Ideologie ernstzunehmende „Gender-Perspektiven“ in die Biologie einzuschleusen, konnte somit offengelegt werden. Soziologische Geschlechter-Thesen haben in der Naturwissenschaft Biologie ebenso wenig eine Daseinsberechtigung wie die vom allmächtigen Schöpfergott ins Dasein gerufenen „Grundtypen des Lebens“ (Blancke et al. 2014, Junker und Hossfeld 2009, Kutschera 2004, 2007 a, 2013 a, 2015 a).

## Gender und Vielfalt in Studium und Lehre

Passend zu dem oben dargestellten Themenkomplex fand im Sommer 2015 an einer hessischen Universität ein „Fachtag“ statt, zu dem alle in Lehre und Forschung tätigen Mitglieder der Hochschule (berufene Lehrstuhlinhaber, ernannte Professoren, wiss. Mitarbeiter, technisches Personal) eingeladen waren. Ein Erlebnisbericht eines Teilnehmers folgt weiter unten – vorab einige Infos.

In einem liebevoll gestalteten bunten Flyer (Pastelltöne), herausgegeben vom Frauen- und Gleichstellungsbüro der entsprechenden Universität, wurden der Inhalt sowie die Zielsetzung in den folgenden Worten zusammengefasst: „Die Berücksichtigung von Gender- und Diversity-Aspekten leistet einen wichtigen Beitrag zur Qualitätssicherung im Bereich Forschung, Studium und Lehre. Die Gleichstellung der Geschlechter als hochschulpolitisches und bildungspraktisches Ziel ist in allen Aufgabenbereichen der Universität etabliert. Nun geht es darum, diese Zielstellungen praxiswirksam in Studium und Lehre umzusetzen.“ In diesem Zusammenhang verweisen die Autoren auf ihre „eigenen als auch externen Konzepte und Anwendungsbeispiele zur Gestaltung einer Gender- und Diversity-sensiblen Hochschule hin“.

Diese Sätze möchte ich wie folgt kommentieren: 1. Die Qualität universitärer Forschung und Lehre wird durch eine Berücksichtigung von (bzw. Indoktrination mit) ideologischen Glaubensinhalten, wie z. B. dem Dogma einer angeblichen biologisch-sozialen Geschlechter-Gleichheit, nicht verbessert, sondern negativ beeinträchtigt. Selbstverständlich darf weder an Universitäten noch in anderen Arbeitsbereichen Deutschlands kein Mensch, ob Mann, Frau, homo- oder heteroerotisch veranlagt, benachteiligt werden. Vor dem Grundgesetz sind alle Bürger gleich, und zum Einhalten dieser zentralen Aufgabe sind alle Arbeitgeber und Mitarbeiter verpflichtet. Die im Rahmen dieses „Fachtages" vorgeschlagenen Gender-Prinzipien tragen in keiner Weise zur Gleichberechtigung bei – diese quasi-religiöse Missionierungstätigkeit einer kleinen, radikalen Gruppierung führt zur Polarisierung und Abwertung jener Frauen, die ein anderes (biologisches) Femina-Bild verinnerlicht haben als es die Genderistinnen ihnen einreden möchten (s. Kapitel 10).

Der „Fachtag", bei dem ca. 40 Teilnehmer anwesend waren (Frauenquote ca. 80 %), umfasste vier Veranstaltungen mit erhellenden Titeln. Zunächst referierte eine weibliche Person aus dem „Gender- und Frauenforschungszentrum der Hessischen Hochschulen" zum Thema „Gender und Diversity im universitären Alltag". Die Vortragende berichtete, dass Gender in der Lehre fachübergreifend ein wichtiges Thema sei. Man wolle eine geschlechtersensible Kultur schaffen und die Hochschulen in Deutschland seien verpflichtet, das Gender Mainstreaming (GM) in allen Bereichen umzusetzen. Frauen wären eine Ressource für den Arbeitsmarkt und könnten den Fachkräftemangel ausgleichen. Leider sei aber der Frauenanteil im Ingenieurbereich und in der Informatik/Mathematik zu gering, man müsse endlich mehr Frauen dazu umerziehen, sich mit Computerverfahren und technischen Geräten anzufreunden, um den weiblichen Anteil im Ingenieurbereich auf 50 % anzuheben (eine politische Vorgabe der Moneyistischen GM-Ideologie) (Zastrow 2006). Die Frage, ob die Mehrheit der deutschen Frauen das überhaupt möchte, wird nicht angesprochen.

Leider werde, so die Referentin, die Gender-Agenda von „Neuen Rechten" heftig kritisiert (auch John Money hat jegliche Kritik an seiner Irrlehre als anti-feministisch und politisch reaktionär-rechtslastig bezeichnet, s. Colapinto 2000). Die Referentin verwies auf einen *Spie-*

*gel*-Artikel, den sie als Beispiel reaktionärer Propaganda brandmarkte (dieses Nachrichtenmagazin scheint in der GM-Szene als ernstzunehmendes Wissenschaftsjournal betrachtet zu werden). Am 9. Juni 2015 wurde dort in einer Kolumne mit dem Titel „Die Gender-Lüge“ von einem Journalisten das Folgende berichtet. Ein 65-jähriger männlicher US-Spitzensportler hatte sich zu einer Frau umoperieren lassen, da er sich seit Jahrzehnten im falschen Körper gefühlt hatte. Der jetzt „weibliche“ ehemalige Olympiasieger im Zehnkampf hatte unter seiner XY-Transgender-Situation gelitten, und jetzt ist seine Welt wieder in Ordnung: Das gefühlte „Frau-Sein“ (Gender) stimmt von nun an im korrigierten Körper mit dem hergerichteten „Geschlecht“ („Sex“) überein – ein schlagender Beweis dafür, dass das Geschlecht biologisch determiniert ist und nicht als „soziales Konstrukt“ beliebig formbar ist. Wie der *Spiegel*-Journalist ganz richtig feststellte, ist die Mann-Frau-Unterscheidung biologisch festgelegt, und dieser Fall zeigt auf, dass die Moneyistische Gender-Ideologie in der Tat als „Lüge“ zu kennzeichnen ist (s. Kapitel 8).

Da indoktrinierte Gender-Vertreterinnen aber, ähnlich wie Kreationisten, von ihren eingeimpften Dogmen überzeugt sind, wurde diese eindeutige Entlarvung der Gender-Annahme als „Diffamierung der Geschlechter-Agenda“ bewertet, verbunden mit dem absurden Vorwurf einer Verbreitung rechtsradikalen Gedankenguts. Abschließend wurde im Rahmen des Einführungsvortrags behauptet, die Forschungsleistungen von Frauen würden geringer bewertet werden als jene der Männer, ohne jedoch entsprechende Fakten anzuführen. Der ganze Auftritt hatte nach Bewertung des Teilnehmers einen mehr oder weniger männerfeindlichen Unterton, da die „Herren der Schöpfung“ indirekt als Unterdrücker und Diskriminierer gebrandmarkt worden sind.

Drei Workshops ergänzten diesen einführenden Vortrag. Zunächst wurden die Zuhörer zum Thema „Geschlechtergerecht Lehren – Gender als Dimension guter Lehre“ unter dem folgenden Motto unterrichtet: „Wo drückt der Gender-Schuh in Lehrveranstaltungen?“ Dieses „Schuh-Gleichnis“ ist z. B. für meine akademische Lehrtätigkeit irrelevant, da in meinen Vorlesungen, Praktika und Seminaren zur Physiologie und Evolution der Organismen nirgendwo ein „Gender-Schuh“ drückt, obwohl die Themen Sex (zweigeschlechtliche Fortpflanzung im Zusammenhang mit der organismischen Evolution) und Gender (Ausbildung von Geschlechts-Tieren und -Pflanzen während der Ontogenese) zentrale Inhalte meiner Veranstaltungen und Lehrbücher sind (Kutschera 2002, 2015 a).

Im anschließenden Workshop mit dem Titel „Pädagogische Ambivalenzen – Zur besonderen Bedeutung von Geschlecht im MINT-Unterricht" wurden die Zuhörer auf die „Multidimensionalität der Kategorie Geschlecht und ungewollte Geschlechterstereotypen" aufmerksam gemacht.

Im dritten Workshop mit dem Thema „Geschlechtergerechtigkeit oder unüberwindbare Unterschiedlichkeit?" wurde den Teilnehmern die folgende These unterbreitet: „Wir alle tragen geschlechtsstereotype Vorstellungen in unseren ‚inneren Schubladen' mit uns herum. In dem Workshop werden bestehende Perspektiven hinterfragt und damit neue Sichtweisen und Handlungsmöglichkeiten eröffnet."

Da alle drei Workshops zeitgleich organisiert waren, konnten Besucher nur einiges zur „geschlechtergerechten Lehre" erfahren und daher leider über die Parallelveranstaltungen nichts Eigenständiges berichten – die Titel sprechen aber für sich. Wie wir im nächsten Abschnitt erfahren werden, gibt es an vielen deutschen Universitäten ähnliche „Pro-Gender-Veranstaltungen". Der hier exemplarisch beschriebene Workshop ist somit kein Einzelfall, sondern repräsentiert die derzeitige Moneyistische Geistesströmung an nahezu allen deutschen Staats-Institutionen für akademische Lehre und wissenschaftliche Forschung.

## Gender-kompetent: Der Bologna-Prozess an deutschen Hochschulen

Zwei Broschüren wurden 2015 kostenfrei über entsprechende Uni-Gender-Stabsstellen verteilt. Zum einen das bereits oben erwähnte, 344 Druckseiten umfassende Buch *Geschlechtergerechte Akkreditierung und Qualitätssicherung – Eine Handreichung* mit Analysen, Handlungsempfehlungen und den gedruckten Gender Curricula (Hilgemann et al. 2012) sowie eine bunt aufgemachte Darstellung mit dem Titel *Gender kompetent. Gender in der Lehre hessischer Hochschulen.*

In dem Handbuch von Hilgemann et al. (2012) sind u. a. die

Gender-relevanten Beschlüsse und Vorgaben im Zusammenhang mit dem Bologna-Prozess zur Einführung von gestuften Studiengängen (Bachelor und Master) dargelegt. An entscheidender Stelle wird auf einen Beschluss aus dem Jahr 2004 verwiesen, der weitgehend unbekannt geblieben ist und daher hier zitiert werden soll: „Außerdem stellt der Akkreditierungsrat sicher, dass der Gender Mainstreaming-Ansatz des Amsterdamer Vertrages der Europäischen Union vom 2. Oktober 1997 sowie die entsprechenden nationalen Regelungen im Akkreditierungssystem berücksichtigt und umgesetzt werden. (KMK 2004, S. 6).“ Mit diesem Beschluss ist vorgegeben, die Prinzipien des Gender Mainstreaming (GM) verbindlich in die universitären Studiengänge zu integrieren. Man spricht in diesem Zusammenhang üblicherweise von „geschlechtergerechter Ausgestaltung“ – gemeint ist aber das radikalfeministische, auf Money et al. (1955) zurückgehende „Frau-gleich-Mann-Dogma“, wie es in Kapitel 1 vorgestellt ist. Daraus folgt z. B., dass bei einer sozialen Geschlechter-Gleichheit der Menschen dann auch hetero- und homoerotische Beziehungen als gleichberechtigte Lebensformen zu gelten haben (Begründung, s. Money 1988).

Was bedeutet das in der Praxis? Unter dem Kunstwort „Akkreditierung“ versteht man die rechtmäßige Umsetzung bestimmter Vorgaben in neu zu gestaltende Studiengänge, die wiederum genehmigt werden müssen. Ab 2015 soll somit die Gender-Ideologie Bestandteil aller 54 Studiengänge werden, wie sie in der Monographie von Hilgemann et al. (2012) aufgelistet sind. Die folgenden Fächergruppen sollen genderisiert werden:

1. Agrar- und Forstwissenschaften (inkl. Gartenbau), 2. Gesellschafts- und Sozialwissenschaften (inkl. Psychologie, Sport und Theologie), 3. Ingenieurwissenschaften (inkl. Verkehrsplanung), 4. Mathematik/Naturwissenschaften (von der Biologie bis zur Physik), 5. Medizin/Gesundheitswesen (inkl. Pharmazie), 6. Rechts- und Wirtschaftswissenschaften (inkl. Betriebswirtschaft) und 7. Sprach- und Kulturwissenschaften (inkl. Kunst, Gestaltung, Medien). Überall dort soll somit die Gender-Ideologie in die Lehrinhalte einfließen. Hervorzuheben ist u. a. die Theologie. Auf Seite 190 lesen wir „bezüglich der Gottesrede sollte die Frage nach einer angemessenen (d. h. auch allen Geschlechtern gerechten) Rede von Gott Beachtung finden;... traditionell

männliches Gottesbild sowie feministisch-theologische Neuentwürfe sind zu thematisieren (der Geist Gottes in seiner weiblichen Konotation)“ (Hilgemann et al. 2012). Dieses staatliche Pro-Gender-Umerziehungsprogramm kostet sehr viel Geld und wird vermutlich nur wenig zur internationalen Profilierung deutscher Universitäten beitragen.

In der zweiten Broschüre, herausgegeben von der „Landeskonferenz der hessischen Hochschulfrauenbeauftragten (LaKoF)“, *Gender kompetent*, wird gleich in der Einleitung dargelegt, dass per Anordnung von oben nicht nur das GM in die 54 Studiengänge integriert werden muss, sondern auch „Doing Gender-Prozesse“ zu berücksichtigen sind. Nach Degele (2008) geht es beim Moneyistischen „Doing Gender“ u. a. um die folgende Frage: „Wie stellen AkteurInnen Geschlecht dar?“.

Es sei ausdrücklich hervorgehoben, dass nicht nur an den fünf hessischen Universitäten in Kassel, Marburg, Frankfurt/M., Darmstadt und Gießen (sowie an den Landes-Fachhochschulen) sogenannte Gender Studies betrieben werden, sondern an nahezu allen anderen deutschen Hochschulen. Auch an meiner *Alma Mater*, der Albert Ludwigs Universität Freiburg i. Br., kann man seit einigen Jahren die Feministinnen-Dogmatik verinnerlichen und sich zu einer „Gender-Masterin“ weiterbilden. Diese Moneyistinnen werden dann wieder u. a. als Frauenbeauftragte beschäftigt und so breitet sich diese US-Religion immer weiter aus. Im März 2015 berichtete *UniLeben*, die Zeitung der Albert-Ludwigs-Universität Freiburg, unter der Überschrift „Aufklären, aufzeigen, aufmerksam machen“ über einen weiteren „Tag der Vielfalt“, der für November 2015 geplant war. Die Leiterin der „Stabsstelle Gender and Diversity“ organisierte diese Veranstaltung. Als Dozentin war die Soziologin Degele angekündigt, aus deren „Lehrbuch“ wir bereits ausführlich zitiert hatten. Man beklagte, dass „Heterosexualität als die Norm gilt“; damit wurde auch die sogenannte „Homophobie“ angesprochen. Interessanterweise wurden auch Beispiele aus der Geschlechtergerechten Biomedizin (GB) thematisiert und dabei unser „Gender-Paradoxon“ verdeutlicht (s. Kapitel 10).

Wie bereits in Kapitel 1 dargelegt, gehen Vertreter der Gender Studies von einer beliebigen Formbarkeit der Geschlechter aus (Moneyistisches Dogma vom Unisex-Baby), während die Gender Biomedizin genau das entgegengesetzte Konzept verkörpert: GB-Naturwissenschaftler legen all ihren Untersuchungen die gravierenden, von Geburt an vorhandenen Unterschiede der Geschlechter zugrunde. Differenzierter als in Deutschland wird das „G-Thema" an US-Universitäten diskutiert, wie z. B. die Thesen der Historikerin Schiebinger (2014) gezeigt haben (s. Kapitel 2 und 10).

## Kreative Leistungen von Frauen contra Uni-Funktionärswesen

In der *Einleitung* dieses Kapitels wurden der Komponist Georg Philipp Telemann (1681–1767) und der Naturforscher Alfred Russel Wallace (1823–1913) vorgestellt. Diese beiden außergewöhnlich kreativen Männer haben sich ihr Expertenkönnen bzw. -wissen neben dem täglichen Broterwerb selbst beigebracht. Obwohl sie daher das deutsche bzw. britische Bildungssystem in ihrer jeweiligen Fachsparte (Musik bzw. Biologie) nicht in Anspruch genommen haben, zählten sie zu den bedeutendsten Schlüsselfiguren ihrer Zeit bzw. Fachrichtung – ihre Werke werden noch heute aufgeführt bzw. gelesen. Wie aus der Autobiographie von Wallace (1905) hervorgeht, war dieser große Biologe nebenbei auch als Sozialwissenschaftler und Politiker (Sozialist) aktiv. Seine revolutionären Thesen zur Gleichwertigkeit der Kulturen sowie der verschiedenen ethnischen Gruppen der Erde wurden im 19. Jahrhundert kritisch-ablehnend bewertet. Wallace hat als einer der Ersten den Rassismus als Irrglauben enttarnt. Seine Ansichten zur Gleichberechtigung der Frauen (Abb. 3.4) können in analoger Weise in diesen Zusammenhang gestellt werden (Zitat: „Wilde Urwaldbewohner sind ebenso moralisch gute Menschen wie die Kulturbürger", Wallace 1900, 1913). Als Sozial-Anthropologe, der jahrelang in verschiedenen Urwaldregionen der Erde mit einheimischen Menschen zusammengelebt hatte, war Wallace (1900) ein revolutionärer Vordenker (Abb. 3.6), dessen Einsichten in den modernen Humanwissenschaften fortleben (Junker 2009, Hossfeld 2012, 2016).

Es soll an dieser Stelle auf drei Monographien verwiesen werden, in welchen die wissenschaftlichen Leistungen bedeutender Frauen, die sich ohne Quotenregelung durchgesetzt haben, dargelegt sind. In ih-

**Abb. 3.6**: Das egalitäre Frauen- und Menschenbild des Biologen und Humanisten Alfred R. Wallace. In seinen „Studien zur Naturwissenschaft und sozialen Fragen“ hat der Autor u. a. die Ureinwohner pazifischer Inselgruppen beschrieben (Hawaii). Diese Männer (wie die gleichberechtigten Frauen) bezeichnete Wallace als „intelligente und edle Menschen“; er beklagte sich auch über die angebliche „Überlegenheit unserer Zivilisation“. Für Wallace waren alle Menschen, unabhängig von Geschlecht und ethnischer Zugehörigkeit, gleichberechtigte Mitglieder der Biospezies *Homo sapiens* (nach Wallace, A. R.: Studies Scientific and Social. London, 1900).

rer Monographie beschreiben Nürnberg et al. (2014) die originellen Entdeckungen bzw. theoretischen Konzepte deutscher Genetikerinnen (mit Elisabeth Schiemann, 1881–1972, als Hauptperson) und in zwei wichtigen Werken ist dargelegt, was kreative Chemiker- bzw. Biologinnen ohne GM-Unterstützung in der Vergangenheit geleistet haben (Swaby 2015, Ray 2015). Von besonderer Bedeutung für unser Thema ist die in Frankfurt/Main (Hessen) geborene Biologin und Künstlerin Maria Sibylla Merian (1647–1717) (Abb. 3.7). Wie Darwin, Wallace und Weismann war sie, als geborene Naturforscherin, bereits in der Jugend an Insekten interessiert. Vergleichbar mit Ernst Haeckel (1866) und Julius Sachs (1865, 1868), war Frau Merian darüber hinaus eine Künstlerin ersten Ranges. Im Juni 1699 brach die geniale Hessin mit ihrer jüngsten Tochter zu einer zweijährigen Forschungsreise in die tropischen Wälder von Surinam auf. Dort fertigte sie u. a. ihre berühmten Insekten-Zeichnungen an. Weiterhin beschrieb Merian eine Froschart, die sich vermeintlich in einen Fisch verwandeln soll. Dieser Merian'sche Harlekin-Frosch (*Pseudis paradoxa*) repräsentiert ein Amphibien-Paradoxon. Während die Kaulquappen (juvenile Larven) bis 25 cm lang werden, erreichen die geschlechtsreifen Adult-Tiere Größen von nur 5 bis 8 cm (Emerson 2008). Bei der Metamorphose kommt es zu einer ungewöhnlichen Körper-Schrumpfung, die hier als „Merian'sches Frosch-Paradoxon" bezeichnet wird (Abb. 3.8). Ähnlich wie Wallace, der einen nach ihm benannten tropischen Flugfrosch entdeckte (Abb. 3.2), erkrankte die 54-jährige Forscherin an Malaria und musste, körperlich völlig erschöpft, nach Europa zurückkehren. Maria S. Merian zählt zu den Wegbereitern der Insektenkunde (Entomologie) und hat ein mehrbändiges Grundlagenwerk von bleibender Bedeutung hinterlassen (Swaby 2015).

Diese Beispiele mögen verdeutlichen, dass originäre wissenschaftliche (bzw. künstlerische) Kreativität angeboren ist und mit Fleiß und Ausdauer, auch unabhängig von staatlichen Bildungseinrichtungen, zur Entfaltung kommen kann. Geniale Männer und Frauen setzen sich somit in der Regel auch ohne einen Uni-Apparat durch, da ihre „innere Berufung", bei entsprechender Ausdauer, alle Hürden zum Erfolg zu überwinden in der Lage ist. Dieses Grundprinzip lebt noch heute im sogenannten „American Dream" weiter: In den USA zählen originäre Errungenschaften (achievements), während wohlklingende Titel in diesem Land kaum eine Rolle spielen.

Die Frage, ob die Geistesproduktionen der in diesem Kapitel vorgestellten, mit erheblichen staatlichen Mitteln alimentierten „Gender-

**Abb. 3.7**: Portrait der künstlerisch hoch begabten hessischen Naturforscherin Maria Sibylla Merian (1647–1717), die ohne universitäre Unterstützung als privatfinanzierte Insektenforscherin Grundlegendes geleistet hat. Die Biologin zählt zu den Begründern der Entomologie (nach einem Kupferstich aus dem Jahr 1700).

Forschungen", gekoppelt an den entsprechenden Verwaltungsapparat (z. B. LaKoF-Projekt), in ähnlicher Weise von bleibendem Wert sein werden, soll jeder für sich selbst beantworten (s. zum Vergleich das künstlerisch-wissenschaftlich wertvolle Merian-Bild, s. Abb. 3.8). Mein persönlicher Eindruck ist, dass hier bestenfalls belanglose Sekundärliteratur, wahrscheinlich aber im Wesentlichen akademisch klingender (d. h. mit Fremdworten durchsetzter) Papiermüll generiert wird. Das ist eine wenig intelligent geplante Investition in die genderisierte Zukunft Deutschlands.

**Abb. 3.8**: Eine wissenschaftliche Zeichnung (Tafel) tropischer Pflanzen und Tiere von Maria Sibylla Merian: Granatapfel-Blüte (*Punica granatum*) mit Surinamischen Laternenträger-Zikaden (*Laternaria phosphorea*) und anderen Insekten. Das *Inset* zeigt den Merian'schen Harlekin-Frosch (*Pseudis paradoxa*), dessen Larve (Kaulquappe) bei der Metamorphose um ca. 80 % kleiner wird (Amphibien-Paradoxon) (nach Merian, M. S.: Metamorphosis Insectorum Surinamensium. Amsterdam, 1705).

In diesem Zusammenhang sei daran erinnert, dass noch immer die begabtesten Biowissenschaftler mangels Stellenangeboten unser Land verlassen, um in den USA Professuren zu übernehmen. Ob dieses derzeitige Ungleichgewicht „Gender-Investitionsprogramm/Abwandern von hier ausgebildeten Spitzen-Naturwissenschaftlern" auf Dauer tragbar ist, mögen zukünftige Generationen beurteilen.

# 4. Die Schopenhauer-Darwin'sche Weiber-Analyse, akademische Gender-Frauen 2015 und die männliche Vererbungskraft

Wie in Kapitel 1 dargelegt, war eine Motivation für das Verfassen dieses Textes meine Auseinandersetzung mit den Thesen der US-Vertreterinnen des sogenannten „Darwinischen Feminismus". In zwei Publikationen habe ich die Argumente der Gender-Forscherinnen Hamlin (2014) und Richardson (2014) widerlegt und daraufhin mit der zuerst genannten Autorin (*From Eve to Evolution*) eine konstruktive Korrespondenz geführt (Kutschera 2014 a, b). Im Rahmen dieser beiden Kurzbeiträge konnte aber nur in wenigen Sätzen das Wichtigste gesagt werden – eine ausführliche Begründung, warum der britische Naturforscher Charles Darwin (1809–1882) keineswegs als „Kronzeuge" der Frauen-Gleichberechtigung angeführt werden kann, stand noch aus.

In diesem Kapitel soll zunächst das u. a. von Martin Luther (1483–1546) in anschaulicher Form umschriebene, biblisch geprägte Bild von Mann und Frau vorgestellt werden. In detaillierten Analysen werde ich dann belegen, dass Darwin, ganz ähnlich wie der mit ihm nicht in Kontakt stehende deutsche Philosoph Arthur Schopenhauer (1788–1860) (Abb. 4.1), Ansichten „à la Luther" vertreten hat, die im Gegensatz zum revolutionär-fortschrittlichen Frauenbild von Wallace zu interpretieren sind (s. Kapitel 3).

Auf Grundlage dieser Analysen soll dann die noch zu Lebzeiten Darwins initiierte deutsche Frauenbewegung dargestellt werden, welche im Oktober 1865 anlässlich einer Konferenz in Leipzig mit Gründung eines entsprechenden Vereins ihren Ursprung hatte. Im selben Monat und Jahr wurde von dem Botaniker Julius Sachs (1832–1897) mit dem in Leipzig gedruckten und vertriebenen *Handbuch der Experimental-*

**Abb. 4.1**: Der britische Naturforscher Charles Darwin (1809–1882), dargestellt als ein im Anzug daherkommender Affe mit Zeigestock in der Hand, und der deutsche Philosoph Arthur Schopenhauer (1788–1860). Die Original-Karikatur trägt die Überschrift „Darwin und die Abstammung des Pferdes" (Darstellung, 1871). Das Portrait von Schopenhauer, gezeichnet im Jahr 1888, wurde der Darwin-Darstellung beigefügt.

*Physiologie der Pflanzen* ein Forschungsgebiet etabliert, das von enormem praktischen Nutzen für die Landwirtschaft war und heute eine Schlüsseldisziplin der Biowissenschaften darstellt (Höxtermann und Hilger 2007). In einem Exkurs zum Thema „Selektive Wahrnehmung von Fakten bei Kreationisten und Gender-Forscherinnen" wird unter Verweis auf die „Frauen-Frage 1897" ein grundsätzliches Problem diskutiert.

Im letzten Abschnitt wollen wir die verfehlten Vorstellungen von Charles Darwin zur Vererbung ansprechen, die noch heute im „Darwinischen Feminismus“ fortleben, der nach Ansicht der Autorin Hamlin (2014) mit evolutionsbiologischen Befunden übereinstimmen soll. Diese vermeintliche „Darwinische Perspektive“ der Mann-Frau-Beziehung ist, wie Hamlin (2014) darlegt, in die Gender-Ideologie integriert worden.

## Mann und Frau: Das eheliche Leben in der guten alten Zeit

Der Kirchenreformator Martin Luther wird von der *Evangelischen Kirche in Deutschland* (EKD) als einer der Urväter dieser christlichen Glaubensrichtung verehrt. Insbesondere in den Luther-Städten Wittenberg, Eisleben, Erfurt, Torgen und Eisenach/Wartburg wird das Andenken an Luther permanent am Leben erhalten. Da sich aber auch Diktatoren, wie z. B. Adolf Hitler (1889–1945), auf Luther berufen haben, der u. a. die Juden als Jesus-Mörder bezeichnet hat, sind die Thesen dieses revolutionären Theologen bis heute Gegenstand heftiger Kontroversen geblieben, die hier nicht thematisiert werden können.

In unserem Zusammenhang soll eine kurze Passage aus einer Schrift von Luther mit dem Titel „Vom ehelichen Leben – 1522“ zitiert werden, um auf dieser Grundlage das christliche Bild von Mann und Frau einzuführen. Der Theologe Martin Luther schrieb zur Mann-/Frau-Beziehung das Folgende: „Gott hat die Menschen in zwei Teile geteilt, dass es Mann und Weib oder ein Er und eine Sie sein soll. Und das hat ihm also gefallen, dass er’s selbst ein gut Geschöpf nennt. Darum, wie unser jeglichen Gott seinen Leib geschaffen hat, so muss er ihn haben: Und steht nicht in unserer Gewalt, dass ich mich ein Weibsbild oder du dich ein Mannsbild machst; sondern, wie er mich und dich gemacht hat, so sind wir: Ich ein Mann, du ein Weib. Und solche gute Gemächte will er geehrt und unverachtet haben als sein göttlich Werk, dass der Mann und das Weibsbild oder seinen Leib und Glied, nicht verachte oder spotte; wiederum, das Weib den Mann nicht, sondern ein jegliches ehre des anderen Bild und Leib als ein göttlich gut Werk, das Gott selbst wohlgefället.“

Dieses Zitat zeigt, dass im Luther’schen Gottes-Weltbild ein klarer Geschlechter-Dimorphismus, ganz im modernen biologischen Sinne, vorliegt. In der Realität ist diese Geschlechter-Zweiteilung allerdings nicht perfekt, sondern durch erhebliche Design-Fehler gekennzeichnet (s. Kapitel 6). Nach Luther sind Mann und Frau verschieden; sie sollen sich aber in ihrer jeweiligen Rolle gegenseitig achten und nicht verspotten oder bekämpfen. Diese Thesen wiedersprechen eindeutig der Gender-Ideologie, gemäß welcher es nicht zwei, sondern mehrere gleichberechtigte Geschlechter geben soll; darüber hinaus sollen diese auch noch durch die Gesellschaft form- und änderbar sein (Degele 2008). Unabhängig davon, dass Charles Darwin den Glauben an einen christlichen Schöpfer im 30. Lebensjahr überwunden und später die Gott-Hypothese abgelegt hat (Krause 2012), stimmen seine nachfolgend referierten Ansichten zu Mann und Frau in ihren Grundzügen mit jenen von Luther überein.

Da sich zwanzig Jahre vor dem Erscheinen von Darwins Buch zur *Abstammung des Menschen* (1871) der deutsche Philosoph Arthur Schopenhauer (1851) zum selben Thema geäußert hatte, sollen nachfolgend die Ansichten beider Denker vorgestellt und vergleichend diskutiert werden. Wir beginnen mit den älteren Thesen des Selbstdenkers Schopenhauer (Ulfig 2006), die seinen *Kleinen Philosophischen Schriften* entnommen sind.

## Arthur Schopenhauers Weiber-Analyse

Der pessimistisch veranlagte, einzelgängerische Philosoph Arthur Schopenhauer (Abb. 4.1) hat sich in seinen Nebenarbeiten, die der 63-jährige Denker im Jahr 1851 unter dem Titel *Parerga und Paralipomena* publizierte, in Kapitel 27 unter der Überschrift „Ueber die Weiber“ u. a. wie folgt geäußert.

Zur Körpergestalt der beiden Geschlechter des Menschen sagte Schopenhauer (1851) das Folgende: „Schon der Anblick der weiblichen Gestalt lehrt, dass das Weib weder zu großen geistigen noch körperlichen Arbeiten bestimmt ist. Es trägt die Schuld des Lebens nicht durch Tun, sondern durch Leiden ab, durch die Wehen der Geburt, die Sorgfalt für das Kind, die Unterwürfigkeit unter den Mann, dem es eine geduldige und aufheiternde Gefährtin sein soll.“

Zur biologischen Rolle von Mann und Weib bezüglich der gemeinsamen Nachkommenschaft vertrat Schopenhauer eine für heutige Frauenrechtlerinnen provozierende Ansicht: „Zu Pflegerinnen und Erzieherinnen unserer ersten Kindheit eignen sich die Weiber gerade dadurch, dass sie selbst kindisch-läppisch und kurzsichtig, mit einem Worte, zeitlebens große Kinder sind: eine Art Mittelstufe, zwischen dem Kinde und dem Manne, als welcher der eigentliche Mensch ist. Man betrachte nur ein Mädchen, wie sie tagelang, mit einem Kinde tändelt, herumtanzt und singt, und denke sich, was ein Mann, beim besten Willen, an ihrer Stelle leisten könnte."

Zur Vergänglichkeit der weiblichen Attraktivität und den biologischen Konsequenzen der Kindgeburten präsentierte der Philosoph seine bekannte Frau-/Ameisen-Analogie: „Mit den Mädchen hat es die Natur auf das, was man im dramaturgischen Sinne einen Knalleffekt nennt, abgesehen, indem sie dieselben, auf wenige Jahre, mit überreichlicher Schönheit, Reiz und Fülle ausstattete, auf Kosten ihrer ganzen übrigen Lebenszeit, damit sie nämlich, während jener Jahre, der Phantasie eines Mannes sich in dem Maße bemächtigen könnten, dass er hingerissen wird, die Sorge für sie auf zeitlebens, ... ehrlich zu übernehmen.... Sonach hat die Natur das Weib, eben wie jedes andere ihrer Geschöpfe, mit den Waffen und Werkzeugen ausgerüstet, derer es zur Sicherung seines Daseins bedarf,... wobei sie denn auch mit ihrer gewöhnlichen Sparsamkeit verfahren ist. Wie nämlich die weibliche Ameise, nach der Begattung, die fortan überflüssigen, ja, für das Brutverhältnis gefährlichen Flügel verliert, so meistens, nach einem oder zwei Kindbetten, das Weib seine Schönheit, wahrscheinlich sogar aus demselben Grunde."

Die gewünschte Versorger-Rolle des Mannes bezüglich Frau und Kind kommentierte Schopenhauer wie folgt: „Je edler und vollkommener eine Sache ist, desto später und langsamer gelangt sie zur Reife. Der Mann erlangt die Reife seiner Vernunft und Geisteskräfte kaum vor dem 28. Jahre, das Weib mit dem 18. Aber es ist auch eine Vernunft danach: eine gar knapp bemessene. Daher bleiben die Weiber ihr Leben lang Kinder, sehen immer nur das Nächste, kleben an der Gegenwart,... Die Weiber denken in ihrem Herzen, die Bestimmung der Männer sei, Geld zu verdienen, die Ihrige hingegen, es durchzubringen; womöglich schon zu Lebzeiten des Mannes, wenigstens aber nach seinem Tode."

Zur Mitmenschlichkeit (Empathie) der Frauen im Vergleich zum Mann sowie anderer Charaktereigenschaften lesen wir bei Schopenhauer (1851) die folgenden Sätze: „In schwierigen Angelegenheiten... auch die Weiber zu Rate zu ziehen, ist keineswegs verwerflich: denn ihre Auffassungsgabe der Dinge ist von der unsrigen ganz verschieden... Aus derselben Quelle ist es abzuleiten, dass die Weiber mehr Mitleid und daher mehr Menschenliebe und Teilnahme an Unglücklichen zeigen, als die Männer; hingegen im Punkte der Gerechtigkeit, Redlichkeit und Gewissenhaftigkeit diesen nachstehen.... Demgemäß wird man als den Grundfehler des weiblichen Charakters Ungerechtigkeit finden. Er entsteht zunächst aus dem dargelegten Mangel an Vernünftigkeit und Überlegung, wird zudem aber noch unterstützt, dass sie, als die Schwächeren, von der Natur nicht auf die Kraft, sondern auf die List angewiesen sind: Daher ihre instinktartige Verschlagenheit und ihr unvertilgbarer Hang zum Lügen.... Aus dem aufgestellten Grundfehler (der Weiber) und seinen Beigaben entspringt aber Falschheit, Treulosigkeit, Verrath, Undank usw.... Von Zeit zu Zeit wiederholt sich überall der Fall, dass Damen, denen nichts abgeht, in Kaufmannsläden etwas heimlich einstecken und entwenden."

Zum Konkurrenzdenken in Bezug zur Schönheit der Frauen lesen wir: „Zwischen Männern ist von Natur bloß Gleichgültigkeit; aber zwischen Weibern ist schon von Natur Feindschaft.... Schon beim Begegnen auf der Straße sehen sie einander an wie Guelfen und Ghibellinen."

Bezüglich der Schönheit von Mann und Frau vertrat Schopenhauer die folgende Position: „Das niedrig gewachsene, schmalschultrige, breithüftige und kurzbeinige Geschlecht das schöne nennen, konnte nur der vom Geschlechtstrieb umnebelte männliche Intellekt: in diesem Triebe nämlich steckt seine ganze Schönheit."

Ehe und Gleichberechtigung beurteilte der Philosoph wie folgt: „In unserem monogamischen Weltteile heißt heiraten seine Rechte halbieren und seine Pflichten verdoppeln. Jedoch als die Gesetze den Weibern gleiche Rechte mit den Männern einräumten, hätten sie ihnen auch eine männliche Vernunft verleihen sollen."

Für die arrogant-stolzen europäischen Damen des 19. Jahrhunderts hatte Schopenhauer kein Verständnis: „Als die Natur das Menschengeschlecht in zwei Hälften spaltete, hat sie den Schnitt nicht gerade durch die Mitte geführt.... Das Weib im Occident, nämlich die ‚Dame', befindet sich in einer *fausse position*: denn das Weib, von den Alten mit

Recht *sexus sequior* genannt, ist keineswegs geeignet, der Gegenstand unserer Ehrfurcht und Veneration zu sein. Den Kopf höher zu tragen als der Mann, und mit ihm gleiche Rechte zu haben…“ konnte Schopenhauer (1851) nicht akzeptieren – er favorisierte das konservativ geprägte Hausfrauen-Modell: „Die eigentliche europäische Dame ist ein Wesen, welches gar nicht existieren sollte; sondern Hausfrauen sollte es geben und Mädchen, die es zu werden hoffen und daher nicht zur Arroganz, sondern zur Häuslichkeit und Unterwürfigkeit erzogen werden.“

Der antiquiert klingende „Hausfrauen-Begriff“ wurde im Zuge der Feminismus-Bewegung modernisiert. Seit 2009 nennt sich der 1915 gegründete „Deutsche Hausfrauenbund“ geschlechtsneutral „DHB – Netzwerk Haushalt, Berufsverband der Haushaltsführenden e.V.“. Als am 25. Oktober 2015 der „Hausfrauenverband Kassel“ sein 100-jähriges Bestehen feierte, gab es wenig Freudiges zu berichten. So erwähnte die 66-jährige Vorsitzende in einem Interview, dass die Realität heute wie folgt ausschaut: „Es gibt immer weniger Frauen, die sich als Hausfrauen outen.“ Der Hausfrauen-Verein kämpft noch immer um Anerkennung der häuslichen Arbeit als qualifizierter Beruf und gegen das Image des Heimchens am Herd: „Früher waren wir die Nummer eins. Es wurde gesellschaftlich wertgeschätzt, dass wir die Kinder erziehen und den Haushalt schmeißen. Heute ist es wichtig, Karriere zu machen und Geld zu verdienen“, so die Vorsitzende. Des Weiteren hob sie die Bedeutung der Hausarbeit hervor: „Wir erledigen eine wichtige Leistung für die Familie und die Gesellschaft.“ Der Hausfrauenverband Kassel hat, wie seine Schwesterorganisationen in anderen deutschen Städten, Nachwuchssorgen – unter vielen jungen Damen gilt „Hausfrau und Mutter“ als negativ besetzter Doppel-Begriff. Parallel zur Abwertung der mütterlichen Hausfrau und politischen GM-Bewerbung der weiblichen Vollzeit-Arbeitskräfte ist die Geburtenrate in Deutschland von ca. 2,1 pro Frau (bestands-erhaltend) auf unter 1,4 abgesunken (Geburten-Unterschuss von 1/3 pro Generation).

Interessanterweise ist aber das Wort „Hausmann“ im Kreise genderistisch indoktrinierter Damen positiv besetzt. Tenor: „Dem ehemaligen Unterdrücker und Ausbeuter, früher einmal ‚Familienvorstand‘ genannt, der sein mühselig verdientes Geld mit Frau und Kindern geteilt und über Vorbildfunktion psychisch gesunde, charakterfeste Nachkommen hinterlassen hat, konnten wir die rote Emma-Karte zeigen – jetzt wird die Küche geputzt, und wir Chefinnen arbeiten als angestellte Teilzeit-Lehrerin oder in einer anderen staatlich finanzierten Frauen-Domäne (Gleichstellungsbeauftragte usw.)."

Zurück zu Schopenhauers Thesen. Zur Mutter- und Vaterrolle bezüglich leiblicher, ehelicher Kinder lesen wir das Folgende: „Die ursprüngliche Mutterliebe ist, wie bei den Tieren, so auch im Menschen, rein instinktiv, hört daher mit der physischen Hilflosigkeit der Kinder auf.... Die Liebe des Vaters zu seinen Kindern ist anderer Art und stichhaltiger: sie beruht auf einem Wiedererkennen seines eigenen innersten Selbst in ihnen, ist also metaphysischen Ursprungs."

Zum Bedürfnis vieler Frauen nach Geselligkeit und dem Wunsch nach einem treuen männlichen Dauer-Lebenspartner hatte Schopenhauer (1851) eine klare Ansicht: „Dass das Weib, seiner Natur nach, zum Gehorchen bestimmt sei, gibt sich daran zu erkennen, dass eine jede, welche in die ihr naturwidrige Lage gänzlicher Unabhängigkeit versetzt wird, alsbald sich irgendeinem Manne anschließt, von dem sie sich lenken und beherrschen lässt, weil sie eines Herren bedarf. Ist sie jung, so ist es ein Liebhaber; ist sie alt, ein Beichtvater."

Es sei angemerkt, dass der heranwachsende Arthur Schopenhauer eine enge Vaterbindung entwickelte. Nachdem dann aber sein wohlhabender Herr Papa, der Kaufmann Heinrich Floris Schopenhauer (1747–1805) verstorben war, musste sich der 16-jährige Halbwaise mit seiner Mutter arrangieren. Die damals 40-jährige hochbegabte Schriftstellerin Johanna Schopenhauer (1766–1838) zog jedoch kurz nach dem Tod des 19 Jahre älteren Gatten mit ihrem 20-jährigen Freund in eine Wohnung in Weimar (Abb. 4.2).

Sohn Arthur konnte das nicht akzeptieren und lebte von da an in einer Art Kleinkrieg mit seiner Mutter, die ihn mehrfach enterbte (ohne Erfolg). So beklagte sich Schopenhauer bereits zu Lebzeiten des Vaters, der an einer unergründbaren Krankheit litt und möglicherweise durch Selbstmord aus dem Leben geschieden ist, über seine Mutter in den folgenden Worten: „Da mein guter Vater siech und elend an einen kranken Stuhl gebannt war, wäre er verlassen gewesen, hätte nicht ein alter Diener sogenannte Liebespflicht an ihm erfüllt. Meine Frau Mutter gab Gesellschaften, während er in Einsamkeit verging, und amüsierte sich,

**Abb. 4.2**: Die Schriftstellerin Johanna Schopenhauer (1766–1838) im Jahr 1806 und ihr 21-jähriger, von der Mutter verschmähter Sohn Arthur (1788–1860) in Pastell- bzw. Aquarell-Malereien. Die Mutter des berühmten Philosophen würden wir heute als „Feministin" bezeichnen. So setzte sie sich z. B. dafür ein, dass die junge Freundin von Johann Wolfgang von Goethe, die in seinem Haus wohnte und dem Dichter neben einem Sohn fünf früh verstorbene Kinder zur Welt brachte, gesellschaftlich anerkannt wurde. Weiterhin beherbergte die 40-jährige Johanna Schopenhauer ihren zwanzig Jahre jüngeren Hausfreund in der Weimarer Wohnung, ein für damalige Verhältnisse ungewöhnlich revolutionäres eheähnliches Zusammenleben.

während er bittere Qualen litt. Das ist Weiberliebe" (Abendroth 1982). Die begabte Schriftstellerin lebte mit ihrer Tochter Adele zusammen; diese Damen sorgten dafür, dass Sohn Arthur deren Wohnung nicht mehr freiwillig betrat. Es kam ab ca. 1810 zu einem völligen Zerwürfnis – Mutter und Sohn haben sich nie mehr getroffen.

Weiterhin sei erwähnt, dass, zehn Jahre später, der 32-jährige Privatdozent Dr. phil. Arthur Schopenhauer von seiner 14 Jahre jüngeren Berliner Freundin, einer Theater-Tänzerin, nach gemeinsam verbrachter Zeit verlassen wurde, was den stolzen Denker in seiner Ehre verletzte. Des Weiteren hatte er damals eine Näherin in einem Wutanfall die Treppe herunter gestoßen. Diese Dame hatte sich geweigert, mit ihren Freundinnen den Vorzimmer-Bereich zu Schopenhauers Gemach zu verlassen (dort unterhielten sich die Frauen angeregt, was den Denker störte). Der Philosoph musste der Näherin zeitlebens eine Leibrente bezahlen (diese Frau, welche Schopenhauer vorsätzlich provoziert und in aggressive Stimmung gebracht hatte, trug keine nachweisbaren körperlichen Schäden vom Treppenfall davon).

Aus diesen und anderen Gründen entwickelte der Philosoph eine Abneigung gegen die Frauen, obwohl ihm bemerkenswerterweise der Tod seiner beiden unehelichen Töchter große seelische Probleme bereitet hat (siehe die entsprechenden Briefe an seine Schwester in der Sammlung von Arthur Hübscher, 1987). Schopenhauers Berliner Ex-Freundin wurde nach dem Tod des kinderlosen Philosophen von diesem mit einem erheblichen Erbteil bedacht, was der erfolgslosen Künstlerin einen sorgenfreien Lebensabend einbrachte. Der Philosoph erwies sich somit noch Jahrzehnte nach Abbruch der Beziehung als wahrer Gentlemen und Frauenfreund. Es sei ausdrücklich vermerkt, dass sich Schopenhauer in seinen Schriften immer wieder für die Frauenrechte ausgesprochen hat. So konnte er niemals akzeptieren, dass weniger vom Glück begünstigte Damen, die als alleinstehende Fräuleins ihr Leben fristen mussten, schwere, oft menschenunwürdige Fabrikarbeiten durchführen mussten. Der Philosoph plädierte dafür, allen Frauen, insbesondere den nicht verheirateten, ein angenehmes, menschenwürdiges Leben zu ermöglichen, ohne gesundheitsschädigende, anstrengende körperliche Tätigkeiten in Fabriken usw.

Kurz vor Schopenhauers Tod, im September 1860, ist Charles Darwins Hauptwerk *On the Origin of Species* (1859) erschienen. Schopenhauer studierte die in Zeitungen abgedruckten Auszüge von Darwins Artenbuch. Er äußerte sich in seinen Briefen sinngemäß wie folgt: Das sei reine Empirie, im Prinzip entspricht Darwins Theoriensystem dem Thesengebäude des französischen Forschers Lamarck. Hätte Schopenhauer Darwins Hauptwerk im Detail studiert, wäre er vermutlich zu einem anderen, differenzierteren Urteil gekommen. Sein plötzlicher Tod im Alter von 72 Jahren hat dies leider verhindert (Hübscher 1987, Ulfig 2006).

Die hier in Ausschnitten zitierten Ansichten des deutschen Selbst-Denkers sind in vielerlei Hinsicht jenen Thesen verwandt, die Darwin in seinem Buch zur *Abstammung des Menschen* (1871) publiziert hat. Nachfolgend sind einige Schlüsselzitate aus diesem wichtigen Werk wiedergegeben.

## Charles Darwins anti-feministische Position

Der britische Naturforscher Charles Darwin hat sich in seinem „Artenbuch" aus dem Jahr 1859 (6. und definitive Auflage 1872) bekanntlich nur in wenigen Sätzen zur Abstammung des Menschen geäußert, indem er sinngemäß sagte: „Licht wird auf die Entwicklung unserer Art fallen, und die Psychologie wird auf eine neue Stufe erhoben werden" (Darwin 1859). Erst nachdem Thomas H. Huxley (1825-1895) und Ernst Haeckel (1834–1919) in ihren 1863er bzw. 1866er Werken die humanbiologischen Konsequenzen aus Darwins Prinzip der Abstammung mit Abänderung durch natürliche Auslese publiziert hatten, wagte es der menschenscheue britische Einsiedler, mit seinem zweibändigen Werk *The Descent of Man, and Selection in Relation to Sex* (1871) an die Öffentlichkeit zu treten. In Abbildung 4.3 sind zwei zeitgenössische Karikaturen zur Darwin'schen Evolution mit Frauen als repräsentativen Vertretern der Spezies *H. sapiens* wiedergegeben. Diese humorvollen Zeichnungen stehen im Zusammenhang mit der sogenannten „Affen-Theorie" der Abstammung unserer Spezies.

Darwins zweibändiges Werk wurde unter dem deutschen Titel *Die Abstammung des Menschen und die geschlechtliche Zuchtwahl* auch in unserem Land sofort populär und kontrovers diskutiert. Da Darwin (1871) an einer Stelle die Vermutung äußerte, Wirbeltiere, und somit auch der Mensch, könnten aus einer zwittrigen Urform (Hermaphrodit mit männlichen und weiblichen Gonaden) hervorgegangen sein,

**Abb. 4.3**: Stammesentwicklung der zivilisierten britischen Dame, ausgehend von einem Affen-ähnlichen Urahn (oben) und degenerative Entwicklung einer modisch gekleideten Frau zu einem Huhn (unten). Diese Darstellungen aus dem 19. Jahrhundert könnte man als frauenfeindliche Karikaturen interpretieren, obwohl damals auch Männer in ähnlicher Weise portraitiert worden sind (s. Abb. 4.1).

ist im englischsprachigen Raum das Konzept des *Darwinian Feminism* (Darwinischer Feminismus) entstanden. Eine der Befürworterinnen dieser Ideologie argumentierte in einem populären Sachbuch, Darwin (1859) hätte behauptet, alle Lebewesen würden von einem zwittrigen Ur-Organismus abstammen (Hamlin 2014). Das ist jedoch unzutreffend: Darwin (1859, 1872) hatte eine einzellige „Tier-Pflanze-Zwischenform" (nicht aber einen Hermaphroditen) im Gedächtnis, wie in Kapitel 1 dargelegt ist. Die Darwin'schen Spekulationen bezüglich einer Zwitter-Abstammung der Organismenwelt konnte nicht bestätigt werden (Kutschera 2014 a, b).

Bemerkenswerterweise hat John Money in keiner seiner Hauptschriften die Darwin'sche Zwitterhypothese erwähnt. Als Psychologe und Erziehungswissenschaftler stand er der Evolutionsbiologie fern. So hat der angesehene „Menschenforscher" z. B. die Moneykritische Publikation von Diamond (1965) heftig kritisiert. Dieser Biologe hatte, zehn Jahre nach Formulierung der Unisex-Theorie (Money et al. 1955), in einem umfassenden Review-Artikel die Vorstellung einer geschlechtsneutralen Geburt ad absurdum geführt. Die Naturwissenschafts-Kritik, Schwerpunkt Biologie, ist somit eine Komponente des „klassischen Moneyismus“, aus der Jahre später die Gender-Ideologie hervorgegangen ist (Degele 2008).

Nachfolgend sind einige Schlüsselzitate zur Beziehung zwischen Mann und Frau, unter Berücksichtigung der evolutionären Abstammung, in sinngemäßer deutscher Übersetzung zusammengetragen. In Band 2 seines Werkes zur *Abstammung des Menschen* (*The Descent of Man*) äußerte sich Darwin (1871) im 19. Kapitel unter der Überschrift „Sekundäre Geschlechtsmerkmale des Menschen“ u. a. wie folgt: „Beim Menschen sind die Unterschiede der Geschlechter größer als bei den meisten Affen, aber nicht so groß wie bei einigen dieser, z. B. beim Mandrill. Im Durchschnitt ist der Mann deutlich größer, schwerer und stärker als das Weib, auch hat er breitere Schultern und eine stärkere Muskulatur.... Der Körper und insbesondere das Gesicht des Mannes sind stärker behaart und seine Stimme hat einen anderen, kräftigeren Ton.... Der Mann ist mutiger, kampflustiger und energischer als das Weib und hat einen erfinderischen Geist.... Das Gesicht des Weibes ist mehr oval, Kiefer und Schädelbasis sind kleiner... das Becken ist breiter als das des Mannes,... auch wird das Weib früher geschlechtsreif als der Mann.“

Zur Aggressivität und Kompetition unter Männern vertrat Darwin (1871) die folgende Ansicht: „Gesetz des Kampfes (im Original *battle*) – bei Wilden, z. B. den Australiern, sind die Weiber die Ursache ständiger Kriege... Stets war es bei diesen Völkern Brauch, dass die Männer um das ihnen zusagende Weib kämpfen, wobei immer die Stärkeren den Sieg davontrugen. Nur selten wird ein schwacher Mann, wenn er nicht ein guter Jäger oder sonst beliebt ist, ein Weib gewinnen, dem ein Stärkerer seine Aufmerksamkeit widmet. ... Man kann kaum daran zweifeln, dass die bedeutendere Körpergröße und Kraft des Mannes, im Vergleich mit dem Weibe sowie seine breiteren Schultern, stärkere Muskulatur und eckigeren Körperumrisse, sein größerer Mut und seine Kampfeslust hauptsächlich ein Erbteil seiner halbtierischen männlichen

Vorfahren sind.... Bei zivilisierten Völkern hat der Kampf um das Weib längst aufgehört. Die größere Kraft der Männer könnte dadurch erhalten geblieben sein, dass sie in aller Regel schwerer um ihre Existenz arbeiten müssen als die Frau."

Bezüglich der Unterschiede der geistigen Fähigkeiten von Mann und Frau hatte der britische Biologe klare Vorstellungen – Darwin (1871) macht hier die sexuelle Selektion (geschlechtliche Zuchtwahl) als wichtigste Antriebskraft verantwortlich: „Kein Naturforscher bezweifelt, dass der Bulle von der Kuh, der wilde Eber von der Sau, der Hengst von der Stute dem Temperament nach verschieden sind, wie auch die Männchen der größeren Affen von ihren Weibchen, was auch Menagerie-Wärtern sehr wohl bekannt ist. Bezüglich der geistigen Veranlagungen scheint sich das Weib vom Mann hauptsächlich durch größeres Zartgefühl und geringere Selbstsucht zu unterscheiden, was auch für Wilde gilt, wie... Mitteilungen von Reisenden bekunden."

Zur Mutter-/Kind-Beziehung lesen wir bei Darwin (1871) die nachstehenden Sätze: „In Folge seiner mütterlichen Instinkte entfaltet das Weib diese Eigenschaften ganz besonders gegenüber seinen Kindern, und es ist daher wahrscheinlich, dass sie diese oft auch anderen Mitgeschöpfen zukommen lässt. Der Mann ist der Rivale anderer Männer; er findet Vergnügen am Wettbewerb, was zu Ehrgeiz führt, der aber leicht zur Selbstsucht wird."

Zu den Differenzen bezüglich intellektueller Neigungen und Veranlagungen vertrat Darwin eine klare anti-feministische Position: „Der Hauptunterschied der geistigen Fähigkeiten der beiden Geschlechter zeigt sich darin, dass der Mann in allem, was er unternimmt, Besseres leistet als das Weib, mag es nun tiefes Denken, Verstand und Fantasie oder nur den Gebrauch der Sinne und der Hände erfordern.... Auch können wir nach dem Gesetz der Abweichung vom Mittel, das Francis Galton in seinem Werk *Heriditary Genius* eindrucksvoll erläutert hat, schlussfolgern, dass, wenn der Mann in mancher Beziehung der Frau so entschieden überlegen ist, auch das Durchschnittsmaß seiner geistigen Fähigkeiten größer sein muss als das der Frau."

Zur Bedeutung der Charaktereigenschaften konkurrierender Männer lesen wir in *The Descend of Man* (1871) das Folgende: „Unter den halbtierischen Vorfahren des Menschen sowie bei wilden Völkern fanden über viele Generationen hinweg zwischen den Männern Kämpfe um den Besitz des Weibes statt. Aber nur Kraft und Größe würden den Sieg lediglich halb herbeigebracht haben, wenn sie nicht mit Mut, Ausdauer und großer Willenskraft gepaart gewesen wären.... Sie müssen ... Weib und Kind vor allerlei Feinden verteidigen und den gesamten Lebensbedarf der Familie erjagen. Um aber dem Feind zu entkommen oder ihn mit Erfolg anzugreifen, um wilde Tiere zu fangen und Waffen herzustellen, bedarf es der Mitwirkung höherer geistiger Fähigkeiten: Beobachtungsgabe, Verstand, Erfindungsgabe und Fantasie."

Ähnliches steht bei Darwin (1871) bzgl. der Kreativität und Genialität von Mann und Frau geschrieben: „Man könnte sagen, er (d. h. der Mann) besitzt Genie, denn Genie wurde von einer bedeutenden Autorität mit der Geduld gleichgesetzt, und Geduld in unserem Sinne heißt unermüdliche Ausdauer. Aber diese Definition... ist mangelhaft, denn ohne die höheren Fähigkeiten der Fantasie und des Verstandes lässt sich in vielen Dingen kein bedeutender Erfolg erzielen. Diese Fähigkeiten werden sich, wie oben erwähnt, beim Manne einerseits durch geschlechtliche Zuchtwahl, das heißt den Kampf rivalisierender Artgenossen, und andererseits durch natürliche Zuchtwahl, das heißt durch den Erfolg im allgemeinen Kampf ums Dasein, herausgebildet haben.... So wurde der Mann schließlich dem Weib überlegen." Eine Karikatur aus dem 19. Jahrhundert , den rohen, wütenden Mann darstellend, zeigt Abbildung 4.4. Wie die eindrucksvolle Zeichnung weiterhin belegt, soll nach kreationistischer Domestikation, d. h. Konversion zum Christentum und Kirchgängen, ein zivilisierter Mann herausgebildet werden können, der über eine natürliche Evolution in dieser zart-einfühlsamen Version nicht entstanden wäre.

Zur weiblichen Schönheit und der Ehe im 19. Jahrhundert: „Im zivilisierten Leben wird der Mann meist, aber nicht immer, bei der Wahl seiner Frau durch die äußere Erscheinung bestimmt.... Warum tragen die Weiber solche Dinge (d. h. Schmuckstücke, die unter Schmerzen z. B. in die Ohren oder Lippen gestochen werden)? Der Schönheit wegen. Männer haben Bärte, Weiber nicht" (Abb. 4.5).

Allgemeine Schlussfolgerungen zur Schönheit und der Partnerwahl fasste Darwin (1871) unter Verweis auf einen Satz des Mediziners Xavier Bichat (1771–1802) wie folgt zusammen: „Schon vor langer Zeit

**Abb. 4.4**: Charakterunterschiede zwischen Mann und Frau in einer kreationistischen Darstellung aus dem 19. Jahrhundert. Die Karikatur sagt aus, dass Männer im Naturzustand rohe, aggressive Gesellen sind, während durch eine christliche Erziehung (Bibelstudium) der unzivilisierte Mann zum fürsorglich-treuen Gefährten der Frau umerzogen werden kann (Kirchenbesuche und Liedgesang).

sagte der bedeutende Anatom Bichat: ,Wenn alle Menschen nach derselben Form gegossen wären, so gäbe es keine Schönheit. Wären all unsere Frauen so schön wie die Venus von Medici, so würden wir wohl eine Zeit lang entzückt sein, uns aber sehr bald nach Abwechslung sehnen. Aber wenn wir dann diese Abwechslung hätten, würden wir wünschen, dass gewisse Charaktere ein wenig über den Durchschnitt herausragen möchten.'"

Mit diesen Ausschnitten aus Darwins Werk zur *Abstammung des Menschen* (1871) ist jenseits aller Zweifel belegt, dass die These, man könne den Feminismus aus den Schriften des britischen Biologen ableiten, absurd ist. Aufgrund einer Verwechslung der hypothetischen Darwin'schen Ur-Alge (Tier-Pflanze-Mischform) mit seiner Zwitter-Hypothese von der Abstammung der Wirbeltiere hat sich in der US-

**Abb. 4.5**: Junge Damen bei der Besichtigung von Affen, die in einem Käfig leben und ein ausgeprägtes Sozialverhalten zeigen. In dieser Karikatur kommt das typisch weibliche Verhalten zum Ausdruck, wie es bei gleichaltrigen Männern normalerweise nicht anzutreffen ist. Bemerkenswerterweise rauchen einige der abgebildeten Damen (männliches Verhalten), während sie sich gleichzeitig schminken (typisch für junge Frauen) (Karikatur aus dem Jahr 1925).

Feministinnen-Szene ein Geisteskonstrukt etabliert (Darwinischer Feminismus, Hamlin 2014), welches als „intellektuelle Totgeburt“ gekennzeichnet werden muss. Trotz dieser klaren Analysen und Schlussfolgerungen wird dennoch der *Darwinian Feminism* weiter für gedruckte Buchpoduktionen sorgen, denn mit Absurditäten konnte man schon immer ein Leserpublikum begeistern, nicht jedoch mit nüchternen, wissenschaftlich-fundierten Analysen.

## Leipzig 1865: Zwei Ereignisse mit weitreichenden Folgen

Wie aus den oben zitierten Sätzen von Schopenhauer (1851) und Darwin (1871) hervorgeht, kamen beide Forscher, völlig unabhängig voneinander, bzgl. der Unterschiede von Mann und Frau zu ganz ähnlichen Schlussfolgerungen. Da die Denker ihre Thesen im Wesentlichen aus eigenen Beobachtungen abgeleitet hatten, können diese „Weiber-Analysen" nicht komplett falsch sein (Prinzip der unabhängigen Evidenz).

Fazit: Männer sind im Durchschnitt größer, kräftiger, muskulöser, härter, roher, kurz gesagt „animalischer" als Frauen, die, u. a. wegen ihrer Befähigung zur Kindergeburt und dem „Mutterinstinkt", im Allgemeinen emotional-empathischer veranlagt sind als die Herren. Dennoch klingen bei Schopenhauer und Darwin Vorurteile durch, die mit Sicherheit auch gesellschaftlich bedingt waren. Es ist daher rückblickend zu begrüßen, dass 1865, nur wenige Jahre nach Schopenhauers Tod und noch zu Lebzeiten Darwins, der *Allgemeine Deutsche Frauenverein* (ADF) gegründet worden ist. Anlässlich einer im Oktober 1865 in Leipzig veranstalteten Frauenkonferenz, die von manchen Männern damals verächtlich auch als „Leipziger Frauenschlacht" verunglimpft worden ist, konnte der ADF etabliert werden. Die Ziele dieser Vereinigung waren zum einen, die Bildungschancen der Frauen zu erhöhen, aber auch der Arbeiterinnen- und Mutterschutz sowie die Forderung nach einem Frauen-Wahlrecht standen auf der Agenda.

Nachdem dann 1897 der *Deutsche Frauenbund* gegründet, 1908 Frauen zum Universitäts-Studium zugelassen wurden und 1919 das Frauen-Wahlrecht verwirklicht werden konnte, waren wichtige Ziele erreicht. Wie eine Karikatur (Abb. 4.6) zeigt, gab es aber noch 1920 heftige Kritik gewisser „Herren der Schöpfung", die den deutschen Frauen diese absolut notwendigen Grundrechte nicht einräumen wollten. Mit dem Gleichberechtigungsgesetz (1957) war dann (in Erweiterung der

**Abb. 4.6**: Frauenfeindliche Karikatur, die als Propaganda gegen das Stimmrecht des weiblichen Teils der deutschen Bevölkerung verbreitet worden ist (nach einer Zeichnung von Otto Baumberger, 1920).

UN-Präambel 1954) formaljuristisch eine Diskriminierung von Frauen in Deutschland beseitigt. Wie bereits dargelegt (Kapitel 3), ist aber in einigen Männer-Domänen (z. B. Uni-Kliniken) noch immer eine Diskriminierung qualifizierter weiblicher Bewerber zu verzeichnen, was nicht hinnehmbar ist. Für beide Geschlechter sollte Chancengleichheit bestehen, ohne jedoch hierbei Männer zu benachteiligen.

Im Oktober 1865 fand in Leipzig ein zweites wichtiges Ereignis statt. Der damals 33-jährige Akademie-Professor Julius Sachs (1832–1897) veröffentlichte im Verlag von Wilhelm Engelmann (Leipzig) sein *Handbuch der Experimental-Physiologie der Pflanzen*. In diesem originellen, illustrierten Werk wurde eine neue Wissenschaftsdisziplin in all ihren Facetten dargelegt und somit begründet. Basierend auf Untersuchungen, die Sachs über viele Jahre hinweg u. a. an landwirtschaftlichen Versuchsstationen durchgeführt hatte, formulierte der Urvater der Pflanzenphysiologie die Prinzipien zum Wachstum, der Photosynthese, der Keimung usw. und klammerte hierbei Glaubensinhalte an „Lebenskräfte" aus. Mit der Etablierung der Physiologie der Nutzpflanzen als eigenständige Disziplin (Sachs 1865) wurde nicht nur die Pflanzenkunde (Botanik) um ein physikalisch-chemisch basiertes Spezialgebiet erweitert, sondern auch der Nutzpflanzen-Anbau auf Agrarflächen verbessert bzw. nach damaligem Kenntnisstand optimiert. Von diesen naturwissenschaftlichen Erkenntnissen profitierten nicht nur Männer (Landwirte), sondern insbesondere auch Frauen, die in der damaligen Landwirtschaft oft schwere Feldarbeiten zu verrichten hatten. Über die Sachs'schen Prinzipien der Pflanzenzucht, Mineraldüngung usw. konnte die Arbeitsbelastung vieler Menschen verringert und der Flächenertrag, d. h. die Ernährungsgrundlage der Bevölkerung, gesichert werden (Kutschera 1998, 2002).

Gemäß der Gender-Ideologie sollen Forschungsprojekte in den Naturwissenschaften (insbesondere in der Biologie) „sozio-kulturell konstruiert sein" (Degele 2008). Wie in einer biografischen Abhandlung zu Leben und Werk von Julius Sachs dargelegt ist, hat dieser bedeutende Biowissenschaftler, wie z. B. auch Maria S. Merian, Jean Lamarck, Charles Darwin, Alfred R. Wallace, Ernst Haeckel, August Weismann usw. aus reinem Interesse an der Sache geforscht und theoretisiert (Kutschera 2015 c, Swaby 2015). Insbesondere am Beispiel von Julius Sachs kann exemplarisch aufgezeigt werden, dass diese genderistische „Biologismus-Kritik" absurd ist und jeder faktischen Grundlage entbehrt.

## Exkurs: Die akademische Gender-Frau 2015

In diesem Abschnitt wollen wir ein aktuelles Gender-Thema in historischer Perspektive beleuchten. Nachdem ich am 11. Juli 2015 im *Inforadio Rundfunk Berlin-Brandenburg* (rbb) ein kritisches Interview zum Thema „Gender Mainstreaming" gegeben hatte (Details, s. Kapitel 9), erreichte mich einen Tag später u. a. ein Beschwerdebrief, der von einer Berliner Gender-Forscherin verfasst war. Die erzürnte Dame schrieb u. a. das Folgende: „1897 erschien in Berlin ein Buch unter dem Titel *Die Akademische Frau*, in dem sich über hundert Universitätsprofessoren und Intellektuelle – viele gehörten zu den angesehensten Wissenschaftlern ihrer Zeit – zur Frage äußerten, ob Frauen über die notwendigen Voraussetzungen für ein wissenschaftliches Studium und ganz generell für geistige Arbeit verfügen. Damals hatten die Universitäten Englands, Frankreichs, der USA, der Schweiz und vieler anderer Länder Frauen schon längst zum Studium zugelassen. In Preußen war das erst im Jahr 1908 der Fall. Die große Mehrheit der Befragten lehnten das Frauenstudium strikt ab – mit der interessanten Begründung, dass geistige Arbeit gegen die ‚Natur' der Frau sei. So etwa Max Planck, der zu den Befragten gehörte. Er schrieb, man könne „nicht stark genug betonen, dass die Natur selbst der Frau ihren Beruf als Mutter und als Hausfrau vorgeschrieben hat und dass Naturgesetze unter keinen Umständen ohne schwere Schädigungen, welche sich im vorliegenden Falle besonders an dem nachwachsenden Geschlecht zeigen würden, ignoriert werden können. Einige Wissenschaftler fürchteten sogar um erbliche Schäden, die sich aus dem Frauenstudium ergeben könnten."

Diese Aussagen der Berliner Gender-Ideologin sind nicht korrekt; sie sind vielmehr ein Paradebeispiel für selektive Wahrnehmung bzw. Ignorieren von Fakten, wie es im Kreise der Kreationisten üblich ist, um ein religiöses Weltbild gegenüber einer klaren Faktenlage abzuschotten. In dem genannten Buch *Die Akademische Frau. Gutachten hervorragender Universitätsprofessoren, Frauenlehrer und Schriftsteller über die Befähigung der Frau zum wissenschaftlichen Studium und Berufe*, herausgegeben von A. Kirchhoff (1897), steht genau das Gegenteil geschrieben. Der Editor stellte 122 Männern, darunter Naturforscher aus den Bereichen Medizin, Mathematik, Physik, Chemie, Biologie sowie anerkannten Geisteswissenschaftlern, Schriftstellern und Lehrern (Schulleiter) die Frage, ob sich Frauen für ein akademisches Studium eignen würden.

Im *Vorwort* fasste Kirchhoff (1897) das Ergebnis seiner Umfrage zusammen: Die überwiegende Mehrzahl der männlichen Führungskräfte sprach sich eindeutig für ein Frauenstudium aus, und nur eine Minderheit argumentierte dagegen. In den Vorbemerkungen sind einige Passagen zu finden, die 2015 so aktuell sind wie damals. So argumentiert Kirchhoff (1897) u. a., dass durch die Ermöglichung eines Studiums Frauen nicht nur ein höheres Bildungsniveau, sondern auch ein gesicherterer Lebensunterhalt gewährt werden kann. Allgemeine höhere Bildung soll der „alleinstehenden Frau Gelegenheit geben, auf andere

Weise wie als Strickerin und Verkäuferin den Lebensunterhalt zu sichern." Ganz progressiv und frauenfreundlich argumentierte der Herausgeber wie folgt: „Die Forderungen,... das Mädchen habe seinen Beruf in der Erfüllung seiner Pflichten als Gattin und Mutter zu suchen, scheint mir höchst ungerecht und unlogisch, solang es eine unleugbare Tatsache bleibt, dass eben nicht alle Mädchen geheiratet werden und solange wir kein Mittel an der Hand haben, die Männer zu zwingen, alle unversorgten Mädchen und Witwen aufzuheiraten und zu versorgen." Weiterhin führt Kirchhoff (1897) das 2015 noch immer aktuelle Argument an: „Man vergisst dabei nur, dass die Frauen die gleiche Existenzberechtigung haben wie die Männer und dass das Geständnis der Furcht vor weiblicher Konkurrenz ein ungeheures Armutszeugnis des ‚starken Geschlechts' ist." Des Weiteren kritisiert der Autor die Ablehnung mancher Männer gegenüber gelehrten Frauen, da „Diese Frauen gegen das traditionelle Frauenideal verstoßen, des Ideals, dass in der Kinderstube seinen ausschließlichen Platz und seine Lebensaufgabe findet." Kurz gefasst, Herausgeber Kirchhoff (1897) und seine 122 Top-Autoren sprechen sich mehrheitlich für die Forderungen der Frauenbewegung bzgl. eines Zugangs zu einem Universitätsstudium aus, denn „der natürliche Trieb des Weibes, bald möglichst einen eigenen Hausstand zu besitzen, wird stark genug bleiben." Weiterhin schlussfolgert der Autor, dass „wahre Bildung nur die Natürlichkeit fördert und nicht unterdrückt" – ein klares Bekenntnis zur höheren Bildung des weiblichen Geschlechts.

In der Woche, als diese Zeilen geschrieben worden sind (Mitte Juli 2015), konnte man in deutschen Tageszeitungen eine Diskussion verfolgen, bei der es darum ging, ob sich Mädchen in Gymnasien während der Sommerhitze kleiden dürfen, als würden sie dem Gewerbe der Prostitution nachgehen. Genderistinnen befürworten diese leichte Bekleidung, konservative Lehrer lehnen sie ab und fordern mehr Körperbedeckung. In diesem Sinne schreibt Kirchhoff (1897) zur Frage, ob Jungen und Mädchen im selben Klassenzimmer bzw. Hörsaal unterrichtet werden sollten, das Folgende: „Ich bin der Ansicht, dass durch eine weniger strenge Sonderung der beiden Geschlechter von frühester Jugend auf eine verminderte sexuelle Spannung sich geltend machen würde. Junge Mädchen und junge Burschen, nachdem man sie bis zum 18. oder 20. Jahre streng getrennt gehalten habe, in dieser Zeit der höchsten sexuellen Triebkraft auf der Universitätsbank zusammenzusetzen, scheint mir,... kaum im Interesse des Unterrichts gelegen, von dem die Anwesenheit eines hübschen jungen Mädchens die Studenten höchst wahrscheinlich ablenken würde."

Kirchhoff (1897) beendet seinen „Appell pro Frauenstudium und Gleichberechtigung der Geschlechter" mit den folgenden Worten: „Gebt unseren Mädchen eine höhere Bildung und ihr gestaltet dadurch die Ehe zu einem sittlichen Verhältnis um, denn das Mädchen wird es nicht mehr nötig haben, unter allen Umständen nach einem ‚Versorger' zu suchen. Die damit zusammenhängende künstliche Züchtung erlogener Naivität, die so vielen Eltern noch bei der Erziehung ihrer Töchter als oberstes Prinzip gilt, wird aufhören, unsere Mädchen werden gebildeter sein,... sie werden nicht weniger unschuldig und weniger anziehend und reizend, aber sie werden natürlicher sein und dies wäre für sie selbst, wie uns Männer, eine unendliche Wohltat."

Was haben die 122 Führungskräfte Deutschlands im Jahr 1897 im Detail zur damaligen „Frauenfrage" gesagt? Wir wollen nur vier kurze Beispiele anführen, um die Kirchhoff'sche Schlussfolgerung zu untermauern. Um eine negative Stellungnahme zu referieren, sei das klare Statement des Astronomen Hugo von Seeliger (1849–1924) zitiert: „Ich bin ein entschiedener Gegner der jetzigen Frauenbewegung mit all ihren Extravaganzen und könnte mich höchstens damit befreunden, dass den Frauen in Ausnahmefällen die Möglichkeit der wissenschaftlichen Ausbildungen an öffentlichen Anstalten gewährt werde. Vom Standpunkte der Astronomie würde ich es tief beklagen müssen, wenn die Anzahl mittelmäßig veranlagter Astronomen noch vergrößert werden würde. Sie hätten keinen Gewinn davon und die Gesellschaft noch weniger, denn unzufriedene Existenzen, deren Ansprüche unmöglich jemals erfüllt werden können, haben wir leider nur gar zu viele." Der Astronom spricht ein 2015 top-aktuelles Problem an. Nicht nur Astronomen, sondern auch viele Biologen und Chemiker finden heute, trotz hervorragender Qualifikation, oft keine entsprechende Stelle und sind in der Tat als „unzufriedene Existenzen" zu kennzeichnen (Herr Dr. rer. nat. Arbeitslos; gleich qualifizierte Frauen haben hingegen die Möglichkeit, eine Quoten-Stelle zu finden oder schwanger zu werden um dann, als Opfer, staatlich alimentiert zu werden, oder, gemäß dem Hypergamie-Gebot, einen Mann in höherer, gesicherter Position zu heiraten, s. S. 270).

Auf derselben Druckseite gegenüber vertrat der Chemiker Remigius Fresenius (1818–1897) eine andere Position: „Meiner Ansicht nach sind die Frauen gewiss sehr wohl befähigt, auf dem Gebiete der Chemie, insbesondere der analytischen, mit Erfolg tätig zu sein, wenn sie nach geeigneter Vorbildung, etwa der eines für junge Männer bestimmten Realgymnasiums entsprechend, oder mit den Kenntnissen ausgerüstet, wie sie eine gut geleitete höhere Töchterschule gewährt, einige Jahre Chemie studiert haben. Gegen einen für beide Geschlechter gemeinschaftlichen Unterricht auf den Universitäten ... sind in der Natur der chemischen Wissenschaft liegende Gründe nicht vorhanden." Kurz formuliert, der bekannte Institutsdirektor hatte keinerlei Vorbehalte gegenüber der Aufnahme von Frauen in seine Lehrveranstaltungen.

Kommen wir zu der von der Berliner Gender-Forscherin angesprochenen Stellungnahme des Physikers Max Planck (1858–1947) zurück. Dieser äußerte sich grundsätzlich befürwortend: „Wenn eine Frau... für die Aufgaben der theoretischen Physik besondere Begabung besitzt und außerdem den Trieb in sich fühlt, ihr Talent zur Entfaltung zu bringen, so halte ich es ... für unrecht, ihr aus prinzipiellen Rücksichten die Mittel zum Studium von vornherein zu versagen... (ich) habe in dieser Beziehung auch bis jetzt nur gute Erfahrungen gemacht." Allerdings relativiert der Physiker Planck seine Aussage mit den folgenden Worten: „Amazonen sind auch auf geistigem Gebiet naturwidrig. Bei einzelnen praktischen Aufgaben, z. B. in der Frauenheilkunde, mögen vielleicht die Verhältnisse anders liegen." Im letzten Satz seiner Stellungnahme schreibt Max Planck dann die Bemerkungen nieder, welche von der Berliner Gender-Forscherin zitiert sind. Obwohl der Namensgeber der *Max-Planck-Gesellschaft* (MPG) im Prinzip für die Zulassung von Frauen war, andererseits aber persönliche Probleme damit hatte, vertritt die MPG seit einigen Jahren eine strikte Gender-Politik (u. a. Berufung mittelmäßig qualifizierter Frauen auf permanente Abteilungsdirektoren-Posten unter Zurückweisung höher qualifizierter Männer).

Im nächsten Abschnitt wollen wir die Stellungnahme des Botanikers und Urvaters der experimentellen Pflanzenphysiologie, Julius Sachs, zitieren, der zu den Befürwortern des Frauenstudiums zu zählen ist: „Wenn es sich zunächst allein um die geistige Befähigung handelte, so hätte ich gegen das akademische Studium nichts einzuwenden, weil ich glaube, dass das gewöhnliche mittlere Maß von Intelligenz bei beiden Geschlechtern nahezu dasselbe ist, und auf dieses Mittelmaß scheint es mir allein anzukommen, denn wahrhaft große Leistungen sind ja auch unter Männern seltene Ausnahmen und nicht notwendig die Folge akademischer Studien.“ Im zweiten Teil seiner umfassenden Antwort begründet Sachs seine befürwortende Position und verweist auf die Vorteile einer naturwissenschaftlichen Bildung, die den meisten „Gender-Forscherinnen 2015“ offensichtlich vorenthalten worden ist: „Frauen (sollten) sich einem ernsten, mehrjährigen Studium der verschiedenen Naturwissenschaften: Chemie, Physik, Geologie, Botanik, Zoologie, Physiologie widmen; und zwar aus zwei Gründen. Einerseits könnten auf diese Weise gute Lehrerinnen für höhere Töchterschulen gewonnen werden und andererseits, worauf ich größeren Wert lege, würde es zu einer echten, tiefen Bildung des Verstandes und des Gemütes der besser situierten Frauen wesentlich beitragen, wenn sie befähigt wären, die großartigen Resultate der gesamten Naturwissenschaft zu begreifen. Derartige Studien würden die Frau keineswegs ihrem natürlichen Berufe und ihrer häuslichen Stellung in der Familie entziehen, vielmehr sie befähigen, ihre heranwachsenden Kinder auf die hohe Schönheit des Naturganzen bei jeder passenden Gelegenheit hinzuweisen; der immer wachsenden Vergnügungssucht, zumal auch dem Lesen leichtfertiger Lektüre, würde man auf diese Weise sicherlich besser entgegentreten als durch zweckloses Klavierspiel und überflüssige, geisttötende weibliche Handarbeiten. Damen, die imstande wären, den tiefen, edlen Genuss zu empfinden, den die Meisterwerke der größten Naturforscher gewähren, wenn man sie nämlich versteht, würden darin eine Bereicherung ihres Gemütes finden, welche hinter der durch Kunst und Poesie gebotenen nicht zurücksteht.“ Der Pflanzenphysiologe Sachs begründet dann ausführlich, in welcher Weise man den Frauen die Naturwissenschaften näher bringen sollte (in seinen Würzburger Vorlesungen waren nur männliche Studenten anwesend – die Anforderungen des weltbekannten Professors waren derart hoch, dass viele Prüflinge scheiterten). Gegen Ende fasst Sachs seine Ansichten zum Frauen-Bio-, Physik- und Chemie-Studium wie folgt zusammen: „Ich lege bei alledem den Nachdruck auf Gründlichkeit des Unterrichts, durch welche sich das akademische Studium allein charakterisiert; die Gründlichkeit aber erfordert Fleiß und Ausdauer, und gerade diese sind das wirksamste Mittel gegen Verödung des Geistes und gegen leere Vergnügungssucht. Man mag in dem Gesagten bloße Utopien erblicken; aber allen idealen Bestrebungen zur Hebung der Bildung und zur Veredelung der Menschen sind aus solchen hervorgegangen" (Zitate von Julius Sachs, in Kirchhoff 1897).

Wie in Kapitel 1 dargelegt, zählt Sachs (1865, 1868) zu den Urvätern der pflanzenphysiologischen Forschung und leistete Grundlegendes zur Reproduktionsbiologie der Gewächse. Dieser geniale Biologe hat u. a. als einer der Ersten den Begriff „Sex" im Sinne von „Zellenvereinigung" definiert und die „sexuelle Vielfalt", d. h. die verschiedenen Fortpflanzungsmechanismen bei Algen, Kryptogamen und Samenpflanzen vergleichend analysiert (Niklas et al. 2014). Sein Appell, dass naturwissenschaftliche Bildung zur Hebung des geistigen Niveaus akademisch gebildeter Damen unabdingbar ist, gilt 2015 in gleicher Weise wie 1897: Nur im „Lichte der Biologie" kann das „Mensch-Sein" erfasst und verstanden werden – fehlt diese naturalistische Grundlage, entstehen wirre, sich selbst wiedersprechende, unlogische Gedankenkonstrukte, wie sie von Kreationisten und Genderistinnen zu Papier gebracht und als „akademische Lektüre" verbreitet werden.

Zurück zum Beschwerde-Schreiben der Berliner Genderistin vom 12. Juli 2015. Basierend auf ihrer feministischen Fehlinterpretation der Männer-Aussagen in Kirchhoff (1897) argumentierte die erboste Dame wie folgt: „Betrachtet man heute die Palette dieser Aussagen (der 122 befragten Männer) und berücksichtigt man die Tatsache, dass an den Universitäten rund die Hälfte aller Studierenden und auch ein Gutteil der Lehrenden Frauen sind, so müsste man eigentlich konstatieren, dass sich (in gerade mal hundert Jahren!) eine radikale Mutation des weiblichen Körpers vollzogen hat. Oder waren hier vielleicht tiefsitzende kulturelle Codes am Werke? Codes, die allmählich aus der Theologie in die ‚Naturwissenschaften' hinübergewandert waren und sich dort als ‚Naturgesetz' etabliert hatten? Für genau solche Fragen interessieren sich die Gender Studies: Woher kommen solche Codes, welche Wirkmacht entfalten sie und woraus beziehen sie eigentlich ihre Überzeugungskraft? Die Beantwortung dieser Fragen verlangen nach historischen, soziologischen, juristischen, psychologischen, wissenschaftstheoretischen und vielen anderen Perspektiven, die wohl durchgehend der Stereotypenforschung angehören."

Diese hier vorgeschlagenen „Gender Studies" sind überflüssig, weil die Prämisse zur Problemstellung falsch ist. Nach Kirchhoff (1897) waren die 122 befragten Herren mehrheitlich nicht gegen, sondern für die Zulassung von Frauen zum naturwissenschaftlichen Studium. Wie unsere Analyse verdeutlicht, hatten die Pro-Frauenstudium-Männer in ihrer Bewertung Recht: Frauen sind im Durchschnitt genauso klug wie Männer, obwohl die Begabungen für die „harten Naturwissenschaften" (Mathematik, Physik, Chemie, Physiologie und Ingenieurwesen) nicht genderneutral ausgebildet sind (Unterrepräsentanz von Frauen in diesen technologisch ausgerichteten Bereichen mangels Interesse, s. S. 185).

## Darwinischer Feminismus und maskuline Vererbung: Fragwürdige Konzepte

Wie in Kapitel 1 dargelegt, war der oben zitierte deutsche Botaniker und Physiologe Julius Sachs einer der Urväter der „Sex-Forschung" in der Biologie. Sachs (1868) hat in seinem *Lehrbuch der Botanik*, welches nur drei Jahre nach der *Experimental-Physiologie* erschienen ist, grundlegende Prinzipien der sexuellen Reproduktion bei Algen und Pflanzen dargelegt, von welchen auch sein Kollege Charles Darwin tief beeindruckt war. Der britische Privatforscher widmete die zweite Hälfte seiner Laufbahn nahezu ausschließlich dem Studium der Pflanzen und gilt daher u. a. als Begründer von zwei Teilgebieten der Botanik (Entwicklungs- und Blütenbiologie, Kutschera 2009 a).

Darüber hinaus hat sich Darwin (1868) in seinem zweibändigen Werk mit dem Titel *The Variation of Animals and Plants under Domestication* (*Das Variieren der Tiere und Pflanzen im Zustand der Domestikation*) ausführlich mit der Frage beschäftigt, wie denn erworbene Körpereigenschaften vererbt werden können. Auf Grundlage der veralteten Lamarck'schen These einer Übertragung von Körpermodifikationen bei Tieren (z. B. gestärkte Muskulatur infolge von Übung) in die nächste Generation, welche nicht bestätigt werden konnte, theoretisierte nun Darwin (1868) in verschiedene Richtungen. Seine von ihm selbst als Spekulation angesehene „Pangenesis-Hypothese“ besagt, dass sämtliche Zellen des tierischen (bzw. menschlichen) Körpers sogenannte „Keimchen“ (Gemmulae) abgeben, welche dann in den Keimdrüsen (Gonaden, d. h. Ovarien und Testes) konzentriert werden und bei der Kopulation in die nächste Generation gelangen.

Diese in Abbildung 4.7 A dargestellte Vorstellung einer Vererbung erworbener Körpereigenschaften wurden noch zu Lebzeiten von Darwin widerlegt, was den britischen Senior-Scientist persönlich sehr belastet hat. Erst der Freiburger Zoologe August Weismann (1834–1914) konnte, nach Ausformulierung seiner Keimbahn-Soma-Theorie der tierischen Entwicklung, ein völlig neues Bild von den Vererbungsvorgängen etablieren (Abb. 4.7 B), das noch heute in abgewandelter Form gültig ist (Niklas und Kutschera 2014, 2015 b).

Im Gegensatz zu Weismanns fortschrittlichen Thesen ging man im veralteten Darwinischen Frauen- und Vererbungsbild davon aus, dass Männer grundsätzlich eine stärkere „Vererbungskraft“ besäßen als Frauen (Brooks 1883). Diese hypothetische „Männer-Dominanz“ bei der Vererbung von Eigenschaften von Eltern auf ihre Kinder konnte erst nach Darwins Tod eindeutig widerlegt werden und wird im nächsten Kapitel, welches dem Freiburger Evolutions- und Vererbungsforscher Weismann gewidmet ist, thematisiert.

Es sei abschließend daran erinnert, dass Charles Darwin drei Werke, insgesamt 5 Bände umfassend, zum „Artenproblem“ publiziert hat. Diese Spezies-Buchtrilogie (Darwin 1859, 1868, 1871) wurde in Kapitel 1 vorgestellt. Die Hauptaussagen dieser fünf Bücher wurden im 19. Jahrhundert unter dem Schlagwort *Darwinismus* (d. h. die Theorien des Naturforschers C. Darwin) bekannt. Zum „Darwinismus“ zählt demgemäß auch das widerlegte Lamarck'sche Postulat, erworbene Körpereigenschaften (z. B. Verletzungen, gestärkte Muskeln) könnten vererbt werden. Diese vermeintliche Übertragung von Körpermodifikationen in die nächste Generation wollte Darwin (1868) mit seinen „Pangenesis-Spekulationen“ erklären, was, aus heutiger Sicht, eine intellektuelle Fehlleistung war (Niklas und Kutschera 2014, 2015 b). Schon daher sollte man Begriffe wie „Darwinischer Feminismus“ usw. nicht mehr verwenden, weil in diesem „D-Wort“ Inhalte eingeschlossen sind, die sich später als nicht zutreffende Vermutungen erwiesen haben. In man-

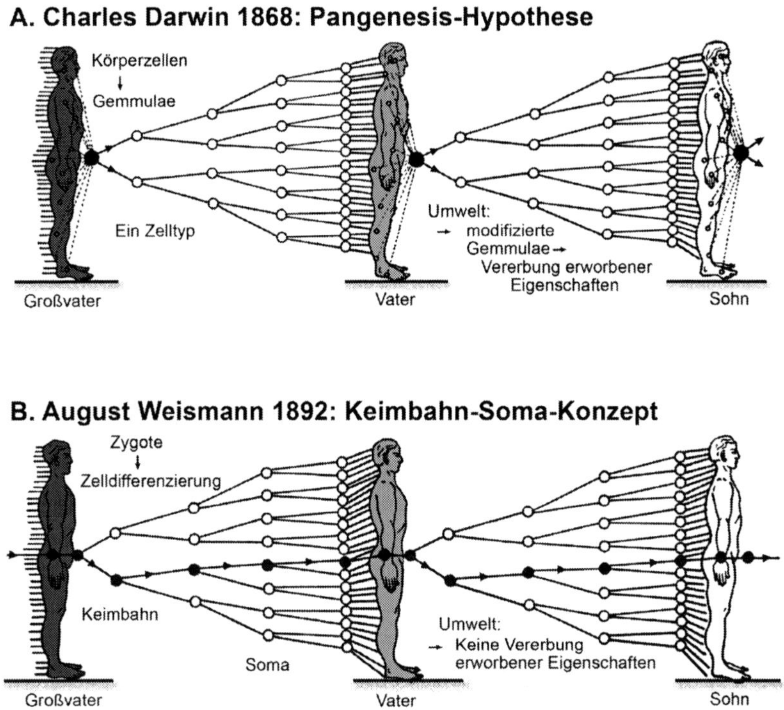


**Abb. 4.7**: Von der Darwin'schen Pangenesis-Hypothese einer Vererbung erworbener Eigenschaften über sogenannte „Keimchen" (Gemmulae) (A) zur Weismann'schen Theorie der Keimbahn-Soma-Differenzierung bei Tieren (z. B. Mensch, *Homo sapiens*) (B) (nach Niklas, K. J. & Kutschera, U.: Sci. Nat. 102/27, 1–3, 2015).

chen einschlägigen Schriften wird auch vom „evolutionären Feminismus" gesprochen (Richardson 2013, 2014). Die meisten dieser genderistischen Weltanschauungen stehen aber im Widerspruch zu den Erkenntnissen der Evolutionsforschung, sodass auch diese Wortkombination wenig sinnvoll ist und vermieden werden sollte.

Während der Begriff „Darwinismus" in den Naturwissenschaften nicht mehr verwendet werden sollte (Mayr 2001, 2004, Kutschera 2008, 2015 a), ist das hier neu geprägte Wort „Moneyismus" eine angemessene Umschreibung dieser anti-naturwissenschaftlichen Weltanschauung.

Meiner Ansicht nach ist es dringend geboten, die Gender Studies (bzw. das politische Umerziehungs-Programm unter dem Kunstwort GM) mit einem neuen Begriff zu kennzeichnen. Damit soll eine Verwechslung der Moneyistischen „Frau-gleich-Mann-Ideologie" mit der naturwissenschaftlich fundierten Gender Biomedizin (GB) vermieden werden.

# 5. August Weismanns Freiburger Sex-Theorie und die Neo-Darwin'sche Gleichwertigkeit von Mann und Frau

Ein über tausend Jahre altes Dokument belegt, dass bereits im „finsteren Mittelalter" (1008 n. Chr.) in der heutigen süddeutschen Region der Stadt Freiburg im Breisgau (Abb. 5.1) eine Siedlung existiert hat. Interessanterweise liegt dieser Ort u. a. in jener Gegend, wo der Stadtteil Herdern lokalisiert ist. In Freiburg-Herdern ist seit den 1960er Jahren die Fakultät für Biologie der 1457 gegründeten *Albert-Ludwigs-Universität* angesiedelt, wo auch der Botanische Garten, als Lehr- und Besucherzentrum ausgewiesen, liegt. Das Gebäude des alten Zoologischen Instituts, das „Weismann-Haus", wurde nach einem dort über fünf Jahrzehnte hinweg tätig gewesenen Biologen benannt, der als ein international hoch angesehener Pionier der „Sex-Forschung" in die Geschichte der Naturwissenschaften eingegangen ist (s. Kapitel 1). Die Schwarzwald-Metropole Freiburg i. Br. übt seit langem, u. a. wegen der Altstadt und dem Münster, einen besonderen Reiz aus. Ein Jahr nachdem sich der damals 29-jährige Mediziner und Zoologe August Weismann (1834–1914) in dieser süddeutschen Stadt niedergelassen hatte (1864), wurde der „Großkreis Freiburg" mit verschiedenen Amtsbezirken (Breisach, Neustadt im Schwarzwald usw.) eingerichtet.

Als Freiburger Biologiestudent bin ich Anfang der 1980er Jahre regelmäßig an einem weißen „Gipskopf" vorbei gelaufen, der damals im „Weismann-Haus" (Eingangsbereich Zoologisches Institut) in der Albertstraße, Freiburg-Herdern, Nähe Alter Friedhof, untergebracht war. Die Weismann-Büste interessierte mich nicht besonders, denn neben der Aneignung von biologischem Spezialwissen stand die Anfertigung

**Abb. 5.1**: Bild der Stadt Freiburg i. Br. zu Lebzeiten des Biologen August Weismann. Links ist das Münster und rechts das Schwabentor zu sehen (nach einer Zeichnung aus dem Jahr 1890).

einer gehaltvollen zoologisch-/evolutionsbiologischen Abschlussarbeit im Vordergrund meiner Interessen.

Erst mit Beginn meiner eigenständigen Laufbahn als Wissenschaftler wurde mir klar, dass August Weismann, der nahezu seine gesamte Karriere im Freiburger Zoologischen Institut verbracht hat, einer der renommiertesten Biologen des ausgehenden 19. Jahrhunderts war.

In diesem Kapitel sollen sein Lebensweg sowie die von ihm erarbeiteten Fakten und Theorien im Lichte unseres heutigen Wissens vorgestellt werden. Weismanns in die Zukunft weisende „Sex-Theorie“ sowie sein Postulat einer Geschlechter-Gleichwertigkeit werden im Mittelpunkt unserer Betrachtungen stehen. In diesem Zusammenhang soll u. a. auch die „Gender-Frage 2015" bzgl. kreativer Leistungen von Frauen thematisiert werden, wobei Weismanns sechs leibliche Kinder als Fallbeispiel angeführt sind.

## Vom Frankfurter Schmetterlings-Sammler zum Freiburger Uni-Zoologen

August Friedrich Leopold Weismann (Abb. 5.2) wurde am 17. Januar 1834 als Sohn eines Gymnasialprofessors in Frankfurt am Main geboren. Dort besuchte er nach erfolgreicher Absolvierung der „Musterschule" von 1844 bis 1852 das Frankfurter Gymnasium. Nebenbei erhielt der Heranwachsende Privatunterricht in Musik und Zeichnen, wodurch sein lebenslanges Interesse an der Kunst sowie dem Klavierspiel geweckt wurde. Erst nach dem Kontakt mit Frankfurter Bürgern, die als Privatpersonen naturwissenschaftliche Studien durchführten, entwickelte Weismann Interesse an der Biologie. Ähnlich wie Charles Darwin (1809–1982) und Alfred Russel Wallace (1823–1913) wurde der Frankfurter Hobby-Forscher ein begeisterter Schmetterlings-, Käfer- und Pflanzensammler, wobei er sich, aus reinem Interesse an der Naturwissenschaft, eine beachtliche Artenkenntnis aneignete. Insbesondere die Aufzucht von Schmetterlingsraupen und deren Verwandlung in die bunten, flugfähigen Insekten begeisterten den 16-Jährigen derart, dass er über seine Naturbeobachtungen illustrierte Aufzeichnungen machte und diese Dokumente immer wieder ergänzte.

Auf Anordnung des streng-autoritären Vaters (Familienvorstand) studierte Weismann von 1852 bis 1856 an der Universität Göttingen Medizin – der Erziehungsberechtigte hatte seinem Sohn untersagt, die „brotlose" Naturkunde, die heute als Biologie bezeichnet wird, zum Start in das Berufsleben zu wählen. Sohn August könne sich, so der Vater, auch als Mediziner (mit praktischen Fertigkeiten zum Broterwerb) zum Naturforscher weiterqualifizieren. Seinen biologischen Interessen entsprechend erwarb Weismann 1857 den medizinischen Doktortitel, wobei er sich ein biochemisches Thema ausgesucht hatte. Daraufhin war der junge Mediziner an der Universität Rostock Assistenzarzt und

**Abb. 5.2**: Der Biologe August Weismann (1834–1914) an seinem Arbeitsplatz im Zoologischen Institut der Universität Freiburg (nach einem Gemälde von Otto Scholderer, 1896). Die Unterschrift des Gelehrten wurde dem Bild beigegeben.

absolvierte ein zweites freiwilliges „Assistenten-Jahr“ als Mitarbeiter eines bekannten Chemikers (Gaupp 1917).

Nach einer Österreich-Reise (1858, u. a. Besuch medizinischer Institutionen in Wien) kehrte Weismann nach Frankfurt/Main zurück und verdiente seinen Lebensunterhalt, ohne wirkliches Interesse am Heilberuf, als praktischer Arzt. Im „Origin of Species-Jahr 1859“ war Weismann als Kriegs-Arzt, u. a. in italienischen Lazaretten, tätig. Diese für ihn bedrückende Situation verbesserte sich über die Empfehlung, eine

**Abb. 5.3**: Der Marktplatz und das Kaufhaus im Zentrum der Stadt Freiburg i. Br. zu Lebzeiten des Biologen August Weismann (nach einer Zeichnung aus dem Jahr 1890).

Tätigkeit als Leibarzt bei einem Erzherzog zu übernehmen. Vor Antritt dieser Stelle auf Schloss Schaumburg an der Lahn studierte Weismann, auf eigene Kosten, Zoologie in Paris und verbrachte ein fruchtbares Jahr bei dem Parasitologen Rudolf Leuckart (1822–1898) an der Universität Gießen.

Seine freie Zeit als Leibarzt des Erzherzogs nutzte Weismann dazu, Entwicklungsvorgänge bei Insekten zu ergründen; Mit diesen Arbeiten konnte sich der 29-jährige Freizeit-Tierforscher 1863 an der Universität Freiburg i. Br. im Fach Zoologie habilitieren. Vier Jahre später (1867) wurde der durch zahlreiche originelle Forschungsarbeiten (Publikationen in Fachzeitschriften) bekannt gewordene Weismann in Freiburg i. Br. (Abb. 5.3) zum a. o. Professor der Zoologie ernannt. Ein immer wiederkehrendes Augenleiden verschlimmerte sich jedoch derart, dass sich der Nachwuchs-Zoologe mehr und mehr mit theoretischen Fragen befassen musste.

Im Jahr 1873 wurde der angesehene Forscher an der Universität Freiburg zum o. Prof. (Ordinarius) berufen. Diese einflussreiche Position hielt Weismann bis zu seiner Emeritierung im Jahr 1912 inne, die er bereits Jahre zuvor aus gesundheitlichen Gründen beantragt hatte. Die Entpflichtung des Lehrstuhlinhabers wurde vom Arbeitgeber immer wieder herausgezögert, da der Großherzog von Baden-Württemberg den Ruhm des Freiburger Universitätsprofessors für seine akademische Lehranstalt erhalten bzw. ausweiten wollte. In der damaligen Zeit konkurrierten die deutschen Universitäten national wie international mit vergleichbaren Institutionen. Man war daher bestrebt, möglichst kreativproduktive Wissenschaftler zu berufen und diese so lange wie möglich in Führungsposition zu halten. Das heute übliche Prinzip „erst kommt die (Frauen)-Quote und dann die Qualität“ gab es damals noch nicht, da die vom Steuerzahler unterhaltenen Universitäten zu Spitzenleistungen in Lehre und Forschung verpflichtet waren. Die Studenten mussten damals Kolleg-Gelder an die Professoren bezahlen und erwarteten daher, als „Kunden“, entsprechende Fachkompetenz, wie es heute noch z. B. an der kalifornischen Stanford University üblich ist (frei vorgetragene *Lectures*, präsentiert von Personen, die in der Forschung ausgewiesen sind, d. h. *Faculty Members*, die auch *Professors* genannt werden).

Der u. a. durch die Verleihung der Darwin-Wallace-Medaille von der *Linnaean Society London* (Abb. 5.4) hoch geehrte Zoologe, Vererbungsforscher und Evolutionstheoretiker, den man an der Universität Freiburg nicht von seinen Vorlesungsverpflichtungen entbinden wollte, war seit 1863 glücklich verheiratet; das Ehepaar Weismann hatte sechs Kinder (fünf Töchter und einen Sohn). Als im Jahr 1886 Weismanns Frau an einem Lungenleiden starb, verschlechterte sich sein bisher heiteres Leben u. a., weil der Kunst- und Musikliebhaber mit seiner großen Familie regelmäßig musiziert hatte und Weismann, als Familienoberhaupt, ein harmonisch-demokratisches Zusammenleben der Generationen pflegte (unter Einbeziehung der Großeltern). Eine zweite 1895 geschlossene Ehe musste einige Jahre später geschieden werden, da diese Frau wegen einer Morphin-Sucht immer schwerere Verhaltensstörungen entwi-

*Darwin-Wallace Celebration.* **1st JULY, 1908.**

I will go on at once to present the medal awarded to Professor AUGUST WEISMANN.

Like his countryman Prof. Haeckel, Prof. Weismann is unfortunately unable to leave his University at this season of the year, and those, especially, who have had the pleasure of meeting him on former visits, will regret his absence to-day.

Prof. Weismann has played a brilliant part in the development of Darwinian theory, and is indeed the protagonist of that theory in its purest form, retaining all that was the peculiar property of Darwin and Wallace and eliminating the traces of Lamarckism which still survived.

It is not for me, on this occasion, to enter into his special researches in Zoology: of the many original investigations for which he is distinguished, that on the origin of the germ-cells in Hydrozoa is peculiarly noteworthy, as having led up to his great doctrine of the Continuity of the Germ-plasm as the foundation of a Theory of Heredity. This doctrine, involving the conclusion that all inherited variations must be congenital, and that consequently there can be no hereditary transmission of characters acquired during the life of the individual, aroused the deepest interest, and that not only in scientific circles. It has produced a lasting effect on Biology, and however much modified, Weismann's doctrine forms the basis of modern views of heredity.

The lucidity and beauty of his style has helped to render Prof. Weismann the effective champion of all that is most characteristic in the teaching of Darwin and Wallace, while his profound knowledge of cytology enabled him to base his theory of heredity on a firmer foundation of fact than had been possible in the case of previous speculations.

Prof. Weismann's works, many of them so admirably translated into English, have met with universal appreciation in this country. I well remember my own keen enjoyment in reading his essays, such as 'The Duration of Life,' 'On Life and Death,' on Continuity, and on the Theory of Natural Selection. The work of this brilliant investigator and writer has been of immense service to evolutionary Biology; and, apart from all matters of controversy, the stimulating influence of his writings has had a wonderful effect in advancing the subject.

There is no one to whom the award of this medal could be more appropriate.

**Abb. 5.4**: Laudatio auf August Weismann, verfasst von Präsident D. H. Scott, anlässlich der Verleihung der Darwin-Wallace-Medaille der *Linnaean Society London*, Juli 1908. In dieser Würdigung sind die Leistungen des Freiburger Zoologen zusammenfassend dargestellt (nach Linnaean Society London ed.: Darwin-Wallace-Celebration. Burlington House, London, 1908).

ckelte. Der 70. Geburtstag des weltweit bekannten Freiburger Biologen wurde mit entsprechenden Würdigungen begangen (u. a. Publikation einer Festschrift seiner Schüler).

Die letzten zehn Lebensjahre verbrachte Weismann mit einer seiner Töchter (sowie ihren fünf Kindern), die sich liebevoll um den alternden Vater gekümmert hat. Am 5. November 1914 starb August Weismann in seinem Wohnhaus, wenige Monate nach dem Ausbruch des 1. Weltkrieges. Seine große Freiburger Villa musste geräumt und verkauft werden (Abb. 5.5). Die künstlerische Veranlagung des zeitlebens der Musik und Klavierspielkunst verbundenen Naturforschers wurde an die Töchter sowie den Sohn Julius Weismann (1879–1950), einem genialen Komponisten spätromantischer Werke, weitergetragen. Noch heute existiert in Duisburg ein Julius-Weismann-Archiv, in welchem zahlreiche Dokumente zu Leben und Werk des originellen Freiburger Komponisten deponiert sind (s. unten). Nachfolgend wollen wir die wissenschaftlichen Leistungen von Weismann in Ausschnitten ansprechen und den Bezug dieser Entdeckungen zur aktuellen Gender-Debatte thematisieren.

**Abb. 5.5**: Die Villa Weismann in Freiburg i. Br. nach einem Foto aus dem Jahr 1891, ergänzt durch ein Wappen der Stadt (Inset). Das Wohnhaus wurde nach Weismanns Tod verkauft. Die Einrichtung eines nach Weismann benannten „Freiburger Instituts für Evolutionsforschung“ wäre eine der Bedeutung des Biologen angemessene Würdigung gewesen (s. Laudatio, Abb. 5.4) (nach einer Bildvorlage in S. Lützner: Julius Weismann. Leben und Werk. J. W.-Archiv, Duisburg, 2000).

## Weismann als Zellforscher und die Berechtigung der Darwin'schen Theorie

Das aus 136 Einzelautor-Nummern bestehende Publikationsverzeichnis des Freiburger Naturforschers ist seit 1999 verfügbar und geht weit über die klassische Bibliographie, verfasst von dem Anatom Ernst Gaupp (1865–1916), hinaus, der nach Weismanns Tod dessen Biograph wurde (Gaupp 1917). Diese Werke-Auflistung zeigt, dass Weismann bis zum 50. Lebensjahr bevorzugt Experimentalarbeiten veröffentlich hat und danach, bis ein Jahr vor seinem Tod, im Wesentlichen theoretische Beiträge publizierte (die nachfolgend angeführten Publikationen sind in Churchill und Risler 1999 verzeichnet). Neben einigen Aufsätzen zu meeresbiolgisch-limnologischen Themen (u. a. „Analysen des Ostseewassers", 1858; „Das Thierleben im Bodensee", 1876; „Beobachtungen an Hydroid-Polypen", 1881) sind Weismanns cytologisch/histologische Beiträge zu erwähnen. In Untersuchungen zum „Wachstum der quergestreiften Muskeln" (1861) werden Wirbeltiere (Frösche, Menschen) als Studienobjekte eingesetzt. Seine wichtigeren Experimental-Untersuchungen führte er aber an Wirbellosen durch, wobei Insekten (Zweiflügler, Diptera, z. B. Stubenfliegen und Zuckmücken), Schmetterlinge (Lepidoptera) und Süßwasser-Krebse (Daphniden) bevorzugte Modellorganismen waren. Weismanns umfassende Artikelserie „Zur Naturgeschichte der Daphniden", erschienen 1877 bis 1879, soll exemplarisch hervorgehoben werden.

Diese Spezialstudien, welche u. a. auch der Frage bezüglich einer Umwandlung des aquatischen mexikanischen Axolotl in die Landform gewidmet waren, qualifizierten den Zoologen zum Biologie-Theoretiker, wobei letztendlich die „sexuelle Reproduktion", verbunden mit der „Kontinuität des Lebens", als Weismann'sche Generalthemen herausgestellt werden können.

Nachdem der damals 26-jährige Leibarzt A. Weismann auf Schloss Schaumburg Charles Darwins Hauptwerk über die *Entstehung der Arten* (Deutsche Übersetzung 1860) „in einem Zug" gelesen hatte, war für den Zoologen klar geworden, dass die Biologie mit dieser Abhandlung ein Generalthema erhalten hat: Die Evolution der Organismen, damals noch zusammenfassend in einer auf dem Selektionsprinzip basierenden Theorie dargestellt (die Wissenschaftsdisziplin Evolutionsbiologie wurde erst Ende der 1940er Jahre gegründet, s. Kutschera 2009 a, b, c, 2015 a).

In seiner öffentlichen Freiburger Antrittsrede mit dem Titel „Über die Berechtigung der Darwin'schen Theorie" (1868), zu der die Theologische Fakultät niemanden entsandt hatte, legte Weismann seine Kernthese dar: Nur unter Berücksichtigung des Darwin'schen Prinzips der Deszendenz mit Modifikation (Evolution) sind allgemeinbiologische Zusammenhänge verständlich, denn alle Organismen der Erde sind letztendlich abstammungsverwandt. Im Gegensatz zu vielen seiner Kollegen würdigte Weismann in all seinen diesbezüglichen Schriften die Leistungen von Alfred Russel Wallace, den er als Mit-Entdecker des Ausleseprinzips in der Natur, gleichberechtigt mit Darwin, anerkannte.

Ähnlich wie sein Jenaer Kollege Ernst Haeckel (1834–1919) wurde Weismann mit der o. g. Schrift sowie zahlreichen thematisch verwandten Nachfolge-Publikationen, zum Wegbereiter des „Darwin-Wallace-Prinzips der natürlichen Auslese", das er später zur Neodarwin'schen Theorie der biologischen Evolution ausgebaut hat (Knoflacher 2011).

## Das Darwin-Lamarck'sche Vererbungsprinzip und die egoistischen Gene

Die Frage, warum gewisse Merkmale von den Eltern auf die Kinder übertragen werden, wurde noch 1878 (d. h. nach dem Erscheinen der 6. Auflage von Darwins Hauptwerk, 1872) im Sinne von Jean-Baptiste de Lamarck (1744–1829) beantwortet: durch „Vererbung erworbener Eigenschaften". August Weismann hat dieses „Lamarck'sche Dogma" zunächst im Rahmen eines populären Aufsatzes befürwortend dargestellt („Über das Wandern der Vögel", 1878). Fünf Jahre später (1883) äußerte er erstmals Zweifel an diesem Konzept, und mit seinen berühmten „Mäuseschwanz-Experimenten" (verstümmelte Eltern bringen Jungtiere mit Schwanzfortsatz zur Welt) widerlegte er die These einer Vererbung modifizierter Körper-Merkmale. Diese recht brutalen Versuche wurden aber von den Neo-Lamarckisten nur mit Vorbehalt akzeptiert.

Aus Weismanns oben zitierten Untersuchungen zur Fortpflanzung der Daphniden sowie seinen 1880 publizierten Studien zum „Ursprung der Geschlechtszellen bei den Hydroiden", gingen seine theoretischen Arbeiten zur „Lehre von der Continuität des Keimplasmas" (1892) hervor. Gemäß dieser Weismann'schen Vererbungstheorie, formuliert als Gegenargument zur verfehlten Darwin'schen „Pangenesis-Hypothese" (s. Kapitel 4), ist bei Tieren (Mäuse, Menschen, Insekten) eine Keimbahn-Soma-Differenzierung ausgebildet. Hierbei werden immer nur die potenziell unsterblichen Keimzellen (Gameten, d. h. Eier bzw. Spermien) in die nächste Generation übertragen, während der Körper an sich (d. h. das Soma) stirbt. Anders formuliert: Weismanns „Keimplasma" (d. h. Keimzellen mit Erbsubstanz) wird vom vergänglichen Soma umhüllt, das nur ein Vehikel zur Weitergabe der Erbanlagen darstellt – das Konzept des „egoistischen Gens" (Dawkins 1976) wurde mit Weismanns Theorie vorweggenommen.

Da die Keimbahn und das Soma getrennte Körperbereiche darstellen, d. h. über die „Weismann-Barriere" voneinander getrennt sind, ist gemäß dieser Theorie eine Vererbung erworbener Eigenschaften ausgeschlossen. Weismann erkannte weiterhin, dass die zweigeschlechtliche Fortpflanzung (sexuelle Reproduktion) zu variablen Nachkommen führt. Der Freiburger „Sex-Forscher" hat diese Theorie u. a. in einer Monographie mit dem Titel *Die Bedeutung der sexuellen Reproduktion für die Selektionstheorie* dargelegt. Weismann (1886) argumentierte dort wie folgt: „Ich glaube, dass die erblichen individuellen Unterschiede zu suchen sind in der Form der Fortpflanzung, durch welche die meisten der heute lebenden Organismen sich vermehren: In der sexuellen... Fortpflanzung. Diese beruht bekanntlich auf der Verschmelzung zweier gegensätzlicher Keimzellen oder vielleicht auch nur ihrer Kerne; diese Keimzellen enthalten die Keimsubstanz, das Keimplasma und dieses wiederum ist... der Träger der Vererbungstendenzen der Organismen, von welchem die Keimzelle herstammt. Es werden also bei der sexuellen Fortpflanzung zwei Vererbungstendenzen gewissermaßen miteinander vermischt. In dieser Vermischung sehe ich die Ursache der erblichen individuellen Charaktere... sie hat das Material an individuellen Unterschieden zu schaffen, mittels dessen Selektion neue Arten hervorbringt." In diesen Sätzen wurde erstmals in der Geschichte der Biologie klargelegt, dass Sex (d. h. Gameten-Verschmelzung, Spermium plus Eizelle ergibt Zygote) die Funktion hat, Variabilität in die Nachkommenschaft zu bringen. Nur bei Kindern, die sich deutlich voneinander unterscheiden, werden einige zufallsbedingt in der Lage sein, unter sich stetig ändernden Umweltverhältnissen zu überleben und sich fortzupflanzen. Würden genetisch identische Klone entstehen, so kämen diese uniformen Wesen bei Umweltkatastrophen alle gemeinsam ums Leben, da sie dieselben Eigenschaften aufweisen (fehlende Variabilität).

In seinem zweibändigen Abschlusswerk mit dem Titel *Vorlesungen über Deszendenztheorie* begründete der Autor seine „Sex-Thesen" noch ausführlicher (Weismann 1886, 1913). Im Zusammenhang mit der Funktion der sexuellen Reproduktion als „Variationengenerator" postulierte Weismann (1913) weiterhin, dass es vor der Bildung der Geschlechtszellen (Eier, Spermien) zu einer Reduktionsteilung kommen muss, da von väterlicher und mütterlicher Seite jeweils nur „das halbe Erbgut" (2 x 1/2) beigesteuert wird, um eine vollständige Zygote (1/1) zu erzeugen. Mit dieser Hypothese, die erst nach Weismanns Tod umfassend bestätigt werden konnte, hat der Freiburger Zoologe den Sexualvorgang bei Tieren in seiner ganzen Breite offengelegt: Heute wissen wir, dass die meiotische Rekombination (Umgruppierung der Erbanlagen vor der Gametenbildung) integraler Bestandteil der zweigeschlechtlichen Reproduktion ist (Kutschera 2015 a):

Sex = Meiose plus Gametenfusion (Zygotenbildung).

Im Zusammenhang mit dem Darwinischen Feminismus bzw. Genderismus sei erwähnt, dass Weismann noch in dem kurz vor seinem Tod publizierten Abschlusswerk, den *Vorlesungen* (1913), jedes Kapitel mit dem Satz „Meine Herren, . . . " begonnen hat, obwohl bereits 1898 Frauen an der Universität Freiburg zum Studium zugelassen waren (offensichtlich besuchten nur männliche Studierende seine Fachvorlesungen). Weismann gilt, gemeinsam mit Alfred Russel Wallace (1823–1913), als Urvater der Neodarwin'schen Theorie der biologischen Evolution, die auch unter dem Begriff *Weismannismus* weltweit bekannt geworden ist (Junker 2009, Junker und Hossfeld 2009, Mayr 1984, Kutschera 2014 b, 2015 a).

## Altern, Tod und die Zellteilungs-Grenze

Obwohl Weismanns größte Leistung in seiner oben zusammengefassten „Sex-erzeugt-Variabilität-Theorie" zu sehen ist, hat sich der Zoologe nicht nur mit dem Zeugungs- und Geburtsvorgang, sondern auch mit der „Todesfrage" beschäftigt.

Weismanns im Jahr 1892 publizierte „Theorie von der Kontinuität des Keimplasmas" beinhaltet seine Kernthesen zum Themengebiet „Altern und natürlicher Tod". Zehn Jahre zuvor, in der Schrift „Über die Dauer des Lebens" (1882), äußerte sich der damals 48-Jährige erstmals zu dieser kontroversen, von christlichen Dogmen überschatteten Frage. Seine ursprüngliche Theorie eines durch natürliche Ausleseprozesse entstandenen evolutionären „Todes-Mechanismus" – alte, verbrauchte Individuen sollen bald nach der Fortpflanzung sterben, um den Jungen Platz zu machen – gab er später auf, ein Beweis für die ergebnisoffene, undogmatische Position des Freiburger Sex-Forschers. Dieses Konzept entsprach dem damaligen Wiederbesetzungs-Brauch an deutschen Universitäten – erst nach dem Tod des alten Amtsinhabers konnte ein neuer Professor auf den „freien Platz" berufen werden.

In Nachfolge-Werken postulierte Weismann das Konzept der Zellteilungs-Begrenzung, welches im Prinzip bestätigt werden konnte. Kurz formuliert, geht es hier um das Folgende: Die verschiedenen Lebens-Spannen unterschiedlicher Tierarten sollen durch eine festgelegte Zahl somatischer Zell-Generationen determiniert werden: „Die Fähigkeit der Zellvermehrung durch Zellteilung ist begrenzt". Aktuelle Forschungen haben ergeben, dass dieser „Weismann-Swim-Hayflick-Limit" tatsächlich existiert: Weismanns Grundgedanken leben somit in der aktuellen „disposable soma theory of aging" fort (Hauptaussage: Das Soma, d. h. der Körper altert und vergeht, da dieser nach der Fortpflanzung keine Funktion mehr erfüllt). Die sexuelle Reproduktion, d. h. das „Kinderkriegen" ist somit Bestandteil des natürlichen, evolvierten Verhaltensprogramms aller Lebewesen – auch weiblicher Individuen der Spezies *Homo sapiens* (was von Gender-Ideologinnen geleugnet wird).

Weismanns „Theorie zu Leben und Tod" kann wie folgt zusammengefasst werden:

1. Der natürliche Tod existiert nicht bei sich teilenden Einzellern, da sich diese unbegrenzt fortpflanzen können; er ist erst mit der evolutionären Entwicklung mehrzelliger Organismen entstanden (Keimbahn-Soma-Differenzierung).
2. Das Leben auf der Erde ist ein Kontinuum. Seit dem ersten Auftreten

als einfache Mikroben besteht es ohne Unterbrechung fort – jedes heute existierende Lebewesen ist in kontinuierlicher Linie aus dem ersten Urlebewesen hervorgegangen.

Diese Weismann'sche These vom „unsterblichen Leben“ hat sich bewahrheitet und zählt zu den bleibenden Erkenntnissen der klassischen Biologie. Diese grundlegende Idee lebt in der vielfach belegten Theorie von der Abstammungsverwandtschaft aller Organismen bis heute fort (Hypothese vom letzten gemeinsamen Vorfahren, LUCA – alle Lebewesen der Erde sind aus gemeinsamen Urformen hervorgegangen) (Kutschera 2015 a). Nach diesem Exkurs in die Evolutionsbiologie wollen wir zur Gender-Problematik zurückkommen.

## Vererbungskraft von Mann und Frau: Geschlechter-Gerechtigkeit à la Weismann

Die meisten Naturwissenschaftler widmen sich einem Spezialgebiet, ohne dass sie Dinge von allgemeiner Bedeutung thematisieren und über Buchpublikationen ein breites Leserpublikum erreichen. Dieses Grundprinzip gilt auch für August Weismann, der sich nur selten in tagespolitische Themen eingemischt hat, sodass er bis heute außerhalb der Biologie nur wenig bekannt ist. Da sich Weismann jedoch mit allgemeinbiologischen Dingen wie der zweigeschlechtlichen Fortpflanzung und dem Leben bzw. Tod des Individuums beschäftigte, ist er dennoch zumindest in akademischen Kreisen zu einer Hausmarke geworden, ohne dass man aber an seinem 100. Todestag (5. November 2014) viel über ihn erfahren hätte. In einer Pressemitteilung, die der *hpd* am 05.11.2014 publizierte, habe ich mich über den Freiburger Universalgelehrten u. a. wie folgt geäußert:

„Der 1834 in Frankfurt am Main geborene Zoologe und Evolutionstheoretiker August Weismann hat sich, wie seine älteren Fachkollegen Wallace und Darwin, bereits als Teenager derart intensiv mit der Naturkunde beschäftigt, dass er u. a. eine private Käfersammlung anlegte und diese immer wieder ergänzte.

Trotz dieser Begeisterung für die Biologie ordnete der strenge Vater an, zum Broterwerb ein nützliches Studium zu beginnen – Weismann wurde Mediziner, arbeitete aber u. a. zeitweise als Chemiker. Seinen Lebensunterhalt sowie biologische Forschungsarbeiten und das Zoologie-Studium musste sich der geborene Naturkundler bis zum 28. Lebensjahr, u. a. als Leibarzt, selbst verdienen. Weismann wurde nach seiner Habilitation (1867) in Freiburg i. Br. zum Professor der Zoologie ernannt, wo er, als Lehrstuhlinhaber, bis kurz vor seinem Lebensende tätig war.

Als Begründer der Neodarwin'schen Theorie, Urvater einer neuen Vererbungslehre (Keimbahn-Soma-Differenzierung) sowie Forschungen zu Alterungsprozessen und dem Zelltod, wurde Weismann weltbekannt. Bei den ‚Darwin-Wallace-Celebrations', die am 1. Juli 1908 von der *Linnean Society of London* veranstaltet wurden (Abb. 5.4), war August Weismann, neben Alfred R. Wallace und Ernst Haeckel, einer der Geehrten: Ihm wurde eine Darwin-Wallace-Medaille verliehen. Der Präsident der Linnean Society hatte in seiner Laudatio den Freiburger Zoologen als einen der einflussreichsten Evolutionsforscher seiner Zeit gewürdigt. Diese hohe Anerkennung führte dazu, dass Weismann, der u. a. die Bedeutung der sexuellen Fortpflanzung als Variationengenerator erkannt hatte, von seinem obersten Dienstherren im Land Baden Württemberg erst kurz vor seinem Tod entpflichtet werden konnte (Emeritierung 1912). Am 5. November 1914, nur wenige Monate nach Beginn des 1. Weltkrieges, starb der große Biologe in seiner Wahlheimat Freiburg, wo er auf dem Hauptfriedhof nahe einem großen Teich beerdigt worden ist (das Grab existiert noch heute)." Diese kompakte Weismann-Würdigung soll die oben dargelegten Ausführungen ergänzen.

Noch weniger bekannt als Weismann ist der amerikanische Biologe William K. Brooks (1848–1908). Der hochbegabte Naturforscher hat, ähnlich wie Weismann, auf vielen Gebieten der Biologie grundlegende Erkenntnisse erarbeitet und sich u. a. auch mit den zwittrigen Hydromedusen beschäftigt, über welche er zahlreiche Forschungsarbeiten veröffentlicht hat (Hermaphroditen, s. das Quallenbild auf S. 118). Brooks wurde im Alter von 35 Jahren als Professor für Biologie an die damals neu gegründete *Johns Hopkins University* in Baltimore (Maryland) berufen, wo er bis zu seinem Tod in Lehre und Forschung aktiv war. In einem Werk zur Vererbungslehre (*The Law of Heredity*, 1883) zitierte und diskutierte der US-Biologe ausführlich die Thesen seines deutschen Kollegen Weismann. An entscheidender Stelle argumentierte Brooks

**A prescient view of women in evolution**

The remarkable nineteenth-century German biologist August Weismann (*Nature* **522,** 31–32; 2015) also took a prescient stand in the discourse on the role of women in evolution.

Weismann challenged a popular theory of heredity proposed by US zoologist William K. Brooks in *The Law of Heredity* (Murphy, 1883). On the basis of the Lamarckian idea of an inheritance of acquired characteristics, Brooks argued that the 'hereditary force', or *Vererbungskraft* (Weismann's translation), was stronger in men than in women, writing that "something within the animal compels the male to lead and the female to follow in the evolution of new breeds". Weismann roundly refuted this idea, pointing out that children inherit as many characteristics from their mothers as from their fathers (A. Weismann *Die Bedeutung der Sexuellen Fortpflanzung für die Selections-Theorie*; Fischer, 1886).

August Weismann
(1834 – 1914)

**U. Kutschera**
*Institute of Biology, University of Kassel, Germany.*
*kut@uni-kassel.de*

NATURE/VOL 523/2 July 2015 35

**Abb. 5.6**: Kurzbeitrag im Wissenschaftsmagazin *Nature* zu August Weismann. Der Artikel bezog sich auf einen Book-Review/Essay zu Leben und Werk des Freiburger Zoologen.

(1883) in etwa wie folgt. Da in der Natur männliche Tiere in aller Regel variabler sind als weibliche Individuen, wirkt auch die natürliche Selektion stärker auf die männliche als die weibliche Abstammungslinie. Somit sind nach Brooks (1883) die Weibchen das konservierende, die Männchen hingegen das variable und daher organisierende Element im Evolutionsprozess. Aus diesen Beobachtungen zog der Vererbungsforscher die Schlussfolgerung, dass die Männchen grundsätzlich eine stärkere „Vererbungskraft“ hätten als die Weibchen und somit letztendlich die Evolution neuer Varietäten vorantreiben würden. Diese Thesen hat der Freiburger Zoologe in seiner theoretischen Abhandlung über *Die Bedeutung der Sexuellen Fortpflanzung für die Selections-Theorie* ausführlich diskutiert (Weismann 1886). Im Gegensatz zu Brooks führte Weismann aber zahlreiche Befunde an, die belegen, dass die „Vererbungskraft“ der Männchen keineswegs jener der Weibchen überlegen ist. Weismann (1886) schlussfolgerte kurz und bündig, dass Kinder genauso viele Charaktereigenschaften von ihrer Mutter wie von ihrem Vater erben würden. Im Original lautet diese Weismann'sche Gleichwertigkeits-These wie folgt: „Die Ansicht aber, dass die männliche Keimzelle eine andere Rolle zu spielen habe bei dem Aufbau des Embryos als die weibliche, scheint mir schon deshalb nicht haltbar, weil sie mit der einfachen Beobachtung in Widerspruch steht, dass die menschlichen Kinder im Ganzen ebenso viel vom Vater wie von der Mutter erben können“ (Weismann 1886).

Da diese sachlich korrekte Schlussfolgerung zur internationalen „Gender-Debatte 2015“ passte, publizierte das Wissenschaftsjournal *Nature* einen Kurzbeitrag zu diesem Thema, der in Abbildung 5.6, in einer illustrierten Version, reproduziert ist.

## Max Hartmann und die Intersex-Hühner

In Kapitel 1 wurde der Biologe Max Hartmann (1876–1962) als einer der wichtigen „Sexologen“ angeführt – über seine umfassende Monographie mit dem Titel *Die Sexualität* ist Hartmann (1946) international bekannt geworden. In diesem wichtigen Werk beschreibt Hartmann die „Sexuelle Vielfalt (Diversität)“ bei heterotrophen Einzellern, Pilzen sowie Algen und Landpflanzen, wobei er die Gemeinsamkeiten und Unterschiede herausarbeitet (s. Niklas et al. 2014 als Beispiel für aktuellere Studien zur evolvierten „reproduktiven Vielfalt“ in den Organismenreichen). Da Hartmanns Monographie im Wesentlichen eine Aufzählung der verschiedensten Modi der Zygotenbildung (Sex) enthält, aber nur wenig schlagkräftige allgemeine Schlussfolgerungen liefert, hat dieses

Buch nicht jene Wirkung entfaltet, wie sie Weismanns Werk (1913) bis heute zeigt (belegt durch Zitationen in der internationalen Fachliteratur).

Im Jahr 1947 publizierte Hartmann die 3. Auflage seines monumentalen Lehrbuchs mit dem Titel *Allgemeine Biologie. Eine Einführung in die Lehre vom Leben.* Auch in diesem Werk geht der Autor auf vielen Seiten auf die Fortpflanzung bzw. die sexuelle Reproduktion ein. In diesem Zusammenhang beschreibt Hartmann (1947) die damals aktuellen Kastrations-/Sexualhormonzugabe-Experimente an verschiedenen Hühnervögeln. Man hatte entdeckt, dass sich kastrierte Hähne bzw. Hennen (Gonaden d. h. Testes bzw. Ovarien entfernt) innerhalb weniger Jahre zu „Intersex-Tieren" entwickelten. Der Begriff „intersexuelle Merkmalsausbildung" wurde mit diesen Studien in die biologische Fachliteratur eingeführt (bereits Richard Goldschmidt, 1878–1958, hatte bei Insekten sogenannte Intersex-Formen entdeckt). Wir werden in Kapitel 8 auf ein berühmtes Menschen-Kastrations-Experiment zu sprechen kommen (Kriminalfall John Money / Bruce [David] Reimer).

Leider zieht der Autor Max Hartmann aber auch in diesem Lehrwerk keine Schlüsse von bleibendem Wert, sodass sein Buch (Hartmann 1947) als ein Sammelband zur Biologie der Kriegsjahre bezeichnet werden kann. Am Beispiel dieses Biologen kann exemplarisch verdeutlicht werden, dass die Theorienbildung, und somit die Integration zahlreicher Einzelbefunde zu einem größeren Gedankengebäude, wesentlicher Bestandteil naturwissenschaftlicher Denk- und Arbeitsweise ist.

## Charakterunterschiede zwischen Mann und Frau 1883 vs. 2015

Wie bereits erwähnt, zählt der amerikanische Zoologe und Vererbungsforscher William K. Brooks zu den verkannten Genies der Biowissenschaften. In seinem Buch *The Law of Heredity* (1883) geht der Autor in Kapitel 10 auf die intellektuellen Unterschiede zwischen Männern und Frauen ein, wobei er auch die Thesen anderer Biologen seiner Zeit mit einbezieht. Diese Ansichten sind 2015 so aktuell wie damals und sollen hier, in sinngemäßer Übersetzung aus dem englischen Original, kurz vorgestellt werden.

Zunächst weist Brooks (1883) darauf hin, dass es neben den bekannten anatomischen auch physiologische Unterschiede zwischen den Geschlechtern gibt. Um diese herauszuarbeiten, muss man jedoch die Stammesentwicklung (Evolution) der zweigeschlechtlichen Fortpflanzung berücksichtigen. Der US-Zoologe war somit der Erste, der das Thema „The evolution of sex" bearbeitet hat. Der Vererbungsforscher hebt hervor, dass die Kinder eines Elternpaares einerseits ihren Erzeugern ähnlich sind, andererseits aber erhebliche Abweichungen zeigen. Dieses Merkmal der Variabilität zeichnet nicht nur Menschen, sondern alle bisher untersuchten Tiere aus. In einem längeren Abschnitt widmet sich Brooks (1883) dem Befruchtungsvorgang und verweist auf ältere Thesen, gemäß welcher die unbewegliche, mutmaßlich leblose Eizelle durch die beweglichen Spermien „belebt" werden solle. Diese alte Vorstellung einer „Vitalisation" der Eizelle durch das lebendig-aktive Spermatozoon wird von Brooks (1883) jedoch als überholt angesehen und verworfen. In der aktuellen Gender-Literatur, z. B. bei Degele (2008) wird bzgl. der Mobilität des Spermiums sowie der Unbeweglichkeit der Eizelle von einem „Mythos" gesprochen. Ob die Autorinnen damit die widerlegte „Belebungs-Hypothese" im Hinterkopf haben, kann ich nicht beantworten.

Der Vererbungsforscher zieht nach einer Beschreibung des biologischen Sex-Aktes (Befruchtung) die folgende Schlussfolgerung: Da die Männchen bei unzähligen Tierarten vielfältiger (variabler) sind als die Weibchen, bringen die männlichen Gameten bei der Befruchtung Variabilität in die Population, während die Eizellen das konservative Element repräsentieren. Männchen sind somit die Überträger von Variabilität, während die Weibchen die weniger vielgestaltigen, eher bewahrenden Komponenten in das Reproduktionsgeschehen des Menschen einbringen. Diese Brooks'sche These stimmt mit jenem aus molekularbiologischen Daten abgeleiteten Konzept überein, welches wir heute als „Male-driven evolution" bezeichnen: Männer sind gebärunfähige Variationen-Generatoren mit der einzigen biologischen Aufgabe, Vielfalt in die Population zu bringen, während weibliche Säuger relativ einförmige Eizellen beisteuern (Kutschera 2014 b, 2015 a).

Aus diesen Beobachtungen, d. h. den physiologischen Unterschieden zwischen den „Vielfalt-schaffenden" Männchen und den „bewahrenden" Weibchen zieht der Autor Schlüsse bzgl. der psychologischen

Unterschiede der Geschlechter. So sollen nach Brooks (1883) Frauen praktischer veranlagt sein als Männer, während diese sich mit großer Hingabe in die Lösung abstrakt-theoretischer Probleme vertiefen. Weiterhin betont der Zoologe, dass Frauen grundsätzlich in vielen Bereichen des täglichen Lebens den Männern überlegen sind, so z. B. in Bezug auf intuitive Leistungen, das Organisationstalent, sowie die Pflege zwischenmenschlicher Beziehungen. Außerdem schlussfolgert der Vererbungsforscher Brookes (1883), dass die Frauen bzgl. ihrer Charaktereigenschaften einheitlicher gestrickt sind als die Männer. Was sagte der US-Zoologe zum „starken Geschlecht“?

Männer können, als das variable Gegenstück der Frauen, einerseits grob-dumm-brutal sein, andererseits aber auch intellektuelle Höchstleistungen in Wissenschaft und Kunst erbringen. Mit dieser These der größeren Spannweite männlicher Charaktereigenschaften, die gewissermaßen vom „Idiot“ bis hin zum „Genie“ reicht, hatte Brooks (1883) Recht. Zahlreiche Studien, die ca. ein Jahrhundert nach Verbreitung dieser Ansichten veröffentlicht worden sind, führten zur selben Erkenntnis (s. Pinker 2008; in diesem Sachbuch sind die Charakterunterschiede und Interessen von Männern und Frauen dargelegt, bezogen auf Populationen in den USA). Brooks (1883) zieht aus den gravierenden physiologischen und psychologischen Unterschieden der Geschlechter die Schlussfolgerung, dass sich Mann und Frau gegenseitig ergänzen – nur gemeinsam konnten sie sich im „Daseinswettbewerb“ im Verlaufe tausender nachfolgender Generationen immer wieder erfolgreich fortpflanzen. Nach Brooks (1883) ist die praktisch-bewahrende bzw. variabel-erkundende Charaktertendenz von Frau und Mann ein Naturgesetz, das nicht durchbrochen werden sollte. Der Zoologe warnte davor, die naturbedingten Geschlechterunterschiede zu nivellieren – genderistische Unisex-Menschen, wie sie z. B. im „Lehrbuch“ von Degele (2008) beschrieben sind, würden nach Brooks (1883) sehr bald über einen Geburtenschwund aussterben. Genau dieses Phänomen, ein gravierender Rückgang der Lebendgeburten pro Frau, findet im genderisierten Deutschland 2015 statt, und kein Politiker wagt es, dieses Problem anzusprechen (Furcht vor dem „Biologismus-Vorwurf“; Motto: Hauptsache, wir gewinnen die nächste Wahl).

## Biologie contra Philosophie: Genderistische Ungleichbehandlungen

August Weismann wurde von Ernst Mayr (1904–2005) als einer der größten Biologen der Nach-Darwin'schen Ära bezeichnet. Der Freiburger „Sex-Forscher" hat in der Tat als Cytologe, Entwicklungsgenetiker und Evolutionstheoretiker grundlegende Erkenntnisse von bleibender Bedeutung erarbeitet. Hervorzuheben ist außerdem Weismanns offene, undogmatische Art der Theorienbildung: Er hat seine Konzepte immer wieder der aktuellen Faktenlage angepasst, gemäß dem Weismann'schen Motto „Niemals werden wir mit der Erforschung des Lebens endgültig abschließen, und wenn wir einen vorläufigen Abschluss zeitweise versuchen, so wissen wir doch sehr wohl, dass auch das Beste, was wir geben können, nicht mehr bedeutet als eine Stufe zu Besserem" (Weismann 1913).

Obwohl nicht alle Thesen des Biologen in ihrer Urversion noch heute Bestand haben, konnten seine Kernaussagen zur Keimbahn-Soma-Differenzierung, der Rolle der sexuellen Reproduktion als Variationen-Generator (Neodarwinismus) und das Konzept der Zellteilungs-Begrenzung als Ursache von Alterungsprozessen im Prinzip bestätigt werden. Weiterhin gilt Weismanns Theorie vom potenziell unsterblichen Leben als gesicherte Erkenntnis der Biowissenschaften.

Da Weismann darüber hinaus als Mitbegründer der Limnologie gilt und seine wesentlichen Theorien in einem grandiosen, zweibändigen Abschlusswerk niedergelegt hat (Weismann 1913), wäre es begrüßenswert gewesen, zum 100. Todestag (5. Nov. 2014) ein „Freiburger Weismann-Institut für Evolutionsforschung" zu etablieren (Abb. 5.1, 5.4). Außer einem von mir selbst verfassten *hpd*-Artikel, dem Andenken des Freiburger Forschers gewidmet (s. oben), hat man dieses Datum leider ignoriert. Es ist weiterhin schwer verständlich, warum nicht zumindest das 1913 publizierte zweibändige Hauptwerk, Weismanns *Vorlesungen über Deszendenztheorie*, nicht mehr im Druck ist – das Buch gehört in jede Freiburger Buchhandlung, analog dem Darwin'schen Longseller *On the Origin of Species* (1859). Außer einer im *Internet* verfügbaren, eingescannten Online-Version ist jedoch selbst antiquarisch kaum an dieses Meisterwerk der Biologiegeschichte heranzukommen.

Andererseits wurde jedoch im „Weismann-Jahr 2014“ eine Gesamtausgabe der Schriften des Freiburger Philosophen Martin Heidegger (1889–1976) in Angriff genommen. Die wirren Schreibereien des Geisteswissenschaftlers Heidegger (man versuche einmal, die Inhalte seines Buchs *Sein und Zeit* logisch zu erfassen) scheinen somit wichtiger zu sein als die Fakten-basierten, fundierten, weltweit anerkannten Schriften seines älteren Freiburger Professoren-Kollegen Weismann (Abb. 5.2). Das ist ein weiteres Armutszeugnis für die desolate Situation des Allgemeinwissens in Deutschland und passt zur „Gender-Philosophie“: Diffuse Wortspielereien, die sich inhaltlich oft sogar widersprechen (s. z. B. Butler 1990, 2004), werden als „akademische Einsichten“ anerkannt, während man konkrete naturwissenschaftliche Fakten bzw. Theorien als „nur empirisch-experimentelle Befunde“ disqualifiziert (Motto: Chemie habe ich nie verstanden, aber gebildete Menschen benötigen im Gender-Germany keine naturwissenschaftlichen Basiskenntnisse).

Es gibt außer August Weismann (und Ernst Haeckel) nur wenige deutsche Biologen, die den Fortschritt der *Life Sciences* national wie weltweit, derart vorangebracht haben und außerdem, als Theoretiker der Biologie, noch heute zitiert werden. Leider existiert aber eine „Darwin-Industrie“, d. h. ein primär in den USA lokalisierter Buchmarkt, in dem gezielt der kontroverse Markenname „Darwin“ für Werbezwecke eingesetzt wird – sogar von Feministinnen (Hamlin 2014). Diese einseitige Verehrung des Britischen „Down House-Forschers“ bringt den negativen Nebeneffekt mit sich, dass andere Giganten der Biologie, wie z. B. Alfred R. Wallace und August Weismann, noch immer in populären Schriften ein Schattendasein führen. Diese These kommt in dem Buchtitel „Darwin & Co.“, gewählt für ein zweibändiges Werk zur Biologiegeschichte, beispielhaft zum Ausdruck (Jahn und Schmitt 2001).

## Uni Freiburg im Weismann-Jahr 2014 und das Professx

Am Freitag, den 24. Juni 2015 wurde im Rahmen des Fakultätstags der Universität Freiburg der vom Rektor herausgegebene „Jahresbericht in Zahlen“ verteilt, der sich auf 2014, d. h. das 100. Todesjahr von August Weismann bezog. Bei der „Entwicklung der Studierendenzahlen“ wurde berichtet, dass im WS 2014/15 nur noch 46,9 % Studenten, jedoch bereits 53,1 % Studentinnen eingeschrieben waren – wie in den USA, wo immer mehr Männer praktische Berufe erlernen und aus dem akademischen System bewusst aussteigen, ist auch in Deutschland dieser Trend hin zum „praktisch-arbeitenden Mann“ bzw. von der „hochgebildet-theoretisierenden Frau“ zu verzeichnen.

Von besonderem Interesse für die Gender-Debatte 2015 sind jedoch die „Studierenden und Absolventen (m/w) nach Fakultäten“. Wir wollen nachfolgend die „Absolventen (m/w) 2013“ betrachten; diese Zahlen sind mit jenen der Studierenden (m/w) im WS 2014/15 weitgehend identisch. Aus diesen Angaben können drei Schlussfolgerungen gezogen werden:

1. *Geschlechterspezifische Interessensbereiche:*
   In der Technischen Fakultät (d. h. Ingenieur- und Informatik-Studiengänge) gab es 2013 unter den Absolventen (265) 83,0 % Männer und nur 17,0 % Frauen. Die Philologie (Sozial- und Erziehungswesen) brachte bei 531 Absolventen 19,6 % männlichen und 80,4 % weiblichen „Nachwuchs“ hervor. Diese Zahlen zeigen, dass die „harten“, mathematisch-physikalisch-technischen Fächer überwiegend von Männern gewählt werden, während die „weichen“, verbal-kommunikativ-humanen Gebiete unter Frauen besonders beliebt sind (s. S. 48)
2. *Quantitative bzw. qualitative Naturwissenschaften:*
   Der oben dargelegte Trend ist auch in den Naturwissenschaften erkennbar. Mathematik, Physik (231): 71,1 % Männer, 29,9 % Frauen; Biologie (229) 40,2 % Männer, 59,8 % Frauen, ähnlich wie in der Medizin (461): 36,2 % Männer, 63,8 % Frauen. Diese Zahlen zeigen, dass die quantitativen, intellektuell besonders anspruchsvollen physikalischen-mathematischen Studiengänge bei Männern wesentlich beliebter sind als bei Frauen. Der bio-medizinische Bereich, wo eher qualitative Sachverhalte im Zentrum stehen (z. B. Verhaltensstudien, Krankheitsbilder) und außerdem zwischenmenschliche Beziehungen bedeutsam sind, wird von Frauen bevorzugt nachgefragt.
3. *Geschlechterneutrale Fachgebiete:*
   In den Bereichen Theologie, Rechts-, Wirtschafts- und Verhaltenswissenschaften sind, gemittelt, etwa 50 : 50 % m/w-Verhältnisse etabliert. Diese weder besonders mathematisch-technisch noch sozial-

human ausgebildeten „neutralen“ Studienfächer werden von beiden Geschlechtern mit etwa demselben Interesse belegt.

Im „Ausblick“ des Jahresberichtes 2014 der Universität Freiburg wird hervorgehoben, dass „Gleichstellung hier ernst genommen wird“. Die 46,9/53,1 m/w-Quote unter den Studierenden im WS 2014/15 zeigt jedoch, dass Männer inzwischen deutlich unterrepräsentiert sind – eine Herausforderung für das „Gleichstellungsbüro“ der Universität Freiburg!

Einen Tag später (Samstag, 25. Juli 2015) erschien in der *Badischen Zeitung* (BZ) ein kurzer Leserbrief mit dem folgenden provozierenden Titel: „Verteidigen wir die Vielfalt der Schöpfung“. Ein männlicher Kommentator sprach in diesem kurzen Text ein Thema an, das in unserem Zusammenhang von großem Interesse ist: „Wenn ich diesen gequirlten Gendermist lese, dann könnte ich als lupenreiner Pazifist zur Waffe greifen. Hier scheinen Menschen nicht damit fertig zu werden, dass die Natur weiblich und männlich ist und wahrlich der Frau, unter kurzer Mithilfe des Mannes, die einmalige Aufgabe der Erhaltung, respektive der Weitergabe des Lebens übertragen hat. Lassen wir uns doch unsere Sprache nicht zerstören und freuen uns an der sowie verteidigen die Vielfalt der Schöpfung.“ Zu diesem originellen Leserbrief ist anzumerken, dass unter der „Vielfalt der Schöpfung“ die evolvierte Biodiversität zu verstehen ist. Ich gehe davon aus, dass der männliche Leserbriefschreiber seinen Schöpfungsbegriff metaphorisch versteht. Worauf bezog sich dieser Beschwerdebrief?

Am Montag, den 20. Juli 2015, berichtete die BZ unter dem Titel „Wir könnten einfach Professx sagen“ über das Schlüsselereignis. Auf Einladung des Gleichstellungsbüros der Universität Freiburg sowie des Gender-Referats der Studierendenvertretung wurde eine weiblich aussehende Person, die von ihren Eltern einst „Antje“ genannt worden ist, sich aber weder als Mann noch als Frau versteht, eingeladen. Die Person ist an der Humboldt-Universität Berlin für den Bereich „Gender Studies“ zuständig und nennt sich, geschlechtsneutral, „Lann H.“. In einem ausführlichen Interview wird gleich zwei Mal betont, dass es „viele Menschen gibt, die sich weder als Frau noch als Mann fühlen“ (s. Kapitel 6 zur Quantifizierung der Menschen Europas bzgl. männlich/weiblich/Intersex). Auf Anfrage der BZ legt die Gender-

Forscherin L. H. die folgenden Dinge klar: Da die Bezeichnung Professor/Professorin die „zahlreichen" Zwischen-Wesen nicht erfassen kann, sollten wir ganz einfach „Professx" sagen, um dieser schwerwiegenden Diskriminierung entgegenzuwirken.

Das Berliner Gender-Wesen L. H. ist, wie ihre „Mitstreitxs", in der AG Feministisch Sprachhandeln der HU Berlin tätig. Dort wurde inzwischen ein Leitfaden mit dem Titel „Sprachhandeln – aber wie? W_ortungen statt Tatenlosigkeit" verfasst. Es wird in diesem Zusammenhang dafür plädiert, die x-Form zu verwenden, um „Transpersonen" endlich nicht mehr zu benachteiligen.

Die BZ stellte ganz konkret die folgende Frage: „Wenn ein Autor früher über Sexisten schrieb, schrieb er von ‚Sexisten'. Später schrieben viele über ‚Sexistinnen und Sexisten', dann von ‚SexistInnen'. Alles schon wieder überholt, sagen Sie?"

Antwort L. H.: „Nein,… weil es jetzt eine größere Ausdifferenzierung von Gender-Realitäten gibt, also nicht nur Männer und Frauen, bedingt das weitere Veränderungen der Sprache." Weiterhin bedauerte L. H., dass „Zweigeschlechtlichkeit eine der Grundfesten fast aller Staaten ist." Es stellt sich hier die Frage, wie denn ein Staat erhalten bleiben kann, wenn nicht das Mann-Frau-Fortpflanzungssystem im Mittelpunkt steht? Die letzten beiden Fragen, mit Antworten, sind so aufschlussreich, dass sie hier zitiert werden sollen. BZ: „Was erwidern Sie Ihren Kritikern, die Ihnen vorwerfen, Sie versuchten, Sprache zu neutralisieren und die natürlichen Unterschiede von Menschen zu verwischen?" L. H.: „Ich will Sprache nicht neutralisieren. Ich weise darauf hin, dass das Konzept der Zweigeschlechtlichkeit in der Gesellschaft eine extrem wichtige Rolle spielt, was viele Menschen ausschließt…" BZ: „Inwieweit spielt Ihre eigene Persönlichkeit eine Rolle für Ihre Forschung?" L. H.: „Ich betreibe positionierte Forschung. Ich glaube nicht, dass es eine neutrale Position in der Wissenschaft gibt."

Zu den letzten beiden Fragen ist das Folgende anzumerken. Die in der Evolution entstandene Zweigeschlechtlichkeit, in der Biologie als Sexual-Dimorphismus bekannt, grenzt niemanden aus, denn es gibt nirgendwo in der Natur perfekte „Schöpfungen". Kein Lebewesen ist perfekt, sondern durch mehr oder weniger große „Design-Fehler" gekennzeichnet. Kein Biologe würde Lebewesen, die vom Mittelmaß (d. h. der

Norm) abweichen, diskriminieren, sondern ganz einfach als Bestandteil der Variabilität akzeptieren. Die Aussage, es gäbe keine „neutrale Position in der Wissenschaft“ gilt möglicherweise für Teilbereiche der Soziologie. In den *Natural Sciences* (Physik, Chemie, Biologie, Geologie), d. h. den Realwissenschaften, hält man sich an das Prinzip des Naturalismus und lässt seinen privaten Glauben (z. B. „Bin ich Mann oder Frau?“) außen vor.

Demselben Fehler, d. h. „positionierte Forschung“ zu betreiben, sind die Kreationisten verfallen. Diese selbsternannten „Schöpfungsforscher“ (Junker und Scherer 2013) integrieren ihren Glauben an ein allmächtiges, übernatürliches Geistwesen (biblischer Gott) in ein pseudowissenschaftliches Forschungsprogramm, das ich an anderer Stelle als „Theo-Biologie“ bezeichnet habe (Kutschera 2004, 2007 a, 2013 a, 2015 a). Fazit: Der Gender-Kreationismus ist ein geschlossenes, subjektives Glaubenssystem und keine ergebnisoffene Wissenschaft.

## Eine ungelöste Gender-Frage: Wo sind die kreativen Frauen?

Das Leben und Werk des Freiburger Evolutionsforschers August Weismann wurde hier nicht nur wegen seiner unsterblichen Verdienste um die Sex-Gender-Forschung, sondern auch wegen seines Postulats der biologischen Geschlechter-Gleichwertigkeit dargelegt. Der Lebensweg des leiblichen Vaters von sechs Kindern, um welche er sich, u. a. auch wegen seiner früh verstorbenen Ehefrau intensiv gekümmert hat, führt uns zu einer Frage, die im Rahmen rationaler Geschlechter-Studien untersucht werden könnte.

Das Ehepaar Weismann hatte fünf Töchter und einen Sohn, die alle in gleicher Weise kulturell gefördert worden sind. Wie aus umfassenden Dokumenten eindeutig hervorgeht, haben alle sechs Kinder, beginnend im Alter von unter zehn Jahren, Musikunterricht erhalten (Klavier, Violine). Da Weismann ein begabter Hobby-Pianist war und sich auch im Rahmen seiner wissenschaftlichen Tätigkeiten zur Frage nach dem evolutionären Ursprung der Musikalität geäußert hat (Abb. 5.7), sind die vorhandenen Belege bzgl. der Geschlechter-Gleichbehandlung glaubwürdige Dokumente der Wissenschaftsgeschichte (Gaupp 1917, Churchill 2015, Churchill und Risler 1999). Wie bereits dargelegt, hat

## Gedanken über Musik bei Thieren und beim Menschen.

Von

**August Weismann.**

Es ist Jedermann bekannt, daß die heutige Wissenschaft vom Lebendigen auf der Annahme einer allmäligen Umwandlung der Lebensformen fußt, einer Entstehung der Arten durch langsame Entwicklung, nicht durch plötzliche, unvermittelte Erschaffung. Den Meisten ist es auch nichts Neues, daß die heutige Biologie nach dem Vorgang von Ch. Darwin und A. Wallace als einen Hauptfactor dieser Veränderungen die sogenannten Selectionsvorgänge ansieht. Aus der großen Zahl von Nachkommen, welche von jeder Generation einer Art immer wieder aufs Neue in die Welt gesetzt wird, kann nur ein kleiner Theil lange genug am Leben bleiben, um selbst wieder Nachkommen hervorzubringen; die Uebrigen gehen früher zu Grunde, durch Feinde, durch ungünstige Witterungseinflüsse, Kälte, Dürre, durch Hunger, Durst, kurz sie erliegen „im Kampf ums Dasein". Da nun nicht alle Individuen völlig identisch sind, vielmehr ein Jedes vom Anderen in Etwas verschieden, diese Verschiedenheiten aber theils die Widerstandskraft im Kampf ums Dasein erhöhen, theils herabsetzen, so werden im Allgemeinen Diejenigen überleben und zur Fortpflanzung gelangen, welche die größere Widerstandskraft besitzen, mag diese nun in größerer Muskelkraft, in schärferen Sinnen, in dichterem Pelz oder in schnellerem Lauf oder Flug bestehen. Wenn nun aber in jeder Generation diese Auslese sich wiederholt und stets wieder Diejenigen zur Fortpflanzung übrig bleiben, welche die nützlichsten Eigenschaften im Kampf ums Dasein besitzen, so müssen diese Eigenschaften allmälig auf alle Individuen der Art übertragen werden und zugleich sich so lange steigern, bis sie den höchsten Grad der Vollkommenheit erreicht haben.

So denken wir uns das Zustandekommen aller im Kampf ums Dasein nützlichen Eigenschaften, so allein erklärt sich die Zweckmäßigkeit der lebenden Wesen.

Deutsche Rundschau, 1. Oktober 1889, 50-79

**Abb. 5.7**: Erste Seite eines Aufsatzes von August Weismann zum Thema „Musik und Humanevolution". In diesem bemerkenswerten Beitrag fasst Weismann gleich zu Beginn das Darwin-Wallace-Prinzip der natürlichen Auslese anschaulich zusammen. Im zweiten Teil des Textes kommt der Autor zu philosophisch-spekulativen Thesen bzgl. der Entwicklung musikalischer Fähigkeiten beim Menschen.

das Familienoberhaupt mit seiner Frau und den 6 Nachkommen regelmäßig in der geräumigen Freiburger Villa Hauskonzerte gegeben, woran sich alle, je nach ihren Fähigkeiten, beteiligt haben (s. Abb. 3.1, S. 101).

Dennoch war nur eines der vielen Kinder, Sohn Julius Weismann (1879–1950), musikalisch hoch begabt und kreativ (Abb. 5.8). Trotz einer schweren Kindheit, die mit vielen Krankheiten durchlebt werden musste (er wurde zeitweise von Privatlehrern und seinem Vater unterrichtet), entwickelte Sohn Julius enorme Fertigkeiten am Klavier und begann früh damit, eigene Kompositionen aufzuschreiben. Diese jahrelange gesundheitliche Beeinträchtigung hatte die Konsequenz, dass Sohn Julius nicht nach Noten spielen konnte, mit dem Ergebnis einer früh erworbenen Befähigung zum Improvisieren. Aus Berichten geht hervor, dass Weismann, ähnlich wie Telemann, Mozart, Beethoven, Tschaikowsky u. a. Giganten der Kompositionskunst, seine Werke nicht am Klavier, sondern unabhängig vom Instrument, oft im Freiland, konzipiert hat.

Nach Kompositions- und Kontrapunkt-Studien bei Joseph Rheinberger (1839–1901) in München, einem Klavierstudium in Freiburg und einer zweiten Münchener Komponisten-Lehrzeit bei Ludwig Thuille (1861–1907) war Julius Weismann optimal ausgebildet. Er verdiente sich freiberuflich als Dirigent, Pianist und Komponist seinen Lebensunterhalt – der einzelgängerisch veranlagte Künstler hat über 160 Werke hinterlassen (Beispiel s. Abb. 5.8, Inset). Seine Opern, Sinfonien, Klavierstücke usw. sind von enormer handwerklicher Präzision und musikalischer Originalität. Ein Werkeverzeichnis ist im Julius Weismann-Archiv der Georg-Mercator-Stadt Duisburg erhältlich. Julius Weismann war der Mitbegründer des Freiburger Musikseminars, aus welchem nach dem 2. Weltkrieg die Musikhochschule hervorgegangen ist. Im Jahr 1936 zum Professor ernannt, wurde Weismann 1939 Ehrenbürger der Stadt Freiburg (Abb. 5.1, 5.3). Kurz vor seinem 71. Geburtstag starb der Komponist Julius Weismann in Singen am Hohentwiel.

Die Musik von Julius Weismann ist in einem konservativ-spätromantischen Stil verfasst, aber dennoch als eigenständig und innovativ zu kennzeichnen. Insbesondere zählen seine Klavierkompositionen zu jenen Werken, die wir u. a. mit den Weltklassikern eines Robert Schumann (1810–1856) auf eine Stufe stellen können. Hervorzuheben sind u. a. Weismanns *Tanz-Phantasie* Op. 35 (1910) und das Spätwerk, der *Fugenbaum* Op. 150 (1946), womit sich der bescheiden-zurückgezogen lebende Freiburger Künstler Denkmale in der Musikge-

**Abb. 5.8**: Der Sohn von August Weismann war ein kreativer Komponist zahlreicher Werke. In dieser Collage wurden ein Portrait des bedeutenden Tonsetzers, mit Unterschrift, und das Cover seiner Sinfonietta Op. 36 kombiniert. Julius Weismann lebte einzelgängerisch-zurückgezogen, ohne regelmäßig in die Öffentlichkeit zu treten. Er widmete sein Leben ganz seinen Tonschöpfungen, die ihn als höchst originellen spätromantischen Meister unsterblich gemacht haben (nach einer Bildvorlage in S. Lützner: Julius Weismann. Leben und Werk. J. W.-Archiv, Duisburg, 2000).

schichte gesetzt hat. Leider werden die Werke von Weismann heute nur selten aufgeführt – eine Wiederentdeckung des Freiburger Komponisten ist lange überfällig.

Diese Darlegungen führen uns zu einer unbeantworteten Gender-Frage 2015: Warum haben die fünf musikalisch ausgebildeten Schwestern von Julius Weismann nicht komponiert? Aus den Dokumenten

(Gaupp 1917, Churchill und Risler 1999, Churchill 2015) geht hervor, dass das Ehepaar Weismann alle 6 Kinder gleichbehandelt hat. Hätte somit eine der 5 Töchter, ähnlich wie Sohn Julius, Talent im Improvisieren bzw. Komponieren gezeigt, so wäre das in den umfangreichen persönlichen Aufzeichnungen festgehalten worden – die Dokumente zeigen dies aber nicht (zahlreiche private Sachverhalte, wie Geburtstage, Feiern, aber auch z. B. die Treffen bzw. Wanderungen Weismanns mit seinen Professoren-Kollegen Julius Sachs und Anton de Bary sind dort akribisch beschrieben). Genderistinnen würden an dieser Stelle argumentieren, dass eine Unterdrückung der Kreativität durch Vater August Weismann sowie stereotype Rollen-Muster das Kompositions-Talent der Töchter erstickt hätten – für diese These gibt es aber keinerlei Belege.

Im Juli 2014 wurde die Frage „Why are there so few women composers?“ (d. h. warum gibt es so wenige weibliche Komponisten?) im *Internet* diskutiert (www.sinfinimusic.com/uk). In diesen Dokumenten wurden u. a. Zahlen für internationale Kompositions-Preise angegeben. Diese sind sehr ungleich verteilt: BBC Proms 2014: 7 % Frauen (93 % Männer); Royal Philharmonic Society Young Composer Awards: 0 % Frauen (100 % Männer); 2014 BASCA Composer Awards: 0 % Frauen (100 % Männer), und LPO Leverhulme Young Composers: 0 % Frauen (100 % Männer).

Diese Komponisten-Genderfrage ist bis heute ein ungeklärtes Rätsel geblieben. Für das Argument, im 17. bis 19. Jahrhundert waren Frauen grundsätzlich als Komponistinnen unterdrückt worden, gibt es wenige stichhaltige Fakten. So hat z. B. der Komponist Leopold Mozart (1719–1787) seine beiden hochbegabten Kinder Wolfgang Amadeus (1756–1791) und Schwester Nannerl (1751–1829) in gleicher Weise erzogen. Beide waren als Interpreten (Klavier, Violine) ähnlich begabt, aber nur Wolfgang entwickelte ein Talent bzw. Genie zum Hervorbringen unsterblicher musikalischer Werke (Kutschera 2009 a). Fanny Mendelssohn (1805–1847) und Clara Schumann (1819–1896) haben erfolgreich komponiert und ihre Werke wurden auch aufgeführt, d. h. akzeptiert. Diese und einige wenige andere Komponistinnen, deren Werke bzgl. Originalität und Vielfalt leider aber nicht an jene der großen Tonsetzer ihrer Zeit heranreichen, waren offensichtlich Ausnahmeerscheinungen. Im Sommer 2015 wurde in der „Komponistinnen-Stadt Kassel“ eine entsprechende Veranstaltung zur Bewerbung musikalischer Produktionen von Frauen angeboten. Diese Veranstaltungen, bei welchen das Dogma verbreitet wurde, Frauen wären genauso kompositorisch begabt wie Männer, stoßen jedoch in der Allgemeinbevölkerung auf so wenig Interesse wie z. B. der Frauenfußball oder das Boxen muskulöser Testosteron-gedopter Damen.

Die oben angesprochenen Debatten 2014/2015 zeigen, dass man sich im „Gender-Zeitalter" bemüht, begabte Frauen zu Komponistinnen auszubilden, aber mit geringem Erfolg. Da offensichtlich soziokulturelle Faktoren nicht als Erklärung für das Fehlen kompositorischer Fähigkeiten musikalisch ausgebildeter Frauen herangezogen werden können, bleibt nur die biologische Ebene als Erklärungsansatz: Da sich Mann und Frau u. a. bzgl. ihrer genetischen Ausstattung sowie der Gehirnstruktur deutlich voneinander unterscheiden, sind diese dem evolvierten Sexual-Dimorphismus zuzuschreibenden Differenzen möglicherweise für das Fehlen großer Kompositionsleistungen beim weiblichen Geschlecht verantwortlich. Wie in Kapitel 3 dargelegt, gab es aber immer hochbegabt-kreative Naturforscherinnen, wie z. B. Maria S. Merian (Swaby 2015, Ray 2015). Verglichen mit der Zahl und den originären Errungenschaften männlicher Forscher sind die Frauen aber in dieser nüchtern-sachlichen Welt der *Natural Sciences* bis heute Ausnahmeerscheinungen geblieben (Nürnberg et al. 2014).

Im nächsten Kapitel werden wir die Unterschiede, welche typische Männer von durchschnittlichen Frauen unterscheiden, kennenlernen. Aus der Tatsache, dass Frauen bzgl. der Befähigung zum Komponieren/Naturforschen (und Fußball spielen bzw. Boxen) den Männern offensichtlich unterlegen sind, folgt aber keineswegs, dass sie zweitklassige Menschen wären. Wie Brookes (1883) dargelegt hat, ergänzen sich beide Geschlechter und waren nur im Team über eine 2 Millionen Jahre lange Hominiden-Evolution hinweg in der Lage, im Daseinswettbewerb zu bestehen und immer wieder in ihren Nachkommen zu überleben (Stanford 1999, Kramer 2011).

# 6. Vom Körperbau zum Genom: Mann und Frau als evolvierte Menschentypen mit ausgeprägtem Sexual-Dimorphismus

Auf der Welt-Frauenkonferenz 1995 in Beijing (Peking), China, wurde, basierend auf der Frauenrechte-Bewegung und dem Feminismus, eine dritte Stufe in der „Agenda pro unterdrücktem Geschlecht“ eingeleitet. Wie O'Leary (1997) als Zeugin der entscheidenden Sitzungen berichtet hat, sollten die biologisch bedingten Unterschiede zwischen Männern und Frauen überwunden und nicht nur die Geschlechtsidentitäten, sondern auch das gesamte Zusammenleben uniformiert werden. Neben dem Ausloben der inzwischen zum Gender-Dogma erhobenen 50 : 50-Vorgabe (Männer und Frauen müssen per politischer Anordnung in gleicher Zahl, z. B. als Ingenieurinnen bzw. Kindergärtner tätig sein) werden auch die bekannten, u. a. von Arthur Schopenhauer (1851), Charles Darwin (1871) und William K. Brookes (1883) beschriebenen Unterschiede der Geschlechter kleingeredet bzw. geleugnet.

Obwohl jedermann (und -frau) aus eigener Erfahrung weiß, dass es gravierende Differenzen zwischen den Geschlechtern gibt, konnte mit dieser Pauschal-Aussage bisher kaum etwas erreicht werden. So wurden z. B. auch die von Kelle (2015) u. a. Autoren zusammengetragenen, nicht auf biologischen Fakten basierenden Argumente von der Pro-Gender-Fraktion als „rechtsradikales Gedankengut“ abgetan. Mit diesem Scheinargument hat auch der US-Psycho-Erzieher John Money seine Gegner mundtot gemacht (Kapitel 8). Gemäß der Gender Mainstreaming (GM)-Ideologie sind Männer und Frauen nicht nur gleichberechtigt (was absolut korrekt ist), sondern auch gleichartige Wesen (daher der Begriff Macht-Gleich-*Stellung*).

In diesem Kapitel sind biowissenschaftliche Befunde aus der internationalen Fachliteratur in anschaulicher Form dargestellt, die beweisen, dass Mann und Frau (m/w), selbstverständlich vor dem Gesetz gleich, biologisch betrachtet aber verschiedenartige Mitglieder derselben Spezies sind (Abb. 6.1). Diese evolutionär herausgebildeten „Spezies-Unterschiede" zwischen den Geschlechtern sind unter dem Begriff „Sexual-Dimorphismus" bekannt und letztendlich auf die Anisogamie, d. h. Ungleichheit in den Gameten-Größen, zurückführbar (s. Kapitel 1). Basierend auf den bereits dargelegten Sachverhalten soll nachfolgend im Detail (und, wann immer möglich, in quantitativer Form) die Geschlechter-Verschiedenheit innerhalb unserer Art aufgezeigt werden. Hierbei sollen auch die Fragen erörtert werden, welche Rolle die Sexualhormone (z. B. Testosteron) spielen und wie häufig „Intersex-Formen" in Menschen-Populationen anzutreffen sind (d. h. Individuen mit nicht eindeutig als m/w zu klassifizierenden Geschlechtsorganen). Wir beziehen uns in aller Regel auf die Unterschiede im Erwachsenenalter. Die differenzielle vor- und nachgeburtliche Individualentwicklung von Jungen und Mädchen sowie geschlechterspezifische homoerotische Veranlagungen sind im nächsten Kapitel dargelegt.

## Weder Mann noch Frau? Das evangelische Online-Magazin 2013

In Kapitel 1 wurde im Interview „N. Rogers / U. Kutschera, San Jose/Kalifornien, USA" erwähnt, dass ich 2005 einem Journalisten gegenüber auf eindeutige Art und Weise erklären musste, warum Biologen, die an staatlich finanzierten Institutionen arbeiten, der wissenschaftlichen Denkweise verpflichtet sind. Ihre religiösen Ansichten mögen sie gerne privat, nicht jedoch dienstlich verbreiten (es ging hierbei um einen wiss. Mitarbeiter an einem Max Planck Institut in Köln sowie um einen Hochschullehrer an der TU München). Ich habe mich in diesen Aussagen auf ein Interview vom Januar 2006, erschienen in *Chrismon.de – Das evangelische Online-Magazin*, bezogen. Unter der Überschrift „Außen hart, innen weich" berichtete das Magazin über meinen Konflikt mit den deutschen Kreationisten, der damals in deutschen und interna-

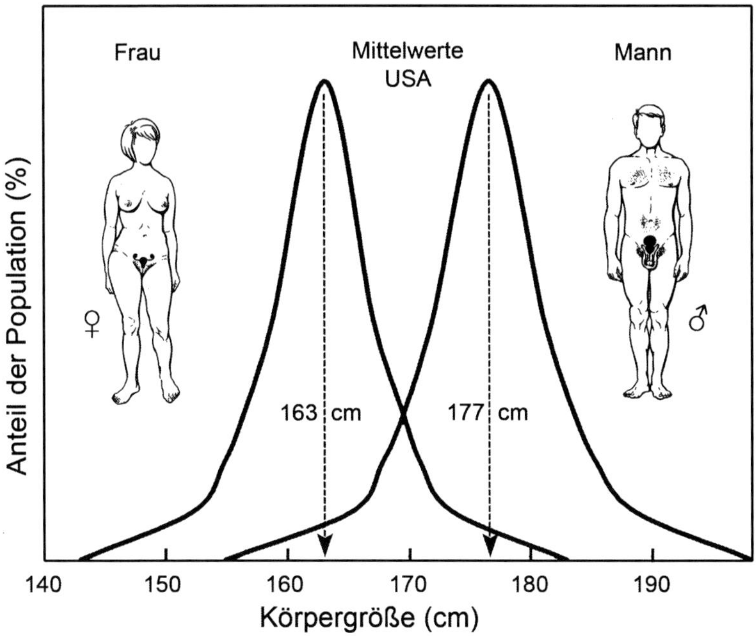


**Abb. 6.1**: Statistische Verteilung der Körpergrößen erwachsener Männer und Frauen, illustriert an Messwerten, die in den USA in den 1990er Jahren ermittelt worden sind. Es wird deutlich, dass Männer damals durchschnittlich 177 cm, Frauen ca. 163 cm hoch waren, mit einer Überlappung der beiden eingipfeligen Normalverteilungen in der Mitte des Diagramms. Weiterhin sind schematisch die Körpergestalten von Frau und Mann dargestellt (verändert nach Stinson, S. et al.: Human Biology. Wiley-Liss, New York, 2000).

tionalen Medien diskutiert worden ist (Kutschera 2004, 2007 a, 2013 a, 2015 a).

Unter einem ähnlich kurz-prägnanten Titel hat das evangelische Magazin im September 2013 ein Interview publiziert, welches mit ganz erstaunlichen Behauptungen aufwartet: Unter der Überschrift „Weder Mann noch Frau“ erklärte ein Sozialwissenschaftler mit biologischer Grundausbildung (Diplom, ohne Forschungsexpertise), warum die Einteilung der Menschen in zwei Geschlechter Schaden anrichtet – Schlagworte über dem *Chrismon*-Text: Damenbart und Männerbusen. Da wir in diesem Kapitel die biologischen Unterschiede zwischen Mann und Frau, auf aktuellem Kenntnisstand zusammengefasst, darlegen werden, soll nachfolgend dieses *Chrismon*-Interview in Ausschnitten wiedergegeben werden. Der befragte Sozialwissenschaftler wird nachfolgend mit „Sowi" abgekürzt.

*Chrismon*: Beim Standesamt müssen Eltern intersexueller Babys nicht mehr „weiblich" oder „männlich" ankreuzen. Ist das sinnvoll?

*Sowi*: Es geht noch nicht weit genug, weil die Geschlechtsangabe in solchen Fällen offen bleiben muss. Das ist ein Zwangsouting. Besser wäre, neben „männlich" und „weiblich" auch „andere Geschlechter" anzubieten.

*Chrismon*: Wie viele Geschlechter gibt es denn?

*Sowi*: Unzählige. Das Geschlecht wird ja auf vielen Ebenen geprägt: durch Chromosomen, Hormone, Geschlechtsorgane, das Aussehen – und nicht zuletzt die Art, wie ich erzogen werde, mich kleide und mich selbst zuordne... Es trifft die Realität nicht, nur in „männlich" und „weiblich" einzuteilen.

*Chrismon*: Ist das der neueste Stand der Forschung?

*Sowi*: Bis in die 1920er Jahre sprach man von Geschlechtervielfalt. Mit den Nazis kam die Theorie einer weitgehenden klaren biologischen Zweiteilung, die auch immer noch im Biologiestudium vermittelt wird, obwohl die aktuelle Forschung längst weiter ist.... Ich erkannte, dass die vermeintlich natürliche Zweiteilung viel Leid mit sich bringt.

*Chrismon*: Inwiefern?

*Sowi*: Zum einen werden geschlechtlich „untypische" Kinder mit Gewalt in die vermeintlich natürliche Ordnung eingepasst, mit geschlechtszuweisenden Operationen... Zum anderen verfestigt die radikale Zweiteilung nur wieder hierarchische, gewaltsame Strukturen: Gewalt gegen Frauen, Zwangsprostitution, ungleiche Löhne.

*Chrismon*: Aber können Sie sich wirklich eine Gesellschaft ohne Zweiteilung vorstellen?

*Sowi*: Ja. Das Geschlecht hätte einen Stellenwert wie heute das Sternzeichen oder ob ich Tiere mag. Man kann danach fragen, aber es ist nicht wirklich von Bedeutung.

*Chrismon*: Sind die Leute außerhalb der Uni empfänglich für solches Denken?

*Sowi*: Ich halte viele Vorträge, auch in Jugendclubs und auf dem Kirchentag. Bisher war das Publikum sehr offen und interessiert. Außerdem ergeben sich manchmal interessante Gespräche, wenn ich in E-Mails als Anrede nicht „Liebe Frau Lucassen“ schreibe, sondern „Lieb* Hanna Lucassen“. Oder von der „Soziologin Stefan“ spreche. Das sind dann keine Stolpersteine.

*Chrismon*: Über die in zehn Jahren keiner mehr stolpern wird?

*Sowi*: Soweit werden wir wohl nicht sein. Aber ich hoffe, dass dann Kinder, die weder Junge noch Mädchen sind, in Ruhe aufwachsen können.

*Kommentar*: Wie wir in Kapitel 1 erfahren haben, werden seit ca. 1750 von forschenden Biologen die zweigeschlechtlich organisierten Lebewesen (Gonochoristen) in männliche und weibliche Individuen eingeteilt, wobei es, als Entwicklungsstörungen, bei vielen Tiergruppen (z. B. Säuger) in jeder Population einige Intersex-Wesen gibt (ein Design-Fehler der Natur; globale Häufigkeit ca. 1 %, meist infertil, s. unten). Die Behauptung, es gäbe unzählige Geschlechter, widerspricht den Erkenntnissen der Biowissenschaften und ist schlichtweg absurd. Weiterhin müssen wir uns als *Life Scientists* vor dem Nazi-Vorwurf verwahren. Auch bevor der christlich-religiöse deutsche Führer und Esoteriker Adolf Hitler (1889–1945) die Macht ergriffen hat, gab es männliche und weibliche Säugetiere, und das auch beim Menschen. Die aktuelle Forschung zeigt, dass extrem seltene Zwischenformen existieren, die aber nicht der allgemeinen Regel widersprechen (s. unten). Die Aussage, dass die Tatsache von Mann und Frau zu Gewalt, Zwangsprostitution und ungleichen Löhnen führen würde, entbehrt jeglicher Grundlage. Weiterhin hat das Geschlecht einen das Individuum definierenden Stellenwert und ist nicht etwa ein willkürliches Sternzeichen.

Das gesamte Interview ist ein Beweis dafür, wohin es führt, wenn man sich der Gender-Ideologie unterwirft und absurde Behauptungen ohne faktische Grundlage kritiklos akzeptiert. Daher ist diese *Chrismon*-Trophäe ein weiterer Beleg dafür, dass der Genderismus als irrationales Glaubenssystem zu interpretieren ist, in welchem Fakten verdreht bzw. ignoriert werden, analog der Strategien unserer Vertreter eines wörtlich verstandenen biblischen Schöpfungsglauben (Kreationisten, s. Junker und Scherer 2013).

Der zitierte „Sowi“ wurde, nebenbei bemerkt, in Anerkennung dieser u. a. intellektueller Glanzleistungen etwa ein Jahr nach Veröffentlichung der oben zitierten Aussagen an einer Pro-Gender-Fachhochschule auf eine permanente Dozentenstelle befördert. Er kann somit, u. a. unter dem Markenzeichen „Sexual-Pädagogik“, seine abstrusen Geschlechter-Geschichten mit der Autorität eines Hochschullehrers bundesweit verbreiten. So hielt er z. B. im Herbst 2015 an einer deutschen Universität einen öffentlichen Vortrag mit dem folgenden Titel: „Zur gesellschaftlichen Herstellung des biologischen Geschlechts: DNA und ‚Gene‘ sagen eben nicht die Entwicklung des Genitaltraktes voraus.“ Alles sei „sozial konstruiert“, selbst die Anatomie der Geschlechtsorgane, lautet das hier prägnant zusammengefasste *Credo* der Gender-Gläubigen. Diese Berichte zeigen, wie weit wir im „Gender-Deutschland“ bereits gekommen sind (Kissler 2014, Meiners und Bauer-Jelinek 2015).

In den nachfolgenden Abschnitten werden wir die tatsächlichen Unterschiede zwischen erwachsenen Männern und Frauen kennenlernen, wobei wir uns auf die wichtigsten Befunde beschränken müssen.

## Allgemeine Unterscheidungsmerkmale und Stoffwechselrate

In Abbildung 6.1 (*Inset*) sind, in schematischer Form, ein ausgewachsener Mann und eine reife Frau abgebildet. Anhand dieser Zeichnung sollen nachfolgend die äußeren Unterscheidungsmerkmale kurz zusammengefasst werden, wobei wir uns auf die Darlegungen von Wrage (1966) beziehen. Neugeborene Kinder sind, morphologisch bewertet, im Prinzip nur unter Berücksichtigung der Anatomie ihrer Geschlechtsorgane als männlich bzw. weiblich unterscheidbar. Die eigentlichen, drastischen m/w-Differenzen im Körperbau von Mann und Frau kommen erst im Zuge der Geschlechtsreife eindeutig zum Vorschein (Pubertät). Dennoch soll nicht unerwähnt bleiben, dass männliche bzw. weibliche Babys durchaus eine elterliche Prägung erfahren, d. h. Erwachsene neigen dazu, die Jungen und Mädchen anders zu behandeln im Vergleich zum virtuellen Kontrolltyp, der nicht real existiert (geschlechtsneutrales Kind). Unser Schema zeigt, dass einerseits die allgemeine Figur, andererseits aber auch die Körperbehaarung der Geschlechter eindeutige

Unterschiede offenbart. So ist der Mann durch einen breiteren Schultergürtel, einen weiteren Brustkorb und ein vergleichsweise schmaleres Becken gekennzeichnet. Ausgewachsene Frauen zeigen hingegen die folgenden geschlechtsspezifischen morphologischen Merkmale: breiteres Becken, schmaleren Schultergürtel und geringerer Brustkorbumfang bei fehlender Behaarung. Ebenfalls wird bei der Betrachtung der äußeren Gestalt sofort klar, dass Männer über mehr Muskelmasse, Frauen hingegen über einen höheren Fettanteil im Unterhautgewebe verfügen (subcutane Reserven). Ein Vergleich der Oberschenkel-Dicken ergab, über alle Kulturen hinweg, bei Frauen erheblich höhere Werte als bei Männern. Neben den äußerlich sichtbaren primären Geschlechtsorganen (u. a. Kopulationsorgane, Mann: Penis; Frau: Vagina; Gonaden d. h. „Keimdrüsen“: paarige Hoden, Testes bzw. Eierstöcke, Ovarien) sind die sekundären Merkmale, z. B. die bei der Frau ausgewachsenen Brüste, augenscheinlich. Die Tatsache, dass Männer über Brustwarzen, nicht jedoch zur Milchproduktion fähige Brustdrüsen verfügen, wird von dem Entwicklungsbiologen Wolpert (2014) und anderen Forschern wie folgt interpretiert. Während der frühen Embryonalentwicklung schlagen alle Embryonen zunächst eine neutral/weibliche Linie ein und bleiben dann entweder in dieser Entwicklungsschiene oder werden genetisch/hormonell in die männliche Linie umprogrammiert. Diese Hypothese einer „primären Weiblichkeit“ des Menschen, und dem Mann als sekundärem Geschlecht, wird in Kapitel 7 vertiefend thematisiert.

Von besonderer Bedeutung ist die Tatsache, dass Männer, unabhängig von ihrer größeren Körpermasse, eine deutlich höhere Grundstoffwechselrate vorweisen. Im Jahr 1932 hat der aus der Schweiz stammende US-Tierphysiologe Max Kleiber (1893–1976) für Säugetiere eine doppelt-logarithmische Auftragung der Körpermasse gegen die Stoffwechselrate publiziert (Einheiten: Kilogramm bzw. Sauerstoffverbrauch pro Individuum und Zeiteinheit). Es ergab sich eine lineare Abhängigkeit der beiden Parameter. Kleinsäuger, wie z. B. Ratten, aber auch Vögel (z. B. Tauben), weisen eine vergleichsweise höhere Stoffwechselrate auf als große Tiere, wie z. B. Kühe. Dieses „Gesetz von Kleiber“ kann in der einfachen Formel: Metabolismus ist proportional der Körpermasse ¾ zusammengefasst werden. Die Originaldaten von Kleiber wurden immer wieder aufs Neue reproduziert und ergänzt. Von besonderem Interesse war hierbei die Frage, ob Kleibers Gesetz auch für andere Organismen, wie z. B. die Landpflanzen, gilt.

In einer umfassenden Studie zur Stoffwechsel- vs. Körpermasse-Problematik konnten Niklas und Kutschera (2015) zeigen, dass ein intrazelluläres Stofftransportsystem, welches vom aeroben Metabolismus reguliert wird, dieser Naturgesetzlichkeit zugrunde liegt. Eine Analyse der publizierten Säuger-Daten ergab, dass bei Ratten, Hunden, Kühen und Menschen jeweils die männlichen Individuen eine um ca. 20 % höhere Stoffwechselrate aufweisen, verglichen mit weiblichen Versuchsobjekten. Daraus folgt, dass nicht nur beim Großsäuger Mensch, sondern auch bei größeren und kleineren Mitgliedern der Klasse Mammalia eine Naturgesetzlichkeit ableitbar ist – männliche Individuen sind durch eine deutlich höhere durchschnittliche Stoffwechselaktivität gekennzeichnet als weibliche Gegenstücke aus derselben Population (die Werte beziehen sich auf die Körpermasse, d. h. die Tatsache, dass Männchen im Durchschnitt größer sind als Weibchen, wurde bereits in die Zahlenwerte eingerechnet). Da beim Menschen typische Männer mehr Muskelmasse besitzen als durchschnittliche Frauen, und Muskeln besonders viele Mitochondrien enthalten, folgt hieraus, dass die deutlich höhere Grund-Stoffwechselrate der (ehemaligen) Jäger zumindest zum Teil auf die ausgeprägtere Muskulatur zurückzuführen ist. Wir werden im übernächsten Abschnitt auf die Zusammensetzung des männlichen und weiblichen Körpers zurückkommen und uns zunächst einem zentralen Parameter des Menschen, der Körpergröße, zuwenden.

## Körperhöhe und Hetero-Familie: Warum Jäger größer sind als Sammlerinnen

Unser Schema (Abb. 6.1) zeigt, dass typische Männer etwas größer sind als Frauen, aber wie stellt sich diese Differenz quantitativ dar? Anfang Juni 2015, als ich dieses Kapitel in einem ersten Entwurf plante, verbreitete das *China Newsoffice* (Beijing, VRC) einen Bericht über die Bewohner dieses größten asiatischen Landes bzgl. der Ernährung und dem Vorkommen chronischer Krankheiten. Diesem *China News Report* vom 6. Juli 2015 war zu entnehmen, dass die durchschnittliche Körpergröße der Männer 167,1 cm und jene der Frauen 155,8 cm beträgt. Die Zahlenwerte beziehen sich auf ganz China, unter Berücksichtigung benachteiligter Regionen, wo noch immer soziale Verhältnisse herrschen, wie wir sie uns in Deutschland nicht vorstellen können (ich war im September 2014 als Projektplaner und Dozent in Peking tätig; hierbei konnte ich mir ein Bild von den Verhältnissen im Kommunismus machen). Aus diesen Daten folgt, dass chinesische Männer durchschnittlich ca. 7,3 % größer sind als Frauen. Da mir keine Originalwerte vorlagen, wollen wir nachfolgend eine Reihe statistisch abgesicherter Größenbestimmungen beider Geschlechter zusammenstellen und abschließend diese Datensätze zusammenfassend bewerten.

Eine auf repräsentativen Messwerten zur Körpergröße von Männern und Frauen der Vereinigten Staaten von Amerika (USA, 1996–1998) basierende Analyse zeigt Abb. 6.1. Der durchschnittliche US-Mann ist demnach 177 cm und die Frau 163 cm groß (70 bzw. 64 Inch). Bei den Männern reicht die Größen-Spanne von 155 bis 200 cm, während die US-Frauen zum Zeitpunkt der Datenerhebung 143 bis 184 cm hoch waren. Die Häufigkeitsverteilung dieser Daten zeigt, dass die Differenz (größter minus kleinster Wert) eine Spanne von über 30 cm ergibt und dass sich die beiden Normalverteilungen (Frau, Mann) überschneiden. Aus dieser Überlappung der Kurven folgt, dass mehr als 15 % der US-Frauen größer sind als willkürlich aus der Population gewählte Durchschnittsmänner. Weiterhin folgt aus diesen Zahlenwerten, dass typische, den Mittelwert repräsentierende US-Männer durchschnittlich ca. 8 % größer sind als Frauen.

Gilt diese für China (2015) und die USA (1996–1998) konstatierte Größendifferenz, als Komponente des Sexual-Dimorphismus, weltweit? Die folgenden Zahlenwerte wurden verschiedenen Quellen entnommen (Stinson et al. 2000, Hermanussen 2013 und dort zitierte Literatur). Für 66 gut untersuchte Länder wurden die folgenden Größen ermittelt (Zeitraum der Datenerhebung 1995 bis 2012):

1. Ägypten: Körpergröße (Höhe) – Mann: 170,3 / Frau: 158,9 cm (Männer + 7 % größer)
2. Argentinien: 173,5 / 160,7 cm (+ 8 %)
3. Australien: 175,6 / 161,8 cm (+ 9 %)
4. Bahrain: 165,1 / 154,2 cm (+ 7 %)

5. Belgien: 178,6 / 168,1 cm (+ 6 %)
6. Brasilien: 173,0 / 161,1 cm (+ 7 %)
7. Bulgarien: 175,2 / 163,2 cm (+ 7 %)
8. Chile: 169,6 / 156,1 cm (+ 9 %)
9. China: 166,3 / 157,0 cm (+ 6 %)
10. Dänemark: 182,6 / 168,7 cm (+ 8 %)
11. Deutschland: 178,0 / 165,0 cm (+ 8 %)
12. Elfenbeinküste: 170,1 / 159,1 cm (+ 7 %)
13. Finnland: 178,9 / 165,3 cm (+ 8 %)
14. Frankreich: 174,1 / 161,9 cm (+ 8 %)
15. Griechenland: 177,0 / 165,0 cm (+ 7 %)
16. GB-England: 175,3 / 161,9 cm (+ 8 %)
17. GB-Schottland: 175,0 / 161,3 cm (+ 8 %)
18. GB-Wales: 177,0 / 162,0 cm (+ 9 %)
19. Hong Kong: 173,0 / 161,0 cm (+ 7 %)
20. Indien: 164,7 / 151,9 cm (+ 8 %)
21. Indonesien: 158,0 / 147,0 cm (+ 7 %)
22. Iran: 170,3 / 157,2 cm (+ 8 %)
23. Irland: 177,0 / 163,0 cm (+ 9 %)
24. Italien: 177,2 / 167,8 cm (+ 6 %)
25. Jamaika: 171,8 / 160,8 cm (+ 7 %)
26. Japan: 172,0 / 158,0 cm (+ 8 %)
27. Kamerun: 170,6 / 161,3 cm (+ 6 %)
28. Kanada: 175,1 / 162,3 cm (+ 8 %)
29. Kolumbien: 171,6 / 158,7 cm (+ 7 %)
30. Korea, Nord: 165,6 / 154,9 cm (+ 7 %)
31. Korea, Süd: 170,8 / 157, 4 cm (+ 8 %)
32. Kroatien: 180,4 / 166,4 cm (+ 9 %)
33. Kuba: 168,0 / 156,0 cm (+ 8 %)
34. Malawi: 166,0 / 155,0 cm (+ 7 %)
35. Malaysia: 166,3 / 154,7 cm (+ 7 %)
36. Malta: 175,2 / 163,8 cm (+ 7 %)
37. Mexiko: 167,0 / 154,0 cm (+ 8 %)
38. Montenegro: 183,2 / 168,4 cm (+ 9 %)
39. Neuseeland: 177,0 / 164,0 cm (+ 8 %)
40. Nicaragua: 170,2 / 153,7 cm (+ 8 %)

41. Niederlande: 180,8 / 167,5 cm (+ 8 %)
42. Norwegen: 180,3 / 167,0 cm (+ 8 %)
43. Österreich: 180,0 / 167,0 cm (+ 8 %)
44. Peru: 164,0 / 151,0 cm (+ 9 %)
45. Philippinen: 161,9 / 150,2 cm (+ 8 %)
46. Polen: 178,5 / 165,1 cm (+ 8 %)
47. Portugal: 171,0 / 161,0 cm (+ 6 %)
48. Rumänien: 172,0 / 157,0 cm (+ 8 %)
49. Russland: 176,0 / 164,0 cm (+ 8 %)
50. Schweden: 181,5 / 166,8 cm (+ 9 %)
51. Schweiz: 175,4 / 164,0 cm (+ 7 %)
52. Serbien: 182,0 / 166,8 cm (+ 9 %)
53. Singapur: 171,0 / 160,0 cm (+ 7 %)
54. Slowenien: 180,3 / 167,4 cm (+ 8 %)
55. Spanien: 174,0 / 163,0 cm (+ 7 %)
56. Sri Lanka: 163,6 / 151,4 cm (+ 8 %)
57. Südafrika: 169,0 / 159,0 cm (+ 6 %)
58. Thailand: 170,3 / 159,0 cm (+ 7 %)
59. Tonga: 176,1 / 165,3 cm (+ 7 %)
60. Tschechische Republik: 180,3 / 167,2 cm (+ 8 %)
61. Türkei: 174,0 / 158,9 cm (+ 10 %)
62. Ungarn: 176,0 / 164,0 cm (+ 7 %)
63. Uruguay: 170,0 / 158,0 cm (+ 8 %)
64. Vereinigte Arabische Emirate: 174,3 / 156,4 cm (+ 11 %)
65. Vereinigte Staaten von Amerika: 176,1 / 162,1 cm (+ 9 %)
66. Vietnam: 162,1 / 152,2 cm (+ 7 %)

Unabhängig von der individuellen Qualität dieser Zahlenwerte (mögliche Messfehler usw.) können aus diesen Daten die folgenden drei allgemeinen Schlüsse gezogen werden:

1. Die durchschnittliche Körpergröße von Mann und Frau ist in verschiedenen Kulturkreisen nicht dieselbe. So sind die Menschen z. B. in Asien (China, Hong Kong, Thailand, Korea, Vietnam) deutlich kleiner als in Mitteleuropa (Deutschland, Italien, Belgien, Niederlande, Schweiz). Diese Unterschiede liegen für beide Geschlechter bei bis zu 10 %.
2. Die eingangs zitierten Werte für China und die USA (Abb. 6.1) wei-

chen geringfügig von den tabellarisch wiedergegebenen Zahlen ab (s. Nr. 9 und 65). Diese Diskrepanz belegt, dass, je nach Stichprobengröße, Messverfahren und statistischer Auswertung, für dieselbe Population (d. h. erwachsene Menschen in China bzw. USA) kleine Unterschiede vom Mittelwert festgestellt werden. Da es nur unter Einsatz exakter, standardisierter Körperhöhen-Messverfahren möglich ist, genaue Werte zu erhalten, und diese möglicherweise nicht in jeder Erhebung angewandt worden sind, können diese kleinen Unterschiede erklärt werden. Positiv formuliert: Aus der Tatsache, dass die hier reproduzierten zwei Datensätze China 1/2 bzw. USA 1/2 nicht identisch, aber sehr ähnlich sind, folgt, dass die Mittelwerte auf tatsächlich vorgenommenen Messungen basieren.

3. In allen 66 Ländern, für welche vertrauenswürdige Daten vorliegen, sind die Männer 6 bis 11 % (im Durchschnitt ca. 8 %) größer als die Frauen. Da diese Unterschiede in den Körperhöhen unabhängig von den Absolutwerten Mann/Frau ermittelt worden sind und darüber hinaus in den verschiedensten Kulturkreisen der Kontinente Afrika, Nord-/Südamerika, Asien und Europa errechnet wurden, ergibt sich eine für die Gender-Diskussion zentrale Erkenntnis. Die Tatsache, dass weltweit erwachsene Männer ca. 8 % größer sind als die Frauen, kann nicht sozio-kulturell bedingt sein, sondern ist ein Resultat der biologischen Evolution (d. h. eine Komponente des Sexual-Dimorphismus). Interessanterweise neigen Frauen dazu, einen größeren Mann als Partner auszuwählen, wohingegen Männer eher kleinere Partnerinnen bevorzugen.

Auch die Beobachtung, dass in allen hier aufgelisteten 66 Ländern der Erde über 95 % der Männer und Frauen eine heteronormale Beziehung eingehen (d. h. Familien, bestehend aus Vater, Mutter und Kindern) belegt, dass diese „Standard-Ehe“ keine beliebig wählbare Lebensoption, sondern ein evolutionäres Erbe darstellt. Die Abwertung der naturgegebenen, alle Kulturen und lange historische Zeiträume umfassende „Kernfamilie“ ist eines der übelsten ideologischen Verirrungen der Gender-Ideologie. Urvater Money (1988) hat in diesem Sinne alle erotischen Beziehungen als gleichwertige Verbindungen propagiert.

Der deutliche Größenunterschied zwischen Mann und Frau ist, wie auch bei anderen Säugetieren, ein biologischer Grund dafür, dass Männer aller Kulturkreise der Erde, trotz familiärer Bindung, zur Polygamie neigen (Bestrebung, nicht nur eine Dauer-Partnerin erfolgreich zu begatten, sondern auch noch mit anderen Frauen zu kopulieren, s. Prostitution Kapitel 10). Auf dieses populäre Thema kann hier nicht näher eingegangen werden. Ein Aspekt sollte aber noch Erwähnung finden: Populations-Studien haben wiederholt gezeigt, dass Mädchen, ohne Ausnahmen, ab dem 17. Lebensjahr ausgewachsen sind, während junge Männer noch bis zum 21. Geburtstag einen deutlichen Höhenzuwachs zeigen und erst dann ihre Endgröße erreicht haben (Hermanussen 2013).

Abschließend sei darauf hingewiesen, dass, wie Abb. 6.1 (Inset) zeigt, die Körperformen von Mann und Frau verschieden sind, was auf Differenzen in der Fett- bzw. Muskelmasse basiert. Dieser Aspekt des Sexual-Dimorphismus ist im nächsten Abschnitt diskutiert.

## Körperfett und Muskelmasse während der Entwicklung von Mann und Frau

Nach Ansicht der Gender-Biologin Ah-King (2015) soll die Aussage, Männer seien muskulöser als Frauen, nicht korrekt sein, da es nach Ansicht der Autorin auch Frauen gibt, die mehr Muskelmasse aufweisen als Männer. Wir wollen zur Klärung dieses Sachverhalts, der bereits eingangs in unserer Beschreibung des typischen Mann-/Frau-Paars angesprochen wurde, eine solide, quantitative Analyse vorstellen. Die österreichische Anthropologin Kirchengast (2010) hat eine große, repräsentative Stichprobe aus einer Menschenpopulation Mitteleuropas untersucht: 869 Mädchen und 780 Jungen (Alter: 6 bis 18 Jahre). Weiterhin wurde, als Kontrolle, eine Gruppe von 513 Frauen und 412 Männern entsprechend analysiert (Alter: 19 bis 92 Jahre). Die ausgewählten Merkmale dieser Probanden wurden mit nicht-invasiven Analyseverfahren untersucht, wobei eine Reihe modernster Labormethoden zum Einsatz kamen (z. B. DEXA-Absorptiometrie).

Kommen wir zunächst auf die Zahlenwerte während der Kindheit, Jugend und Pubertät zu sprechen. Wir wollen nachfolgend jeweils die statistisch hoch signifikanten Daten für Jungen/Mädchen (J/M) sowie die Unterschiede (+ X % für M, bezogen auf J) anführen.

Alter: 6 bis 18 Jahre; Parameter: Körperfett (Kf) (%) und Mehrwert M (%):

6 Jahre: Junge 18,8 / Mädchen 22,8 % Kf (+ 21 %)
8 Jahre: Junge 17,8 / Mädchen 24,9 % Kf (+ 40 %)
10 Jahre: Junge 18,3 / Mädchen 25,6 % Kf (+ 40 %)
12 Jahre: Junge 17,2 / Mädchen 23,9 % Kf (+ 39 %)
14 Jahre: Junge 14,8 / Mädchen 23,5 % Kf (+ 59 %)
16 Jahre: Junge 12,1 / Mädchen 25,6 % Kf (+ 110 %)
18 Jahre: Junge 11,9 / Mädchen 23,4 % Kf (+ 96 %)

Diese Daten zeigen, dass bei den Mädchen, weitgehend altersunabhängig, der Körper-Fettgehalt bei etwa 25 % liegt, während dieser bei den Jungen, von ca. 19 % im Alter von 6 Jahren, bis zum 18. Lebensjahr auf ca. 12 % absinkt. Dies ist u. a. auf die Ausbildung der Körpermuskulatur zurückzuführen. Wir erkennen, dass Mädchen im Alter zwischen 16 und 18 Jahren ca. die doppelte Menge an Körperfett, meist subcutan deponiert, mit sich tragen. Diese Werte belegen, dass von einer „Geschlechter-Gleichheit" in keiner Weise die Rede sein kann (wie bereits erwähnt, sind Mädchen ab dem 17. Lebensjahr ausgewachsen; junge Männer durchlaufen daraufhin ihre post-pubertäre Wachstumsphase, die noch vier Jahre andauert).

Aus den prozentualen Körperfett-Werten kann die „Mager-Körpermasse" errechnet werden, welche wiederum in guter Näherung mit der Muskelmasse korreliert. Die Daten von Kirchengast (2010) belegen, dass diese relative Körper-Magermasse während der Pubertät (14. bis 18. Lebensjahr) bei Jungen um ca. 25 % höher ist als bei Mädchen.

Wie stellen sich die Verhältnisse bei erwachsenen Männern und Frauen dar? Als Grundregel gilt, dass ein 70 kg schwerer, sportlicher, gesunder Mann (USA) etwa 14 kg Körperfett, das meiste davon subcutan, mit sich trägt (ca. 20 % der Körpermasse). Die unabhängig von diesem US-Wert ermittelten quantitativen Daten von Kirchengast (2010) können wie folgt zusammengefasst werden.

Alter: unter 30 bis 79 Jahre; Parameter: Körperfett (Kf) (%) und Mehrwert M (%):

Unter 30 Jahre: Mann 13,3 / Frau 24,3 % Kf (+ 84 %)
30 bis 39 Jahre: Mann 21,5 / Frau 32,5 % Kf (+ 51 %)
40 bis 49 Jahre: Mann 25,8 / Frau 36,3 % Kf (+ 41 %)

50 bis 59 Jahre: Mann 26,4 / Frau 41,7 % Kf (+ 58 %)
60 bis 69 Jahre: Mann 29,7 / Frau 43,5 % Kf (+ 46 %)
70 bis 79 Jahre: Mann 30,8 / Frau 42,9 % Kf (+ 39 %)

Die Daten zeigen, dass bei Männern wie bei Frauen der Prozentsatz an Körperfett, bezogen auf die Gesamtmasse, mit dem Alter ansteigt. Während unter 30-jährige Männer durchschnittlich noch relativ mager, d. h. „fettfrei" sind, erreichen die Fettanteile später mehr als 25 % der Gesamt-Körpermasse, bezogen auf die untersuchte Stichprobe. Bei erwachsenen Frauen ist der Körperfett-Gehalt durchschnittlich um 70 bis 90 % höher als bei gleichaltrigen Männern. Der Unterschied verringert sich erst im hohen Alter und erreicht dann aber immer noch einen Wert von + 39 % für die Frauen. Die entsprechenden Daten für die Mager-Körpermasse belegen, ähnlich wie in der ersten Studie (Alter 6 bis 18 Jahre), dass bei den Männern eine relativ höhere Muskelmasse (+ 30 %) ausgebildet ist als bei den Frauen in der Altersspanne 30 bis 79 Jahre.

Die Autorin führt diese erheblichen Unterschiede in den Körper-Fettmassen von Männern und Frauen auf unser evolutionäres Erbe zurück. Nur Frauen, die über erhebliche Unterhaut-Fettreserven verfügt haben, waren in der Lage, bis zum ca. 50. Lebensjahr eine Schwangerschaft, Geburt und insbesondere Säuge-Perioden zu überleben. Da diese u. a. hormonell und über den Gesamt-Metabolismus regulierten reproduktiven Prozesse bei Männern nicht existieren, verfügen diese über deutlich weniger Körperfett, aber mehr Muskelmasse. Wie Kirchengast (2010) hervorhebt, ist diese Differenz in der Körperfett bzw. Muskelmasse ein Kennzeichen des evolvierten Sexual-Dimorphismus innerhalb der Spezies *Homo sapiens* (Verhalten in der Urzeit: männliche Schwerarbeiter im Acker- und Hausbau sowie Jäger wilder Tiere; weibliche Kleiderhersteller, Sammler- und Kinder-Ernährer).

Abschließend sei erwähnt, dass es neben diesen durch Zahlenwerte belegten Befunden noch die folgenden für uns relevanten Erkenntnisse zum Unterschied Mann/Frau gibt. Untergewichtigkeit wurde wesentlich häufiger bei Frauen als bei Männern festgestellt, insbesondere im Alter zwischen 11 und 16 Jahren. Bei erwachsenen Personen wurde das Phänomen einer zu geringen Körpermasse (Untergewicht) ausschließlich bei Frauen gefunden (in keinem einzigen Fall beim Mann), wobei allerdings nur ca. 3,9 % der untersuchten Frauen in diese Kategorie gezählt werden mussten. Des Weiteren stellte sich heraus, dass während der Pubertät und der frühen Erwachsenenphase mehr Jungen als Mädchen in die Gruppe der Übergewichtigen gezählt werden mussten, d. h. zu viel Nahrungsaufnahme bei Bewegungsmangel kommt unter männlichen Heranwachsenden häufiger vor als bei Mädchen (Männer sind, evolutionär bedingt, auf Dauer-Bewegung optimiert).

Zusammenfassend zeigen die Analysen von Kirchengast (2010), dass sich Männer und Frauen gravierend und grundlegend bzgl. ihrer Körper-Zusammensetzung voneinander unterscheiden, was anschaulich im *Inset* unserer Abbildung 6.1 zum Ausdruck kommt.

## Sexualhormone, Barr-Körper und die Mosaik-Gewebe der Frau

Im Jahr 1903 konnte erstmals nachgewiesen werden, dass die Gonaden („Keimdrüsen"), d. h. paarige Hoden (Testes) bzw. Eierstöcke (Ovarien) ausgewachsener, geschlechtsreifer Landwirbeltiere (Mäuse, Menschen) Signalstoffe absondern, die für die Ausbildung und den Erhalt der sekundären Geschlechtsmerkmale von Mann und Frau verantwortlich sind (Hartmann 1946, 1947). Diese 1905 als „Sexualhormone" bezeichneten Botenstoffe (im Wesentlichen Testosterone und Estrogene) sind, chemisch betrachtet, Steroide und mit jenen Signalstoffen der Pflanzen verwandt, die das Wachstum und (z. B. beim Mais) die Geschlechter-Differenzierung regulieren (Brassinosteroide, s. Kutschera und Wang 2012, 2015).

In den folgenden Darlegungen wollen wir nur die wesentlichen Fakten vorstellen; für detailliertere Informationen s. Federman (2006) und Johnson (2013). Wie seit vielen Jahren bekannt ist, werden mit Beginn der Pubertät (ca. 12. bis 14. Lebensjahr) in den Testes (männlich, m) bzw. Ovarien (weiblich, w) zunächst Androgene (insbesondere Testosteron) synthetisiert. Die Estrogene werden aus Androgenen über spezielle enzymatische Reaktionen hergestellt und in beiden Gonaden-Typen synthetisiert. So produzieren z. B. die Testes eines geschlechtsreifen Mannes etwa 7.000 $\mu$g Testosteron pro Tag, wovon nur ca. 1 % in Estrogene umgewandelt wird. Auf der anderen Seite produzieren die Ovarien nur ca. 300 $\mu$g Testosteron pro Tag, wovon etwa 150 $\mu$g in Estrogene konvertiert werden. Daraus folgt, dass die Testosteron-Produktion bei Männern ca. 23-fach höher ist als bei Frauen. Betrachten wir die Levels freier Testosterone, so kann als Regel festgehalten werden, dass bei gesunden, geschlechtsreifen Männern ca. 20-mal mehr Testosteron produziert wird als bei Frauen. Bedenkt man weiterhin, dass ca. 50 % des wenigen Testosterons im weiblichen Körper in Estrogene umgebaut wird, so ergibt sich eine noch größere Mann/Frau-Differenz. Es sei allerdings hervorgehoben, dass die Quantifizierung des „Männlichkeitshormons“ (Testosteron im Blutserum) über biochemische Verfahren komplex ist und tagesperiodische Schwankungen vorliegen. Des Weiteren sei erwähnt, dass man zwischen dem Gesamt-Testosteron und dem frei im Blutserum zirkulierenden, bioaktiven Hormon unterscheiden muss. In all diesen Fällen kann als Grundregel jedoch festgehalten werden, dass Männer über mindestens 10-mal mehr Testosteron verfügen als Frauen, während das „Weiblichkeitshormon“ (Estrogene) im Körper männlicher Säuger nur geringe Konzentrationen aufweist. All diese Angaben beziehen sich auf typische, sexual-dimorphe Männer und Frauen (bei Spitzensportlerinnen konnten höhere Testosteronwerte gemessen werden, die jedoch nicht an jene der Männer heranreichen, s. Federman 2006, Karkazis und Jordan-Young 2015).

Ein Vergleich der hormonell gesteuerten Fertilität (Fruchtbarkeit) repräsentativer, 25 bis 30 Jahre alter Männer und Frauen ergibt die folgenden Befunde (Mittelwerte):

*Mann*: konstante Fertilität (24 Std./Tag Spermienproduktion möglich), vom 15. bis 85. Lebensjahr fruchtbar.

*Frau*: rhythmische Fertilität (ca. 12 Std./Monat, Freigabe einer befruchtungsfähigen Eizelle), vom 15. bis 45. Lebensjahr in der Lage, Nachwuchs zu gebären.

Daraus folgt, dass Frauen ca. 30 Jahre lang, Männer hingegen mindestens über 70 Jahre hinweg fruchtbar (fertil) sind. Weiterhin werden Frauen (zyklische Hormonschwankungen), u. a. bedingt durch den rapiden Abfall des „Weiblichkeitshormons“ (Estrogen) zwischen dem 45. und 50. Lebensjahr, d. h. ab der Lebensmitte unfruchtbar und somit steril (Menopause). Sie leben dann, zumindest in zivilisierten Gesellschaften, durchschnittlich weitere 40 Jahre lang. Die Ursachen für diese lange post-reproduktive (sterile) Lebensspanne, die es bei gesun-

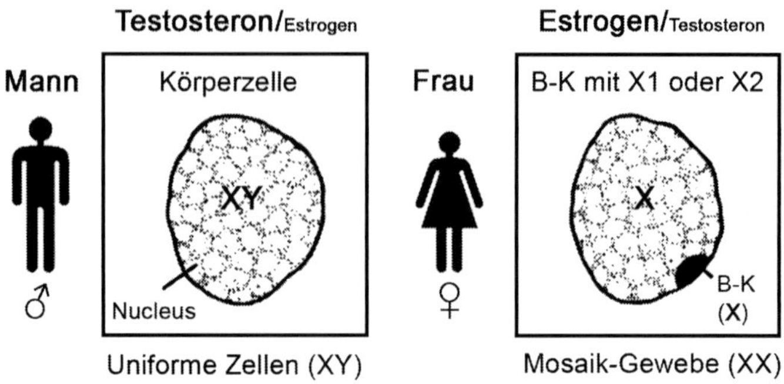


**Abb. 6.2**: Schematische Darstellung der relativen Mengenverhältnisse (Hormonkonzentration im Blut) von Testosteron und Estrogen bei erwachsenen Männern und Frauen sowie Illustration der Geschlechtschromosomen-Verhältnisse, einschließlich des Barr-Körpers (B-K). Das Bild zeigt, dass der Körper des Mannes aus einförmigen „XY-Zellen“ besteht, während bei Frauen, nach einem Zufallsprinzip, jeweils das eine oder andere X-Chromosom inaktiviert ist (B-K) (Originalgrafik 2015).

den Männern (relativ konstanter Testosteron-Pegel) und im Tierreich bei Weibchen nur sehr selten gibt, sind unbekannt und noch Gegenstand der Forschung. Außerdem werden die Fertilitäts-Perioden von Mann und Frau einerseits durch den Hypothalamus (m), andererseits durch diese Hirnregion plus das Corpus luteum (Gelbkörper) reguliert (w) (Federman 2006). Diese Daten und Befunde, hier vereinfacht dargestellt, zeigen auf, dass sich Männer und Frauen bzgl. ihrer Fertilitäts-Muster und -Zeiten grundlegend voneinander unterscheiden. Eine ausführliche Beschreibung dieser Zusammenhänge, einschließlich des weiblichen Menstruationszyklus unter Berücksichtigung anderer Hormone (z. B. Progesteron), ist u. a. in einem hervorragend illustrierten Lehrbuch dargestellt (Johnson 2013).

In Abbildung 6.2 sind die Unterschiede in den Hormon-Levels (m/w) vereinfacht wiedergegeben. Wie dieses Schema weiterhin zeigt, kann der Körper des Mannes als „uniform“ bezeichnet werden, während Frauen über sogenannte „Mosaik-Gewebe“ verfügen. Wie kommt es während der Entwicklung des Individuums zu dieser Zell-Differenzierung? Bekanntlich sind die männlichen Zellen durch zwei

Geschlechts-Chromosomen (X und Y) sowie 44 Autosomen gekennzeichnet (XY 44 A), während bei Frauen 2 X-Geschlechtschromosomen vorliegen (XX 44 A) (Abb. 6.3, 6.4). Bereits während der 1960er Jahre haben Cytologen erkannt, dass sich die Zellkerne (Nuclei) von Männern und Frauen durch einen schwarzen Punkt unterscheiden, den sogenannten „Barr-Körper". Später wurde entdeckt, dass es sich hierbei um jeweils das zweite, inaktivierte X-Chromosom handelt. Da diese X-Chromosomen-Inaktivierung während der frühen Embryonalentwicklung eingeleitet wird und nach einem Zufallsprinzip verläuft (d. h. in der einen Zelle wird das erste, in der nächsten Zelle das zweite X-Chromosom stillgelegt), sprechen Humanbiologen vom „weiblichen Mosaik-Körper", den sie dem „uniformen" männlichen Organismus gegenüberstellen. Mit Darlegung dieser Befunde wurden die geschlechtsbestimmenden Chromosomen eingeführt. Dieses Thema wird im nächsten Abschnitt vertiefend behandelt.

## Geschlechtschromosomen und Intersex-Menschen

Mit der Etablierung entsprechender Methoden zur Anfärbung und mikroskopischen Sichtbarmachung der Chromosomen, die während der normalen Zellteilung (Mitose) erkennbar sind (Gesamtheit: Träger des Genoms des Organismus), konnten die bereits erwähnten Geschlechter-Unterschiede entschlüsselt werden (Wolff 1971). Bei Menschen und anderen Säugetieren liegen in allen Zellen des Körpers, der einen doppelten Chromosomensatz aufweist (2 n, Diploidie, d. h. je ein Set von der Mutter bzw. vom Vater) 2 x 23 = 46 derartige Einheiten vor. Diese 22 plus X (oder Y) Chromosomen (haploider Satz, 1 n) werden in Gruppen eingeteilt und sind in den Abbildungen 6.3 und 6.4, bei „normalen" Männern und Frauen, in präparierter Form dargestellt. Was bedeutet in der Biologie „normal"? Wie die Körpergrößen-Histogramme m/w (Abb. 6.1) zeigen, sind Merkmale bei Lebewesen in der Regel normal verteilt. Dies bedeutet, dass es eine eingipfelige Verteilungsfunktion mit einem Mittelwert gibt sowie zwei Extreme (Kutschera 1998, 2002). Man bezeichnet als „normal" jene Individuen, die in etwa den Mittelwert repräsentieren, während „Außenseiter" die Ränder der Normalverteilung kennzeichnen (z. B. ein normaler Mann ist 177 cm groß, ein untypischer

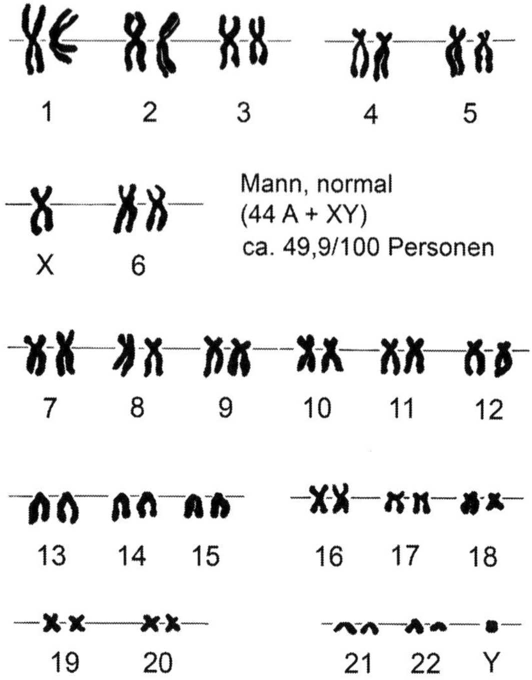


**Abb. 6.3**: Chromosomen-Bild (Karyogramm) eines typischen Mannes. Die 22 Chromosomenpaare (Autosomen) wurden jeweils vom Vater und der Mutter geerbt, während das erste Geschlechtschromosom von der Mutter (X) und das zweite vom Vater (Y) abstammt (44 A + XY) (nach Wolff, E.: Experimentelle Embryologie. Stuttgart, 1971).

ist 200 cm hoch). Die biologischen Klassifizierungen „normal" bzw. „untypisch" (abnormal) für Tiere, Menschen, Pflanzen und Mikroben ist eine wertneutrale Beschreibung ohne Diskriminierung.

Ein repräsentatives Chromosomen-Diagramm (Karyotyp) des typischen Mannes zeigt Abbildung 6.3. Jedes der 22 Standard-Chromosomen (Autosomen) liegt doppelt vor, plus die beiden „geschlechtsbestimmenden" Chromosomen X (von der Mutter geerbt) und Y (das zuletzt genannte wurde vom Vater beigesteuert). In ähnlicher Weise stellt sich ein repräsentatives Chromosomen-Bild einer Frau dar (Abb.6.4), nach der Formel: 44 A plus XX (jeweils von der Mutter und

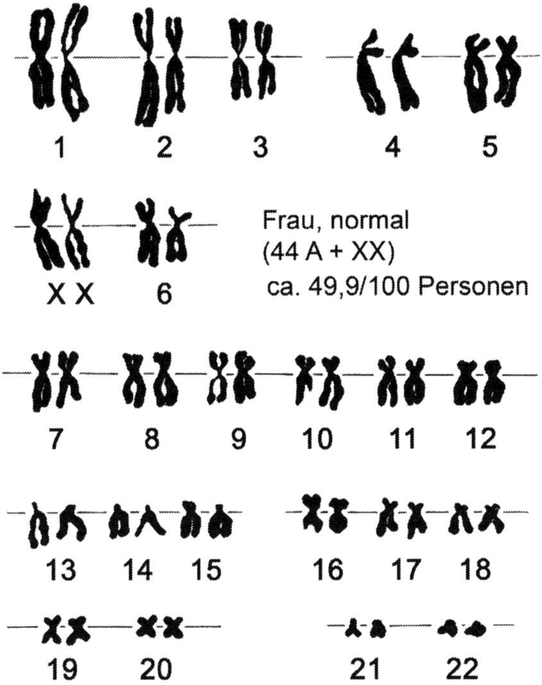


**Abb. 6.4**: Chromosomen-Bild (Karyogramm) einer typischen Frau. Die 22 Chromosomenpaare (Autosomen) wurden jeweils vom Vater und der Mutter geerbt, während das erste Geschlechtschromosom von der Mutter (X) und das zweite vom Vater (X) abstammt (44 A + XX) (nach Wolff, E.: Experimentelle Embryologie. Stuttgart, 1971).

dem Vater geerbt). Eizellen, die vom mütterlichen Ovarium abstammen, enthalten immer ein X-Chromosom (vorher erfolgt die Reduktionsteilung, d. h. Meiose), während Spermien, produziert in den Testes des Mannes, entweder ein X oder Y-Chromosom tragen. Der Mann bestimmt somit das Geschlecht des Kindes. Wie bereits dargelegt, überträgt die Eizelle neben den 22 A plus X-Chromosomen außerdem die Mitochondrien (Kraftwerke der Zellen) (Kutschera 2002, 2015 a).

Die beiden in Abbildung 6.3 und 6.4 dargestellten Karyotypen repräsentieren normale Männer und Frauen, die in der Lage sind, Gameten (Spermien bzw. Eizellen) hervorzubringen und sich fortzupflanzen

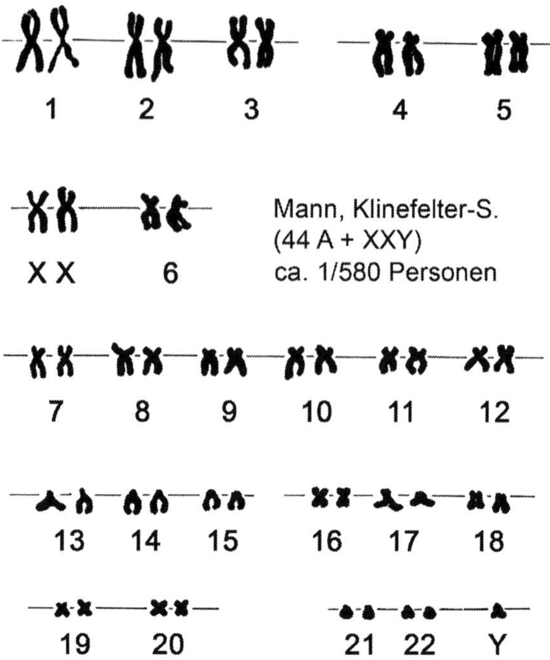


**Abb. 6.5**: Chromosomen-Bild (Karyogramm) eines Intersex-Mannes, der das Klinefelter-Symptom aufweist. Neben den 44 Autosomen und den beiden Geschlechtschromosomen (XY) ist ein zusätzliches X-Chromosom vorhanden (44 A + XXY) (nach Wolff, E.: Experimentelle Embryologie. Stuttgart, 1971).

(fertile Individuen) – sie repräsentieren über 99 % der Population; ca. 15 % dieser „Standard-Menschen" (m/w) sind aber aus verschiedenen Gründen fortpflanzungsunfähig (steril).

Wie man seit vielen Jahren weiß, führt jedoch eine falsche Chromosomenzahl zu gravierenden Effekten beim sich entwickelnden Menschen. Nur in Anwesenheit von XX (w) bzw. XY (m) ist eine „Normalentwicklung" hin zum Standard-Mann bzw. der -Frau möglich. Liegen Chromosomen-Anomalien vor, so entwickeln sich *H. sapiens*-Individuen, die als *Intersexuelle* bezeichnet werden (ein Begriff, den der Genetiker Richard Goldschmidt, 1878–1958, ursprünglich für Insekten eingeführt hatte; s. Hartmann 1947 bzgl. Intersex-Hühner). Zwei Beispiele für chromosomale Intersexualität sind in den Abbildungen 6.5 und 6.6 dargestellt. Männer, die ein X-Chromosom zu viel abbekommen haben, d. h. den Karyotyp 44 A plus XXY repräsentieren, zeigen atypische Merkmale. Das zugrundeliegende *Klinefelter'sche Syndrom* kann wie folgt zusammengefasst werden. Bei der Geburt weisen diese Menschen keine sichtbaren Anomalien auf (Geschlechtsorgane, Genitalwege und Gonaden wie beim typischen Mann). Während der Pubertät entwickeln sich die Brüste dieser männlichen Wesen jedoch gemäß einer Frau (Gynäkomastie). Insbesondere die Geschlechtsdrüsen, die den männlichen Hoden entsprechen, bleiben unterentwickelt. Diese Intersex-Menschen sind, mit männlichen Geschlechtsorganen und weiblichen Brüsten ausgestattet, zeugungsunfähig (steril).

Als zweites Beispiel ist in Abbildung 6.6 der Karyotyp des *Turner'schen Syndroms* dargestellt (44 A X 0). Bei diesen Menschen fehlt das zweite X-Chromosom. Diese ebenfalls als Intersexuelle bezeichneten Personen sind kleinwüchsig und dem Aussehen nach weiblich. Die Gonaden (Eierstöcke, d. h. Ovarien) sind entweder stark reduziert oder nicht vorhanden, manchmal auch von undefinierbarem Geschlecht. Der Genitaltrakt entspricht dem eines nicht geschlechtsreifen weiblichen Menschen. In der Biomedizin wird üblicherweise beim Turner-Syndrom von einem „Krankheitsbild“ gesprochen, das weitere Symptome einschließt, auf die hier nicht eingegangen werden soll. Genau wie „Klinefelter-Menschen“ sind Personen, die das Turner'sche Syndrom zeigen, unfruchtbar (steril).

Kommen wir nach Darlegung dieser Fakten zum Barr-Körper zurück (Abb. 6.2). Aus der Tatsache, dass Menschen, die das Klinefelter'sche Syndrom aufweisen (XXY-Geschlechtschromosomen) unfruchtbar sind und andere Defizite zeigen, folgt, dass eine Überdosis an Genprodukten negative Auswirkungen auf den Organismus hat (d. h. Proteine, die vom zweiten X plus dem Y-Chromosom codiert werden, führen zu Fehlentwicklungen). Da in der Regel bei einem diploiden Chromosomensatz (je ein Chromosom vom Vater und der Mutter) beide homologe Gene exprimiert werden, muss das zweite X-Chromosom im Zellkern normaler Frauen inaktiviert sein (sonst würden typische Frauen „Klinefelter'sche Syndrome“ zeigen). Der sogenannte „Barr-Körper“ repräsentiert das zweite, inaktivierte X-Chromosom in der weiblichen

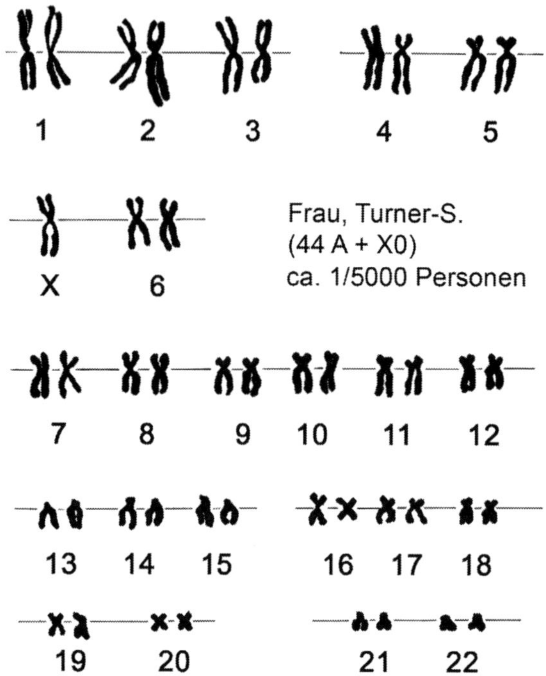


**Abb. 6.6**: Chromosomen-Bild (Karyogramm) einer Intersex-Frau, die das Turner-Symptom aufweist. Neben den 44 Autosomen und einem X-Chromosom wird deutlich, dass das zweite X fehlt (44 A + X0) (nach Wolff, E.: Experimentelle Embryologie. Stuttgart, 1971).

Säugerzelle. Dementsprechend gibt es in männlichen Geweben keinen Barr-Körper. Dieser fehlt auch bei Menschen, die am Turner-Syndrom leiden (X 0); er konnte jedoch im Gewebe von Klinefelter-Patienten (XXY) regelmäßig nachgewiesen werden (Hughes und Page 2015).

Neben dieser Geschlechtschromosomen-Intersexualität, die hier an zwei repräsentativen Beispielen illustriert worden ist (Abb. 6.5, 6.6), gibt es noch andere derartige Syndrome (z. B. Triplo-X, Tetra-X, Triplo-XY, Tetra-XY), auf die hier nicht näher eingegangen werden kann. Da der Begriff „Intersexualität“ auch auf anatomischen Fehlbildungen (Störungen bei der Ausbildung der Geschlechtsorgane) beruhen bzw. hormonell bedingt sein kann (untypische Mengenverhältnisse der Sexualhormone während der Pubertät), werden Personen, die nicht eindeutig dem weiblichen bzw. männlichen Geschlecht zugeordnet werden können, üblicherweise als DSD-Menschen bezeichnet (Disorders of Sex Development). Über die Frage, ob man Personen, die man in die Kategorie „DSD“ stellt, als „gesund“ oder „krank“ deklarieren sollte, wird noch kontrovers diskutiert. Auch der biomedizinische Begriff „Disorder“ (d. h. Störung) ist fragwürdig, da er eine Wertung beinhaltet. Es ist angemessen, völlig wertneutral von „intersexuellen Menschen“ zu sprechen und andere Begrifflichkeiten zu vermeiden. Die populäre Bezeichnung „Hermaphroditen“ bzw. „Zwitter“ ist, biologisch betrachtet, nicht korrekt: Echte Zwitter, wie Egel und Regenwürmer, besitzen jeweils ein funktionstüchtiges Paar Hoden und Ovarien. Eine derartige doppelte Gonaden-Ausbildung konnte zumindest im europäischen Kulturkreis bei *H. sapiens* bisher noch nicht nachgewiesen werden. Die Bezeichnung „Pseudohermaphroditen“ wäre angemessen, sollte aber meiner Ansicht nach nicht verwendet werden (nach biblischem Zeugnis stammt Eva von Adam ab, der dann logischerweise ein „echter Hermaphrodit“ gewesen sein muss; Kreationisten glauben an diesen Mythos und haben kein Problem damit, die damit verbundenen biologischen Paradoxa in ihr Weltbild zu integrieren).

Von Personen, die über unzureichendes biologisches Spezialwissen verfügen, wird immer wieder der Begriff „Drittes Geschlecht“ in die Diskussion gebracht, was jedoch unsinnig ist (nur Männchen und Weibchen, d. h. Mitglieder des jeweiligen Geschlechts, können sich fortpflanzen und vermehren; auch die DNA-Doppelhelix besteht aus exakt zwei Einzel-Strängen). Wie häufig kommen weltweit in den verschiedenen ethnischen Gruppen Intersex-Menschen vor?

In der Biologie bezeichnet man den „perfekt-vollkommenen Sexual-Dimorphismus“ als ein „Platonisches Ideal“, das in der Realität selten verwirklicht ist (s. Design-Fehler in der Natur, Kutschera 2013 a). Eine Intersex-Studie, über 20 Nationen erfassend, hat zu den folgenden Resultaten geführt (Blackless et al. 2000). Unter neugeborenen Babys ist nur ca. eines von 2.000 Individuen nicht eindeutig als Junge bzw. Mädchen zu klassifizieren (Kriterium: Morphologie der Geschlechtsorgane). Diese „Intersex-Babys“ wurden u. a. von John Money in den 1950er Jahren untersucht und als „Hermaphroditen“ bezeichnet (Grundlage der Gender-Ideologie, Money und Erhard 1972). Per Willkürentscheidung hat man diese einer der beiden Geschlechter zugeordnet (Operation, Hormonbehandlung). Von dieser Praxis ist man inzwischen abgekommen. Konsens ist, dass weltweit 0,2 bis 2,0 % aller Menschen in die Intersex-Gruppe gestellt werden müssen, wobei dieses Symptom auf Geschlechtschromosomen-Anomalien (Abb. 6.5, 6.6), aber auch Fehlbildungen der Gonaden bzw. Genitalien und hormonelle Störungen während der Pubertät zurückgeführt werden kann. Ein Durchschnittswert von ca. 1 % Intersex-Menschen, bezogen auf die bisher untersuchten ethnischen Gruppen der Erde, wird von den meisten Forschern als realistische Abschätzung angesehen (Blackless et al. 2000).

Im nächsten Abschnitt wollen wir vom „Platonischen Ideal" einer typischen Mann/Frau-Unterscheidung ausgehen (über 99 % der Weltbevölkerung ist biologisch eindeutig m oder w) und die erblichen Differenzen der Geschlechter thematisieren.

## Genetische Unterschiede zwischen Mann und Frau: Artverschiedene Wesen?

Vor zehn Jahren (März 2005) wurde weltweit die feministische Gender-Fraktion in Rage gebracht: Das Wissenschaftsmagazin *Nature* publizierte die komplette Sequenz des menschlichen X-Chromosoms und sofort wurden, logischerweise, auch die gravierenden Unterschiede zum „männlichen Y-Gegenstück" thematisiert.

Ein führender Humangenetiker wies in verschiedenen Fachartikeln und Pressemitteilungen darauf hin, dass die genetischen Unterschiede zwischen Männern und Frauen wesentlich größer seien als bisher angenommen worden war. Fachleute schlussfolgerten 2005, dass wir nicht von „einem menschlichen Genom" sprechen können (Human Genome Project, HGP), sondern dass in der Realität zwei Genome vorliegen: das Männliche und das Weibliche. In einer Sensationsmeldung im US-Journal *Newsweek* äußerte sich z. B. ein Evolutionsforscher und Genom-Spezialist in den folgenden Worten: „Die Spaltung der Geschlechter ist mit diesen Befunden wesentlich tiefer geworden: Neue Studien haben gezeigt, dass Frauen und Männer sich genetisch in etwa derart unterscheiden wie Menschen und Schimpansen.“ Der Autor bezog sich hierbei auch auf die nicht komplett stillgelegten Gene des zweiten weiblichen X-Chromosoms im Barr-Körper. Ein Reporter der *New York Times* argumentierte 2005, man müsse Frauen von nun an als „eine andere Spezies“ bezeichnen – heftige Gegenreaktionen aus der Feministen-Genderisten-Fraktion folgten.

Diese kontroversen Diskussionen sind in einer Monographie von Richardson (2013) niedergelegt, in welcher die „Pro-Gender-Autorin“ jedoch akribisch die biologischen Fakten zusammengestellt hat. Insbesondere ein wenig auffälliger *Letter to Nature* (Originalpublikation 2005) führte zu aggressiven feministischen Attacken. Im letzten Abschnitt dieses Artikels finden wir, sinngemäß, die folgenden Passagen: „Das weibliche und männliche Genom unterscheiden sich in mehrfacher Hinsicht voneinander. Zunächst gibt es etwa 50 Gene, welche ausschließlich auf dem Y-Chromosom lokalisiert und somit rein ‚männlicher Natur‘ sind. Des Weiteren wurde eine unvollständige Inaktivierung des zweiten X-Chromosoms im weiblichen Körper festgestellt.“ Daraus folgt, dass etwa 200 bis 300 Gene (d. h. 15 bis 25 % jener DNA-Bereiche, die nicht perfekt inaktiviert sind) plus die 50 Y-Gene, d. h. insgesamt etwa 300 Gene (Spanne: 250 bis 350), den typischen Mann von der durchschnittlichen Frau unterscheiden. Bei ca. 20.000 für Proteine codierenden Genen ergibt sich dann ein Unterschied Mann/Frau von ca. 1,5 %. Diese Differenz entspricht in etwa jener, die zwischen den Biospezies Mensch und Schimpanse entschlüsselt werden konnte (Wildman et al. 2003, Carrel und Willard 2005). Das zitierte „Mann/Frau-Forscherteam“ zog diese revolutionären Schlussfolgerungen aus den damals aktuellen Genom-Analysen, wobei die eingangs erwähnten populären Aussagen, dargelegt im *Nature*-Text, weltweit bekannt geworden sind (s. unten).

In Abbildung 6.7 sind die Schlussfolgerungen von Carrel und Willard (2005) in illustrierter Form dargelegt. Zählt man zu dieser m/w-Differenz hinzu, dass sämtliche Mitochondrien (mt-DNA, d. h. Organellen-Erbgut) über die Eizelle transferiert werden, wird deutlich, dass Kinder mehr Erbgut von der Mutter erhalten als vom Vater. Dieser Befund ist aber für die hier diskutierte Mann/Frau-Unterscheidung von untergeordneter Bedeutung.

Warum hat man sich 2005 in Gender-Kreisen über diese Fakten der-

**Abb. 6.7**: Veranschaulichung der Erkenntnis, dass Männer und Frauen nur zu ca. 98,5 % genetisch gleich sind (1,5 % Differenz) und diese DNA-Sequenzhomologie jener zwischen Mann und Schimpanse ähnlich ist. Frau und weiblicher Schimpanse stehen im selben Verhältnis zueinander. Das Schema wurde durch eine Zeichnung aus den 1950er Jahren ergänzt (nach David C. Page: Why sex really matters. TEDxBeaconStreet/2013).

art aufgeregt? Wie Richardson (2013) darlegt, wurde ab dem Jahr 2000 weltweit gebetsmühlenartig, insbesondere von politischer Seite, immer wieder verbreitet, dass alle Menschen der Erde genetisch zu 99,9 % ähnlich sind (Fachbegriff: von Mensch zu Mensch besteht eine ca. 99,9 %-ige DNA-Sequenzidentität; nur 0,1 % unseres Erbgutes ist einmalig und zeichnet das Individuum aus). Basierend auf dieser genetischen Uniformität aller Menschen der Erde, alle ethnischen Gruppen umfassend (Europäer, Asiaten, Afrikaner usw.) hat man den korrekten und ethisch wichtigen Schluss gezogen, dass „wir alle in einem Boot sitzen" – die Ideologie des Rassismus ist aus biologischen Fakten daher keineswegs ableitbar (ein Grundsatz der evolutionären Ethik, s. Kutschera 2015 a). Mit der Entdeckung einer 1,5 %-igen Differenz Mann/Frau, wie sie, nebenbei bemerkt, bereits 1971 von einem japanischen Genetiker postuliert wurde, war der Gleichheits-Grundsatz in Frage gestellt: Offensichtlich zerfällt die Menschheit, genetisch betrachtet, in zwei separate Lager – Männer und Frauen.

Nach heftigen Diskussionen und Streitereien legte sich die Aufregung. Welche Konfliktlösung wurde vorgeschlagen? Richardson (2013) postulierte, dass wir nicht von den zwei Genomen (m/w) sprechen sollten, sondern ein neues Konzept akzeptieren müssten, welches die Gender-Forscherin als „dyadic kind" bezeichnet hat. Geschlecht sei somit etwas semantisches – der Term „dyadische Arten" lässt sich nicht in biologische Begriffe übersetzen. Leider erinnert Richardsons „dyadic kind-Konzept" schon sprachlich an den „Genesis kind-Gedanken" prominenter Kreationisten (Glaube an „erschaffene Grundtypen"). Sowohl die biologisch/historisch ausgebildete Autorin Richardson (2013) als auch die deutschen Vertreter der biblischen „Grundtypen-Lehre" (Junker und Scherer 2013) wollen etablierte Fakten nicht wahr haben und deuten diese Befunde daher, ihrer Ideologie entsprechend, willkürlich um. Nach dem Motto „was nicht sein darf existiert auch nicht" werden Kunstbegriffe geprägt, die nicht in die Realwelt passen, um eine „geisteswissenschaftlich begründete" religiöse Dogmatik zu untermauern. Ich bewerte daher die Aussage „sex is a dyadic kind" (Richardson 2013) als Hilfskonstrukt, um die tatsächlich vorhandenen zwei Genome w/m (44 A XX und 44 XY) „weg zu diskutieren."

## Biochemischer Sexual-Dimorphismus im ganzen Körper

Interessanterweise zitiert Richardson (2013) u. a. den renommierten Chromosomen-Forscher David C. Page, Direktor am *Whitehead Institute* und Professor of Biology am *Massachusetts Institute of Technology* (MIT). Dieser mutige Biowissenschaftler wurde schon in der feministischen Abhandlung *Gender Trouble* (Butler 1990) in umständlich formulierten Sätzen als „konservativer Biologist" diffamiert, mit Argumenten, die völlig aus der Luft gegriffen sind und die naturwissenschaftliche Inkompetenz der Genderistin Butler eindrucksvoll belegen. So behauptet Butler (1990) z. B., dass anatomische Merkmale (männlich/weibliche Geschlechtsorgane) sowie die aktive Rolle des Mannes bei der zweigeschlechtlichen Fortpflanzung kulturell bedingt seien sowie auf der „sozialen Organisation der Reproduktion" basieren würden. Da auch bei weniger sozial organisierten Land-Säugetieren, wie z. B. Ratten oder Katzen, die Fortpflanzung nach diesem „menschlichen Prinzip“ erfolgt, sind diese Butler’schen Behauptungen unsinnig.

Kommen wir zurück zur Page/Richardson-Kontroverse, die erst 2014 zu einem Abschluss geführt hat. Der Biologe David C. Page hat bereits 2003 in entsprechenden Publikationen zum Y-Chromosom dargelegt, dass die „Mantra der über 99 %-igen Gleichheit aller Menschen politisch korrekt ist, aber mit der Realität im Widerspruch steht – die Unterschiede zwischen Mann und Frau sind, genetisch betrachtet, wesentlich größer“ (Originalquellen s. Richardson 2013). Derartige Aussagen haben dazu geführt, dass die „genderistisch“ denkende Frau Richardson bereits vor Jahren mit David C. Page ein langes Interview publizierte. Der MIT-Forscher hat sich jedoch von keiner feministischen Propaganda-Aktion einschüchtern lassen und u. a. 2013 seine aus eigenen Genom-Analysen abgeleiteten Schlussfolgerungen in einem öffentlichen Vortrag anschaulich zusammengefasst (Abb. 6.7).

In einem *Internet*-Beitrag mit der treffenden Kopfzeile „DNAeXplained – Genetic Genealogy. Discovering Your Ancestors – One Gene at a Time“ (DNA erklärt – Genetische Generationenabfolge. Entdecke deinen Vorfahren – ein Gen zu einem Zeitpunkt) steht der folgende provokative Satz: „Human Genetics Revolution Tells Us That Men and Women Are Not the Same“ (Die Humangenetik-Revolution lehrt uns, dass Männer und Frauen nicht gleich sind). In diesem informell verfassten *Online*-Artikel 2013 wird auf Grundlage einer öffentlichen D. C. Page-Präsentation dargelegt, dass Männer untereinander (wie auch Frauen innerhalb ihres Geschlechts) zu 99,9 % identisch sind (individuelle DNA-Sequenz-Unterschiede: ca. 0,1 %). Vergleicht man aber das Erbgut von Mann und Frau, so sind diese beiden menschlichen Wesen nur noch zu 98,5 % gleich – und das außerhalb der geschlechtsbestimmenden X und Y-Chromosomen-Bereiche. Daher ist die genetische Differenz zwischen Männern und Frauen ca. 15 Mal größer als jene zwischen Mann und Mann bzw. Frau und Frau (unabhängig von derer ethnischen Zugehörigkeit, d. h. ein afrikanischer und deutscher Mann sind sich genetisch 15 mal ähnlicher als ein deutscher Mann und eine deutsche Frau). Der Mann/Frau-DNA-Unterschied von 1,5 % entspricht in etwa jenem zwischen den Biospezies Mensch (*Homo sapiens*) und

Schimpanse (*Pan troglodytes*), die sich vor 5 bis 7 Millionen Jahren von einem gemeinsamen afrikanischen Vorfahren auseinanderentwickelt haben (Wildman et al. 2003; s. deren vergleichende DNA-Sequenzanalyse Nr. 2, mit ca. 1,6 % *H. sapiens-/P. troglodytes*-Unterschied). Die australische Genetikerin Jennifer A. Graves (2015) kam in einer unabhängigen m/w-Genomanalyse zu dem selben Resultat.

Der renommierte Genom-Forscher David C. Page konnte mit seiner Arbeitsgruppe darüber hinaus nachweisen, dass X und Y-Chromosomen nicht nur in den Geschlechtsorganen (Hoden, Ovarien), sondern darüber hinaus auch im ganzen menschlichen Körper aktiv sind: Jede einzelne Körperzelle ist entweder „XX oder XY" (biochemischer Sexual-Dimorphismus). Der Chromosomen-Forscher zog daraus die unpopuläre Schlussfolgerung: „Wir sind keine Unisex-Wesen, sondern ganzkörperlich in Männer und Frauen unterteilt, mit weitreichenden Konsequenzen für die Biomedizin" (z. B. Krankheits-Anfälligkeiten, geschlechterspezifische Medikation usw.) (Bellott et al. 2014). Diese Aussage ist in Abbildung 6.7, kombiniert mit einer Zeichnung aus den 50er Jahren, anschaulich dargestellt. Populär ausgedrückt geht es um die folgende zentrale Erkenntnis: Das „Unisex-Modell der biomedizinischen Forschung und Therapie" ist überholt und muss durch ein „Zwei-Geschlechter-Konzept" ersetzt werden (Bellott et al. 2014). Diese weitreichende Schlussfolgerung wurde im selben Jahr von zwei US-Biomedizinerinnen bestätigt: Sowohl Miller (2014) als auch Hurn (2014) belegten in unabhängigen Analysen, dass der gesamte menschliche Körper entweder durch eine „XX oder XY-Biochemie" gekennzeichnet ist – von der Zeugung bis zum Tod.

*Fazit*: Obwohl man sich von Seiten der Pro-Gender-Fraktion bemüht hat, die u. a. von Carrel und Willard (2005) entschlüsselten genetischen Unterschiede zwischen Mann und Frau „unter den Tisch zu kehren", und sogar mit einem obskuren „dyadic kind-Konzept" in die Diskussion eingreifen wollte (Richardson 2013), hat letztendlich die rational-logische Biowissenschaft gesiegt. Betrachtet man die genetischen Fakten objektiv, so unterscheiden sich Mann und Frau mit 1,5 % bzgl. ihrer genetischen Ausstattung derart gravierend, als würden sie zwei separaten Säuger-Arten angehören, mit der Konsequenz einer, den gesamten Organismus umfassenden, „XX- bzw. XY"-Physiologie und Biochemie

(Bellott et al. 2014, Miller 2014, Hurn 2014, Hughes und Page 2015, Graves 2015).

Von echten „Spezies-Unterschieden“ im evolutionsbiologischen Sinne zu sprechen ist allerdings verfehlt. Zumindest in früheren (fertilen) Zeiten haben Männer und Frauen innerhalb variabler Populationen mehr oder weniger harmonisch zusammengelebt und über die sexuelle Reproduktion einen gemeinsamen Genpool gebildet, der bis heute über tausende von Generationen erhalten geblieben ist (obwohl dieser in Deutschland in der dort lebenden Ur-Bevölkerung infolge des Geburtenrückgangs stetig schrumpft). Nach Darlegung dieser Fakten wollen wir im nächsten Abschnitt das Themengebiet um einen gesellschaftspolitischen Aspekt erweitern.

## Jugend-Generation LGBT und das *Nature*-Paradoxon

Im Januar 2013 publizierte die US-Tageszeitung *The New York Times* einen provokativen Artikel mit dem Titel „Generation LGBTQIA“. Was steht hinter dem Begriff, und kann aus diesem Beitrag eine weitere Verfeinerung der Gender-Agenda (O’Leary 1997) herausgelesen werden?

Zunächst wird berichtet, dass es an US-Universitäten Diskussionsgruppen und studentische Konferenzen gibt, die sich u. a. für geschlechtsneutrale Räumlichkeiten auf dem Campus einsetzen (analog bestimmter Unisex-Toiletten in Berlin, die für Menschen reserviert sind, deren Geschlecht zweideutig ist). Des Weiteren wird berichtet, dass die Zeit der „LGBT-Ära“ vorbei sei. Unter diesem Begriff wurden alle jene Menschen zusammengefasst, die sich nicht als „heteronormal“ verstehen und in der Regel auch die naturgegebene Mann/Frau-Dichotomie ablehnen. Die Buchstaben stehen für die folgenden Worte: L = Lesbian, G = Gay, B = Bisexual und T = Transgender. Auf Deutsch übersetzt, stehen L und G für Menschen, die sich dem gleichen Geschlecht erotisch zugeneigt fühlen (lesbische bzw. homosexuelle Personen; Anmerkung: bis Mitte der 1970er Jahre wurde diese Veranlagung von der *American Psychiatric Association* noch als „mental disorder“ bezeichnet); jene, die sich zu Männern und Frauen in gleicher Weise hingezogen fühlen (B, bisexuelle Menschen). Transsexuelle Personen (T, z. B. Männer, die sich als Frau empfinden, obwohl sie biologisch dem

XY-Geschlecht angehören) zählen ebenfalls zum LGBT-Komplex. Im Jahr 2008 schätzte man, dass sich in Deutschland 1 Mann unter ca. 12.000 Geschlechtsgenossen „im falschen Körper“ fühlt und daher, über Estrogen-Behandlung und operative Eingriffe, in eine „XY-Frau“ transformieren lässt. Da die Zahl dieser „Trans-Frauen“ seit Jahren zunimmt, ist es denkbar, dass hier ein Modetrend zugrunde liegt, denn als „Trans-Gender“ gilt man als etwas Besonderes. Wie dem auch sei – bei echten Trans-Menschen scheint die Ursache des Wunsches nach Geschlechtsumwandlung genetisch-biologisch verankert zu sein.

Die LGBT-Erweiterung 2013 erfasst nun auch die QIA-Gruppe. Was steht hinter diesen Buchstaben? Der Term Q bedeutet eigentlich „Questioning“ bzw. „Queer“, der als „andersartig“ bzw. „nicht der Norm entsprechend“ definiert werden kann (Degele 2008). Buchstabe I steht für „Intersex“, d. h. Menschen, die chromosomal oder hormonell bedingt zwischen den Geschlechtern (m/w) anzusiedeln sind (Abb. 6.5, 6.6). Sinnvoll ist die Hinzufügung des Buchstaben A – er steht für „Asexuelle“ Menschen, und diese Personen existieren wirklich. Verschiedene Studien haben ergeben, dass bis zu 1 % aller untersuchten Männer und Frauen keinerlei Attraktivität zum anderen Geschlecht (oder Vertreter des eigenen) empfinden und daher treffend als „nicht-sexuell veranlagt“ bezeichnet werden können (fehlender „Fortpflanzungstrieb“ und ausbleibende sexuelle Reproduktion). Aspekte der LGTBQIA-Problematik fanden bald Eingang in die Seiten eines renommierten Fachjournals.

Nachdem am 19. Februar 2015 im Magazinteil des Wissenschaftsjournals *Nature* von einer Journalistin der Beitrag „Sex Redefined“ (Geschlecht neu definiert) erschienen war (Ainsworth 2015), machten sich einige Naturwissenschaftler Sorgen um die Zukunft dieser traditionsreichen Zeitschrift. Sachlich korrekt referierte die Journalistin zunächst die Tatsache, dass es neben eindeutig männlichen und weiblichen Individuen „Varianten“ gibt, darunter die bereits im letzten Abschnitt angesprochenen DSD-Menschen, die mit einer Häufigkeit von bis zu 1 pro 100 Personen angegeben werden. In einem umständlich geschriebenen Absatz mit dem Titel „Beyond the binary“ (jenseits der Zweigeschlechtlichkeit) wird die Frage aufgeworfen, ob per Gesetz festgelegt sein sollte, ob wir uns als männlich oder weiblich zu outen haben – das bereits oben angesprochene Problem von Intersex-Personen wurde in diesem Zusammenhang angemessen thematisiert.

Was ist an diesem Bericht, der sich u. a. über weite Strecken auf Kurz-Interviews mit prominenten Forschern bezieht, problematisch? Bei unvoreingenommener Durchsicht des Textes wird dem unbedarften Leser der Eindruck vermittelt, Zweigeschlechtlichkeit sei „nur eine Variante eines Spektrums“. Fakt ist jedoch, dass, wie Ainsworth (2015) darlegt, weit über 99 % aller Menschen biologisch eindeutig als Mann oder Frau zu klassifizieren sind (XX- bzw. XY-Geschlechtschromosomen-Satz) (Abb. 6.3, 6.4). Der „Pro-Gender-Unterton“ dieses Berichts hat einige meiner Fachkollegen irritiert und zu einer lebhaften Diskussion geführt – warum publiziert das britische Wissenschaftsjournal diesen obskuren, Gender-unkritischen Beitrag?

Ich interpretiere dieses „Nature-Paradoxon“ ganz nüchtern wie folgt. Das britische Wissenschaftsmagazin besteht schon seit vielen Jahren aus einem informellen, vorderen Magazin-Teil (gewissermaßen die Klatschspalten der Naturwissenschaften) und dem zweiten, schwergewichtigen wissenschaftlichen Part (Journal-Abschnitt mit Research Papers, Review Articles usw.; dort ist u. a. auch die bahnbrechende Y-Chromosomen-Analyse von Bellott et al. 2014 erschienen). Betrachtet man nun die entsprechenden Editoren von *Nature*, so wird klar, dass die informell-leichten Magazin-Beiträge überwiegend von Frauen herausgegeben werden, während der schwergewichtige, ernste wissenschaftliche Part noch immer in den Händen einiger Männer liegt. Daher muss man in diesem Fachjournal klar zwischen zwei „Teilbereichen“ unterscheiden. Ich konnte in den wissenschaftlichen Abschnitten des Journals bisher keine „Pro-Gender-Beiträge“ finden – dort zählen nur „geschlechtsneutrale“, harte wissenschaftliche Fakten und daraus abgeleitete Theorien.

Zu dieser Interpretation passt der Befund, dass im „Sommerloch 2015“ ein *Editorial* erschienen ist, in welchem allen Ernstes ein renommierter britischer Biowissenschaftler aufgrund harmloser Witze zum Thema „weibliche Forscher im Labor“ als „Frauenfeind“ diffamiert worden ist (Schlagzeile: „Sexism has no place in science“, *Nature* 522, 18. Juni 2015). Nur eine Woche später erschien dann, wieder im Magazin-Teil von *Nature*, eine Gegendarstellung. Man hatte eine ehemalige Mitarbeiterin des beschuldigten Spitzenforschers gebeten, ihre Erfahrungen mit dem ehemaligen Arbeitsgruppen-Leiter zu schildern. Diese Dame versicherte, dass der beschuldigte „Frauenfeind", ganz im Gegenteil zum Gesagten, weibliche Mitarbeiter immer unterstützt und gefördert hat. Dieser ganzen lächerlichen Affäre, haltlose Anschuldigung mit Gegendarstellung, wurden im weltweit führenden Fachjournal zwei Druckseiten geopfert (editiert und organisiert von der Frauenfraktion des Mitarbeiterstabs aus London). Meiner Ansicht nach untergraben derartige „Sexism-Sensationsmeldungen" das Ansehen des 1869 gegründeten Wissenschaftsjournals.

In welche Richtung entwickelt sich dieses Publikationsorgan? Seit über einem Jahrzehnt existieren neben dem „Muttermagazin *Nature*" speziellere Unter-Journale, wie z. B. *Nature Cell Biology* oder *Nature Plants*, die im selben Format publiziert und nach eben diesen harten Kriterien editiert werden. Als Autor eines biologiehistorisch-wissenschaftstheoretischen Beitrages im zuletzt genannten Journal (Kutschera 2015 c) kann ich versichern, dass die „Ableger" von *Nature* ausschließlich wissenschaftliche Beiträge publizieren, ohne auf politisch-ideologische Diskussionen einzugehen. Meiner Einschätzung nach wird in absehbarer Zeit das „feminisierte Mutterjournal *Nature*" (w) überwiegend die Rolle der „Science-Bildzeitung" übernehmen, und die Spezial-Ableger werden die harte Wissenschaftskultur (m) weitertragen (strenge Begutachtung, d. h. über 90 % aller eingereichten Manuskripte werden in den *Nature*-Magazinen aufgrund der angelegten hohen Qualitätsstandards abgelehnt). Diese Betrachtungen führen uns zur Frage bzgl. des Gehirns von Männern und Frauen (Abb. 6.8). Was lehrt die Neurophysiologie 2014 zu diesem Thema?

## Das männliche und weibliche Gehirn: Ein Vergleich

Die Tatsache, dass Männer im Durchschnitt ein um etwa 8 % größeres Gehirn haben als Frauen, ist seit dem 19. Jahrhundert bekannt und wird heute als Komponente des evolvierten Sexual-Dimorphismus interpretiert (s. Größenunterschiede, Abb. 6.1). Diese signifikante Differenz in den durchschnittlichen Hirnmassen (Abb. 6.8) wurde aber noch bis in die 1950er Jahre von manchen Medizinern als Argument benutzt, Frau-

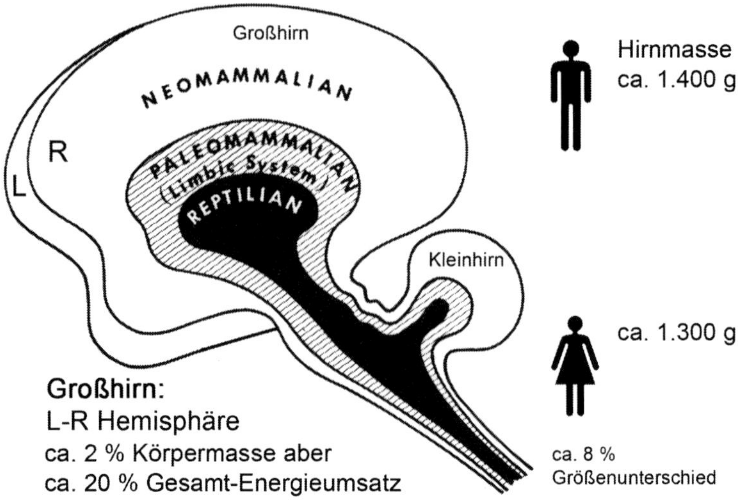


**Abb. 6.8**: Klassische Darstellung der drei Bereiche des Großhirns des Menschen (mit Kleinhirn-Ausstülpung), das Reptilien-Vorläufer-, Protosäuger- und Säugetier-Stadium veranschaulichend, nach einem Diagramm von P. MacLean aus den 1960er Jahren. Die beiden Großhirn-Hälften (L, R) sind eingezeichnet sowie die durchschnittlichen Hirnmassen von Mann und Frau beigegeben (Daten für europäische Menschenpopulationen, 2014).

en als die weniger intelligente Hälfte der Menschheit zu disqualifizieren. Wie wir in Kapitel 4 erfahren haben, steht diese diskriminierende Abwertung aber im Gegensatz zu den Bewertungen herausragender Naturforscher des 19. Jahrhunderts, die bereits vor Jahrzehnten den Frauen dieselbe Intelligenz zugesprochen haben wie gleichaltrigen Männern (Kirchhoff 1897). Die Urteile wurden damals u. a. auf Grundlage positiver Erfahrungen mit den ersten Studentinnen an deutschen Universitäten begründet.

In Abbildung 6.8 sind neben einem anschaulich-historischen Schema zur Evolution des Gehirns der Säugetiere (Mammalia) einige aktuelle Fakten zusammengestellt, die für die nachfolgende Diskussion von Bedeutung sind. So besteht das primär für Denken und komplexe Wahrnehmung bzw. Bewusstsein zuständige Großhirn aus zwei Halbkugeln (Hemisphären), die über den Balken (Corpus callosum) und andere Vernetzungen miteinander verbunden sind. Die Großhirnrinde von Männern enthält durchschnittlich etwa 23 Milliarden, jene von Frauen ca. 19 Milliarden Nervenzellen (Neuronen; über die Frage, wie viele Nervenzell-Typen es gibt, wird unter Fachwissenschaftlern noch immer kontrovers diskutiert). Weiterhin ist bekannt, dass bestimmte Hirnareale (u. a. Amygdala, Hippocampus) geschlechtsspezifische Unterschiede zeigen. So ist z. B. bei Frauen der Hippocampus (zuständig für Erinnerung und Lernen) im Verhältnis zur Gesamt-Hirnmasse mächtiger entwickelt als bei Männern. Neben anatomischen Unterschieden (z. B. Hypothalamus: die Zellzahl im SDN-PoA-Bereich ist bei Männern ca. 2,5 mal so hoch wie bei Frauen) sind aber auch zahlreiche neurochemische m/w-Differenzen beschrieben worden (Bao und Swaab 2011).

Diese lange bekannten geschlechtsspezifischen Unterschiede wurden von den Vertretern der Gender-Ideologie nur beiläufig zur Kenntnis genommen, aber im „Weismann-Jahr 2014" änderte sich dieses relativ friedliche Bild: Eine Studie hat ergeben, dass die beiden Großhirn-Hälften (Hemisphären) von Mann und Frau ganz unterschiedlich „verdrahtet" sind, mit weitreichenden Konsequenzen für gewisse geistige Fähigkeiten (Ingalhalikar et al. 2014).

Bevor wir auf diese neuen Erkenntnisse zu sprechen kommen, soll ein Kommentar zur oben zitierten Forschungsarbeit vorgestellt und diskutiert werden, der einige Genderistinnen zu Gegendarstellungen motiviert hat. Unter dem Titel „Fundamental sex differences in human brain architecture" (Fundamentale Geschlechterdifferenzen in der Architektur des menschlichen Gehirns) fasste der Neurobiologe Cahill (2014) den Diskussionsstand wie folgt zusammen. Biomedizinische Forschungen, und speziell die Neurowissenschaften, wurden bisher auf einer falschen Grundannahme durchgeführt. Unter der (politisch korrekten) Unisex-Vermutung, das Gehirn beider Geschlechter sei funktionell-anatomisch identisch, hat man über Jahrzehnte hinweg immer nur männliche Versuchstiere (bzw. menschliche XY-Probanden) eingesetzt und die erzielten Resultate dann auf Mann und Frau übertragen. Wie der Autor, mit zahlreichen Quellenangaben, darlegt, ist dieses „Unisex-Hirnmodell" nicht mehr akzeptabel. Auf dem Niveau der Genexpression, der Funktion einzelner Neurone und sogar mancher Ionenkanäle konnten Mann-/Frau-Unterschiede nachgewiesen werden, mit gravierenden Folgen für die Forschung und Medikation beider Geschlechter. Der Neurobiologe Cahill (2014) fasst die Studie des Forscherteams Ingalhalikar et al. (2014) wie folgt zusammen: „Die Gehirnareale des Mannes sind weit weniger vernetzt als jene bei der Frau, und das innerhalb wie auch zwischen den beiden Hemisphären.“ Was haben die Hirnforscher im Detail herausgefunden?

Die Gehirne von 949 jungen Menschen (Altersgruppe 8 bis 22 Jahre), 428 männliche und 521 weibliche Personen umfassend, wurden unter Einsatz der *Diffusion Tensor Imaging* (DTI)-Technik analysiert. Hierbei wurden die Gehirne als Ganzes untersucht, mit dem Ziel, neuronale Verbindungen zwischen verschiedenen Hirnarealen sowie den beiden Hemisphären (L, R) zu ergründen. Die Forschergruppe entdeckte grundlegende Unterschiede zwischen Männern und Frauen, welche allerdings erst nach dem 13. Lebensjahr (Pubertät bis Erwachsenenalter) dokumentiert werden konnten. Die Gehirne der jungen Männer waren generell weniger intensiv vernetzt, verglichen mit jenen heranwachsender Frauen, wobei die Verbindungen innerhalb der beiden Hemisphären (R bzw. L) deutlich ausgeprägter sind als in der Kontrollgruppe (Abb. 6.9). Die weiblichen Gehirne waren im Gegensatz dazu stärker vernetzt, insbesondere zwischen der rechten und linken Hemisphäre (L–R) (Abb. 6.9). Diese geschlechtsspezifische „Gehirn-Verdrahtung“ korreliert mit seit langem bekannten m/w-Differenzen gewisser intellektueller Fähigkeiten. Allgemein betrachtet, werden die beiden Hemisphären (L, R), vereinfacht formuliert, mit den folgenden geistigen Fähigkeiten in Verbindung gebracht:
L = Sprachprozesse, abstrakte Begriffe, Detail-Wahrnehmung
R = Räumliches Denken, Zahlenverständnisse, Gesichter-Erkennung.

Es sei vermerkt, dass sich diese Funktionen der beiden Hemisphären überschneiden – es handelt sich somit um Tendenzen und nicht um strikte „alles-oder-nichts-Zuschreibungen“ (McCarthy 2015).

Verhaltensstudien haben gezeigt, dass Frauen den Männern bzgl. Erinnerungsvermögen (Auswendiglernen), dem Erkennen von Gesichtern und sozialem Verhalten überlegen sind. Männer sind hingegen u. a. bzgl. räumlicher Orientierung und motorischer Fähigkeiten (Bewegungsvermögen) den durchschnittlichen Frauen deutlich überlegen. Der Evolutionsbiologe Meyer (2015) listet die folgenden Frau/Mann-Unterschiede auf, die sich mit den hier dargelegten Sachverhalten teilweise überschneiden: „Frauen verfügen über ein umfangreicheres Vokabular, besseres sprachliches Ausdrucksvermögen, mehr Empathie, schnellere Auffassungsgabe, besseres Vorstellungsvermögen, bessere Gefühlserkennung, höhere soziale Sensibilität und bessere Feinmotorik. Männer sind durch eine ausgeprägtere Aggressivität, bessere visuell-räumliche Fähigkeiten, bessere mathematische Fähigkeiten, mehr Durchsetzungskraft, besseres Systematisieren, besseres Landkartenlesen und das Vermögen, besser eine Form in einem größeren Design finden zu können, gekennzeichnet.“ Wie Meyer (2015) weiterhin darlegt, zeigen sich die meisten dieser Unterschiede bereits im Kleinkindalter, d. h. sie sind biologisch und nicht kulturell determiniert (s. Kapitel 7). Dieser Liste ist noch hinzuzufügen, dass die Befähigung zum Komponieren bei Männern um ein Vielfaches besser ausgeprägt ist als bei Frauen (kreative musikalische Begabung bei Komponisten, s. Kapitel 5).

Zusammenfassend zeigen die Analysen von Cahill (2014) und Ingalhalikar et al. (2014), dass die klassische Unisex-Neurobiologie nicht mehr unseren Wissensstand repräsentiert. Mann und Frau sind durch geschlechts-spezifische Gehirne mit ganz unterschiedlichen Verdrahtungsmustern gekennzeichnet, sodass sie in der biomedizinischen Forschung getrennt analysiert werden müssen (z. B. beim Studium der Wirkung von Medikamenten, die auf neuronale Signaltransduktions-Prozesse oder Ionenkanäle einwirken) (Abb. 6.9).

## Ganzkörper-Sexualdimorphismus beim Menschen

Betrachten wir abschließend die in diesem Kapitel dargelegten Fakten in einem größeren Kontext, so kommen wir zur Schlussfolgerung, dass sich die Geschlechter biologisch grundlegend voneinander unterscheiden – von der Körpergröße über das Genom bis zur Gehirnstruktur. Gemäß der bereits erwähnten Experimentalstudien bzw. Analysen von Bellott et al. (2014), Miller (2014) und Hurn (2014) sind Mann und Frau, als XY- bzw. XX-Varianten einer Biospezies, in jeder Einzelzelle verschieden (s. auch Chrisler und McCreary 2010, Knauth 2006, Verdonk und Klinge 2012). Mäuse-Zellkulturen, die in der biomedizinischen Forschung verwendet werden, müssen daher als XY- bzw. XX-Klone klassi-

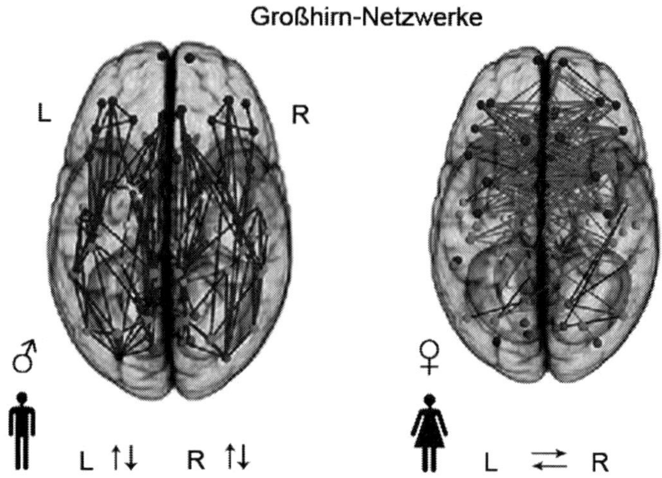


**Abb. 6.9**: Das männliche und weibliche Gehirn erwachsener Menschen mit Darstellung der Vernetzungen innerhalb der beiden Hemisphären bzw. zwischen der rechten und linken Hirnhälfte. L = linke, R = rechte Hemisphäre. Doppelpfeile = neuronale Vernetzung (nach Ingalhalikar, M. et al.: Proc. Natl. Acad. Sci. USA, 111, 823–828, 2014).

fiziert werden, um reproduzierbare Versuchsergebnisse erzielen zu können.

Das bisher angenommene „Gonaden XY- bzw. XX-Schema" von Mäusen sowie der Spezies *Homo sapiens* (Abb. 6.10 A) muss somit durch ein „Ganzkörper-Geschlechtsmodell" ersetzt werden. Diese Sicht von Mann und Frau können wir auch als „biochemischen Sexual-Dimorphismus auf Zellniveau" bezeichnen (Abb. 6.10 B). Gene, die auf dem nur beim Mann vorliegenden Y-Chromosom vorhanden sind, haben somit nicht nur in den Gonaden (Testes) die Funktion, diese männlichen Geschlechtsorgane während der Entwicklung auszubilden (SRY-Sequenzen) und im geschlechtsreifen XY-Individuum die Spermienproduktion zu ermöglichen. Das „kleine Y des Mannes" wird darüber hinaus im ganzen Körper exprimiert und enthält Gene, die als globale Regulatoren der intrazellulären Biochemie bezeichnet werden (homologe Sequenzen auf dem X-Chromosom führen zu anderen, verwandten Genprodukten).

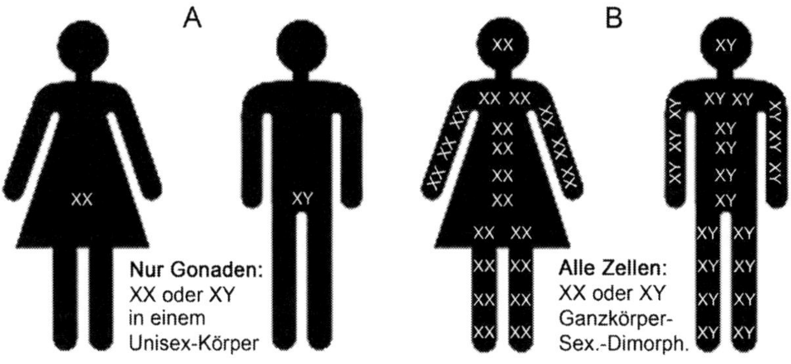


**Abb. 6.10**: Klassisches Gonaden (m)- bzw. (w)-Schema des Menschen, überholt (A) und das erweiterte Ganzkörper XY- bzw. XX-Modell 2015 (B). Die Fakten belegen, dass sich Männer und Frauen auf dem Niveau jeder Einzelzelle grundlegend voneinander unterscheiden. Das Schema basiert auf einer öffentlichen Präsentation des Molekularbiologen D. A. Page aus dem Jahr 2013 (Originalgrafik 2015).

Da auch im Gehirn von Mann und Frau die XX- bzw. XY-assoziierten Gene aktiv sind, ist es wahrscheinlich, dass die hier beschriebenen m/w-Gehirnunterschiede auf geschlechterspezifische Genprodukte (Proteine) zurückführbar sind. Eine Studie zur Gehirnentwicklung bei 3 Monate alten Babys hat gezeigt, dass männliche Individuen ein um cs. 8 % größeres Hirnvolumen aufweisen, verglichen mit weiblichen Säuglingen. Weiterhin konnten in einigen Hirnregionen signifikante Größenunterschiede zwischen männlichen und weiblichen Babys dokumentiert werden. Daraus folgt, dass der Sexual-Dimorphismus des Gehirns, und somit die Genderspezifische neuronalen Entwicklungsmuster, bereits von Geburt an (oder früher) etabliert sind (Dean III et al. 2018). Auch die Leber und andere Organe sind geschlechterspezifische Zell- bzw. Gewebeaggregate im menschlichen Körper (Leeman und Brunet 2014, Humphries 2014). Die Geschlechtsausbildung beginnt bereits im menschlichen Embryo. Diese für die vorgeburtliche Mann-Frau-Differenzierung verantwortlichen Prozesse sind im nächsten Kapitel dargelegt.

# 7. Geschlechterspezifische Embryonen, das Kleinkind-Verhalten und die vorgeburtlich festgelegte erotische Veranlagung

Die in den Kapiteln 2 und 6 bereits zitierte US-Gender- bzw. Sprachforscherin Judith Butler lehrt an der University of California, Berkeley, wo sie unter Geisteswissenschaftlern eine große Fangemeinde hat. Als Visiting Scientist im Biology Department der UC Berkeley (Forschungsbereich Systematik und Evolution zwittriger Ringelwürmer) habe ich 2012 meine Kollegen gefragt, warum die Feministin Butler in manchen gesellschaftlichen Kreisen so hoch angesehen ist und als originelle Denkerin betrachtet wird – zwei ihrer Bücher (Butler 1990, 2004) sind, als Bestseller, Meilensteine des Moneyistischen Genderismus. Die Antwort war ernüchternd und kann, sinngemäß übersetzt, wie folgt wiedergegeben werden: „Judith Butler ist eine lesbische Esoterik-Tante, deren wirre Schreibereien von keinem Naturwissenschaftler ernstgenommen werden.“ Um dieses harte Urteil eines renommierten US-Entwicklungsbiologen verstehen zu können, wollen wir nachfolgend ein Beispiel, das uns zum Thema „Gender und Kindesentwicklung“ führt, kennenlernen.

In einer Monographie (Bublitz 2002) zur Verdeutlichung der durch einen unklaren Schreibstil gekennzeichneten Thesen der Sprachforscherin Butler ist das folgende Exempel wiedergegeben. Nach Butler soll das Geschlecht des Menschen rein sozial geprägt sein, gemäß dem Originalzitat: „Der biologische Geschlechtskörper gewinnt in seiner materiellen Existenzweise leibliche Eigenständigkeit, gerade weil er durch soziale Praktiken hervorgebracht und in diese eingebunden ist“ (Bublitz 2002). Wie wird nun nach Ansicht der Gender-Forscherin das Geschlecht eines Kindes direkt nach der Geburt festgelegt? Das folgende gekürzt/modifizierte Butler-Zitat soll dies verdeutlichen: „Die Äußerung einer Hebamme..., die beim Anblick eines Säuglings feststellt – es ist ein Mädchen – ist nicht eine Beschreibung oder bloße Feststellung eines Sachverhalts, sondern zugleich eine Anweisung, ein weibliches Geschlecht zu sein.“ Butler geht davon aus, dass „solche diskursiv hervorgebrachte Sachverhalte den Körper durch Geschlechts-Zeichen markieren, denen Akte der Verkörperung folgen“ (Bublitz 2002). Nach Ansicht dieser weltbekannten „Alpha-Genderfrau“ und John Money-Anhängerin wird somit durch einen Sprechakt ein geschlechtsneutrales Baby direkt nach der Geburt zu einem Jungen oder Mädchen gemacht, nach dem Butler-Zitat: „Geschlechtsnormen wirken, indem sie die Verkörperung bestimmter Ideale von Weiblichkeit und Männlichkeit verlangen... indem ein ‚Zum-Mädchen-Werden‘ erzwungen wird“ (Bublitz 2002).

Diese Sätze erinnern an das Fundamental-Dogma der deutschen Kreationisten Junker und Scherer (2013), d. h. den Mythos von den „erschaffenen Grundtypen des Lebens“, gemäß einem Sprechakt des biblischen Gottes. Die vier Butler-Zitate mögen ausreichen, um das oben wiedergegebene harte Urteil meines US-Kollegen aus der Biologie der UC Berkeley verständlich zu machen.

In diesem Kapitel wollen wir zunächst die realbiologischen Prozesse, von der Zeugung bis zur Entwicklungsstufe Kleinkind, darlegen. Hierbei wird die menschliche „Brustwarzen-Problematik“ thematisiert (Abb. 7.1) und die vor- wie nachgeburtliche Entwicklung vorgestellt. Im zweiten Abschnitt werden wir auf das Phänomen „homoerotische Männer bzw. Frauen“ eingehen und die „Psyche“ der beiden Geschlechter vergleichend betrachten.

## Brustwarzen-Paradoxon: Das primäre Geschlecht des Menschen ist weiblich

Seit langem ist bekannt, dass der Mensch ein Säuge- und Placenta-Tier ist (Mammalia, Placentalia), obwohl wir, ähnlich wie z. B. Elefanten oder Wale, im Erwachsenenalter unser vorgeburtliches Haarkleid weitgehend verloren haben (Genderistinnen seien daran erinnert, dass die Körperbehaarung bei durchschnittlichen Männern wesentlich stärker

**Abb. 7.1**: Das *Homo sapiens*-Paradoxon. Obwohl Männer als Säuge- und Placenta-Tiere klassifiziert werden, sind sie weder in der Lage, Muttermilch zu produzieren (d. h. zu säugen) noch eine Uterus-integrierte Placenta hervorzubringen. Entwicklungsbiologen interpretieren die funktionslosen Brustwarzen beim Mann als evolutionäres Relikt und Beleg dafür, dass das primäre Geschlecht weiblich ist. Abgebildet ist eine stillende Mutter (nach einem Bild aus dem 19. Jahrhundert).

ausgeprägt ist als bei Frauen, eine hormonell-genetisch bedingte Komponente des Sexual-Dimorphismus). Als mehr oder weniger „nackter Affe“ verfügen wir somit über Muttermilch-sezernierende Brustwarzen (Mamma bedeutet Brust) und der Embryo/Fötus wird über die Placenta

**Abb. 7.2**: Säugende Mutter mit Baby sowie eine weitere junge Frau, die sich um zwei junge Mädchen kümmert. In diesem Bild kann man geschlechterstereotype Kleidung bzw. Verhaltensweisen erkennen, die gesellschaftlich bedingt waren. Die Zeichnung vermittelt darüber hinaus den evolutionären Ursprung gleichgeschlechtlicher erotischer Neigung bei Frauen. Viele Mütter mussten alleine, d. h. ohne beschützenden Mann, im Daseinswettbewerb bestehen und ihre Kinder großziehen. Sie haben sich dann als Paar zusammengeschlossen (nach einem Holzschnitt aus dem 18. Jahrhundert).

ernährt. Homologe Strukturen (Zitzen bzw. eine entsprechende Placenta) gibt es auch bei anderen Säugetieren wie z. B. Schweinen, Hunden und Katzen.

Obwohl Frauen wie Männer Säuge- und Placenta-Tiere sind, können aber nur Mitglieder des weiblichen Geschlechts diese im Uterus angesiedelte, der Ernährungsfunktion dienende Struktur ausbilden und nachgeburtlich den Säugling über Milchsekretion ernähren (Abb. 7.1, 7.2). Warum haben aber die Männer, definiert als „gebärunfähige Variationen-Generatoren“ (Kutschera 2015 a) funktionslose Brustwarzen und keine Placenta?

Nachfolgend wollen wir uns auf das Brustwarzen-Paradoxon konzentrieren. Die Anwesenheit dieser knopfförmigen Brustanhänge des

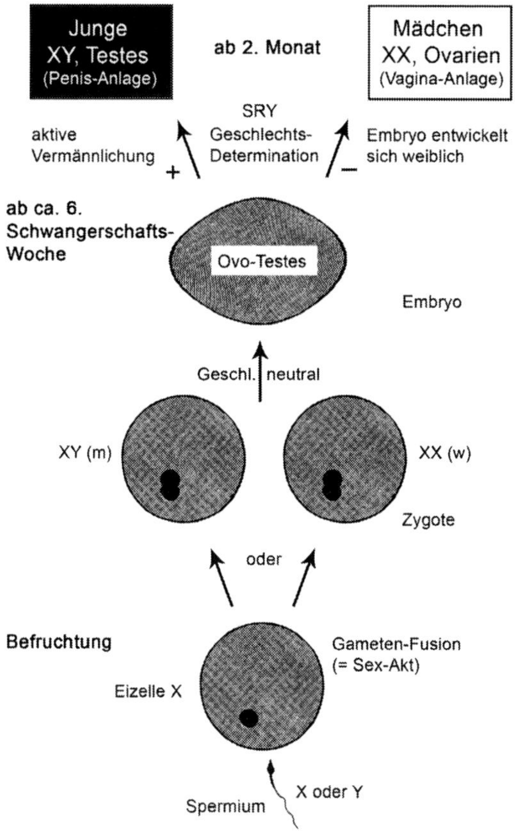


**Abb. 7.3**: Schema zur Illustration der primär weiblichen Entwicklung des Menschen, wobei die männliche Richtung erst später über das aktive SRY-Gen (und andere nachgeschaltete Gene, mit nachfolgendem Testosteron-Anstieg) ausgelöst wird. Der menschliche Sex-Akt (Zell- und Kernfusion) führt zu männlichen bzw. weiblichen Zygoten (XY- bzw. XX-Geschlechtschromosomen-Paare). Dennoch entwickelt sich ein mehrzelliger Vorläufer-Embryo zunächst neutral und später in weibliche Richtung. Dieser wird durch die SRY-Aktivität in die männliche Bahn umgesteuert, sodass somit je 50 % Jungen und Mädchen geboren werden (Originalgrafik 2015).

Mannes sind ein Beleg für die Theorie, dass das primäre Geschlecht des Menschen weiblich ist – Männer sind, entwicklungsbiologisch betrachtet, nichts anderes als modifizierte Frauen (Wolpert 2014). Umfassende embryologische Studien bei Mäusen und Menschen haben gezeigt, dass sämtliche Geschlechts-Unterschiede von Mann und Frau, vom Körperbau bis zur Gehirnstruktur, im Wesentlichen ein Resultat einer differenziellen Embryonalentwicklung im Mutterleib sind. Nach der Befruchtung einer Eizelle durch ein Spermium (Zell- und Kernfusion, d. h. Sex-Akt) wird eine Zygote gebildet. Obwohl das Geschlecht des daraus entwickelten Embryos durch die XY (m) bzw. XX (w)-Charakteristika festgelegt wird (Geschlechtschromosomen, s. Kapitel 6), beginnt die frühe Embryonalentwicklung zunächst neutral/weiblich – wir alle waren einmal ein „feminisierter Embryo". Anders formuliert: Männer sind aus primär „weiblichen Embryonen" hervorgegangen, d. h. sekundär abgewandelte, ursprünglich feminin angelegte Menschentypen.

Die Umsteuerung der neutral/weiblichen Entwicklungsrichtung in die männliche Bahn wird, in den XY-Embryonen, durch ein Master-Kontrollgen, das eine maskuline Ontogenese verursacht, gesteuert. Obwohl wir somit ab der Zeugung entweder m (XY) oder w (XX) sind, entwickeln wir uns zunächst neutral und dann in „Richtung Frau", wobei die Umsteuerung durch die Aktivität des auf dem Y-Chromosom lokalisierten SRY-Gens basiert (Sex [testis]-determining Region on the Y-Chromosome; nach der Hoden-Entwicklung setzt die Testosteron-Produktion ein). Da den weiblichen Embryonen (XX) das Y-Chromosom fehlt und somit auch kein SRY-Gen vorhanden ist, sprechen Entwicklungsbiologen bzgl. der Frau (bzw. weiblicher Säugetiere) von dem „default sex" (Mangel-Geschlecht) (Wolpert 2014). In Abbildung 7.3 ist ein aktuelles Modell zur embryonalen Geschlechts-Determination abgebildet, das für Mäuse und Menschen gilt, die über ein homologes SRY-Gen verfügen. Das „Männlichkeits-Gen" leitet die Gonaden-Entwicklung in Richtung Hoden (Testes) um – ohne aktives SRY-Gen würden nur weibliche Embryonen entstehen, die durch Eierstöcke (Ovarien) definiert sind (Kashimada und Koopman 2010, Bao und Swaab 2011). Spätestens ab der 6. Woche nach Befruchtung ist ein menschlicher Embryo somit in über 99 % aller Fälle entweder eindeutig männlich oder weiblich, d. h. XY (Testes) bzw. XX (Ovarien) definieren das Geschlecht. Weiterhin ist der Testosteron-Pegel bei männlichen Embryonen etwa doppelt so hoch wie in weiblichen Gegenparts. Vorgeburt-

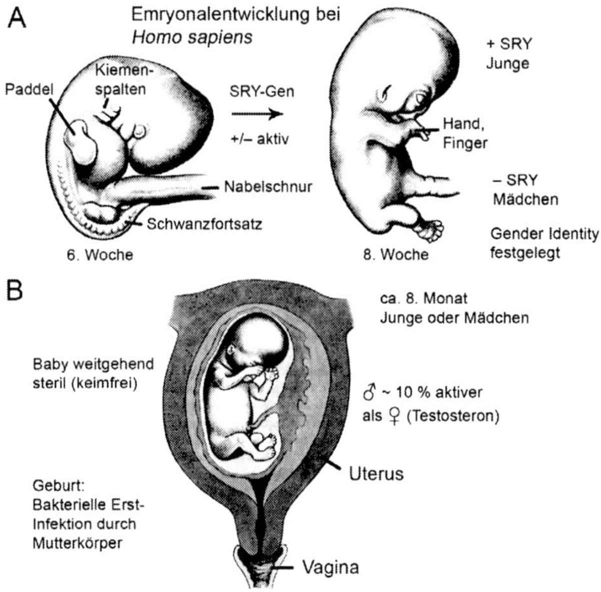


**Abb. 7.4**: Die Geschlechts-Identität (Gender Identity) ist bei über 99 % aller Menschen chromosomal (XX bzw. XY) und genetisch-hormonell bedingt (SRY-Gen aktiv, +/– Testosteron). Bereits im Uterus sind wir somit entweder männlich oder weiblich festgelegt (A). Es gibt nur zwei Geschlechter, plus Fehlbildungen (Intersex-Menschen). Jungen sind, testosteronbedingt, bereits im Uterus aktiver als Mädchen. Die bei vaginaler Geburt erfolgende Bakterien-Besiedelung des Babys ist eingezeichnet (B) (Originalgrafik 2015).

lich werden zusätzlich die Kopulationsorgane (Penis, Vagina) angelegt, sodass mit der Geburt die folgende Formel gilt:

Junge: XY-Geschlechtschromosomen, Testes, juveniler Penis;

Mädchen: XX-Geschlechtschromosomen, Ovarien, juvenile Vagina.

Wie kam es zu dieser bahnbrechenden Entdeckung? Biologen fanden in Labor-Populationen XY-Mäuse, die nicht männlich, sondern weiblich waren (Ovarien, Vagina). Nach Untersuchung des Y-Chromosoms dieser „femininen Männchen“ stellte sich heraus, dass genau jener Bereich, wo das SRY-Gen liegt, in diesen mutierten Mäusen fehlte. Ohne vorgeburtliche SRY-Aktivität entstehen aus Zygoten trotz männlichem Chromosomensatz somit immer nur Weibchen.

*Fazit:* Eine „geschlechtsneutrale Geburt als Unisex-Mensch“ existiert bei über 99 % aller lebend zur Welt kommenden Individuen der Art *Homo sapiens* nicht – damit ist das bereits von Diamond (1965) ad absurdum geführte Fundamental-Dogma der Moneyistischen Gender-Ideologie mit noch schlagkräftigeren Argumenten endgültig widerlegt (Kashimada und Koopman 2010, Bao und Swaab 2011, Wolpert 2014, Hughes und Page 2015, McCarthy 2015) (Abb. 7.3, 7.4 A).

Wie Austad (2015) darlegt, ist das Verhältnis bei der Geburt ca. 51,3 % männlich und ca. 48,7 % weiblich, d. h. es kommen, statistisch betrachtet, mehr Jungen als Mädchen zur Welt. Vorgeburtlich sterben aber wesentlich mehr Embryonen ab, die XY/Testes-Varianten sind, d. h. männliche Individuen sind weniger robust als weibliche (Meyer 2015). Der geringe Männer-Überschuss ab Geburt geht im Laufe der Entwicklung immer mehr zurück, da die „Herren der Schöpfung“, u. a. bedingt durch den 10- bis 20-fach höheren Testosteron-Level und die Gebär-Unfähigkeit, einen wesentlich riskanteren Lebensstil führen (bis hin zur Aufopferung für den Beruf). In der Gruppe der 100-jährigen Menschen sind 3/4 der Überlebenden weiblich, und in der „Senioren-Vereinigung 110“ finden wir 95 % Frauen (Austad 2015). Die exakten Ursachen dieses Geschlechter-Dimorphismus bzgl. der Lebensdauer konnten noch nicht im Detail entschlüsselt werden.

## Die Auto- bzw. Puppen-Manie von Kleinkindern

Gender-Ideologinnen argumentieren üblicherweise (leider ohne Verweis auf Money et al. 1955), dass Jungen ab dem 2. Lebensjahr durch „Unisex-Spielzeug“ problemlos „vermädlicht“ werden können – die bekannte Vorliebe für Autos und andere „harte“ Spielgegenstände sei lediglich anerzogen. Umgekehrt soll es möglich sein, Mädchen die bekannte Vorliebe für Puppen und andere „weiche“ Gegenstände leicht aberziehen zu können. Dies sei alles nur durch „Geschlechter-Stereotypen“ vermittelt, so wird üblicherweise argumentiert (Degele 2008).

In diesem Abschnitt wollen wir die Wahrheit ergründen: Sind Jungen und Mädchen, bald nach der Geburt, biologisch-genetisch auf verschiedene Gegenstände programmiert oder sind diese Vorlieben rein sozio-kulturell, d. h. durch das Erziehungspersonal, eingeimpft worden?

Im 18. Jahrhundert hat man in unzähligen Bildern stillende Mütter mit Kleinkindern abgebildet. In unserem Beispiel (Abb. 7.2) sehen wir eine derartige Szene, wobei zwei heranwachsende Mädchen von ihren Müttern versorgt werden und die damals typische Frauenkleidung tragen. In diesem idyllischen Holzschnitt kann man durchaus Gender-Stereotypen erkennen, und in der damaligen Zeit war mit Sicherheit der gesellschaftliche Druck, sich als Mädchen zu verhalten, wesentlich ausgeprägter als heute.

Umfassende Studien belegen jedoch jenseits aller Zweifel, dass das „Junge- oder Mädchen-Sein", verhaltensbiologisch betrachtet, bereits im letzten Drittel der Schwangerschaft einsetzt. Ellis und He (2014) haben 6.546 US-Mütter befragt, davon ca. 95 % nicht-hispanisch-weißhäutige Probanden, ob die Aktivität (Beweglichkeit) ihres ungeborenen Kindes hoch oder niedrig sei (Skala von 0 bis 9). Auf Grundlage dieser Skalen-Werte konnte statistisch abgesichert belegt werden, dass männliche Embryonen ab dem 6. Schwangerschaftsmonat im Mutterleib ca. 10 % aktiver sind als weibliche Kontroll-Individuen (Abb. 7.4 B). Da, wie bereits gesagt, die Konzentration des „Männlichkeitshormons" Testosteron bei XY-Embryonen mindestens zweifach höher ist als bei weiblichen, führt man diese erhöhte Beweglichkeit auf die Wirkung dieses Steroidhormons zurück. Weiterhin konnten die Autoren nachweisen, dass die Aktivität männlicher neugeborener Babys (Bewegungen pro Minute) ca. 2,5-fach höher ist als in weiblichen Kontrollgruppen. Diese „Hyperaktivität" (m) ist statistisch hoch signifikant und daher ein biologisches Faktum. Da das Testosteron auch nachweislich Wirkungen auf die embryonale Gehirnentwicklung hat (Hines 2011), sind diese Befunde verständlich – der Geschlechts-Dimorphismus der Embyronen beginnt somit, bezogen auf das männlich/weibliche Verhalten, bereits ab dem 6. Schwangerschaftsmonat (Ellis und He 2014).

Entwicklungsbiologische Untersuchungen an Neugeborenen haben gezeigt, dass bereits während der ersten Lebenstage nach der Geburt weibliche Babys bevorzugt menschliche Gesichter betrachten, während Jungen sich mehr an sich bewegenden Gegenständen orientieren. Während des 3. bis 8. Lebensmonats bevorzugen Mädchen Puppen und andere weiche Gegenstände (z. B. Bälle), während Jungen Autos und andere harte Spielzeuge wählen (Experiment: die Babys werden mit entsprechenden Gegenständen konfrontiert und man untersucht/protokolliert, wohin sie bevorzugt blicken). Ab spätestens dem 2. Lebensjahr bevorzugen Jungen Autos und Werkzeuge, während Mädchen Puppen und weiche Haushaltsgegenstände zum Spielen benutzen. Diese Aussage klingt „biologistisch" – sie basiert aber auf experimentellen Befunden (Bao und Swaab 2011). Werden Jungen und Mädchen, ab dem 1. Lebensjahr, mit Autos bzw. Puppen (d. h. hart-mechanischen, bzw. stoffartig-formbaren Gegenständen) konfrontiert, so greift die Mehrheit der Jungen in die Auto-Werkzeug-Kiste, während die Mädchen lieber mit weichen Stoff-Gegenständen spielen.

Man könnte spekulieren, dass die Bevorzugung harter Gegenstände bei Jungen sozio-kulturell bedingt ist. Experimente mit Affen (Meerkatzen, *Cercopithecus aetiops* und Rhesusaffen, *Macaca mulatta*) führten bei diesen nicht-menschlichen Primaten aber zu dem selben m/w-Resultat, sodass diese menschlichen Verhaltensweisen während der frühen Kindheitsentwicklung auf biologische (angeborene) Ursachen zurückgeführt werden müssen und nicht sozio-kulturell anerzogen sind (Alexander und Saenz 2012). Eine diesbezügliche Forschungsarbeit trägt daher den Titel „Sex differences in rhesus monkey toy preferences parallel those in children" (Geschlechter-Verschiedenheiten bei Spielzeug-Bevorzugungen junger Rhesusaffen verlaufen wie bei Kindern) (Hassett et al. 2008).

Bereits 1999 haben sich Evolutionsforscher die folgende Frage gestellt: „How does biology make boys prefer cars?" (Wie kann die Biologie Jungen dazu bringen, Autos zu bevorzugen?). Dieses zentrale Problem bzgl. der Money'schen Gender-Ideologie (politische Forderung: Unisex-Spielzeug in Kindergärten) wurde wie folgt gelöst. Das „Männlichkeitshormon" Testosteron ist bereits vorgeburtlich, bedingt durch die Aktivität des SRY-Gens, im XY-Embryo höher als bei weiblichen Kontrollen, und dieses Steroid steuert u. a. die Gehirnentwicklung in männliche Richtung. Woher wissen Biologen aber, dass bei der Auto-Liebe Testosteron ursächlich eine Rolle spielt? Mädchen, die am CAH-Symptom (Congenital Adrenal Hyperplasia) leiden, waren im Mutterleib einer erhöhten Testosteron-Konzentration ausgesetzt. Heranwachsende „CAH-

Damen“ bevorzugen Jungen als Spielkameraden, spielen lieber mit Autos/Werkzeugen als mit Puppen/Bällen und zeigen eine Reihe für Jungen typische Persönlichkeitsmerkmale (Bao und Swaab 2011). Diese Befunde, auf die wir noch zu sprechen kommen werden, belegen die Rolle der SRY-vermittelten Testosteron-Produktion in der „Vermännlichung“ des ursprünglich in weibliche Richtung gepolten menschlichen Embryos (Abb. 7.4 A, B) (McCarthy 2015).

## Männliche Homosexualität und der Hirschfeld’sche Regenbogen

Wie in Kapitel 2 dargelegt, hatte ich die Ehre, im *Editorial* des Feministinnen-Journals *Emma*, Ausgabe Juli/August 2015, von Frau Alice Schwarzer lobend erwähnt zu werden. Im selben Heft konnte man einen Bericht lesen, in dem beklagt wurde, dass es erhebliche Konflikte zwischen lesbischen Frauen und homosexuellen Männern gibt, obwohl diese Gegenparts doch im Kürzel „LGBT“ innig vereint sind. Die Frage, warum es diese „Lesben-Schwulen-Probleme“ gibt, konnten die *Emma*-Autorinnen nicht beantworten – wir werden dieses Rätsel lösen.

Nachfolgend sind historische Studien zum Homo-Phänomen bei Männern zusammengestellt, die in direktem Bezug zu aktuellen Entwicklungen stehen. Der deutsche Arzt und Schriftsteller Magnus Hirschfeld (1868–1935) war einer der ersten Forscher, der die Frage bzgl. der Ursachen männlicher Homosexualität wissenschaftlich fundiert analysiert hat. Nach Schlegel (1962) verfasste Hirschfeld einerseits ein verfehltes Intersexualitäts-Schema; er hat aber auf der anderen Seite mit Zwillings-Studien eine äußerst fruchtbare und in die Zukunft weisende Forschungsrichtung etabliert. Wir wollen nachfolgend kurz auf das Hirschfeld-Intersexschema zu sprechen kommen, das im LGTBQIA-Konzept 2013 nachklingt und mit dem Gender-Dogma einer „variablen und frei wählbaren erotischen Neigung“ geistesverwandt ist. Dieses Hirschfeld’sche Gedankengebäude kann wie folgt zusammengefasst werden (Einteilung der Menschen in sechs Gruppen, Nummern I – VI) (Schlegel 1962):

Dieser „biologische Regenbogen“, beginnend mit dem Intersex-Menschen (I), der nach der Money’schen Nomenklatur als „Hermaphro-

| | |
|---|---|
| I | Intersexualität im Genitalapparat oder Hermaphroditismus |
| II | Intersexualität der sonstigen körperlichen Geschlechtszeichen oder Androgynie |
| III | Intersexualität der Außenprojektion der eigenen seelischen Persönlichkeit, Transvestitismus |
| IV | Intersexualität im Geschlechtstrieb: Metatropismus (oder Aggressionsinversion) |
| V | Intersexualität im Geschlechtstrieb: Anziehung zwischen virilen Frauen und femininen Männern |
| VI | Homosexualität: Sexualempfindung erstreckt sich ausschließlich auf das gleiche Geschlecht |

dit“ bezeichnet wird, bis zum homoerotisch gepolten Mann (bzw. einer Frau) (VI), existiert in der Realwelt nicht. Das ist insofern bemerkenswert, weil Hirschfeld selbst homoerotisch veranlagt war und somit als „Insider“ spricht. Die Frage, warum er dieses „Regenbogen-Schema“ mit kontinuierlichen Übergängen vermutet hat, ist rätselhaft. Die virtuelle (widerlegte) „Hirschfeld-Leiter“ steht jedoch in gewisser Weise mit der Alfred C. „Kinsey-Stufenskala der Homosexualitätsgrade“ in Verbindung, die von Norris et al. (2015) als Fiktion entlarvt werden konnte (schwul geborene Männer zeigen, im Gegensatz zu Heteros, feminisierte Gesichtszüge bzw. Verhaltensweisen – ohne Abstufungen, Wang und Kosinski 2018). Diese Skala erinnert an das „Regenbogen-Dogma“ der deutschen Gender-Ideologen, die, à la Hirschfeld, von einem Übergangsbereich (Intersex bis Homoerotik) ausgehen, wobei man sich seine Neigung angeblich „frei auswählen“ kann. Dieses feministische Staats-Dogma wird inzwischen über eine „Regenbogen-Fahne“ im politischen Kontext zur Schau gestellt – ein Armutszeugnis für den Stellenwert sowie die Achtung der Naturwissenschaften in Deutschland (s. Norris et al. 2015).

Auf der positiven Seite sind aber die Hirschfeld’schen Zwillingsbeobachtungen zu nennen. So berichtete dieser Pionier, dass bei eineiigen Zwillingen (gleiches Erbgut) eine homoerotische Veranlagung immer bei beiden Brüdern anzutreffen ist, während in Kontrollgrup-

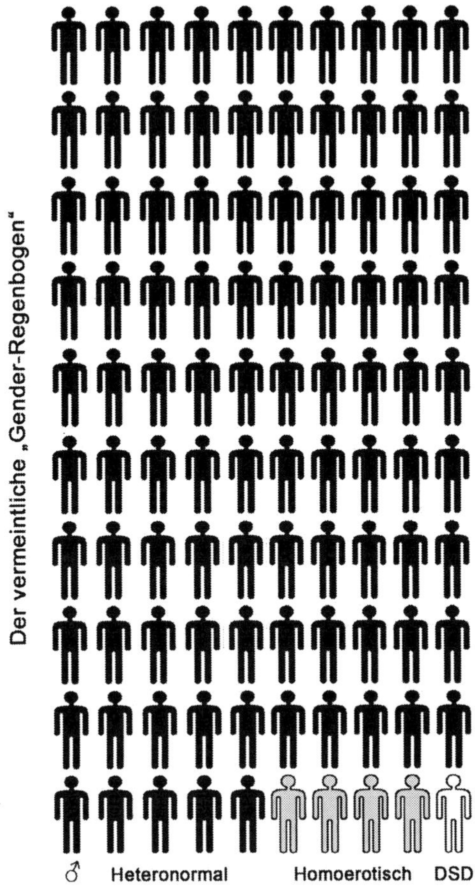


**Abb. 7.5**: Der hypothetische „Gender-Regenbogen“ in der Realwelt, bezogen auf ausgewachsene Männer. Das Schema zeigt, dass neben einem DSD-Menschen (einschließlich a-sexueller Personen) und ca. 1 bis 4 homoerotisch gepolten (schwulen) Männern ca. 95 % der Population als heteronormal zu klassifizieren ist (Originalgrafik 2015).

pen (zweieiige Zwillinge) eine derartige Übereinstimmung oder Konkordanz nicht vorliegt. Leider waren diese ersten Hirschfeld'schen Zwillingsstudien durch zu geringe Stichprobengrößen und keine zahlenmäßig adäquaten Kontrollen gekennzeichnet. Anfang der 1950er Jahre sind dann aber überzeugende Analysen publiziert worden, die bis heute ihre Bedeutung nicht verloren haben.

Im Jahr 1952 hat ein US-Forscher durch Zwillingsstudien (eineiige Brüder, verglichen mit zweieiigen Jungen-Paaren als Kontrollgruppe) nachgewiesen, dass die homoerotische Veranlagung genetisch determiniert und somit angeboren ist (vorgeburtliche Festlegung). Kallmann (1952) analysierte 40 eineiige männliche homosexuelle Zwillingspaare und fand dort eine 100 %-ige Übereinstimmung, obwohl die Paarlinge teilweise getrennt voneinander aufgewachsen sind und nicht miteinander in Kontakt gestanden haben. Die Analyse einer Kontrollgruppe (45 zweieiige männliche Geschwister) ergab, dass dort nur etwa 7 % der Probanden homosexuell veranlagt waren bei ca. 93 % Heteronormalität. Zehn Jahre später konnte in einer unabhängig erstellten Studie dasselbe Resultat erzielt werden. Schlegel (1962) fasste eine wesentlich größere Probandengruppe zusammen und schlussfolgerte: „In allen Zwillingsuntersuchungen unter 113 homosexuellen Paaren ergab sich bei eineiigen Zwillingen eine Übereinstimmung im homosexuellen Verhalten in 95 %, fehlende Übereinstimmung in 5 % der Fälle. Bei den zweieiigen Zwillingen ist eine Übereinstimmung des (strikt) homosexuellen Verhaltens nur in 5 % der Paare... vorhanden.“ Der Autor kam zum Schluss, dass „die Homosexualität des Menschen weit überwiegend erblich bedingt ist“ (Schlegel 1962). Da diese wertvollen Studien leider in Vergessenheit geraten sind, wollen wir nachfolgend auf zwei „moderne“ Analysen aus dem Jahr 2015 zu sprechen kommen, obwohl diese zusammenfassenden Arbeiten im Prinzip nur das bestätigen, was Jahrzehnte zuvor bereits offengelegt war (Kallmann 1952, Schlegel 1962).

Im Jahr 2015 sind drei unabhängig voneinander erstellte Berichte erschienen, in welchen das Phänomen „Homosexualität m/w beim Menschen“ auf seriös-fundierte Art und Weise dargestellt ist. Das Autoren-Kollektiv Camperio Ciani et al. (2015) veröffentlichte in den angesehenen *Cold Spring Harbor Perspectives in Biology* einen mit zahlreichen Quellenangaben versehenen Review Artikel („Human Homosexuality“); im Wissenschaftsjournal *Nature* (Magazin-Teil) ist ein entsprechender Bericht mit dem Titel „Diversity in Human Sexuality“ erschienen (Nordling 2015, mit zusätzlichem *Online*-Material, das in den nachfolgenden Darlegungen als Quelle herangezogen worden ist); die

**Abb. 7.6**: Der hypothetische „Gender-Regenbogen“ in der Realwelt, bezogen auf ausgewachsene Frauen. Das Schema zeigt, dass neben einer DSD-Person (einschließlich a-sexueller Individuen) und ca. 1 bis 4 homoerotisch gepolten (lesbischen) Frauen ca. 95 % der Population als heteronormal zu klassifizieren ist (Originalgrafik 2015).

Studie von Norris et al. (2015) wurde bereits erwähnt. Basierend auf diesen umfassenden Publikationen können wir die folgenden Fakten herausarbeiten.

Zunächst sei vermerkt, dass der Begriff „Homosexualität beim Menschen“ auch in der Spezialliteratur verwendet wird, wobei dort immer wieder, als Synonym, der korrekte Term „homoerotische Neigung“ zur Anwendung kommt. Wie wir mehrfach dargelegt haben, bedeutet der Begriff „Sex“ in der Biologie, vereinfacht dargestellt, „Befruchtung“, und nur eine Eizelle (+) kann mit einem Spermium (–) fusionieren (nicht jedoch ++ bzw. – –). Daraus folgt, dass nur „Heterosex“ funktioniert und zu einer Zygotenbildung führen kann (Embryo, Baby, Kind). Wir wollen dennoch den eigentlich unsinnigen Begriff „Homosexualität“ für gleichgeschlechtliche erotische Akte zwischen Männern bzw. Frauen verwenden, um mit der Standard-Nomenklatur konform zu gehen (es sei daran erinnert, dass Hermaphroditen, wie z. B. die Egel-Spezies *H. europaea* Kutschera 1987 über Selbstbefruchtung, d. h. Eigen-Kopulation, echten „Homosex“ betreiben, s. Kapitel 1; zum Homosex bei Pflanzen, s. Kapitel 9).

Wie häufig sind homoerotisch veranlage Männer bzw. Frauen in Populationen verschiedener Kulturkreise anzutreffen? Prähistorische Dokumente belegen, dass es homosexuelle Personen, männlich wie weiblich, schon in früheren Epochen gegeben hat; es handelt sich somit nicht um eine Erscheinung der modernen Zeit. Bezüglich der Häufigkeit kommen Fachleute 2017 zu dem Schluss, dass wir zwischen 1 und 4 % homosexuelle Personen vorfinden (beide Geschlechter betreffend, ist ein Mittelwert von 2 bis 3 % in europäischen Ländern realistisch). Der vermeintliche Money'sche „Gender-Regenbogen“ erinnert, bei ca. 95 % heteronormalen Männern bzw. Frauen, max. 4 % homoerotischer Individuen und ca. 1 % DSD-Personen (einschließlich „asexueller Menschen“) eher an ein Blockdiagramm als an ein Kontinuum (Abb. 7.5, 7.6). Zwischen den Phänomenen „Homosexualität bei Männern bzw. Frauen“ muss aber streng unterschieden werden, da es sich, biologisch betrachtet, um zwei völlig separate Erscheinungen handelt (Camperio Ciani et al. 2015).

## Angeborene Homophilie: Das Peter & Antonia-Experiment

Kommen wir zum Thema „homoerotische Männer“ zurück (Abb. 7.5). Die zentrale Frage, um die sich insbesondere politische Diskussionen 2014/15 u. a. in Afrika (und Russland) gedreht haben, lautet wie folgt: Ist eine homoerotische Veranlagung bei Männern angeboren (wie Kallmann 1952 und Schlegel 1962 geschlussfolgert haben), oder wird diese im Verlauf der Entwicklung erlernt (bzw. anerzogen)? Gemäß dieser Moneyistischen Gender-Ideologie, u. a. zusammengefasst in Degele (2008), soll es möglich sein, sich seine „sexuelle Neigung“ an- oder abgewöhnen zu können. Demgemäß war es auch z. B. ein Ziel im zurückgezogenen Bildungsplan 2015 (Baden-Württemberg), pubertierende Jungen und Mädchen im Biologieunterricht zu befragen, warum sie denn nicht lieber „homosexuell“ sind, oder warum sie denn unbedingt auf das andere Geschlecht fixiert „sein wollen“. Nach der soziologischen Gender-Hypothese ist somit das Geschlecht offen und nicht festgelegt, d. h. ein frei wählbarer *Life Style* (s. Abb. 7.8).

Wissenschaftliche Studien haben jedoch genau das Gegenteil gezeigt. Männer werden, mit einer hohen genetischen Prädisposition (Erblichkeit), entweder homo- oder heteroerotisch veranlagt geboren und bleiben dann zeitlebens auf das eigene (m) oder andere (w) Geschlecht fixiert. Homosexuelle Männer sind nicht gleichmäßig auf die Menschenpopulation verteilt – das Phänomen kommt in manchen Familienverbänden gehäuft vor (insbesondere in Großfamilien mit vielen Söhnen). Dieser Befund unterstützt die Erblichkeit-Hypothese (Schlegel 1962). Weiterhin ist sie Grundlage der „Viele-Brüder-Homo-Immun-Theorie“, die bestätigt werden konnte (eine Erklärung der biologischen Ursache angeborener Homosexualität, Bogaert et al. 2018).

In afrikanischen Staaten, wie z. B. Uganda, hat man homosexuell veranlagte Männer bis 2015 u. a. deshalb bestraft (bzw. mit dem Tod bedroht), weil man, gemäß der deutschen Gender-Ideologie, geglaubt hat, Homoerotiker würden per Umerziehung die „normalen“ Hetero-Jungen verführen und zu ihrer „abnormalen Homo-Neigung“ konvertieren. Über derartige erworbene homosexuelle Veranlagungen würden dann männliche Personen, die ohne Zuneigung zu Frauen (d. h. kinderlos) leben, ihre „unnatürliche“ homoerotische Polung ausbreiten, zum Nachteil des Staates. Dieser würde im Laufe der Zeit infolge der vermuteten Zunahme der Zahl homoerotischer Männer aussterben (sinkende Geburtenraten). Wie in den Berichten von Camperio Ciani et al. (2015) und Nordling (2015) dargelegt, ist eine angeborene homosexuelle Veranlagung (wie Rechts- bzw. Linkshändigkeit) weder an- noch aberziehbar. Wir wollen zur Verdeutlichung dieses Grundsatzes einen

**Abb. 7.7**: Foto des Ehepaars Peter und Antonia Tschaikowsky kurz nach deren Heirat im Jahr 1877. Der damals 37-jährige russische Komponist wollte sich über die Verbindung mit einer jungen, attraktiven Verehrerin seine homoerotische Neigung aberziehen, was jedoch nicht möglich war. Dieses berühmte, fehlgeschlagene „Peter & Antonia-Experiment" beweist, dass die mit Heterophobie verbundene Homosexualität bei Männern angeboren ist und nicht, als *Life Style*-choice, gemäß der Gender-Ideologie an- und abgewöhnt werden kann (nach einem Bild aus dem 19. Jahrhundert).

dritten Blick in die Musikgeschichte werfen (Leben und Werk der Komponisten G. P. Telemann und J. Weismann wurden in Kapitel 3 und 5 angesprochen).

Das berühmteste „Homo-Beispiel" ist allgemein bekannt und soll nachfolgend vorgestellt werden (Abb. 7.7). Der zum Juristen ausgebildete Komponist Peter Tschaikowsky (1840–1893) kam, homoerotisch veranlagt, als einer von fünf Jungen eines russischen Ehepaares in Wotkinsk (Ural) zur Welt. Der sensible Künstler konnte sich zeitlebens nicht mit dieser, damals als „Krankheit“ bzw. „Perversion“ bezeichneten gleichgeschlechtlichen Veranlagung (Homophilie) abfinden. Tschaikowsky hatte seinen gleichgeschlechtlichen Sexualtrieb als unnatürlich empfunden und Angst davor, dass sein Geheimnis ans Licht kommen würde. Des Weiteren kam er zu der Überzeugung, er sei ein verachtenswürdiger Mensch, weil er andersartig ist. Diese sexuelle Neigung hatte somit negative Auswirkungen auf Tschaikowskys Psyche, sodass er zeitlebens an Depressionen gelitten hat. Der Musiker wollte sich seine homoerotische Veranlagung aberziehen und erhoffte sich damit den Weg zum Lebensglück.

Aus dieser Not heraus hat Tschaikowsky, als angesehener Professor an der Musikakademie in Moskau, eine deutlich jüngere Verehrerin geheiratet, was in einer Katastrophe endete. Der damals 37-jährige Komponist war bereits durch großartige Werke, wie z. B. seine erste Sinfonie in g-moll (Winterträume Op. 13) sowie sein geniales Klavierkonzert Nr. 1 b-moll Op. 23 („Die Hymne der Virtuosen“), berühmt geworden. Eine Dame, Frau Antonia Miljukowa (Lebensdaten unbekannt), hatte den gefeierten Komponisten über Briefe kontaktiert, die Tschaikowsky jedoch zunächst nicht beachtete. Da er aber unter seiner als „abnormal“ angesehenen homoerotischen Neigung gelitten hat, stimmte Tschaikowsky dem Heiratswunsch seiner Verehrerin letztendlich doch zu – er machte aber von vornherein klar, dass für ihn nur eine brüderliche Verbindung in Frage kommen kann. Nach dem Motto „das werden wir schon hinbekommen“ war Antonia mit dieser Vereinbarung einverstanden und erwartete sehnsuchtsvoll die offizielle Verbindung mit Tschaikowsky (Abb. 7.7) – das „Anti-Homo-Experiment“ kam damit in Gang.

## Der geniale heterophobe Homoerotiker und die Psycho-Krankenschwestern

Drei Tage vor der Hochzeit brachte Tschaikowsky seine Gefühlslage in Briefen wie folgt zum Ausdruck: „Meine Braut Antonia ist ein armes, aber gutes und unbescholtenes Mädchen, welches mich sehr lieb hat. Ich bin überzeugt, dass meine zukünftige Gattin alles aufbieten wird, mein Leben ruhig und glücklich zu machen.“ Noch konkreter wird Tschaikowsky in den folgenden Zeilen: „Vor längerer Zeit erhielt ich den Brief eines Mädchens, dem ich schon früher begegnet war. Aus ihren Zeilen ging hervor, dass sie mich schon seit langem liebt… Im Alter von 37 Jahren mit einer angeborenen Abneigung gegen die Ehe plötzlich gewaltsam mit einer Frau, die man nicht liebt, verheiratet zu werden, ist sehr schwer… Ich heirate ohne Liebe, weil die Verhältnisse es erfordern und weil ich nicht anders handeln kann". Es mehrten sich Gerüchte in der Moskauer Gesellschaft, Peter Tschaikowsky sei homosexuell und somit „abartig veranlagt"; mit diesem Stigma konnte der sensible Musiker nicht leben (Helm 1977). In der Hoffnung, dass sich mit dem Zusammenleben seine Gefühlslage ändern wird, begann die weniger als drei Monate dauernde Ehezeit. Über die sieben Tage andauernde „Flitterwoche", sowie den Charakter seiner Ehefrau, äußerte sich Tschaikowsky u. a. wie folgt: „Sie ist durchaus mit allem einverstanden und wird nie unzufrieden sein. Sie will mich nur hätscheln und bemuttern. Ich habe mir all meine Bewegungsfreiheit bewahrt… Sie ist sehr beschränkt, aber das ist gerade gut so. Eine gescheite Frau würde ich fürchten. Über dieser aber stehe ich so hoch, beherrsche sie dermaßen, dass ich wenigstens kein bisschen Angst vor ihr habe… Ich habe sie darüber aufgeklärt, dass sie nur auf meine brüderliche Liebe rechnen dürfe. Körperlich ist mir meine Frau restlos widerlich geworden" (Helm 1977). Nach kurzer Zeit wurde dem Homoerotiker das Zusammenleben mit der attraktiven jungen Dame zur Qual. Eines Nachts verließ der Ehegatte das Haus und begab sich in einen kalten Fluss. Dort versuchte er, sich über eine zugezogene Lungenentzündung ein „legitimes Lebensende" zu verschaffen, um dieser für ihn unerträglichen Lage zu entkommen – vergeblich. Nach nur elf Wochen trennte sich das Ehepaar Tschaikowsky für immer; eine Scheidung wurde jedoch niemals vollzogen (Ehefrau Antonia lehnte dies ab). Der weltbekannte Komponist lebte als unglücklicher Mann bis zum 53. Lebensjahr; er starb als Opfer einer Cholera-Epidemie in Sankt Petersburg. Die Frage, ob Tschaikowsky sich vorsätzlich mit Cholera-verseuchtem Wasser das Leben genommen hat (bzw. ob er von seinen ehemaligen Hetero-Jura-Studienkollegen über eine zugesandte Arsen-Lösung zum Selbstmord aufgefordert worden ist), kann bis heute nicht schlüssig beantwortet werden.

Unabhängig von diesen biographischen Details zeigt der Fall „Peter & Antonia" (Abb. 7.7) jenseits aller Zweifel, dass gleichgeschlechtlich veranlagte (d. h. homophile) Männer auch bei starker Willenskraft nicht in die Hetero-Richtung umerzogen werden können (Bestreben, mit einer Frau zu kopulieren) – eine noch so attraktive junge Dame kann diese Erziehungsleistung nicht vollbringen (Helm 1977). Weiterhin beweist die Tatsache, dass der Homoerotiker Peter Tschaikowsky seine Frau wie eine Spinne ablehnte – sie war ihm „körperlich restlos widerlich" –, die offensichtlich angeborene Heterophobie des Musikers.

Ist das missglückte „Peter & Antonia-Experiment" mit der geoffenbarten Heterophobie (d. h. einer Abscheu vor dem anderen Geschlecht bzgl. erotischer Handlungen) als historischer Einzelfall zu bewerten?

Wie eine Monographie mit dem sinngemäß übersetzten Titel „Das Heilen von Außenseitern. Psycho-Krankenschwestern und ihre Patienten, 1935–74" zeigt, hat man in Europa über Jahrzehnte hinweg versucht, willigen homosexuellen Männern (und Frauen) ihre gleichgeschlechtliche Zuneigung abzutherapieren, wobei auch schmerzhafte Verfahren, wie z. B. Elektroschock-Behandlungen, zum Einsatz kamen. Das Ergebnis war ernüchternd: In keinem einzigen Fall konnte man einen homosexuellen Mann zu einem Frauenliebhaber „umpolen" – die mit starker Heterophobie gekoppelte Homophilie war die „zweite Natur" dieser systematisch wissenschaftlich studierten Menschen (Dickinson 2015). Dieser Bericht soll durch die nachfolgend angesprochene Studie ergänzt werden. Ein Psychologe erzählte mir im November 2015, dass, unveröffentlichten Untersuchungen gemäß, homoerotisch veranlagte Männer beim Betrachten von Bildern, Mann-Frau-Kopulationen darstellend, mit Widerwillen reagieren. Das umgekehrte Experiment (Hetero-Männer werden aufgefordert, Geschlechtsgenossen bei homoerotischen Handlungen in Filmen zu betrachten) führte zum selben negativen Resultat (Abneigung). Die Frage, ob diese Beobachtungen repräsentativ sind, sollte systematisch untersucht werden.

Trotz dieser klaren Befunde wird immer wieder aus christlich-konservativen „Anti-Gender- und Evo-Kreisen" der Vorschlag in die Diskussion gebracht, eine nach biblischem Verständnis abnormale homoerotische Neigung bei Männern einfach wegzuerziehen. Diese christlich motivierte „Anti-Homo-Propaganda" widerspricht unserem Wissen bzgl. der betreffenden erotischen Neigung, die, zum Großteil genetisch fixiert, als angeborenes Verhaltensmuster gekennzeichnet werden soll-

**Abb. 7.8**: Veranschaulichung einer politischen Forderung der Gender-Ideologie (Moneyismus): Man propagiert u. a. den „Homo-*Life Style*“, mit nicht über natürliche Sex-Akte (klassische Befruchtungsprozesse) generiertem Retorten-Nachwuchs bzw. adoptierten Kindern (keine natürliche Generationen-Abfolge). Demgegenüber wird die in allen Kulturen der Erde über Jahrtausende hinweg belegte Vater/Mutter/Kinder-Verbindung kleingeredet (genetische Verwandtschaft, Generationen-Abfolgen, evolutionärer Wandel im Verlauf der Zeit) (nach Karikaturen aus dem Jahr 1961/Originalgrafik 2015).

te. Genau wie „Homo-Männer“ nicht konvertierbar sind, können junge „Hetero-Normalos“ nicht zur Homosexualität hin verführt bzw. umerzogen werden – es handelt sich hierbei nicht um einen wählbaren *Life Style* à la Money (1988) (Bao und Swaab 2011, Nordling 2015, Norris et al. 2015). Dieser zentrale Sachverhalt ist in unserer Abbildung 7.8 veranschaulicht, wobei die Tatsache, dass nur Vater/Mutter/Kinder-

Familien genetisch miteinander verwandt sind (natürliche Generationenabfolgen), in die Grafik integriert worden ist.

Obwohl die Faktenlage, wie sie in der referierten Fachliteratur vorliegt, eindeutig ist, gibt es immer wieder Medienberichte, in welchen von „schwulen Vätern“ gesprochen wird. Gemäß diesen Erzählungen soll bei einem heteronormalen Mann, der angeblich leibliche Kinder gezeugt hat, zu einem späteren Lebens-Zeitpunkt eine Homophilie entstehen, sodass er sich von seiner Frau abwendet und zum Männer-Liebhaber wird. Diese Berichte stehen im Widerspruch zur genetisch veranlagten, angeborenen (d. h. erblich bedingten) homoerotischen Neigung bei Männern, wie sie in unzähligen seriösen Studien nachgewiesen ist (Dickinson 2015, Camperio Ciani et al. 2015, Nordling 2015). Weiterführende Untersuchungen sind notwendig, um diese Aussagen wissenschaftlich fundiert zu überprüfen (Existenz von Männern, die eine Hetero- zur Homophilie entwickelt haben, s. Norris et al. 2015).

## Lesbische Frauen und deren Darwin'sche Fitness

Kommen wir nun zur Frage bzgl. gleichgeschlechtlicher Beziehungen bei Frauen (Abb. 7.6). Im Gegensatz zu homoerotisch veranlagten Männern ist die lesbische Zuneigung wesentlich flexibler und auch von Umweltfaktoren gesteuert (Camperio Ciani et al. 2015). Heteronormale Frauen können somit, bei anhaltend negativen Erfahrungen mit Männern sowie unter dem Einfluss politischer Lesben-Propaganda, relativ leicht „umgepolt“ werden, entweder vollständig oder nur teilweise. Archäologische Fakten belegen, dass lesbische Frauen in früheren Zeiten nahezu dieselbe Kinderzahl (Darwin'sche Fitness) hatten wie ihre heteronormalen Geschlechtsgenossinnen. Man geht daher davon aus, dass der „Mutterinstinkt“ (Kinderwunsch) bei lesbischen Frauen in gleicher Weise ausgebildet ist wie in Hetero-Kontrollgruppen. Vermutlich war die Bereitschaft dieser Frauen zur Paarung mit Männern noch vorhanden (mit der Tendenz zur weiblichen Bisexualität), aber die Faktenlage ist hier wenig überzeugend (Vergewaltigungen durch dominante Alpha-Männer können nicht ausgeschlossen werden; der umgekehrte Fall, ein homoerotisch-heterophober Mann wird von einer Normal-Frau erfolgreich zur Kopulation gebracht, ist bis heute, soweit mir bekannt, in der Fachliteratur nicht dokumentiert, s. Abb. 7.7).

Befunde belegen, dass im Verlauf der Menschheitsgeschichte Männer nach einer gewissen Zeit immer wieder ihre Frau und Kinder verlassen haben, um sich eine neue junge-fertile Partnerin zu suchen. Diese Verlassenen waren dann alleine dem Daseinswettbewerb ausgesetzt (in vielen Fällen konnten jedoch die jugendlichen Kinder ihre verwaiste Mutter unterstützen – die Jungen mit Jagen, die Mädchen mit entsprechenden Hausarbeiten, s. Kramer 2011). Weiterhin wissen wir, dass es auch in der Hominiden-Linie, ähnlich wie bei Löwen, zu Infantiziden kam: Mächtige Alpha-Männer haben immer wieder die Kinder ihrer Konkurrenten aus dem Weg geschafft, um sich dann erfolgreich mit einer attraktiv-jugendlichen Frau fortpflanzen zu können. Anthropologen schließen aus diesen Befunden, dass homoerotische Veranlagungen bei Frauen dem Überleben entsprechender „Männer-loser Kleingruppen" gedient haben und somit eine evolutionär sinnvolle Strategie war. Ähnlich wie bei homosexuellen Männern ist auch eine rein lesbische Veranlagung zumindest teilweise genetisch vorgegeben. Die Suche nach diesen m/w „Homo-Genen" hat 2015 noch zu keinem klaren Resultat geführt. Im Gegensatz zum männlichen Homo-Phänomen, welches wenig flexibel ist und in der Regel zu kinderlosen „XY-Menschen" führt, ist somit die lesbische Veranlagung im Naturzustand von Fertilität und evolutionärem Fortpflanzungserfolg begleitet (Camperio Ciani et al. 2015, Nordling 2015). In gewisser Weise ähneln diese lesbischen „Frauen-Kinder-Kollektive" den entsprechenden Überlebens-Gruppierungen bei jenen Gleit-Vögeln, die ihre Nester auf der Insel Hawaii bauen (Laysanalbatros, *Phoebastria immutabilis*). Weibliche Vögel mit Jungtier, die mangels ausreichender Männchenzahl alleine dem harschen Daseinswettbewerb ausgesetzt sind, bilden Gruppen, wobei die Chancen, den Nachwuchs durchzubringen, bei zwei „Erzieherinnen" größer sind als bei „Single-Mothers" (Poiani 2010). Die Frage, warum es heute viele lesbische Frauen-Paare gibt, die ohne Fortpflanzungswunsch gut zurechtkommen und dann kinderlos ableben, ist ein psychologisches Problem, das hier nicht diskutiert werden kann.

Abschließend sei hervorgehoben, dass das Phänomen der homoerotischen Neigung in Menschen-Populationen als normale Komponente innerhalb einer naturgegebenen Variabilität des „Sexualtriebs" zu interpretieren ist. Diskriminierungen von LGBTQIA-Personen (Lesbians, Gay, Bisexual, Transsexual, Queer, Intersex & Asexual) sind in keiner Weise durch Sachargumente zu rechtfertigen und nur in einem religiöspolitischen Umfeld verständlich (wie z. B. in Russland und einigen Staaten Afrikas). Zur Frage bzgl. einer evolutionären Erklärung der Existenz homoerotisch veranlagter Männer wurden zwei Theorien formuliert, eine philosophische und eine biologische. Diese Konzepte zur Ergründung des „Homo-Paradoxons", verbunden mit einer originären Beschreibung ausgeprägter Homophobie, sind im nächsten Abschnitt dargestellt.

## Homosexualität im Tierreich mit Bezug zur Evolution

Im „Weismann-Jahr 2014" (22. Januar) hat der *Humanistische Pressedienst* (hpd) ein „F. Nikolai/U. Kutschera-Interview" zum Thema „Homosexualität und Evolution" publiziert, zu dem ich anschließend zahlreiche Zuschriften erhalten habe. In diesem Abschnitt wollen wir dieses Dokument in einer aktualisierten und ergänzten Version kennenlernen, um am Ende die beiden Theorien zur evolutionären Erklärung des Homosex-Paradoxons bei Männern darzulegen.

*Zusammenfassung*: In einem *Focus*-Interview 2008 (Thema: „Wir sind nur eine von Millionen Tierarten") hat der Physiologe und Evolutionsbiologe U. Kutschera behauptet, Homosexualität gäbe es fast ausschließlich beim Menschen. Diese Aussage steht im Widerspruch zur populären Annahme, gleichgeschlechtliche Partnerschaften seien bei Tieren häufig anzutreffen. Der *hpd* unterhielt sich mit ihm zu diesem Thema.

*hpd:* Herr Prof. Kutschera, gab es Reaktionen auf Ihre Aussage zur menschlichen Homosexualität im o. g. *Focus Online*-Interview, und wie sehen Sie das heute?

*U. Kutschera:* Neben vielen positiven Rückmeldungen zum Gesamtbeitrag „Evolution" haben einige Bürger meine Aussage kritisiert – Homosexualität sei im Tierreich häufig anzutreffen, so wurde behauptet. Offensichtlich haben sich diese Personen auf eine Monographie von Bagemihl (1999) berufen, wo von ca. 1.500 Tierarten die Rede ist, bei denen homosexuelle Handlungen bekannt sein sollen. Um meine 2008 formulierte These zu begründen, muss zunächst der Begriff „Sex" erklärt werden. Der Biologe August Weismann definierte zweigeschlechtliche Tiere, bei denen es Männchen und Weibchen gibt, über die sexuelle Fortpflanzung: Spermien- und Eizellen-Produzenten sind bei diesen Arten, wie z. B. Vögel und Säugetiere, auf verschieden gebaute Körper verteilt (Sexual-Dimorphismus). Nach Weismann besteht die sexuelle Reproduktion, die er damals als „Amphimixis" bezeichnet hat, im Spermientransfer von einem männlichen zu einem weiblichen Tier, mit dem Ziel der Befruchtung der Eizelle (Zygotenbildung).

*hpd:* Aktuelle Forschungen lassen vermuten, dass es unter Tieren zu homosexuellen Handlungen kommt. Da stellt sich die Frage: Ist die Weismann'sche Sex-Begrifflichkeit aus dem 19. Jahrhundert heute noch relevant?

*U. Kutschera:* Seit 1883, als Weismann sein Werk „Die Entstehung der Sexualzellen bei den Hydromedusen" veröffentlichte, woraus er dann seine aktualisierte Evolutionstheorie ableitete, hat die Wissenschaft von der Fortpflanzung der Lebewesen große Fortschritte gemacht. Heute unterscheiden wir zwischen Gonochoristen und Hermaphroditen, d. h. zweigeschlechtlichen Lebewesen wie Vögeln, Affen und Menschen, und Zwittern wie Regenwürmern, Egeln und Schnecken. Hermaphroditen sind unter den ca. 1,7 Millionen Tierarten häufig anzutreffen – sie vermeiden in der Regel eine Selbstbefruchtung, die zu „inzüchtig" produzierten Abkömmlingen führt.

*hpd:* Danach ist der Begriff „Sex" in der Biologie eindeutig mit der Erzeugung von Nachkommen gekoppelt. Homosexuelle Menschen hinterlassen aber keine Kinder, wie verträgt sich das mit der Definition? Nennt der Biologe also gleichgeschlechtliche Handlungen nicht „Sex"?

*U. Kutschera:* In der Natur geht es im Struggle for Life (Daseinswettbewerb) der Organismen darum, wer sich als Individuum fortpflanzt und somit, über leibliche Nachkommen, seine Gene in die nächste Generation bringt. Der Begriff „Darwin'sche Fitness" steht für Lebenszeit-Fortpflanzungserfolg (Kinderzahl): Hätten sich unsere Eltern nicht zweigeschlechtlich (sexuell) fortgepflanzt, so wären wir nicht hier. Interaktionen gleichgeschlechtlicher Individuen können aber die Darwin'sche Fitness erhöhen, so z. B. unter heranwachsenden männlichen Säugetieren als „Übung“, wenn es später einmal um die Konkurrenz um Weibchen geht. Der Begriff „Homo-Sex“ ist, evolutionsbiologisch betrachtet, fragwürdig – man sollte wohl eher von „homoerotischen Neigungen“ sprechen.

*hpd:* Ihre Forschungsarbeiten über das Sexualverhalten zwittriger Würmer, wie z. B. Blutegel, sind in der Fachwelt bekannt und regelmäßig zitiert. Lässt sich daraus eine Regel zum Thema Homosexualität bei Tieren ableiten?

*U. Kutschera:* Hermaphroditische Ringelwürmer (z. B. Egel), die ich seit 1980 erforsche, enthalten männliche und weibliche Gonaden („Keimdrüsen“, d. h. Hoden und Ovarien) in einem Körper und produzieren somit zunächst Spermien und dann Eizellen (männliche bzw. weibliche Phase). Interessanterweise versuchen diese schleimigen Mischwesen beim Sex primär als Männchen (Spermien-Überträger) zu agieren. Sie bemühen sich, die weibliche Rolle als Spermien-Empfänger zu vermeiden, was nicht immer gelingt – meist kommt es zum „Hetero-Sex“ (zwei Individuen paaren sich). Bei Zwittern entspricht „Homo-Sex“ einer Selbstbefruchtung (ein Individuum kopuliert mit sich selbst, d. h. es pflanzt sich ohne Partner fort). Das kommt selten vor – ich konnte dieses Verhalten aber bei einer von mir entdeckten und beschriebenen Spezies, dem Europäischen Platt-Egel (*Helobdella europaea* Kutschera 1987), dokumentieren und, gemeinsam mit einem US-Kollegen, Jahre später evolutionsbiologisch deuten (Kutschera und Weisblat 2015) (s. Kapitel 1 und 3).

*hpd:* Das fordert die Frage regelrecht heraus: Ist Homosexualität beim Menschen somit von der Evolution vorgesehen oder eher als Sonderverhalten zu bewerten?

*U. Kutschera:* Die Evolution ist ein durch Zufall und Naturgesetzlichkeiten verlaufender Prozess und kennt keine „Vorsehung“ bzw. einen Plan oder Design. Neueste Forschungsergebnisse stehen im Widerspruch zur eingangs zitierten Annahme, homoerotische Beziehungen seien im Tierreich häufig anzutreffen. Unter den ca. 1,7 Million beschriebenen Spezies fallen zunächst die Hermaphroditen weg (ca. 25 %). Bei den Gliederfüßern (Insekten, Spinnentiere usw.), die, gemeinsam mit den Zwittern, über 90 % aller Arten ausmachen, konnten die beobachteten gleichgeschlechtlichen Interaktionen auf Verwechslungen zurückgeführt werden: Brünstige Käfer-Männchen versuchen, wie Erdkröten, alles Artgleiche zu begatten, so z. B. manchmal auch männliche Geschlechtsgenossen, die sich aber meist wehren. Außerdem riechen Insekten-Männchen nach erfolgter Spermienübertragung manchmal nach einem Weibchen und werden dann irrtümlicherweise von einem anderen männlichen Tier mit diesem verwechselt: schwule Käfer gibt es nicht (Scharf und Martin 2013). Übertragungen dieser gleichgeschlechtlichen Interaktionen auf Menschen sind wenig sinnvoll, da wir nicht nur Natur- sondern auch Kulturwesen sind.

*hpd:* Aber Menschen sind Wirbeltiere und keine Käfer. Wie sieht es bei den Primaten aus?

*U. Kutschera:* Das ist korrekt. Der Londoner Affenforscher Volker Sommer hat die bekannten homoerotischen Verhaltensweisen bei Wirbeltieren in einer klassischen Monographie zusammengefasst, wobei die Befunde auf über 1 000 Beobachtungen aufaddiert werden können – oft sind es aber nur Einzelfälle (nicht verallgemeinerbar) (Sommer und Vasey 2006). Aktuelle Untersuchungen an Schimpansen und Bonobos zeichnen ein reformiertes Bild. Bei den männlich-dominierten Schimpansen konnten im Freiland keine homoerotischen Neigungen beobachtet werden, das hat bereits Jane Goodall 2007 in einem Interview ausgesagt. Die weiblich dominierten Bonobo-Gemeinschaften werden regelmäßig als Paradebeispiel angeführt. Die homoerotischen Spielereien der Bonobo-Weibchen simulieren aber den Sex-Akt mit einem Männchen (den sie mit derselben Zuneigung vollziehen). Das Verhalten dient der Hierarchie-Ordnung in der Weibchengruppe (Clay und Zuberbühler 2012). Sollten sich die anderen Fälle homoerotischer Interaktionen bei Vögeln und Säugern bestätigen, so liegt die „Häufigkeit“ im gesamten Tierreich bei 1.000 zu über 1,7 Millionen und somit weit unter 0,01 %. Die wenigen gut belegten tierischen „Same-Sex-Interaktionen“ erfüllen vermutlich den Zweck einer „Übung für den Ernstfall“ bzw. Gruppen-Bindungen und sind auf menschliche Verhaltensweisen nicht übertragbar: Tiere haben, anders als Menschen, keine geschlechtliche Dauer-Identität (zeitlich begrenzte Brunft-Perioden).

*hpd:* Um zu einer ganz praktischen Frage zu kommen: Weshalb wird derzeit in einigen Staaten Afrikas und in Russland den homosexuell veranlagten Menschen derart hart entgegengetreten? Können Sie aus biologischer Sicht diese Intoleranz nachvollziehen oder begründen?

*U. Kutschera:* Im naturnahen Zustand haben Menschenverbände in der Regel überlebt, weil sie sich einem Gruppenführer angeschlossen haben. Diese Alpha-Männer, meist despotische Herrscher, haben ihre Macht und Intelligenz dazu benutzt, das Überleben des Kollektivs zu sichern. Diese Testosteron-gesteuerten Kämpfer hatten meist zahlreiche Reproduktions-Partnerinnen und somit eine hohe Darwin'sche Fitness (Kinderzahl). Möglicherweise übertragen die heutigen Despoten ihre eigenen Veranlagungen auf die von ihnen beherrschten Menschen und sind daher intolerant. Weiterhin waren die Gruppenführer daran interessiert, die Zahl ihrer Untergebenen zu vermehren: Verhaltensweisen, die eine Reduktion der Kinderschar mit sich bringen, passen nicht in dieses Schema. Da die Mutter-Kind-Beziehung die intensivste Bindung im Tierreich ist, spielt auch dieses allgemein bekannte Wissen möglicherweise eine Rolle und religiöse Mythen werden ebenfalls zur Begründung angeführt. Eine Diskriminierung homoerotisch veranlagter Menschen ist völlig unakzeptabel und kann durch kein Argument irgendwie gerechtfertigt werden.

*hpd:* Ist beim Menschen nicht das Sexualverhalten von der Fortpflanzung getrennt, anders als bei den Tieren?

*U. Kutschera:* August Weismann war glücklich verheiratet und leiblicher Vater von sechs Kindern (s. Kapitel 5). Ihm wird die Paarbindende Funktion des menschlichen Sexualverhaltens ohne Erzeugung von Nachkommen sicher bekannt gewesen sein. Dennoch bevorzugen reife, mächtige Männer junge Partnerinnen, die potenziell schwanger werden können, und sind Post-Menopause-Damen eher weniger zugeneigt. Möglicherweise steckt ein verborgener „Fortpflanzungstrieb" hinter dieser Vorliebe, insbesondere bei Alpha-Männern. Früher waren das die o. g. despotisch-intoleranten Rudelführer, heute sind es oft Führungskräfte.

*hpd:* Vielen Dank für dieses Gespräch.

Bereits einen Tag nach Veröffentlichung dieses Interviews gingen bei mir zustimmende wie auch kritische Kommentare ein. Zunächst wurde angemerkt, dass ich einen „biologistischen" Sex-Begriff verwenden würde, was unakzeptabel sei. Wie bereits mehrfach dargelegt, ist das „Sex-Wort“ seit über 250 Jahren Bestandteil der Biologie (Linnaeus 1735) und kann bestenfalls sekundär im Sinne von „erotische Akte“ umgedeutet werden. Ich bleibe daher bei meiner Terminologie (s. Kapitel 1).

Einige Kommentatoren fragten mich, was ich denn von der „Homo-Ehe“ halten würde. In Anbetracht der vorliegenden Scheidungsraten 2015 (Deutschland), die sich dem 50 %-Wert annähern und der geringen Kinderzahl (weniger 1,4 Lebendgeburten pro Frau, wobei nur bei der Zahl 2,1 die Population stabil bleiben würde) komme ich zur folgenden Antwort. Die Ehe wurde ursprünglich einmal vom Staat unter besonderen Schutz gestellt, weil Ehepartner in der Regel Kinder hervorbringen, die wiederum das Rentensystem tragen und den Staat in der Zukunft erhalten werden. Bei einem Geburtenunterschuss 2015 von ca. 1/3 pro Generation hat die finanzielle Förderung der Ehe im Sinne von „Staatserhaltung“ ausgedient. Man sollte daher meiner Ansicht nach die Ehe ganz abschaffen und dafür eine „Kinder-Prämie“ für Paare, die verantwortungsvoll Nachwuchs hervorbringen und groß ziehen, einführen. Das wäre ein zeitgemäßes Modell und würde endlich Generationen-Gerechtigkeit mit sich bringen. Weiterhin sollte man die Übertragung einer Rente von dem Verheirateten-Status abtrennen und diese Angelegenheit privat organisieren dürfen (s. S. 393).

## Philosophische Homophobie eines heteroerotischen Denkers

Der australische Evolutionsökologe Poiani (2010) und andere Forscher haben dargelegt, dass alle bis heute bekannt gewordenen angeblichen „Homosex-Akte“ bei Wildtieren nicht auf den Menschen übertragbar sind. Nur bei Mangel an Männchen bzw. Weibchen gibt es bei den o. g. Tierarten Verhaltensweisen, die man im „homoerotischen Sinne“ interpretieren kann. Da diese jedoch ganz andere Funktionen erfüllen (z. B. Festlegung von Hierarchien in Gruppen) und all diese Wildtiere sich in der Brunftzeit mit andersgeschlechtlichen Partnern paaren (sexuelle Reproduktion), könnte man bestenfalls bei gewissen Tierarten von einer „bisexuellen Neigung“ sprechen, aber auch das widerspricht den empirischen Befunden.

Den einzigen Fall „echter Homosexualität“, den ich 2015 in der

Fachliteratur ausfindig machen konnte, sind domestizierte Hausschafe (*Ovis aries*). Innerhalb dieser in der Obhut des Menschen lebenden Schafs-Populationen gibt es regelmäßig einige wenige Individuen, die sich ausschließlich dem eigenen Geschlecht zugeneigt fühlen und Weibchen meiden, d. h. heterophob sind (analog dem Peter & Antonia-Fall, Abb. 7.7). Da in wild lebenden Schafs-Populationen keine homoerotischen Männchen (Böcke) vorkommen, können wir schlussfolgern, dass nur Menschen und domestizierte Hausschafe „echte" Homoerotiker hervorgebracht haben. Nach Bogaert und Skorska (2011) sind Schafsböcke gute Modellorganismen zum Studium der homoerotischen Veranlagung bei Männern. Man könnte auf Grundlage dieser Faktenlage vermuten, dass auch beim Menschen erst nach der Selbst-Domestikation vor ca. 10.000 Jahren (Neolithische Revolution) das Phänomen homoerotisch veranlagter Männer aufgekommen ist. Belege für diese Hypothese sind mir allerdings nicht bekannt.

Kommen wir abschließend zu den beiden Theorien bzgl. des evolutionären „Sinnes" männlicher Homosexualität beim Menschen. Der Philosoph Arthur Schopenhauer hat in Band 2 seines Hauptwerkes *Die Welt als Wille und Vorstellung* (1859) versucht, das für ihn als „abscheuliches Laster" klassifizierte Phänomen der Päderastie (Knabenliebe, d. h. homoerotische Veranlagung bei Männern) evolutionsbiologisch zu erklären. Der Denker schlussfolgerte aus den ihm vorliegenden Berichten, dass bevorzugt junge wie auch ältere Männer homosexuelle Neigungen zeigen. Da diese jedoch, gemäß der Schopenhauer'schen Vererbungsthese, nur minderwertig-schwächlichen Nachwuchs zeugen können, werden diese Altersgruppen über Homo-Verhaltensweisen aus dem Fortpflanzungsgeschehen zurückgedrängt. Nur Männer mittleren Alters, im 19. Jahrhundert definiert als Personen zwischen dem 25. und 55. Lebensjahr, erzeugen nach Schopenhauer optimal gesunde und somit willensstarke Kinder – und dort soll das „Homo-Phänomen" nur selten auftreten (Schopenhauer 1859). Diese philosophische Erklärung ist im Lichte unseres heutigen Wissens unzutreffend und nur noch als historisches Gedankenkonstrukt mitteilungswürdig.

Wie oben dargelegt, hatte der russische Komponist Peter Tschaikowsky, als geborener Homoerotiker, eine starke Abneigung gegenüber dem Körper seiner Ehefrau (Heterophobie). Bekanntlich hat Tschaikowsky auch seine Mäzenatin, Frau Nadeshda von Meck (1831–1894), die ihn nach Aufgabe seiner Professur Jahrzehnte lang finanziell unterstützt hat, kein einziges Mal persönlich getroffen, u. a. weil der Komponist eine instinktive Abneigung gegen alle weiblichen Personen entwickelt hatte. Arthur Schopenhauer war hingegen ein bekennender „Frauen-Liebhaber“ (s. Kapitel 4). Diese ausgeprägte Heterophilie plagte den Philosophen über Jahrzehnte hinweg. Das ging so weit, dass der Philosoph im Alter froh war, dass sich sein starker, angeborener „Drang nach den Weibern“ endlich abgeschwächt hatte (Hübscher 1987). Gemäß Schopenhauers angeborener Zuneigung zum anderen Geschlecht entwickelte er eine instinktive Homophobie (Abneigung gegen den Gedanken, dass zwei Männer homoerotische Handlungen durchführen). Diese Abscheu gegenüber dem sogenannten „Homosex“ brachte der Philosoph, im Kapitel „Metaphysik der Geschlechtsliebe“ (Schopenhauer 1859), wie folgt zum Ausdruck: „Die Päderastie ist eine widernatürliche, im höchsten Grade widerwärtige und Abscheu erregende Monstrosität, eine Handlung, auf welche allein eine völlig perverse, verschrobene und entartete Menschennatur irgendwie hätte geraten können.“ Der Denker ging offensichtlich, im Sinne von Money (1988), davon aus, dass die homoerotische Veranlagung ein frei wählbarer *Life Style* ist (Gender-Ideologie, Abb. 7.8). Hätte er gewusst, dass es sich um eine angeborene Neigung handelt, die, wie z. B. die Rechtshändigkeit, nicht aberzogen werden kann, hätte er anders argumentiert.

Aus dieser historischen Tschaikowsky/Schopenhauer-Analyse, die in der heutigen Zeit eigentlich kaum zitierfähig ist (Vorwurf einer Beleidigung von Frauen bzw. Männern), folgt, dass sowohl die Hetero- wie auch die Homophobie als instinktive Abscheu vor „dem Anderen“ interpretiert werden muss.

Kommen wir abschließend zu einer aktuellen Theorie bzgl. der Erklärung des Homo-Paradoxons. Wie Nordling (2015) in dem dort beigefügten *Online*-Material mitteilt, sollen weibliche Verwandte homosexueller Männer (z. B. Schwestern) durchschnittlich mehr Kinder haben als jene entsprechender Hetero-Kontrollgruppen. Das evolutionäre Paradoxon des Vorkommens homoerotisch gepolter Männer, die in jeder Generation mit ca. 4 % aufs Neue entstehen, soll somit über eine Erhöhung der Fertilität der Schwestern (u. a. weiblicher Verwandten) erklärt werden. Die Frage, ob diese Theorie durch überzeugende Fakten unterstützt wird, kann hier nicht diskutiert werden. In der umfassenden Monographie von Poiani (2010) sind diese u. a. Spekulationen im Detail dokumentiert. Der einzige Punkt, den ich dem Autor anlasten möchte, ist die Tatsache, dass Poiani (2010) einige Original-Zitate des „großen US-Psychologen John Money" in den Text aufgenommen hat. Meiner Ansicht nach ist das Money'sche Verbrechen am Zwillingspaar Reimer so schwerwiegend, dass man diesen „Psychosex-Forscher" nicht durch löbliche Erwähnungen in einem seriösen Lehrwerk aufwerten sollte (s. Kapitel 8).

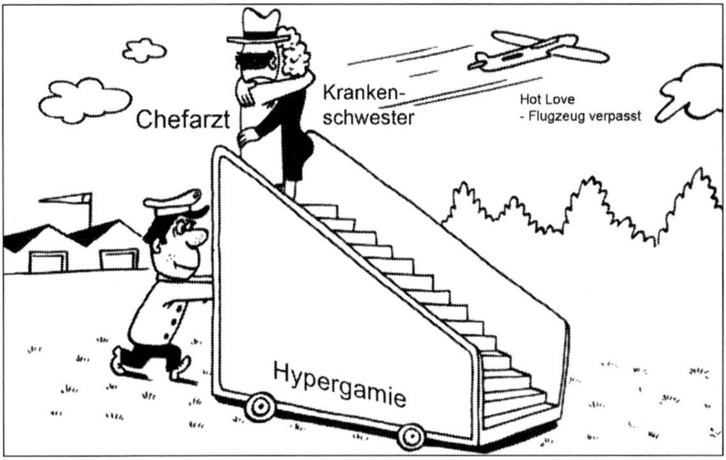


**Abb. 7.9**: Veranschaulichung des evolutionär bedingten Hypergamie-Prinzips beim Menschen. Der Erfolg des Mannes macht auch einen alternden, fetten Glatzkopf derart attraktiv, dass sich eine deutlich jüngere Frau in schlechterer beruflicher Position hingezogen fühlt. Der jüngere, schlanke Flughafen-Arbeiter hat nur geringe Chancen, da ihm die finanziellen Ressourcen fehlen (nach einer Karikatur aus dem Jahr 1961).

## Hypergamie-Prinzip und Partnerwahl von Mann vs. Frau

Aus der Menschheitsgeschichte und aktuellen Medienberichten ist hinreichend bekannt, dass erfolgreiche Männer in der Regel kein Problem damit haben, ihr mühselig verdientes Geld mit einer mittellosen Frau zu teilen (s. z. B. Peter & Antonia Tschaikowsky, Abb. 7.7). So kommt es immer wieder vor, dass z. B. ein Chefarzt eine Krankenschwester oder Sekretärin heiratet, obwohl dieser bzgl. Macht und Geld seiner Gattin haushoch überlegen ist. Der umgekehrte Fall, dass eine Chefärztin (Alpha-Frau) einen Krankenpfleger ehelicht, ist mir nicht bekannt. Möglicherweise gibt es jedoch seltene Ausnahmen von dieser Regel (Abb. 7.9).

Dieses Faktum verdeutlicht ein evolutionspsychologisches Phänomen, das unter dem Begriff „Hypergamie-Prinzip" (d. h. „hochheiraten") bekannt ist. Frauen sind, bei wirtschaftlich-sozialem Erfolg und dem damit verbundenen Status (z. B. in Deutschland als Ärztin), in der Regel nicht dazu bereit, sich mit einem rangniedrigeren Mann, insbesondere was die finanzielle Grundlage betrifft, einzulassen (in analoger Weise bevorzugen Frauen männliche Partner, die größer sind als sie selbst, s. Kapitel 6). Dieses evolutionäre Erbe bedingt, dass ein hoher Prozentsatz erfolgreicher „Alpha-Frauen", die teilweise über Quotenregelungen in entsprechende Positionen manövriert worden sind, lieber kinderlos sterben, als sich von einem weniger erfolgreichen Mann „zur Mutter machen zu lassen", nach dem Motto „Ich habe doch nicht bis 35 studiert, promoviert und habilitiert, um mich dann mit so einem Typen einzulassen" (Sefcek et al. 2007, Hakim 2011). Das geht soweit, dass, wie immer wieder berichtet wird, Quotenfrauen in hohen Positionen gleichqualifizierte Männer, die jedoch wegen der Gender Mainstreaming-Politik keine entsprechende Position gefunden haben, ablehnen. Da es jedoch für diese „Alpha-Frauen" die nachgefragten „Super-Alpha-Männer" kaum gibt (die meisten gut verdienenden, hart arbeitenden Männer bevorzugen es, nicht mit einer Konkurrentin unter einem Dach zu leben), bleiben diese „erfolgreichen Damen" in der Regel allein und sterben demzufolge kinderlos aus (Fachbegriff: „evolutionary dead end").

Das Hypergamie-Verhalten hochqualifizierter Frauen hat aber eine weitere reproduktionsbiologische Konsequenz. Da es immer mehr „studierte Damen" gibt, fehlen für Männer ohne Hochschulabschluss Frauen mit gleichem (bzw. niedrigerem) Bildungsniveau. Diese gebildeten, nicht aber „studierten" Männer finden demgemäß keine Partnerin mehr und sind dann auf Import-Bräute (z. B. aus Thailand) angewiesen. So ist

z. B. in San Francisco (Kalifornien, USA) der Prozentsatz kaukasisch-asiatischer (m/w) Paare stetig im Ansteigen begriffen, und als Leser der *S. F. Weekly* stelle ich fest, dass sich immer mehr amerikanische Männer im besten Alter von den „studierten Ami-Emanzen" abwenden und auf die umfassende asiatische Frauen-Population zurückgreifen (Herkunftsländer: Korea, Vietnam, China). Weiterhin ist in den USA unter Männern ein Trend „weg vom Studium, hin zur Berufsausbildung" zu verzeichnen, u. a. auch bedingt durch die enorm gestiegenen Tuitions (Studiengebühren). Diese demographischen Trends werden langfristig zu Änderungen in der Populationsstruktur führen und können im Lichte der Money'schen „Frau-gleich-Mann-Ideologie" interpretiert werden (Stichwort: Macht-Gleichstellung des weiblichen Geschlechts).

Aus diesen Fakten kann das Partner-Ideal der Geschlechter abgeleitet werden, welches direkt mit den evolutionsbiologisch verankerten unterschiedlichen Reproduktionsinteressen in Einklang steht. In einer klassischen Studie hat der US-Psychologe Buss (1989) die folgende Frage analysiert: Welche Eigenschaften bewerten Männer bzw. Frauen am jeweils anderen Geschlecht am höchsten? Aus Studien an Säugetieren wurde das Prinzip der sexuellen Selektion (Damenwahl im Tierreich) abgeleitet, wobei wir heute wissen, dass die „genetische Qualität" bzw. „Ressourcen-Bereitstellung" des männlichen Partners von der Mehrzahl der Weibchen als Auswahl-Kriterium herangezogen wird (Chapman 2006, Kappeler 2006, Krebs und Davies 2012). Gilt dieses Ausleseprinzip auch beim Menschen, der neben einem Natur- auch als Kulturwesen definiert werden kann? Buss (1989) untersuchte diese Frage auf Grundlage der Auswertung von Daten (über 10.000 Individuen), die sich auf 37 Kulturen, 6 Kontinente und 5 Inseln verteilt, erstreckten. Zunächst wurde untersucht, Frauen welcher Altersgruppe von Männern bevorzugt werden. Der inter-kulturelle Mittelwert lag bei einem Durchschnittsalter von ca. 25 Jahren. Weiterhin wird, neben der Jugendlichkeit, die physische Attraktivität und somit die Fertilität am höchsten eingestuft: Ob diese jung-attraktiven Frauen über finanzielle Mittel verfügen, ist von untergeordneter Bedeutung. Diese Zahl deckt sich mit einer Umfrage, aus der hervorgeht, dass Männer zwischen 20 und 50 Jahren Partnerinnen in der Altersgruppe 20 bis 25 am attraktivsten finden (Rudder 2014). Fassen wir die beiden Befunde zusammen, so kommen wir zu dem erstaunlichen Resultat, dass Männer intuitiv das weibliche Fertilitätsmaximum von ca. 25 Jahren als positives Signal „erkennen“, und das in allen Kulturen der Erde (von Afrika über Asien, Europa bis nach Neuseeland). Offensichtlich klingt hier ein evolutionäres Erbe nach, das bei den befragten heteronormalen Männern zum Vorschein kommt (Sefcek et al. 2007).

Frauen bevorzugen hingegen ältere Männer (als sie selbst), die über entsprechende materielle Ressourcen verfügen (Geld bzw. Erfolg) und sich gegenüber ihren konkurrierenden Geschlechtsgenossen bewährt haben (Alpha-Männer). Kurz gesagt, nach Buss (1989) bevorzugen Männer junge, attraktive, fertile und loyale (treue) Frauen, mit dem Potential Kinder zu gebären und diese häuslich-liebevoll großzuziehen, ohne dass materielle Dinge besonders wichtig wären (auf Bildung wird nur bedingt Wert gelegt). Frauen hingegen orientieren sich an reiferen Männern mit materiellem Absicherungspotenzial, d. h. die eine Familie unterhalten können (Versorgerfunktion). Diese Befunde wurden in unzähligen weiterführenden Studien immer wieder bestätigt und können somit als „Naturgesetz“ bezeichnet werden (s. Sefcek et al. 2007 und Hakim 2011 sowie die dort zitierte Literatur). Selbstverständlich beziehen sich all diese Angaben auf durchschnittliche Männer und Frauen – Ausnahmen existieren, die jedoch diese Regel bestätigen und nicht widerlegen (Abb. 7.9).

Abschließend sei auf den Zusammenhang zwischen vorgeburtlichem Testosteron-Level im Mutterleib und der relativen Fingerlänge hingewiesen. Wie die Autoren Moskowitz et al. (2015) nachgewiesen haben, ist bei durchschnittlichen Männern der Zeigefinger deutlich kürzer als der Ringfinger (D4 länger als D2), während die Situation bei Frauen genau umgekehrt ist (Abb. 7.10 A, B). Dieser „relative Fingerlängen-Test“ hat sich in unzähligen empirischen Studien bewährt und kann in gewisser Weise als „Männlichkeits- bzw. Weiblichkeits-Indikator“ herangezogen werden. So haben z. B. maskuline Frauen (überdurchschnittlicher Testosteronspiegel) eher ein D2/D4-Fingerlängenverhältnis wie durchschnittliche Männer, verglichen mit einer typischen weiblichen Kontrollgruppe. Wir werden auf die Anwendung dieses Verfahrens bei der Frage bzgl. dem „Maskulinisierungsgrad“ von Feministinnen zurückkommen (Kapitel 10).

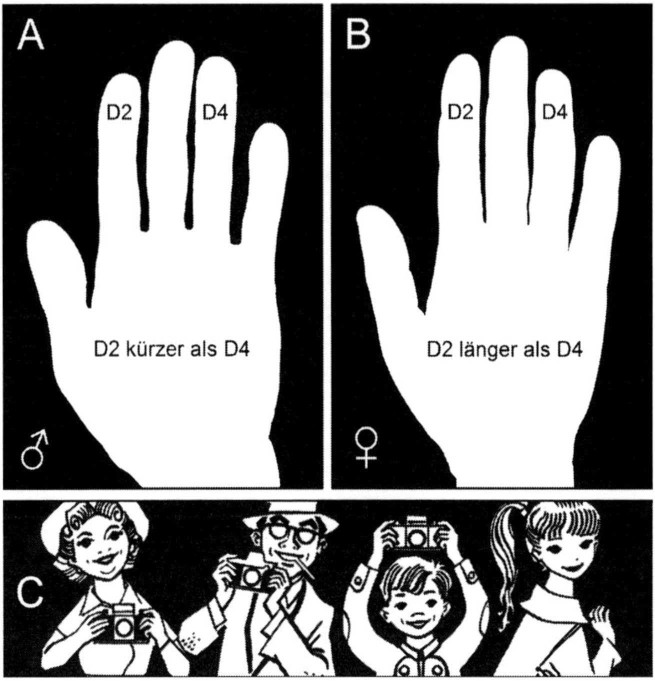


**Abb. 7.10**: Der Fingerlängen-Test zur Ermittlung vorgeburtlicher Testosteron-Levels als Maß der Maskulinisierung bei erwachsenen Männern und Frauen (A, B). Bei einem typischen Mann ist der Zeigefinger der rechten (wie linken) Hand deutlich kürzer als der Ringfinger, während dies bei durchschnittlichen Frauen umgekehrt der Fall ist. Mit diesem einfachen Verfahren kann z. B. der „Männlichkeitsgrad“ (mehr oder weniger feminisierte Herren) und die Weiblichkeit (mehr oder weniger maskulinisierte Damen) in Menschengruppen abgeschätzt werden. Glückliche zwei-Kinder-Familie (C). Das gemeinsame Hobby (Fotografie) vereinigt das genetisch verwandte Menschen-Kollektiv. Dennoch unterscheiden sich die Interessen von Frau und Mann (bzw. Junge und Mädchen), evolutionär bedingt, erheblich voneinander (Originalgrafik 2015).

Die oben zitierte Studie (Moskowitz et al. 2015) zu den Fingerlängen der Geschlechter (D2/D4) führte u. a. zu einem erstaunlichen, für die Partnerfrage relevanten Resultat. Auf Grundlage einer umfassenden Datenerhebung kamen die „Fingerlängen-Forscher“ zu der Erkenntnis, dass maskuline Herren (D2 kürzer als D4), die vorgeburtlich hohen Testosteronmengen ausgesetzt waren (vermännlichtes Gehirn), echte „Gentlemen“ sind (Abb. 7.10 C). Diese maskulinen Typen sind anderen Männern, d. h. Konkurrenten gegenüber konfliktfreudig, verhielten sich aber gegenüber Frauen zuvorkommend, freundlich, kompromissbereit und wenig streitsüchtig. Im Vergleich zu den eher femininen Männern (D2 und D4 ähnlich lang), die Frauen gegenüber streitsüchtig und wenig kompromissbereit sind, hatten die vermännlichten XY-Typen mehr leibliche Kinder (d. h. eine höhere Darwin’sche Fitness). Daraus folgt, dass eine harmonische Partnerschaft am ehesten zwischen den Extremen (maskuliner Mann/feminine Frau) zustande kommt, während „weiche Herren und harte Damen“ eher dazu neigen, im ewigen Streit und Kleinkrieg zu liegen (Moskowitz et al. 2015).

## Das Männerkaufhaus: Evolutionäre Psychologie für Laien

Am 11. Dezember 2012 wurde unter der Kategorie „Menschen & Blogs“ unter der YouTube-Standard-Lizenz ein kurzes, nur gesprochenes Video veröffentlicht (Titel: Männer vs. Frauen). In diesem sachlich fundierten und originell gestalteten Kurzbeitrag wurde das nachfolgend beschriebene hypothetische Szenario dargelegt. Die Phantasie-Geschichte handelt von einer Straße – auf der rechten Seite ist ein Männerkaufhaus, auf der linken Seite ein Frauenkaufhaus. Eine Frau geht in das Männerkaufhaus; dieses hat sechs Stockwerke und in jeder Etage gibt es andere Männer. Der Aufzug funktioniert nur in einer Richtung, d. h. die Frau muss sich entscheiden, ob sie aussteigt oder weiter fährt.

In der ersten Etage öffnet sich die Tür und eine freundliche Männerstimme sagt: „Die Männer in dieser Etage haben alle einen festen Job.“ Die Frau sagt sich, gut, das ist heute nicht selbstverständlich, aber vielleicht gibt es ja noch etwas Besseres – und fährt ein Stockwerk höher. Dort sagt die bekannte Männerstimme im Fahrstuhl das Folgende: „Willkommen in der 2. Etage – die Männer in dieser Etage haben alle einen festen Job und sehen toll aus.“ Die Frau überlegt zunächst; sie entscheidet sich aber doch abzuwarten, ob weiter oben noch etwas Besseres kommt. Sie fährt einen Stock höher und hört dort den folgenden Willkommensspruch: „Willkommen in der 3. Etage – die Männer in dieser Etage haben alle einen festen Job, sehen toll aus und lieben Kinder.“ Die Frau sagt sich, besser geht es wohl kaum, aber irgendetwas hindert sie daran auszusteigen – mal sehen, was da oben noch kommt. In der 4. Etage lautet der ergänzte Willkommensspruch wie folgt: „Die Männer in dieser Etage haben alle einen festen Job, sehen toll aus, lieben Kinder und sind sehr romantisch.“ Die Frau sagt sich, toll, jetzt haben wir doch alles und möchte aussteigen – doch irgendetwas hindert sie daran, was kommt denn in den oberen beiden Stockwerken noch hinzu? Auf der 5. Etage lautet der abermals verlängerte Willkommensspruch wie folgt: „Die Männer in dieser Etage haben alle einen festen Job, sehen toll aus, lieben Kinder, sind sehr romantisch und helfen gerne im Haushalt mit.“

Die Frau sagt sich, dass kann es wohl kaum geben, super, und möchte aussteigen; aber irgendetwas hält sie wieder zurück – was kommt in der 6. Etage noch hinzu? sagt eine innere Stimme zu ihr. Der finale Willkommensspruch lautet dann aber: „Willkommen in der 6. Etage. Sie sind die vierhundertmillionste Besucherin. Auf dieser Etage gibt es keine Männer. Sie dient lediglich dem Beweis dafür, dass Frauen mit Männern sowieso nie zufrieden sind.“

Gegenüber begibt sich ein Mann in das Kaufhaus für Frauen. Im 1. Stock steht ein Schild: „Willkommen im ersten Stock. Hier gibt es Frauen, die sind attraktiv und wollen Sex.“ Den 2. Stock hat nie ein Mann betreten.

*Kommentar:* Diese nur 2,2 Minuten lange humorvolle Phantasie-Geschichte fasst die Kernaussagen jahrzehntelanger evolutionspsychologischer Studien zusammen (Buss 1989, 2015, Sefcek et al. 2007). Frauen sind als „erstes Geschlecht“ (Eizellen-Lieferantinnen) und gebärfähige, potentiell austragende Mütter an Männern interessiert, die im Prinzip über Ressourcen verfügen (Geld, hoher sozialer Status). Weiterhin sollte der männliche Partner über entsprechende Verhaltensweisen das Überleben der, evolutionsbiologisch bedingt, abhängigen Mutter sowie der Kinder gewährleisten. Männer, definiert als „zum Gebären unfähige Variationen-Generatoren“ (Kutschera 2015 a), sind das „zweite Geschlecht“ und tragen zum Fortbestand der Population lediglich billig und rasch herstellbare Gameten (Spermien) bei. Aufgrund des evolutionär herausgebildeten Sexual-Dimorphismus (Anisogamie) sind die Interessen von Mann und Frau grundverschieden (Abb. 7.10 C).

Diese Schlussfolgerung kommt auch in jahrzehntelangen Beobachtungen zum Ausdruck, welche das folgende Phänomen zeigen. Eine junge Mutter mit Baby sowie der biologische Vater schlafen nachts im selben Doppelbett. Das Baby gibt Laute von sich – die Mutter reagiert sofort und stillt den von ihr abhängigen Säugling. Der im gleichen Abstand vom Baby liegende Vater reagiert nicht und schläft weiter. Als Ursache für diese Geschlechter-Verschiedenheit in der Wahrnehmung sind die biologisch völlig andersartigen Rollen von Frau und Mann verantwortlich zu machen (Ernährungs- bzw. Versorgerfunktion).

# 8. Erzwungene Geschlechter-Identität: David Reimer (1965–2004) als Opfer auf dem Altar der Moneyistischen Gender-Religion 2015

Das Christentum zählt mit etwa zwei Milliarden Gläubigen zu den führenden Weltreligionen. Ein Grund für diesen Siegeszug der biblischen Glaubenslehre ist darin zu sehen, dass eine männliche Heiligen-Figur, unter dem Namen Jesus Christus (7 oder 4 v. Chr. – 30 n.) bekannt, als Märtyrer zu Tode gequält wurde und in dieser Religion als bemitleidenswertes Opfer fortlebt. Unzählige deutsche „Gotteshäuser" tragen seinen Namen; ein bekanntes Beispiel ist die *Herz-Jesu-Kirche* in Freiburg i. Br. und andere kirchliche Einrichtungen. Die Frage, ob es diesen vermeintlichen Jesus je gegeben hat, wird unter kritischen Historikern kontrovers diskutiert – nach Lüdemann (2013) sollen nur ca. 5 % aller Jesus-Erzählungen auf überprüfbaren Dokumenten basieren; alle anderen Berichte sind später hinzugedichtet worden (Abb. 8.1).

Der Begriff „Geschlechterrolle" wird in unzähligen Propagandaschriften des deutschen „Bundesministeriums für Familie, Senioren, Frauen und Jugend" (wo sind die Männer?) im Zusammenhang mit der Gender Mainstreaming (GM)-Ideologie erwähnt. Auch in einem sogenannten „Lehrbuch" mit dem Titel *Gender/Queer Studies* (Degele 2008) wird auf vielen Seiten das Wortpaar „Gender role" verwendet, ohne dass die Autorin jedoch den Urheber dieses Schlüsselbegriffs, den US-Psychologen und Erziehungswissenschaftler John Money (1921–2006), erwähnt bzw. eine Originalquelle angibt, wie es in den Wissenschaften üblich ist. Auch in politischen Schriften konnte ich keinen Hinweis finden, in welcher Originalquelle dieses Doppelwort erstmals verwendet und definiert worden ist.

**Abb. 8.1**: Nach christlicher Dogmatik opferte der allmächtige Gott-Vater seinen Sohn Jesus. In analoger Weise gilt in der Gender-Ideologie John Money (1921–2006) als Vordenker bzw. Urvater einer pseudowissenschaftlichen Lehre, durch welche sein Zögling Bruce (David) Reimer (1965–2005) in den Tod getrieben wurde (Selbstmord). Nach Money (1985) war der biblische Schöpfergott ein Hermaphrodit.

Noch weniger bekannt ist der Sachverhalt, dass der zu Lebzeiten hoch angesehene Psychologe Money, der „Gottvater der Gender-Religion“ (Abb. 8.2), seine aus Zwitter-Studien abgeleitete „Geschlechter-Theorie“ (Gender theory, 1955) auf einer fragwürdigen Faktenbasis formuliert hat. Die Money'sche These basiert auf der Annahme, das Geschlecht des Menschen sei bei der Geburt nicht biologisch vorgegeben, sondern werde, ab dem zweiten Lebensjahr, gesellschaftlich-sozial geprägt. Der kinderlose Psychologe hatte zehn Jahre nach Formulierung seiner „Gender-Theorie“ die einmalige Gelegenheit, seine These experimentell zu überprüfen. Dieser Menschenversuch wurde an Säuglingen (eineiiges Zwillingspaar) durchgeführt: Bruce (David) und Brian Reimer. Der zuerst genannte Junge wurde über eine Geschlechtsoperation in ein „Mädchen“ umgewandelt, während man den Zwillingsbruder als männliche Kontrolle mitgeführt hat. Obwohl dieses Experiment in den 1970/80er Jahren als „Erfolg" gefeiert wurde, begangen die Brüder 2002 bzw. 2004 Selbstmord.

In diesem Kapitel werden wir diese traurige Geschichte auf Grundlage seriöser Quellen und bibliometrischer Analysen (Zitationen in Datenarchiven) darlegen und erklären, dass der soziologisch begründete Gender-Glaube mit Bruce (David) Reimer einen Märtyrer vorzuweisen hat, analog dem Jesus-Symbol der christlichen Religion. Weiterhin werden wir das bereits thematisierte „Gender-Paradoxon" vertiefend behandeln und nachweisen, dass die geschlechtergerechte Biomedizin als eigenständige Forschungsrichtung etabliert werden konnte.

## Der pädophile Kindesmisshandler John Money

Der Psychologe John Money (1921–2006) wurde bereits in Kapitel 1 vorgestellt (Abb. 1.10, S. 56). Dieser „Gottvater bzw. Papst" der Gender-Religion sprach sich u. a. auch dafür aus, pädophile Männer als „normal" zu bezeichnen und deren Handlungen mit minderjährigen Mädchen und Jungen straffrei zu akzeptieren. Er interpretierte diese Verhaltensweisen als „gesteigerte Eltern-Liebe zu bestimmten Kindern" (s. unten). In diesem Abschnitt wollen wir das Leben des „kinderlosen Vaters der Gender-Theorie" (Abb. 8.2) kennenlernen und bei diesen Ausführungen u. a. die Monographie von Colapinto (2000) und die Würdigung von Bullough (2003) sowie dort zitierte Quellen zugrunde legen.

John Money wurde 1921 in Morrisville, Neuseeland, geboren, wo er, nach dem frühen Tod seines Vaters, von seiner Mutter und zwei Tanten strikt evangelikal-religiös erzogen worden ist. Es ist sicher, dass der heranwachsende John mit fundamentalistischen Bibel-Dogmen indoktriniert worden ist, wie sie noch heute u. a. von der evangelikalen *Studiengemeinschaft Wort und Wissen* (W+W), vermengt mit ausgewählten biologischen Fakten, verbreitet werden (s. Junker und Scherer 1986, 2013). In späteren Jahren soll sich Money nach eigenen Angaben vom religiösen Glauben distanziert haben. Allerdings argumentiert Money (1985) in einer wichtigen Publikation, der in der Genesis der Bibel beschriebene christliche Schöpfergott sei ein Hermaphrodit gewesen („God is

**Abb. 8.2**: Der Täter und seine beiden Opfer. Psychologe und Erziehungswissenschaftler John Money (1921–2006) auf dem Höhepunkt seiner Karriere sowie Bruce (damals „Brenda“) Reimer (1965–2005) und „ihr“ Zwillingsbruder Brian (1965–2002) im Alter von ca. 14 Jahren. Beide Brüder wurden von Money über Jahre hinweg psychologisch terrorisiert und misshandelt, sodass sie später Selbstmord begangen haben. Die beiden Opfer der Moneyistischen Ersatzreligion werden bis heute von Gender-Ideologen ignoriert.

a manwoman God“) (Abb. 8.1). Über seinen „Moneyismus“ hat er für sich selbst eine (biblisch begründete) Ersatzreligion geschaffen, die in Deutschland bis heute fortlebt (Gender-Ideologie).

Im Alter von fünf Jahren wurde der zarte Junge von Klassenkameraden bedrängt, geärgert, möglicherweise auch verprügelt, sodass er später argumentiert hat, er sei kein körperlich kräftiger Kämpfer gewesen, sondern müsse seinen Lebensweg über intellektuelle Errungenschaften meistern. Die Beschäftigung mit Wissenschaft und Kunst begleitete den Heranwachsenden bis in die Studentenzeit. Als Teenager interessierte sich der einzelgängerisch veranlagte, vaterlose Money für Archäologie und Astronomie, aber auch die Musik faszinierte ihn. Da seine verwitwete Mutter kein Geld hatte, Klavierstunden zu bezahlen, arbeitete John an den Wochenenden als Gärtner, um sich den Unterricht bei einem Klavierlehrer finanziell ermöglichen zu können. Da Money jedoch hohe Anforderungen an sich selbst stellte und erkannte, dass er trotz intensiver Übung eine bestimmte klaviertechnische Grenze nicht überschreiten kann, bezeichnete er sich bald nur noch als „guten Amateur". An der Victoria University in Wellington, Neuseeland, entdeckte Money seine wahre Begabung: Da er, u. a. aufgrund des frühen Todes seines Vaters, der Armut der Mutter und seiner nur mittelmäßigen musikalischen Begabung psychische Probleme hatte, faszinierte ihn die zwischen Biomedizin und Philosophie angesiedelte Grenzwissenschaft Psychologie, die er während seines Studiums mit dem Fach Erziehungswissenschaften kombinierte. Wie viele andere vor ihm war somit die eigene Unzufriedenheit mit sich selbst die entscheidende Triebfeder, ein professioneller Psychologe zu werden. Bezeichnenderweise trägt Moneys Masterarbeit den Titel „Creativity in musicians", wobei er in dieser Schrift seine eigenen mittelmäßigen Talente mit Bedauern zum Ausdruck gebracht hat (Money erwarb später einen Doppel-Master in Psychology and Education).

Nachdem Money im Alter von 26 Jahren in die USA übergewechselt war, gelang es ihm, durch harte Selbstdisziplin, fleißiges Studium und Kontakte zu einflussreichen Persönlichkeiten an der renommierten Harvard University einen Doktortitel zu erwerben (PhD in Psychology). Die Dissertation von Money (1952) mit dem Thema *Hermaphroditism: An Inquiry Into the Nature of a Human Paradox* prägte seine gesamte spätere wissenschaftliche Laufbahn, da in dieser und folgenden Schriften die Grundlage seiner Moneyistischen Thesen, die später zur Gender-Ideologie ausgebaut worden sind, niedergelegt waren (u. a. Definition der Begriffe Gender Role bzw. -Identity). Des Weiteren sei hervorgehoben, dass Money (1952) von einem „menschlichen Paradoxon" spricht, wodurch der Titel dieses Fachbuchs motiviert worden ist.

Wie aus seinen autobiographischen Aufzeichnungen und anderen Dokumenten (Colapinto 2000, Bullough 2003) hervorgeht, war Money, der Mitte der 50er Jahre kurze Zeit verheiratet war und zeitlebens kinderlos blieb, eine charismatische Persönlichkeit ersten Ranges. Er war in der Lage, seinen Standpunkt äußerst überzeugend und in exzellente Reden verpackt zu vermitteln. Viele Kollegen beneideten ihn um diese

Fähigkeit, die mit einer unerschütterlichen Selbst-Gewissheit verbunden war. Trotz seiner bekannten verbrecherischen Handlungen (Money hat zwei junge Männer in den Selbstmord getrieben) lebt noch heute sein geistiges Erbe in Ehren weiter. So existierte z. B. 2015 noch immer das von ihm 2002 etablierte Stiftungs-Projekt „The John Money Fellowship for Scholars of Sexology“ (organisiert vom Kinsey Institute, USA). Von 1951 bis zu seinem Tod im Jahr 2006 war Money als Professor für Pädiatrie und Medizinische Psychologie an der Johns Hopkins University in Baltimore tätig, die letzten Jahre als Emeritus. Als Sozialwissenschaftler (Psycholgy & Education) hatte Money keine Beziehung zur Naturwissenschaft Biologie, die er immer wieder heftig kritisierte. Daher ist es auch nicht überraschend, dass der „Sexologe“ die Kastrationsexperimente an Hühnervögeln nicht kannte bzw. ignoriert hat (Hartmann 1946, 1947). Der für Moneys Glaubenssystem zentrale Begriff „Intersex-Wesen“ wurde u. a. im Zusammenhang mit derartigen Experimenten an domestizierten Hähnen bzw. Hennen in die Wirbeltier-Biologie eingeführt (Abb. 8.3).

Noch in den 1950er Jahren wurde Money zum Leiter der *Psychohormonal Research Unit*, eine Klinik zur Behandlung und dem Studium von Intersex-Kindern, ernannt. Diese Einheit wurde Jahre später geschlossen. Später gelang es John Money, als Mitbegründer der *Gender Identity Clinic* (1965), an dieser renommierten Universität in die Geschichte seines Fachgebiets einzugehen. Bereits während seiner Dienstjahre gab es jedoch erheblichen Widerstand gegen seine Forschungstätigkeiten. Ein neuer Direktor war mit den Money'schen Thesen bzgl. einer Umwandelbarkeit des Geschlechts überhaupt nicht einverstanden und hat daher den hoch angesehenen, vielfach preisgekrönten Professor Money im Alter von 65 Jahren in ein anderes, schlecht ausgestattetes Gebäude verwiesen. Wie bereits im „Weismann-Kapitel 5“ dargelegt, bemüht man sich in den USA (wie auch im Deutschland des 19. Jahrhunderts), international ausgewiesene Wissenschaftler über das 65. Lebensjahr hinaus, bei anhaltender wissenschaftlichen Leistung bis zum Tod, als Emeritus im Dienst zu halten. Das Ziel ist es, über möglichst viele hochkarätige Fachpublikationen, Bücher, Vorträge usw. den Impact und das Ansehen der Universität zu mehren (s. Ranking of World Universitys, Kutschera 2013 a). Den Verweis des „Superstars Dr. Mo-

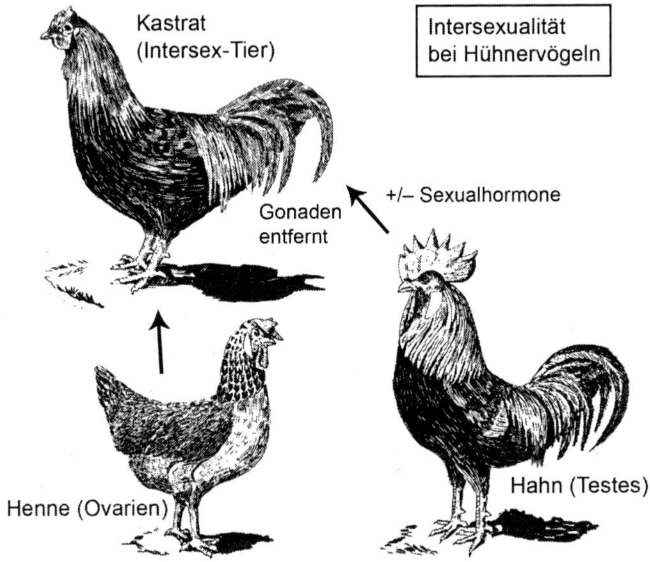


**Abb. 8.3**: Hühner-Kastrationsversuche. In den 1920er Jahren haben Biologen die ersten Keimdrüsen-Experimente bei Wirbeltieren (Hühnervögel) durchgeführt und die Gonaden-freien Versuchstiere mit Sexualhormonen (Estrogen- bzw. Testosteron-Präparaten) behandelt. Aus diesen Versuchsserien wurde geschlossen, dass es Intersex-Tiere gibt, die weder eindeutig männlich noch definitiv weiblich sind (Geschlechtsausprägung in Abhängigkeit der Sexualhormone) (nach Hartmann, M.: Allgemeine Biologie. Gustav Fischer Verlag, Jena, 1947).

ney" – er hatte unzählige Interviews im *Time Magazine*, dem *Playboy*, in *Psychology Today* usw. gegeben – in ein anders Gebäude, unter Beibehalt eines reduzierten Emeritus-Status (weniger Mittelzuweisungen, kleineres Büro usw.), war eine herbe Enttäuschung und Erniedrigung für den Menschen-Forscher. Der selbstbewusste Psychologe erholte sich jedoch bald von diesem Schock und arbeitete als Buchautor, Vortragsredner, Verfasser wissenschaftlicher Publikationen usw. bis zu seinem Tod weiter, der ihn 2006 von seiner geliebten Johns Hopkins University trennte.

## Die Gender-Theorie von John Money und ihre Gegner

Nachfolgend wollen wir die bereits in Kapitel 1 (Abb. 1.10, S. 56) im englischen Original wiedergegebenen Fundamental-Dogmen der Money'schen Sexuallehre zusammenfassen und bewerten. Analog zu einer der zentralen Kernthesen im Kreationismus (William Paley, 1802: Design must have a designer, and this designer is the Biblical God), die auf einer fehlgeleiteten Analogiebetrachtung basiert (s. Blancke et al. 2014, Junker und Hossfeld 2009, Kutschera 2004, 2007 a, 2013 a, 2015 a), hat Money, beginnend mit einer Publikation aus dem Jahr 1955, eine fragwürdige Schlussfolgerung gezogen. Bereits in seiner Promotionsarbeit (Money 1952) hat der Psychologe Intersex-Babys untersucht, die aufgrund ihrer Gonaden (Ovarien, Testes) bzw. äußeren Geschlechtsorgane nicht eindeutig als männlich oder weiblich zu klassifizieren sind, und diese als „Hermaphroditen" bezeichnet (ca. 1 Baby/2000 Geburten). Das ist, zoologisch betrachtet, unzutreffend. Echte Zwitter, wie z. B. Egel und Regenwürmer, sind durch voll funktionsfähige Gonaden-Paare (d. h. Hoden, die Spermien produzieren sowie Ovarien, die Eizellen hervorbringen) gekennzeichnet (Kutschera et al. 2013, Kutschera und Elliott 2014). Die von Money und Mitarbeitern untersuchten Babys in der Johns Hopkins-Klinik waren aber in der Regel „Klinefelter-Patienten" oder anatomisch nicht eindeutig herausgebildete junge Intersex-Menschen. Echte Hermaphroditen, analog den Egeln und Regenwürmern, sind zumindest im europäischen Kulturkreis (sowie in den USA) bisher nicht bekannt geworden, sodass man bestenfalls von „Pseudohermaphroditen" sprechen kann.

Unabhängig von dieser nicht korrekten zoologischen Nomenklatur zog Money die folgende Schlussfolgerung. Da es „menschliche Hermaphroditen" gibt, kann man nicht von einer eindeutigen männlichen bzw. weiblichen Identität sprechen, sondern die Geschlechter „überschneiden" sich. Analog zu den Intersex-Personen, die angeblich in einigen Fällen mit Erfolg in männliche oder weibliche Richtung gebracht werden konnten (Operation, Hormonbehandlung), sollen nach Money auch „normale" (eindeutig männliche oder weibliche) Menschen bei der Geburt aus einer geschlechtsneutralen Unisex-Form hervorgegangen sein. Erst ab dem zweiten Lebensjahr sei eine natürliche Geschlechter-

Herausbildung zu verzeichnen. Diese Analogiebetrachtung „Intersex-Mensch/eindeutig männlich-weibliche Babys“ ist jedoch verfehlt. Wir können, in den Worten des Money-Kritikers Diamond (1965), auch von einer falschen Extrapolation sprechen. Die „Gender-Theorie“ wurde von Money et al. (1955) erstmals, in sinngemäßer Übersetzung, wie folgt formuliert:

„Anstelle einer Theorie der instinktiven, angeborenen Maskulinität bzw. Femininität zeigt uns die Hermaphroditen-Forschung, dass, psychologisch, die Sexualität des Menschen bei Geburt undifferenziert ist und sich unter dem Einfluss verschiedener Erfahrungen während des Aufwachsens in eine männliche oder weibliche Richtung differenziert.“

Acht Jahre später brachte Money (1963) seine These noch präziser auf den Punkt: „Wie Hermaphroditen, folgen alle Menschen sämtlicher Rassen demselben Muster, d. h. einer psychosexuellen Undifferenziertheit bei der Geburt.“

Diese beiden Zitate sind den Originalschriften von Money entnommen, wie sie auch von dem Biologen Diamond (1965) wiedergegeben und kritisiert worden sind. In einem Portrait-Artikel im Journal *Psychology Today* (1988) wiederholte der 67-jährige Emeritus John Money seine Thesen ein weiteres Mal in den folgenden Worten:

„Neugeborene männliche Babys können, nach Operation und Hormonbehandlung, in heterosexuelle Frauen umgewandelt werden“ (Colapinto 2000). Wie bereits erwähnt, hat Money (1985) den biblischen Gott, wie in der Genesis beschrieben, als „manwoman“ und somit Hermaphrodit gekennzeichnet. Damit ist die verborgene religiöse Basis seines Dogmen-Gebäudes nachgewiesen.

Nur zehn Jahre nach der 1955 erstmals formulierten „Gender-Theorie“ (d. h. Fundamentaldogma des Moneyismus, s. Abb. 1.10, S. 56) hat der amerikanische Biologe Milton Diamond in einem ausführlichen Artikel, publiziert im renommierten *Quarterly Review of Biology*, die Money'sche „Neutralitäts-bei-Geburt-Theorie“ der menschlichen Entwicklung Punkt für Punkt widerlegt. Argumente aus der Anthropologie, Evolutionsbiologie, Genetik, Neurobiologie und Ethnologie führten den brillanten Biologen zu einer eindeutigen Schlussfolgerung: „The evidence and arguments presented show that, primarily owing to prenatal genic and hormonal influences, human beings are definitely predisposed at birth to a male or female gender orientation.“ Auf deutsch übersetzt: Die von Diamond (1965) zusammengetragenen Beweise und Argumente zeigen, dass, im Wesentlichen hervorgerufen durch vorgeburtliche genetische und hormonelle Einflüsse, Menschen eindeutig bei der Geburt mit einer männlichen bzw. weiblichen Geschlechts-Orientierung ausgestattet sind. Anders formuliert: Menschen und andere Säugetiere kommen, biologisch bedingt, zu über 99 % als Junge oder Mädchen zur Welt, mit seltenen Ausnahmen (bis 1 % Intersex-Babys). Es sei hier nochmals an die in Kapitel 7 gegebene Definition erinnert:

Junge: XY-Chromosomensatz, Testes, Penis-Anlage

Mädchen: XX-Chromosomensatz, Ovarien, Vagina-Anlage

Obwohl der Biologe Diamond (1965) somit die verfehlten Thesen des älteren Psychologen und Erziehungswissenschaftlers Money zehn Jahre nach der Erst-Formulierung (Money et al. 1955) ad absurdum geführt hat, lebt dieses Geisteskonstrukt noch 2015 im Grundprinzip des Gender Mainstreaming (GM), in abgewandelter Form, weiter. Diese Money'schen (GM)-Thesen lassen sich, wie in Kapitel 1 kurz angeführt, in drei Komponenten zerlegen (Prinzipien 1 bis 3):

1. Neutralitäts-bei-Geburt-Theorie/Hermaphroditen-Analogie: Der Mensch ist ein Unisex-Wesen, er wird später sozio-kulturell in Richtung Mann/Frau erzogen.
2. Früh-Sexualisierung /Pädophilie: Kopulationsübungen und Bordellspiele in der Schule, um die Heranwachsenden auf ihr späteres erotisches Leben vorzubereiten – Sexualpädagogik der Vielfalt.
3. Naturwissenschafts-Kritik, Schwerpunkt Biologie: Verunglimpfung der Biowissenschaften als soziales Konstrukt, verbunden mit einer Diffamierung von Kritikern als rechtsradikale Rassisten.

Im nächsten Abschnitt werden wir auf diese Aspekte des Money'schen Gedankengebäudes zurückkommen und die wahren Gegebenheiten darlegen, wie sie von seriösen Biologen publiziert worden sind (Diamond und Sigmundson 1997, Diamond 2004).

## Die Geschichte vom Leiden und Freitod des Gender-Opfers David Reimer

Das Martyrium des 1965 geborenen Bruce Reimer (ab dem 14. Lebensjahr David R.) wurde zweimal unabhängig voneinander in Buchform veröffentlicht. Zum einen handelt es sich hierbei um den Originalbericht, wie ihn John Money in seinem zum Zitierklassiker aufgestiegenen Bestseller *Man & Woman, Boy & Girl* wiedergegeben hat (Money und Ehrhardt 1972). Als Alternativ-Darstellung wollen wir das Buch von John Colapinto anführen, das unter dem Titel *As Nature Made Him. The Boy Who Was Raised As A Girl* achtzehn Jahre später publiziert worden ist (Colapinto 2000). Kommen wir zunächst zum Bericht seines Peinigers, dem US-Psychologen Money. Zunächst sei anerkennend hervorgehoben, dass das erfolgreiche Fachbuch (Money und Ehrhardt 1972) neben klaren Definitionen und eindrucksvollen Abbildungen sowie einem Glossar solide Sachinformationen vermittelt. Die Autoren beginnen mit der biologischen Grundlage der Geschlechter-Entwicklung bei männlichen und weiblichen Wirbeltieren und konzentrieren sich daraufhin auf den Menschen. Neben Chromosomenbildern, einer Abbildung des Barr-Körpers und Schemazeichnungen zur vorgeburtlichen Entwicklung der Geschlechtsorgane bei Jungen und Mädchen werden unzählige Fallstudien referiert, wobei alle wesentlichen Inhalte und Aussagen über korrekte Quellenangaben belegt sind. Nach diesen anerkennenden Worten wollen wir den Originalbericht resümieren.

In Kapitel 7 mit dem Titel „Gender Dimorphism in Assignment and Rearing“ wird, nach der Einleitung unter dem Sub-Titel „Rearing of a Sex-Reassigned Normal Male Infant After Traumatic Loss of the Penis“, auf den Seiten 118–123 der Fall Bruce (David) Reimer, ohne diesen Namen zu nennen, sachlich beschrieben (Money und Ehrhard 1972). Die Autoren heben hervor, dass die extreme Seltenheit dieses Falles einer Geschlechter-Umorientierung im Säuglingsalter auf einem Zufall beruht, eines von zwei (eineiigen) Zwillingen wurde bei einer versuchten Vorhaut-Beschneidung so schwer verletzt, dass das juvenile männliche Kopulationsorgan (Penis) komplett verbrannte (ein Arzt hatte versucht, mit einem elektrischen Gerät die Vorhaut wegzubrennen, mit dem Resultat, dass das gesamte Organ als verkohlte Struktur vom Körper abgefallen ist). Die verzweifelten Eltern des verstümmelten Zwillingsbruders, ein junges Ehepaar aus Kanada, kontaktierte daraufhin den anerkannten US-Psychologen John Money und erfuhr, dass dieser an der Johns Hopkins University in Baltimore im Bereich „Hermaphroditismus/Geschlechtsumwandlung" tätig war (der Zwillingsbruder wurde nicht operiert, was man später als Glücksfall ansah, weil dieser Eingriff unnötig gewesen wäre).

Nachdem der damals 45-jährige Money über diesen Fall informiert worden war, kümmerte er sich sofort um die besorgten Eltern – für ihn war dies eine einmalige Chance, ein Experiment mit entsprechender Kontrolle durchführen zu können, um seine „Neutralitäts-bei-Geburt-Theorie" der menschlichen Entwicklung zu bestätigen. Nach Beratung durch Money in der Psychohormonellen Research Unit der Johns Hopkins University wurde den Eltern angeraten, über einen erfahrenen Chirurgen eine Geschlechtsumwandlung durchführen zu lassen. Vier Monate später wurde der damals im 7. Lebensmonat stehende Bruce (David) Reimer über chirurgische Eingriffe (Kastration) und eine für später geplante Hormonbehandlung (Estrogen-Therapie) in ein „Mädchen" umgewandelt. Der entscheidende Eingriff, eine Vaginoplastie, war für die Zukunft geplant. Money und Erhardt (1972) beziehen sich in ihrem Bericht auf die ersten sechs Lebensjahre des „Mädchens", welches mit seinem unversehrt gebliebenen Zwillingsbruder vom Elternpaar aufgezogen worden ist (Abb. 8.4).

Die Mutter zog dem „Mädchen" Kleider an und „sie" bekam eine entsprechende feminine Frisur. Wie die Autoren berichten, war die „Zwillingsschwester" netter als ihr Bruder und vermied es, sich schmutzig zu machen. Das „Mädchen" wurde mit Puppen versorgt, die es angeblich auch annahm, während der Junge, wie üblich, eher technische Dinge (z. B. Modellautos) bevorzugte. So soll das „Mädchen" gerne mit Puppen gespielt haben, während der Zwillingsbruder sich wie ein normaler Junge verhalten hat. Bemerkenswerterweise sollen die Zwillinge im Alter von 5 Jahren und 9 Monaten unterschiedliche Lebensziele formuliert haben. Nach einem Bericht der Mutter bevorzugte es der Sohn maskuline Dinge, wie Feuerwehrmann oder Polizist werden zu wollen. Wie sein Vater strebte er an, später einmal mit einem Auto durch die Gegend fahren zu können. Im Gegensatz dazu wollte die „Schwester"

**Abb. 8.4**: Foto des John Money-Opfers „Brenda“ Reimer im Alter von ca. 3 Jahren. Da das kastrierte Kind, wie wir seit 2014 wissen, in sämtlichen Körperzellen über XY-exprimierte Gene verfügt hat, war „sie“ dennoch biologisch betrachtet männlich (nach Colapinto, J.: As Nature Made Him. Harper Perenial, New York, 2000).

nicht Polizist oder Feuerwehrmann, sondern eher Lehrerin oder Ärztin werden. Ob diese Berichte korrekt sind, kann rückblickend nicht mehr beurteilt werden. Allerdings weisen Money und Ehrhardt (1972) darauf hin, dass das „Mädchen“ auch „tomboyish traits“, d. h. typisch jungenhafte Eigenschaften aufgewiesen hat: Ein hohes Maß an Energie, Aktivität, Eigensinnigkeit und der Wunsch, in Mädchengruppen den anderen „Geschlechtsgenossinnen“ vorzustehen (Dominanzverhalten). Weiterhin wird berichtet, dass das umoperierte „Girl“ in der Geschwister-Zweisamkeit immer versuchte, der dominante Partner zu sein – wie eine Mutterhenne (Abb. 8.3). In diesem Bericht wird beim Leser der Eindruck erweckt, als wäre der zum Mädchen umoperierte, durch Östrogene manipulierte Zwillingsbruder hierdurch in die alternative Geschlechterrolle gebracht worden – der Fall Bruce (David) Reimer wird, ohne den Namen des Opfers zu nennen, als Erfolg dargestellt und, darüber hinaus, als Beleg für eine gelungene Geschlechts-Neuzuweisung angesehen. Allerdings weisen die Autoren Money und Ehrhardt (1972) auf viele mögliche Einwände und Vorbehalte hin, sodass man nicht eindeutig erkennen kann, ob sie wirklich oder nur vermeintlich an einen Erfolg ihres „Sex-Re-Assignement“-Experiments geglaubt haben. Der ganze Bericht hat etwas Unglaubwürdiges an sich, da keine eindeutige Schlussfolgerung gezogen wird. In einem weiteren Buch sind die „Erfolgsmeldungen“ bzgl. der vermeintlich gelungenen Geschlechtsumwandlung noch detaillierter dargestellt (Money und Tucker 1975).

Ganz anders verhält sich der Fall beim Lesen des detaillierten Berichts des Journalisten John Colapinto (2000). Anschaulich beginnt der Autor im *Vorwort* mit dem Hinweis, dass er am 27. Juni 1997 zum ersten Mal die Wohnung von Bruce (David) Reimer in Winnipag, Manitoba (Kanada) besucht hat. Der damals 31 Jahre alte David Reimer sah viel jünger aus als er tatsächlich war. Wie Colapinto (2000) berichtet, ging es ihm primär darum, die wahre Geschichte von diesem psychisch ruinierten Mann zu hören (er hatte sich zwischenzeitlich wieder vom „Mädchen“ zum Jungen umoperieren lassen).

## Moneyistischer Kindesmissbrauch im Namen der Psycho-Erziehungswissenschaften

Nachfolgend wollen wir die Berichte von Diamond (2004) sowie Diamond und Sigmundson (1997) in den Mittelpunkt stellen und aus dieser Basisinformation die wesentlichen Fakten referieren. Nachdem am 22. August 1965 dem damals 18 und 20 Jahre alten, in der Landwirtschaft tätigen kanadischen Elternpaar Reimer Zwillinge geboren worden waren, hatte der Vater das Glück, bald einen mäßig bezahlten Job in einer Fabrik übernehmen zu können, um seiner Familie ein bescheidenes Quartier zu finanzieren. Als die beiden Söhne, Bruce und Brian, 7 Monate alt waren, bahnte sich ein Problem an, das weltweit unter Phimose (Vorhautverengung) bekannt ist. Man konsultierte einen Chirurgen, der am 27. April 1966 bei Zwillingsbruder Bruce diese Routineoperation durchführte. Unglücklicherweise verwendete der unerfahrene Arzt jedoch eine elektrische Vorrichtung, und es unterlief ihm ein horrender Kunstfehler: Das noch unentwickelte Kopulationsorgan des 8 Monate alten Jungen verbrannte soweit, dass das Rest-Penis-Gewebe entfernt werden musste. Zwillingsbruder Brian wurde daher verschont – bei ihm war die Phimose ein vorübergehendes Phänomen, das auch ohne Operation auf natürliche Art und Weise zurückgegangen ist.

Das verzweifelte Elternpaar wusste nicht, wie nun dieser verstümmelte Sohn zu einem glücklichen Menschen gemacht werden kann. Per Zufall sahen sie in einer US TV-Sendung den selbstbewusst charismatischen Psychologen Dr. John Money, der über eine Geschlechtsumwandlung berichtete, die im *Medical Center* der Johns Hopkins University, Baltimore, durchgeführt worden war. Money sprach auch über seine Theorie, die besagt, dass Babys bis zum zweiten Lebensjahr problemlos in das ein oder andere Geschlecht umgewandelt werden können, da dies auch bei Hermaphroditen so sei. Das unglückliche kanadische Elternpaar wandte sich an den berühmten Dr. Money, der die frohe Botschaft verkündete, Babys würden geschlechtsneutral zur Welt kommen und könnten in die männliche wie auch weibliche Richtung gebracht werden (Operation mit nachfolgender geschlechtsspezifischer Erziehung und Hormonbehandlung). Zum Erstaunen des verarmten Elternpaars antwortete der berühmte Dr. Money innerhalb weniger Tage und bot an, kostenlos aus dem verstümmelten Zwillingsbruder Bruce (David) ein „Mädchen" zu machen (Brenda). Da Money bereits zu dieser Zeit von Kritikern bzgl. seiner „Geburts-Geschlechtsneutralitäts-Theorie" angegriffen wurde (s. Diamond 1965), war für ihn das Bruce/Brian Zwillingspaar (auch als John/Joan bekannt) ein ideales Versuchsfeld, um nun sein „Gender Identity-Konzept" experimentell zu überprüfen: Der männliche Zwillingsbruder Brian diente als Kontrolle, während der verstümmelte Bruce per Operation und späteren Estrogen-Gaben in ein „Mädchen" umgebaut werden sollte.

Nach Vorgesprächen willigte das Elternpaar sofort ein und war erleichtert darüber, dass nun ihr größtes Problem gelöst werden kann. Gemäß dem Money'schen Dogma, „Neugeborene seien psychosexual neutral", wurde am 3. Juli 1967 an dem 22 Monate alten Bruce eine operative Kastration durchgeführt (entsprechende Experimente an Hühnervögeln, s. Abb. 8.3). Nach Entfernung der männlichen Gonaden (Hoden) und einigen chirurgischen Modifikationen betrachtete Money sein Opfer Bruce von nun als „Mädchen" (Brenda), dem nur noch in späteren Jahren über Estrogen-Zugaben die Brüste heranwachsen müssten, gefolgt von einer Einpflanzung einer künstlichen Vagina. Die ganze Angelegenheit wurde von einem Rechtsanwalt protokolliert und anonym gehalten. Zum Erstaunen der Eltern sowie des US Psychologen Money verhielt sich jedoch „Brenda" überhaupt nicht wie ein Mädchen, trotz Kleidchen und langem Haar mit Schleife – ganz im Gegenteil: „Schwester Brenda" dominierte ihren Bruder Brian, spielte mit Autos und harten Gegenständen und entwickelte sich, verkleidet als Mädchen, zu einem recht aggressiv-rohen Jungen (Abb. 8.4). Einmal pro Jahr besuchten die Eltern mit den Kindern den berühmten Psychologen in der Johns Hopkins University, um über die Erfolge zu berichten. Die Eltern hatten dem renommierten Dr. Money gegenüber einen Bericht abzuliefern, was sich denn im vergangen Jahr so alles ereignet habe. Wie später offengelegt worden ist, haben die Eltern aus Respekt und Angst das erzählt, was der angesehene Psychologe hören wollte. Dieser war über das „Mädchenverhalten" seines Opfers „Brenda" hoch erfreut und berichtete darüber in zahlreichen Publikationen. Doch die Realität sah anders aus. So wollte „Brenda" z. B. im Alter von 6 bis 7 Jahren später einmal Müllmann werden – keinerlei weiblich-zarte Charakterzüge traten zum Vorschein. Des Weiteren betonte das „Mädchen" immer wieder „sie" sei ein Junge, aber das wollte niemand hören. Das arme „Mädchen" wurde in der „Kita" (international: kindergarden) sowohl von Jungen als auch von Mädchen der Lächerlichkeit preisgegeben. Ein als Mädchen verkleideter Junge sei sie, so wurde überall herumerzählt. Selbst das Kita-Personal kam mit „Brenda" nicht zurecht. Das „Mädchen" sei aggressiv, aufmüpfig und unnormal – der Satz „ich fühle mich nicht als Mädchen, sondern als Junge" kam immer wieder aus dem Mund des kleinen Kastraten. Die Probleme spitzten sich derart zu, dass sich die Eltern bei

Herrn Dr. Money beklagten; dieser beschwichtigte jedoch und argumentierte, Brenda sei ein „richtiges Mädchen“, und alles sei in Ordnung.

## Die Moneyistische Sexualpädagogik der Vielfalt

Besonders abstoßend waren dann jene Erlebnisse, die David Reimer im Alter von 31 Jahren seinem Biographen Colapinto (2000) zu Protokoll gegeben hat. Wann immer die Eltern bei den Besuchen in Baltimore abwesend waren und das Zwillingspaar ihrem Peiniger Money ausgeliefert war, wurde dieser herrschsüchtig und gewalttätig. Der Psycho-Erzieher erzählte den unschuldigen Geschwistern, sie seien ein normales „Junge und Mädchen-Paar“ und hätten ihm zu gehorchen. Um die spätere Rolle als Mann und Frau einzuüben, mussten sich die damals ca. 8 Jahre alten Geschwister Brenda (David) und Brian vor ihrem Therapeuten ausziehen und, als nackte Lustobjekte des kinderlosen Psycho-Erziehers, „Kopulationsübungen“ durchführen. Mit diesen Übungen sollten die Geschwister gemäß der Money'schen Geschlechter-Identitäts-Theorie ihre zukünftige Sexual-Rolle einüben, um dann bald erfolgreich eigenständig erotische Akte vollziehen zu können. Auch über andere „Kindersex-Spiele“ und Fragen wie „willst Du einmal eine Lesbe sein?“ hat das Opfer David später berichtet, sodass wir aus diesen Dokumenten schlussfolgern können, dass Kindesmissbrauch und Pädophilie hier „im Namen der Psycho-Erziehungswissenschaft“ vollzogen worden sind. Die 2014 in Schulen einiger Bundesländer praktizierte „Sexualpädagogik der Vielfalt“ hat hier seinen Ursprung (s. Money 1988). Der Psychologe forderte von „Brenda“, ihm zu erzählen, sie sei ein „normales Mädchen“. Das „verweiblichte“ Kind weigerte sich jedoch und antwortete, sie sei kein Mädchen, sondern fühlte sich als Junge. Ab dem 8. Lebensjahr weigerte sich „Brenda“ strikt, mit ihrem Bruder und den Eltern nach Baltimore zu fahren. Die Erziehungsberechtigten überredeten ihre Kinder mit der Belohnung von Reisen nach Disneyland usw. Der zum Mädchen umoperierte Junge war bereits mit 8 Jahren erheblich traumatisiert und hatte panische Angst vor seinem Peiniger. Dieser „Meister der Psycho-Erziehungswissenschaft“ legte aber noch zu. Er erzählte den Eltern und dem Kind, demnächst müsse eine schwere Operation durchgeführt werden – das Einsetzen einer künstlichen Vagina. Das misshandelte, schockierte Opfer „Brenda“ weigerte sich strikt, sich nochmal mit Herrn Dr. Money zu treffen (in Anwesenheit der Eltern war der Psychologe freundlich, sobald aber diese abwesend waren, wurde er herrschsüchtig und misshandelte die Kinder psychisch, möglicherweise auch körperlich).

Als „Brenda“ 11 Jahre alt war, bestand die einzige psychologische Therapie darin, einmal pro Jahr Herrn Dr. Money in Baltimore zu besuchen. Die Situation änderte sich erst, nachdem im Herbst 1976 das „Mädchen“ in eine neue Schule überführt wurde, wo eine professionelle psychologische Beratung eingeschlossen war. Dort entwickelte „Brenda“ Angstzustände, war sozial isoliert und verhielt sich derart untypisch, dass „sie“ von einem Lehrer in eine Kinderklinik eingewiesen werden musste. In einem Bericht wurde dort, nach Rücksprache mit dem Lehrer, das Folgende festgehalten: Die Interessen von „Brenda“ sind stark maskulin ausgeprägt. „Sie“ interessiert sich für technische Dinge (Autos, Radios, Flugzeuge) und ist kompetitiver und aggressiver als ihr Bruder. Weiterhin stellte ein unabhängiger Psychologe fest, dass das 11-jährige „Mädchen“ das Gefühl hatte, dass seine Genitalorgane nicht normal seien, und daher Selbstmordgedanken entwickelte. Ein anderer unabhängige Psychologe bestätigte, dass „Brenda“ in keiner Weise feminine Eigenschaften zeigt. Mitschüler machten sich lächerlich über „sie“ und es wurde immer wieder gesagt, „Brenda“ schaut aus wie ein Junge, spricht wie ein Junge und zeigt für heranwachsende Buben typische Charaktereigenschaften (Abb. 8.4).

Trotz dieser klaren Befunde, die von dem Psychologen Money ignoriert worden sind, plante dieser im Januar 1977 die bereits erwähnte zweite Stufe der Geschlechtsumwandlung – eine Vaginal-Implantation. Wie Psychologe Money in einem Bericht schrieb, war er sehr verwundert darüber, dass „Brenda“ eine fanatische Angst vor Krankenhäusern entwickelt hatte. Des Weiteren erwähnte Money, dass das „Mädchen“ in seiner Anwesenheit derart schlimme Panikanfälle bekommen würde, dass ein Gespräch nicht möglich sei – das Kind würde schreiend aus dem Raum rennen, wann immer er versuche, mit diesem eine Konversation zu führen. Als „Brenda“ dann im Sommer 1977 zwölf Jahre alt geworden war, sollte die Estrogen-Behandlung beginnen, gefolgt von der Vaginal-Einsetzung, um endlich das „Mädchen“ in eine richtige

Frau überführen zu können. Das „Mädchen Brenda“ hat die Estrogen-Pillen entgegengenommen, diese jedoch nicht immer geschluckt. Infolge unregelmäßiger Estrogen-Einnahmen entwickelten sich dennoch kleine Brüste, die jedoch von dem männlichen Opfer nicht akzeptiert worden sind.

Um das bereits pubertierende „Mädchen Brenda“ überzeugen zu können, nun endlich der überfälligen Vaginal-Operation zuzustimmen, vollzog Psychologe Money einen weiteren drastischen Schritt. In der Johns Hopkins Gender-Identity-Klinik gab es vereinzelt Männer, die sich zu einer Frau haben umwandeln lassen. Ein derartiger „Mann-zu-Frau-Transsexueller“ wurde von Money als Modell ausgewählt, um das „männlich agierende Mädchen“ endlich von der Notwendigkeit des letzten Geschlechts-Umwandlungsschrittes zu überzeugen. Money hob hervor, dass dieser Transsexuelle, d. h. ein verweiblichter Mann, ein glückliches Leben führen würde und als Vorbild dienen könne. Bei einem derartigen Treffen erzählte der Transsexuelle (in den Worten von „Brenda“ ein Mann, der geschminkt in Frauenkleidern daherkam) seinem Opfer, dass eine Vaginal-Einsetzung doch genau das Richtige sei: Du wirst ein normales Mädchen werden und als Frau ein wundervolles Leben führen können, argumentierte der von Money hinzugebetene „Pädagoge“ (XY-Trans-Frau).

Der Kastrat „Brenda“ berichtete später, dass ihm spontan der Gedanke kam: „So werde ich einmal enden?“ Daraufhin rannte „Brenda“ in blinder Panik aus dem Raum, alle Treppen hinauf, bis „sie“ auf dem Dach des Klinikgebäudes angekommen war – der Transsexuelle rannte „ihr“ hinterher, was die Panik des Opfers noch steigerte. Auf dem Dach angekommen, sagte „Brenda“ ihrer unten im Klinikhof stehenden Mutter, dass „sie“ sich durch einen Sprung in die Tiefe sofort das Leben nehmen würde, falls ein weiterer Besuch mit Herrn Dr. Money erzwungen wird. Danach wurde das völlig traumatisierte „Mädchen“ vom Dachgebäude heruntergeführt und in der Obhut der Eltern beruhigt. Der fanatische Kinderschänder Money gab aber nicht auf – er musste der Psycho-Fachwelt gegenüber beweisen, dass seine Gender-Theorie korrekt ist. Da Money, als Sozialwissenschaftler, die Symptome einer starken Biophobie zeigte, waren ihm die Prinzipien der Naturforschung (ergebnisoffene Analysen) offensichtlich unbekannt.

Da die Eltern sich geweigert hatten, das inzwischen 14-jährige „Mädchen“ mit ihrem Zwillingsbruder noch einmal nach Baltimore zur „Psychotherapie“ zu bringen, nahm der Kindesmisshandler die Sache selbst in die Hand. An einem grauen Tag im März 1979 traf Money persönlich im Haus der Eltern ein, mit Koffer und Unterlagen. Er argumentierte, er würde zu Besuch kommen, um mit den Kindern seine Therapie fortzuführen. Kurze Zeit später kündigte er an, er hätte nun seinen Flug verpasst und müsse leider im Haus der Eltern seiner beiden Opfer übernachten. Die Eltern bereiteten ein bescheidenes Schlafgemach vor und waren erstaunt darüber, dass der weltbekannte Psychologe Dr. Money unter diesen Bedingungen bis zum nächsten Tag bleiben wolle. Die Kinder Brian und „Brenda“ hatten sich sofort nach Ankunft ihres Peinigers im Keller versteckt und weigerten sich, ihrem „Therapeuten“ in die Augen zu blicken. Nachdem dann die minderjährigen, 13 Jahre alten Jugendlichen gezwungen worden waren, mit Money zu sprechen, kam es zu einem kurzen persönlichen Kontakt. Um die Zwillinge gefügig zu machen, gab der wohlhabende kinderlose Universitätsprofessor John Money den beiden jeweils 15 US$ in die Hand und argumentierte, im Hotel hätte er mehr bezahlt. Die beiden Jugendlichen rannten in Panik, ohne das Geld anzunehmen, in den Keller zurück und versteckten sich dort. Erst nachdem der berühmte „Sexologe“ das Haus verlassen hatte, kamen die traumatisierten Geschwister wieder aus ihrem Versteck hervor (Colapinto 2000).

Als im August 1979 „Brenda“ 14 Jahre alt geworden war, bahnte sich eine neue Katastrophe an. Obwohl das „Mädchen“ im Säuglingsalter kastriert worden ist, setzte die Pubertät ein und der Stimmbruch fand statt. Ab diesem Zeitpunkt nahm „Brenda“ ihr Schicksal selbst in die Hand und weigerte sich von nun an strikt als „Mädchen“ zu leben. Wie aus publizierten Dokumenten (November 1979) hervorgeht, lehnte das Opfer das Tragen von Kleidern ab und trug ab diesem Zeitpunkt nur noch Jungen-Bekleidung (Hosen usw.). Nachdem dann „Brenda“ im Herbst 1979 in eine technische Highschool überführt worden war und sich dort in einem Mechaniker-Kurs bewährte, kam es zu bewegenden Szenen: Die Mädchen in der Klasse verweigerten „ihr“ die Benutzung der Frauen-Toilette – daraufhin benutzte „Brenda“ die entsprechenden Männer-Räumlichkeiten und wurde dort herausgeworfen und mit einem Messer bedroht, falls „sie“ (als Mädchen) zurückkehren würde. Da „Brenda“ somit keine der beiden Toiletten im Schulgebäude benutzen konnte, urinierte „sie“ notdürftig hinter dem Gebäude. Bereits im Dezember weigerte sich „Brenda“ aus diesen und anderen Gründen, weiterhin zur Schule zu gehen.

Da regelmäßig Arztbesuche angeordnet waren, gab es auch diesbezüglich erhebliche Probleme. Das „Mädchen“ verweigerte es, die angeordneten Brust-Untersuchungen durchführen zu lassen – Originalzitat: „In jedem Leben eines Menschen kommt ein Punkt, wo man sagt, jetzt ist es genug – jetzt ist meine Grenze des Erträglichen erreicht“ (Colapinto 2000). Der Endokrinologe fragte ganz verwundert: „Möchtest du ein Mädchen sein oder nicht?“ Nachdem diese alte Frage von Peiniger Money und vielen anderen Ärzten nunmehr ein weiteres Mal gestellt worden war, brüllte „Brenda“ den Mediziner an: „Nein – keinesfalls.“ Noch in diesem Stadium hat man „Brenda“ nicht darüber aufgeklärt, was mit „ihr“ im Säuglingsalter gemacht worden war.

## Geschlechts-Rückumwandlung und Selbstmord

Der Zeitpunkt war nun gekommen, über die Eltern die Wahrheit zu verkünden. Nachdem diese ihre beiden Kinder mit Fruchteis und anderen Geschenken in gute Stimmung gebracht hatten, kam die Wahrheit auf den Tisch. Als sich „Brenda“ die unglaubliche Geschichte der Penis-Zerstörung durch einen ärztlichen Kunstfehler, der anschließenden Kastration und all der nachfolgenden Eingriffe angehört hatte, war „sie“ befreit: „Von nun an ergab alles einen Sinn für mich, und ich fühlte so, wie ich wirklich war – ich bin eigentlich ganz normal“, war die Reaktion (Colapinto 2000).

Nach dieser Offenlegung des Sachverhaltes entschied sich „Brenda“ sofort dafür, über eine operative Geschlechtsumwandlung (mit Testosteron-Einnahmen) wieder zu einem jungen Mann zu werden. Unser Bild (Abb. 8.2) zeigt Peiniger John Money mit seinen beiden Opfern kurz vor dieser Rück-Umwandlung. Erst einen Monat vor „Brendas“ 16. Geburtstag war die „Vermännlichungs-Phase“ beendet und „sie“ nahm einen neuen Männer-Namen an: David.

Das nächste Drama bahnte sich jedoch an. Da der Kastrat weder über Gonaden noch über ein funktionstüchtiges Kopulationsorgan verfügte, war der „junge Mann David Reimer", wie die Versuchs-Hühner (Abb. 8.3), zeugungsunfähig (steril). Diese Situation brachte große psychische Probleme mit sich. Im Alter von 16 Jahren, nachdem David sich regelmäßig mit einem Mädchen getroffen hatte, das zwei Jahre jünger war als er, erzählte er seiner Freundin die Wahrheit. Innerhalb weniger Tage hatte seine 14-jährige „Verehrte" die unglaubliche Geschichte des „Penis-Verlusts" usw. im Kreise gleichaltriger Jugendlicher herumerzählt und der zurückgewandelte Junge wurde das Opfer einer Mobbing-Kampagne. Überall wurde über ihn gelacht, man hat Witze erzählt, und, wie es unter pubertierenden Jugendlichen üblich ist, über ihn hergezogen. Diese Schmähungen wurden David u. a. von seinem Zwillingsbruder zugetragen.

Der psychisch zerstörte David Reimer schluckte daraufhin eine ganze Flasche Medikamente (Antidepressiva) und legte sich auf das Sofa in der elterlichen Wohnung. Seine Eltern entdeckten ihn in bewusstlosem Zustand. Diese überlegten sich allen Ernstes, ob sie ihn nicht lieber sterben lassen sollten, da er doch ohnehin den Rest seines Lebens leiden würde. Außerdem war den Eltern klar, dass ihr Sohn David mit dieser vorsätzlichen Tablettenschluck-Aktion sterben wollte. Spontan entschied man sich jedoch dafür, ihn zu retten. David wurde rasch in ein naheliegendes Krankenhaus gebracht, wo man seinen Magen auspumpte. Nachdem er eine Woche später wieder zu Hause war, wiederholte David seinen Selbstmordversuch – diesmal wurde er von seinem Zwillingsbruder gerettet. Ab diesem Zeitpunkt zog sich David von allen sozialen Veranstaltungen und Freunden zurück. Er verbrachte lange Aufenthalte in einem Holzhaus, im Winter und Sommer – ganz alleine. Der junge Mann war nicht in der Lage, mit Menschen in Kontakt zu treten und wollte von nun an völlig isoliert leben. Wie er seinem Biograph Colapinto (2000) mitgeteilt hat, stellte sich seine Gemütslage wie folgt dar: „Ich verachtete und hasste mich selbst. Ich war frustriert, verärgert." Im Alter von 21 Jahren wurde die bereits eingeleitete Rück-Operation zum Mann weitergeführt, aber die desolate psychische Situation verbesserte sich nicht.

Sein Zwillingsbruder Brian hatte dann auch bald geheiratet, was für David traurig war, da er genau diesen Plan – Frau und Kinder – aufgrund seiner durch Kinderschänder Money verursachten Situation niemals verwirklichen könnte. Als David 23 Jahre alt war, wurde er von seinem Zwillingsbruder und dessen Ehefrau an eine drei Jahre ältere Single-Mother mit drei Kindern (von drei unterschiedlichen Vätern) vermittelt. Die junge Frau hatte derart schlechte Erfahrungen mit den drei Vätern ihrer leiblichen Kinder gemacht, dass sie zu jedem Kompromiss bereit war – es sollte nur ein liebevoller Partner sein, alles andere war ihr gleichgültig. Obwohl die 26-jährige Mutter den 23-jährigen David charmant und attraktiv fand, hat man sie dennoch gleich darüber aufgeklärt, dass er kastriert und daher zeugungsunfähig sei. Die junge Frau willigte dennoch in eine Verbindung ein, sodass dann, als David 25 Jahre alt war, die Hochzeit vollzogen wurde. David gelang es daraufhin, einen gut bezahlten Fabrik-Job antreten zu können, sodass er ein kleines Haus in einer Mittelklasse-Nachbarschaft in der Nähe seiner Eltern kaufen konnte, um sich mit seiner Ehefrau niederzulassen. Die drei mitgebrachten Kinder adoptierte er und kümmerte sich liebevoll um diesen angenommenen Nachwuchs.

Der Rest seiner Lebensgeschichte lässt sich in wenigen Sätzen zusammenfassen. David Reimer hatte ein schwieriges Verhältnis zu seinen Eltern (obwohl er ihnen nicht vorwarf, die Geschlechtsoperation zum Mädchen veranlasst zu haben). Er wurde bald wieder arbeitslos und erlitt einen nachhaltigen Schock, nachdem sein Bruder Brian, nach Einnahme einer Überdosis von Medikamenten (Antidepressiva), am 1. Juli 2002 Selbstmord begangen hatte. Über die Gründe des Freitods des Zwillingsbruders wurde kontrovers spekuliert. Die wahrscheinlichste Erklärung ist der dokumentierte Befund, dass Bruder Brian das endlose Leiden sowie die beiden ersten Selbstmordversuche von David nie überwunden hatte und daher im Alter von 37 Jahren freiwillig aus dem Leben geschieden ist. Noch immer unter dem Schock des Verlustes seines geliebten Zwillingsbruders stehend, erzählte ihm am 2. Mai 2004 seine Frau, sie wolle sich von ihm trennen. Drei Tage später packte David Reimer ein von Hand abgesägtes Gewehr in sein Auto; er fuhr auf den Parkplatz eines Warenhauses und verübte Selbstmord durch Kopfschuss. Er war zu diesem Zeitpunkt (5. Mai 2004) erst 38 Jahre alt. In Kapitel 10 werden wir im Detail darlegen, warum der Kastrat sich zeitlebens, trotz Estrogen-Zugaben, als Mann gefühlt hat.

## John Money und die misshandelten Zwillingsbrüder Reimer: Rechtsradikale Kritiker?

Sollte man die „Behandlungen" des angesehenen Psychologen und Erziehungswissenschaftlers John Money als Ursache für den Selbstmord seiner beiden „Adoptivkinder" Bruce (David) und Brian Reimer anführen? Nach Aussage der Eltern ist der Psychologe Money eindeutig für den Freitod ihrer beiden Söhne verantwortlich. Weiterhin berichteten die Eltern bereits vor den Selbstmorden ihrer Kinder, dass sie bei vielen Besuchen in der *Gender Identity-Clinic* in Baltimore unter dem psychologischen Druck des renommierten Herrn Dr. Money vorsätzlich gelogen haben: Sie erzählten ganz einfach das, was der Peiniger gemäß seiner „Money'schen Gender-Theorie" hören wollte. Die Erziehungsberechtigen beschönigten die Tatsache, dass sich der Kastrat in Mädchenkleidern (Abb. 8.4) niemals feminin verhalten hat, sondern ein aggressiv-dominant-wilder Junge war. Der berühmte Psychologe wollte allerdings seine These, Menschen würden geschlechtsneutral zu Welt kommen und könnten dann in männliche oder weibliche Richtung umerzogen werden, bestätigt wissen. Daher hat er immer nur das gesehen bzw. erzwungen, was er im Hinterkopf hatte – ein klares Beispiel für pseudowissenschaftliche Dogmatik, verbunden mit einer selektiven Wahrnehmung (was nicht sein darf wird ignoriert).

Nach dem Selbstmord seiner beiden ehemaligen „Patienten" wurde Money wiederholt gefragt, ob er denn ein Schuldbewusstsein hätte bzw. seine Theorie revidieren würde. Seine Gegner argumentierten, die Money'sche These sei eindeutig durch den Doppel-Freitod von David und Brian Reimer widerlegt; Menschen kämen nicht geschlechtsneutral, sondern als Junge oder Mädchen zur Welt. Andere analoge Fälle, zusammengefasst in Money und Ehrhardt (1972) sowie in der romanartigen Darstellung von Colapinto (2000), führten zum selben negativen Resultat, d. h. die künstliche Umwandlung eines Jungen in ein „Mädchen" endete ohne Ausnahme in einem Desaster. Der Psycho-Star Money weigerte sich aber schlicht und einfach, über den Fall Reimer zu sprechen und hoffte, dass sein Verbrechen in der Vergangenheit versinken werde. Glücklicherweise hat aber ein mutiger Biologe, Milton Diamond, den Sachverhalt an die Öffentlichkeit gebracht und den gesamten Fall akribisch offengelegt (Diamond 1965, 2004, Diamond und Sigmundson 1997).

Die Money'sche Gender-Irrlehre, kombiniert mit der „Bestätigung des Erfolgs-Experiments Bruce (David) Reimer", wurde bald zum Bestandteil der Gender Mainstreaming (GM)-Lehre. Anfang der 1970er Jahre bis heute lebt die von Feministinnen übernommene Moneyistische „Frau-gleich-Mann-Ideologie" weiter (Repo 2016). Die bekannte Sprachforscherin Judith Butler verweist z. B. in ihrem Buch *Undoing Gender* (2004) ausführlich auf den Fall Reimer und diskutiert sogar die Todesursache von David. Allerdings bringt sie diesen Freitod nicht in Verbindung mit den Behandlungen durch den Psycho-Erzieher John Money – sie erwähnt „Sprechakte zur Festlegung der Gender Identity" und andere Absurditäten (s. Bublitz 2002). Ein Zugeständnis würde ihrer eigenen These einer frei wählbaren menschlichen Geschlechteridentität widersprechen.

Ein schlagender Beweis dafür, dass John Money keinerlei Schuldbewusstsein hatte und bis zum Tod von seiner Irrlehre überzeugt war, kann u. a. mit einem 1987 publizierten Beitrag in *This Week's Citation Classics* belegt werden. In dieser Artikel-Serie werden Autoren häufig zitierter Publikationen gebeten, einen rückblickend kritischen Kommentar zu ihrer klassischen Veröffentlichung zu verfassen. Money (1987) beschreibt in seinem eingeladenen Gastbeitrag die Inhalte seines Citation Classics „Money & Erhard 1987 – 460 x cited" in lobenden Worten. Im Jahr 1987 war aber schon lange bekannt, dass das Geschlechtsumwandlungs-Experiment ein Fehlschlag war. Moneys „Mädchen Brenda" hatte sich bereits wieder zu einem Mann rückoperieren lassen und x-fach zu Protokoll gegeben, dass „sie" sich immer als Junge gefühlt hatte. All das war John Money bekannt, aber der Psycho-Erzieher hielt dogmatisch an seinem quasi-religiösen Glauben einer nachgeburtlichen Gender Identity-Entwicklung fest (Money 1987).

Seine Kritiker, wie z. B. den Biologen Diamond (1965), fertigte Money wie folgt ab: Er verbat sich jegliche kritische Kommentare zu seiner Gender-Theorie sowie dem Fall Reimer mit dem Verweis auf antifeministisches und rechts-radikales Gedankengut (Rassismus-Vorwurf). Kurz formuliert: Nach Money sind alle Gender-Kritiker gegen Gleichberechtigung und stehen hinter einer „right-wing“-Politik (mit denselben Argumenten wird noch heute versucht, die Kritik an den Gender Studies mundtot zu machen, s. Kapitel 10). Als der berühmte Sexologe John Money seinen 70. Geburtstag feierte, wurde ein Symposium veranstaltet mit Lobreden auf den weltbekannten Menschen-Forscher. Wie die gedruckten Beiträge (Coleman 1991) zeigen, wurde dem geehrten „Gottvater der Gender-Ideologie“ keine Schuld zugewiesen – er verweigerte jegliches Gespräch zum Fall Reimer und kehrte diesen Fall ganz einfach „unter den Teppich“. Mit seiner „alle Gender-Kritiker sind rechtsradikale Rassisten“-Strategie hatte John Money zeitlebens Erfolg – sie wird noch heute in vielen politischen Diskussionen als Totschlagargument eingesetzt und das nicht nur bzgl. der Gender-Debatte.

Wie in Kapitel 1 dargelegt, erhielt ich im Juni 2015 ein Freiexemplar der Juli/August-Ausgabe des Feministinnen-Magazins *Emma*. Auf Seite 8 dieses Journals wird der 40. Geburtstag des Ende August 1975 erschienenen Pamphlets von Schwartzer mit dem geschickt gewählten Titel „Der kleine Unterschied und seine großen Folgen“ gewürdigt. In diesem Bestseller führt Schwartzer, von der Erstauflage 1975 bis zur aktuellen Version 2015, den Fall David Reimer als Beweis für die Money’sche Gender-Identity-Theorie an.

Aus diesen Fakten kann nur eine Schlussfolgerung gezogen werden: Personen, die ihr Leben lang niemals Kontakt zur naturwissenschaftlichen Forschung hatten und ausschließlich soziologisch-geisteswissenschaftlich geprägt sind, entwickeln im Laufe der Zeit einen kompletten Realitätsverlust. Insbesondere in jenen Personenkreisen, die auf staatlich alimentierten Stellen ihrem geisteswissenschaftlichen Hobby nachgehen können, kommt es regelmäßig zu einem vollständigen Abbruch zur Lebenswirklichkeit des arbeitenden Normalbürgers. Man lebt in einer vergeistigten Traumwelt, theoretisiert (ohne empirische Grundlage) vor sich hin und kann irgendwann einmal nicht mehr verstehen, was Physiker, Chemiker, Biologen und Geologen so treiben und wie diese Realwissenschaftler argumentieren. Die mehrfach thematisierte Biophobie resultiert aus dieser Ablehnung naturwissenschaftlicher Fakten und Theorien (integraler Bestandteil der Moneyistischen Gender-Ideologie).

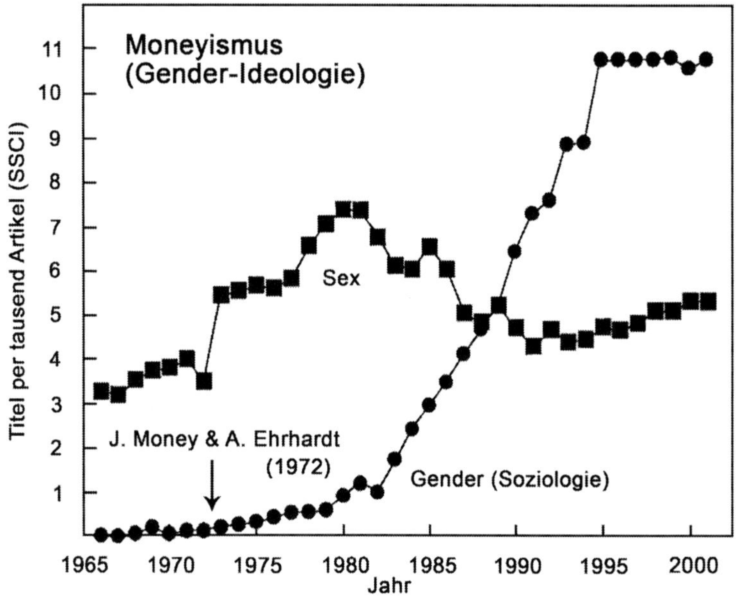


**Abb. 8.5**: Ursprung und Zitierhäufigkeit des Begriffs „Gender" in sozialwissenschaftlichen Schriften, im Sinne der Geschlechter-Ideologie von John Money (angenommene Gleichheit). Das Buch von Money und Ehrhardt (1972) markiert den Aufstieg der Gender Studies im nicht-naturwissenschaftlichen (soziologischen) Bereich (nach Haig, D.: Arch. Sex. Behav. 33, 87–96, 2004).

## Bibliometrische Analyse des doppelten Gender-Begriffs

Zurück zu John Money, dem „Papst der Gender-Identity-Lehre" (Abb. 8.2). Wie in Kapitel 1 und 2 dargelegt, müssen wir zwischen dem soziologischen Gender-Begriff (d. h. Geschlecht als sozio-kulturelles Konstrukt) (Moneyismus) und der Gender-Biomedizin unterscheiden. Diese Differenzierung habe ich auf Grundlage von zwei ISI Web of Science-Datenbanken 1945/1946 bis 2015, dem Social Science Citation Index (SSCI) und dem Science Citation Index-Expanded (SCI-E) vollzogen, mit tiefen Einblicken in diese beiden Entwicklungslinien (Haig 2004). Worum geht es in dieser bibliometrischen Analyse?

Seit 1945 wird jeder in englischer Sprache verfasste wissenschaftliche Artikel, der in einem anerkannten Fachjournal publiziert ist, in einem Archiv verzeichnet (International Database; deutschsprachige Aufsätze und Bücher zählen dort in der Regel nicht). Mit Hilfe bestimmter Computerprogramme kann man dann z. B. untersuchen, wie oft die Begriffe „Sex“ und „Gender“ im Bereich Sozialwissenschaften (Soziologie, Psychologie usw.) (SSCI) bzw. den Naturwissenschaften (Physik, Chemie, Biologie, Geologie) (SCI-E) über die Jahre hinweg in den Artikel-Überschriften aufgetreten sind. Der Harvard-Biologe Haig (2004) hat dargelegt, dass der Begriff „Sex“ in den Sozialwissenschaften ca. 3 bis 7 mal pro 1000 Artikel in Überschriften auftritt, während „Gender“ seit 1972 (d. h. mit der Publikation von Money und Erhard) eine enorme Zunahme an Zitationen erfahren hat (Zeitraum 1956 bis 2001) (Abb. 8.5). Der Autor konnte im Detail belegen, dass der Gender-Begriff in der Soziologie (SSCI) auf die Publikation Money et al. (1955, und verwandte Beiträge derselben Autoren) zurückgeht (Schlüsselbegriffe: Gender Role, Gender Identity). Mit dem Bestseller Money und Erhardt (1972) setzte dann eine Gender-Expansion in den Sozialwissenschaften ein, die bis heute andauert. Unsere bibliometrische Analyse belegt somit, dass die Schlussfolgerung, die Gender Studies seien letztendlich nichts anderes als Moneyismus, quellenhistorisch beweisbar ist. Der US-Psycho-Erzieher war der geistige Urvater dieser hier dokumentierten irrationalen Glaubensrichtung.

Wie eingangs dargelegt, müssen wir den Moneyismus (Abb. 8.5) gegen die Gender-Biomedizin abgrenzen. Haig (2004) hat belegt, dass in den Naturwissenschaften (SCI-E) der Begriff „Sex“ (Befruchtung bzw. biologisches Geschlecht) wesentlich häufiger verwendet wird als „Gender“ (Ausbildung von m/w-Geschlechtstieren während der Individualentwicklung) (Abb. 8.6). Allerdings ist ab 1993 ein rapider Anstieg im Vorkommen des „Gender-Wortes“ in englischsprachigen Fachartikeln zu verzeichnen (s. z. B. Anthes et al. 2005, Delph und Wolf 2005, Lorenzi und Sella 2013). Dieser Sprung korreliert mit der Veröffentlichung der „Gender-Differences-Richtlinien“ der *United States Food and Drug Administration* (FDA). Gemäß dieser Vorgaben müssen ab 1993 alle neu einzusetzenden Medikamente auf Geschlechter-Unterschiede (Mann vs. Frau) untersucht werden, d. h. der Ursprung der Gender Biomedizin (GB) kann auf dieses Jahr zurückgeführt werden. Der Begriff „Gender Differences“ taucht daher ab diesem Zeitpunkt immer häufiger in der naturwissenschaftlichen Fachliteratur auf und wurde im Jahr 2014 endgültig Bestandteil der GB-Forschungsagenda.

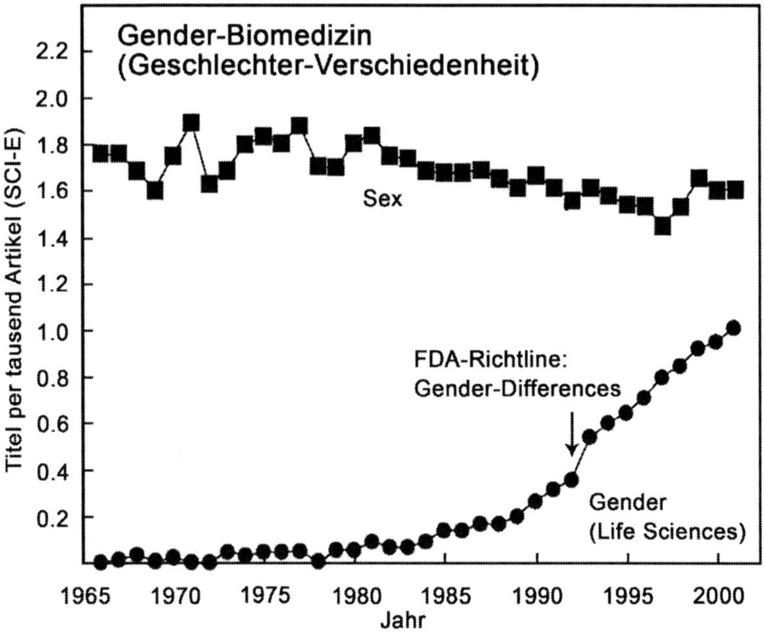


**Abb. 8.6**: Ursprung und Zitierhäufigkeit des Begriffs „Gender" in der biomedizinischen Fachliteratur. Ab dem Jahr 1993 ist ein deutlicher Anstieg der Verwendung des Begriffes „Gender" in den Artikeln zu verzeichnen (nach Haig, D.: Arch. Sex. Behav. 33, 87–96, 2004).

*Fazit:* Der Moneyismus (soziologisch begründete Gender-Ideologie) wurde 1955 etabliert und expandierte ab 1972 (Bestseller von Money und Ehrhardt), während die Gender-Biomedizin (GB) auf Anfang der 1990er Jahre rückdatiert werden kann und erst ein Jahr vor David Reimers 50. Geburtstag (2014) fest etabliert werden konnte (s. Kapitel 10).

Nach diesen etwas sterilen, aber notwendigen bibliometrisch-historischen Studien (Abb. 8.5, 8.6) wollen wir in den letzten Abschnitten auf aktuelle Gender-Money-Themen 2015 zu sprechen kommen.

## Gender Mainstreaming: Warum der Moneyismus Menschen krank macht

Der Physiologe und Bio-Kybernetiker Manfred Spreng hat in einer Broschüre mit dem Titel „Es trifft Frauen und Kinder zuerst. Wie der Genderismus krank machen kann!“ ausführlich begründet, dass die Gender-Ideologie (Moneyismus) bei vielen Menschen eine Fehlentwicklung einleiten kann, da in dieser absurden, die Naturgegebenheiten leugnenden Weltsicht (Biophobie) Geschlechterrollen negiert werden. Da der Autor seine Aussagen mit soliden Quellenangaben belegt, soll aus dieser Schrift ein Extrakt erstellt werden, den ich allerdings um weitere Aspekte ergänzt habe.

Nach Spreng (2015) ist eine juristische Gleichberechtigung der Geschlechter unabdingbar und sollte von allen vernunftbegabten Männern und Frauen begrüßt werden. Wie der Humanphysiologe allerdings hervorhebt, wird im Namen des „Familienministeriums“ immer wieder der Begriff „Effektive Gleichstellungspolitik“ verwendet und auch betont, dass die Geschlechterrollen (d. h. Moneys „Gender Role“), im Gegensatz zum biologischen Geschlecht, erlernt sind und somit auch veränderbar seien. Aus diesen politischen Thesen folgt, dass eine Unterscheidung zwischen Mann und Frau auch in offiziellen Dokumenten abgeschafft werden soll, da dies als diskriminierende Geschlechtszuweisung interpretiert wird. Man soll sich demnach eine beliebige geschlechtliche Identität frei auswählen können, wobei „männlich und weiblich“ mit dem Begriff „Heteronormativität“ belegt sind. Hinter diesem genderistischen Kunstwort steckt jedoch ein versteckter Vorwurf: Man erhebt angeblich die heteroerotische Neigung zu einer gesellschaftlichen Norm, was als Bevormundung bzw. Diskriminierung andersartig geprägter Menschen interpretiert wird. Wir benutzen in diesem Buch den neu geprägten Begriff „Heteronormalität“, d. h. der Durchschnitt (die Norm) ist hetero-gepolt und repräsentiert somit das Normale (d. h. in der Biologie des Menschen und anderer Organismen die Fortpflanzungsfähigkeit bzw. Fertilität).

Wir wollen in den nächsten Abschnitten die Thesen von Spreng (2015) in abgekürzter bzw. ergänzter Version kennenlernen und hierbei acht Punkte ansprechen. Es sei angemerkt, dass diese Argumente die biophobe Grundposition der Gender-Ideologen eindrucksvoll dokumentieren.

1. *Abwertung des Frau- und Mann-Seins.* Wie wir in Kapitel 1 erfahren haben, fordert der GM-Glaube, Frauen wären in ihrer natürlichen Rolle minderwertige Kreaturen und müssten daher zu Männern umerzogen werden – erst dann sind sie vollwertige Menschen. Hiermit werden typisch weibliche Charaktereigenschaften abgewertet bzw. als altmodisch-antiquiert dargestellt. Wie bereits der bedeutende Zoologe Brookes (1883) erkannt hat, ergänzen sich aber Männer und Frauen, ohne dass ein Part dem anderen in seiner Bedeutung überlegen wäre. Diese gebetsmühlenartige Propaganda gegen typische weibliche Eigenschaften, wie z. B. ein hohes Maß an Intuition und Empathie (Brookes 1883) führt bei normalgebliebenen Frauen zu psychischen Problemen, bis hin zu Depressionen. Die auf Grundlage hirnphysiologischer und hormoneller Unterschiede etwa doppelt so hohe Depressionsneigung von Frauen gegenüber Männern wird durch die Gender-Propaganda nochmals erheblich gesteigert. Auch das Mann-Sein wird im Genderismus neu definiert: Das „starke Geschlecht" soll seinen unakzeptabel hohen Testosteronpegel herunterfahren und Mutterinstinkte entwickeln (was beides nicht möglich ist). Die meisten Männer ignorieren jedoch diesen genderistischen Unsinn und reagieren mit Ironie bzw. einer antifeministischen Abwehrhaltung, die, in gesteigerter Form, oft in einen Frauenhass umschlägt, bezogen auf deutsche Damen (Import-Bräute, s. S. 270).
2. *Abwertung der Mutter und des Vaters.* Gemäß der GM-Ideologie ist die Rolle einer Mutter nicht biologisch bedingt, sondern sozialkulturell geprägt und damit, analog der Money'schen „Gender Role" der Frau an sich, veränderbar. In der Gender-Literatur wird regelmäßig der Begriff „Mutter" als Diskriminierung bzw. Benachteiligung von Frauen angesehen, wodurch eine berufliche „Selbstverwirklichung" bzw. Entfaltung verhindert wird. Die Mutterrolle wird somit von ihrer ursprünglichen, die Identität normaler Frauen bestimmenden und Lebenssinn-gebenden Bedeutung entbunden, obwohl allgemein bekannt ist, dass Männer keine Mutterrolle, im biologischen Sinne, übernehmen können. Gebildete Frauen, die wissen, dass die frühkindliche Bindung an die Mutter für die gesunde Entwicklung

unabdingbar ist, werden als konservativ bzw. reaktionär oder gar rechtsradikal diffamiert (Kelle 2015). Es ist offensichtlich, dass Frauen, die sich nicht von der Gender-Agenda haben beeinflussen lassen, durch diese Anti-Mutter-Propaganda letztendlich diskriminiert werden. Bei Frauen, die diese Diffamierungen ernst nehmen und sich ihren Kindern widmen, wie es biologisch sinnvoll ist, können psychische Probleme entstehen (Minderwertigkeitsgefühle), im deutschen „Genderland" ist diese Frau ja nur eine „nutzlose Mutter", die ihr „wahres Potenzial" als Arbeitskraft für die Wirtschaft verschleudert.

3. *Muttersprache und angemietete Gebärmaschinen.* Gemäß der GM-Ideologie sollen in allen Bereichen geschlechtsneutrale Begriffe eingeführt werden. So nennen sich z. B. die Studentenwerke seit einiger Zeit „Studierendenwerke" (Kosten dieser Umbenennung: ca. 1 Million Euro pro Stadt). Gemäß der Gender Curricula/Biologie ist der Begriff „Mutterpflanze" problematisch, da hiermit das Frau-Sein abgewertet wird. Wahrscheinlich werden die Gender-Sprachverdreherinnen bald fordern, den Begriff „Muttersprache" zu neutralisieren. Das wird allerdings schwierig werden, weil dieses Wort aus physiologischen Fakten abgeleitet wurde. Es ist seit langem bekannt, dass der Fötus im Mutterleib bereits ab der 14. bis 24. Entwicklungswoche über die Flüssigkeiten die Mutterstimme hört, sodass ein neugeborenes Baby nach der Geburt vollständig auf die Stimme der Frau fixiert ist, die es zur Welt gebracht hat. Auch aus diesem Grund ist die sogenannte „Leihmutterschaft" eine schwerwiegende Menschenrechtsverletzung, da das künstlich herangezüchtete Baby in der gemieteten *H. sapiens*-Legehenne auf die Stimme dieser weiblichen Person geprägt worden ist. Da der Vater nicht, flüssigkeitsgekoppelt, mit dem Baby verbunden ist und auch andere Frauenstimmen nicht diese physiologische Verbindung zum ungeborenen Kind aufweisen, können fremde Personen diese Beziehung zu dem Neugeborenen nicht aufbauen. Diese wichtige Entdeckung wurde durch unzählige Untersuchungen, unter Einsatz biophysikalischer Methoden, immer wieder bestätigt. Ein Kind erlernt somit die „Muttersprache" und nicht jene des Vaters oder anderer Personen; es ist in der Lage, von Geburt an die mütterliche Stimme gegenüber anderen zu unterscheiden und bevorzugt diese in klar erkennbaren Äu-

ßerungen. Spricht die Mutter zwei oder gar drei Sprachen und kommuniziert in dieser Art mit dem Kind, so wird dieses auf genau jene Kombination geprägt, die es über Monate hinweg im Leib der Mutter vernommen hat. Die Frage, für welche Erstsprache sich dieses Kind entscheiden wird, bleibt offen.
Weiterhin haben Studien während der Säuglingsphase (0. bis 6. Monat) gezeigt, dass die Kleinkinder eine hohe Imitationsfähigkeit entwickeln (Lippen- und Gesichtsbewegungen). Die vorgeburtlich gehörte Sprache der Mutter ist eine wichtige Voraussetzung, um diese Fertigkeiten herauszubilden; auch eine noch so enge Kommunikation mit dem Vater bzw. anderen Bezugspersonen kann dies nicht ersetzen. Für die ungestörte Sprachentwicklung ist somit der enge Kontakt mit der leiblichen Mutter notwendig, d. h. eine Mutter-Kind-Bindung sollte aufrecht erhalten bleiben, damit die Imitationsfähigkeit des Säuglings zur vollen Entwicklung kommen kann. Wird dieses biologische Gesetz ignoriert, so kann Apathie (frühkindliche Resignationshaltung) oder gar eine Depression folgen.

4. *Krippen-Verwahranstalten und Fremdbetreuung*. Wie in Kapitel 1 dargelegt, war man in der ehemaligen DDR stolz darauf, dass Kleinkinder möglichst früh einer sozialistischen Hirnwäsche unterzogen werden konnten, um danach, als gefügige Untergebene, dem Staat in allen nur denkbaren Versionen zu dienen (ein Verwandter von mir hatte sich als Blockwart sein Geld verdient, indem er Nachbarn ausspionierte – eine komplette Pervertierung des von ihm immer wieder benutzten Begriffs „freie Berufswahl“ im realen Sozialismus). Probleme ergeben sich, da bei Gruppengrößen von über 5 Kindern pro Bezugsperson die evolutionär bedingte Mutterbindung aufgehoben wird. Die Schwierigkeiten gehen soweit, dass während der Kleinkindphase I (6. Monat bis 3 Jahre) durch Unterbringung in einem zentral organisierten Kinderdepot u. a. die Befähigung zur Laut- und Spracherkennung gestört ist. Insbesondere wird die Entwicklung der Kommunikationsfähigkeit beeinträchtigt und motorische Fähigkeiten, die einen durchgehenden Kontakt zur Mutter bedingen, können problematisch verlaufen. Während der anschließenden sensiblen Kleinkindphase II (3. bis 5./6. Lebensjahr) wird auch die Vaterrolle bedeutsam, die schon ab dem 2. Lebensjahr jenes Band

ablöst, welches man in der Evolutionsforschung als „Mutter-Kind-Bindung“ bezeichnet. Diese Studien belegen, dass für eine Normalentwicklung durchschnittlich intelligenter Kinder zunächst die Mutter, dann aber auch der Vater, die wichtigsten Personen sind. Eine Studie aus dem Jahr 2012 (*Barmer Ärztereport*) hat gezeigt, dass in Deutschland 38 % der Jungen und 30 % der Mädchen eine Sprachstörung aufweisen, die in vielen Fällen unter Aufwendung hoher Kosten therapeutisch behandelt werden muss. Im *Report* ist das folgende Zitat zu finden: „Es handelt sich um Störungen, bei denen die normalen Muster des Spracherwerbs von frühen Entwicklungsstadien an beeinträchtigt sind.“ Auch Schwierigkeiten beim Lesen und Rechtschreiben sowie Störungen im emotionalen und Verhaltensbereich wurden konstatiert, was von Spreng (2015) auf den Einfluss der Gender-Ideologie zurückgeführt werden kann. Da in Artikel 2, Absatz 2, Satz 1, Grundgesetz, ein menschliches „Grundrecht auf körperliche Unversehrtheit“ besteht, wird durch die Krippen-Massenunterbringung, ohne definierte weibliche Bezugsperson, ein Menschenrecht missachtet. Nach aktuellen Quellenangaben zur Krippen-Politik ist man dabei, Tag-/Nacht-Kinder-Verwahranstalten in Großstädten zu etablieren, die dann als „24 h-Kitas“ ausgewiesen werden.

Wie stellt sich diese Problematik im Lichte der Evolution dar? Es ist ein Irrtum anzunehmen, dass in der Urzeit Einzelkinder mit ihrer Mutter isoliert in kleinen Höhlen aufgewachsen sind – es haben sich vielmehr Gruppen von Müttern mit ihren zahlreichen Kindern zusammengetan, sodass innerhalb derartiger Betreuungskollektive diese wichtige Aufgabe gemeinsam erledigt werden konnte. Hierbei war aber immer die biologische bzw. leibliche Mutter als primärer Bezugspunkt für die Kleinkinder verfügbar, sodass wir davon ausgehen können, dass eine ungehinderte Normalentwicklung erfolgte (unter harschen Umweltbedingungen in der afrikanischen Svanne konnten nur gesundheitlich/psychisch stabile Individuen überleben).

5. *Kleinkind-Stress und Gehirnentwicklung*. Da die Entwicklung des Zwischenhirns sowie des vegetativen Nervensystems bei Kleinkindern voll funktionsfähig ist, führt der Verlust einer festen Bezugsperson, d. h. der Mutter, bei der Ablieferung im Kleinkinder-Depot nicht nur zu einem Gefühl des Verlassen-seins, sondern auch zu ei-

nem massiven Anstieg im Level des Stresshormons Cortisol. Diese traumatischen Trennungserfahrungen können zu psychischen Problemen führen, wobei die Cortisol-Profile von Kleinkindern in Krippen mit den Stressreaktionen bei Managern vergleichbar sind, die extremen beruflichen Anforderungen ausgesetzt werden. Die Frage, ob dieser erhöhte Cortisol-Spiegel sich auf die Gehirnentwicklung der Kinder auswirkt, wurde in ausgewählten Studien positiv beantwortet. Neurophysiologen haben Schrumpfungen der Verbindungsmöglichkeiten (Dendriten) zwischen den Gehirnzellen sowie ein Absterben von Neuronen beobachtet. Auch besteht die Gefahr, dass Gehirnregionen, die für die geistige und gefühlsmäßige Steuerung verantwortlich sind, durch die kleinkindliche Angstbewältigung beeinträchtigt werden.

6. *Störungen im Organwachstum.* Kleinkinder benötigen täglich 4 bis 5 Stunden mehr Gesamtschlaf als Erwachsene, wobei diese zusätzlichen Schlafstunden auch tagsüber (d. h. unter Krippen-Verhältnissen) erfolgen müssen. Nur dann ist es zu gewährleisten, dass eine bestimmte Tiefschlafphase vorliegt, welche für die Ausschüttung jugendlicher Wachstumshormone notwendig ist (langsamer-Wellen-Schlaf). Untersuchungen in Kinder-Verwahranstalten haben gezeigt, dass weniger müde Kinder ihre Altersgenossen stören, wodurch in diesen „Menschlein-Depots“ oft ein hoher Lärmpegel herrscht. Als Konsequenz kommt es bei sensiblen Kindern zu Einschlaf- bzw. Durchschlafstörungen. Es ist zu erwarten, dass bei stetiger Störung eines naturgemäß notwendigen Schlafs am Nachmittag die Ausreifung des Gehirns sowie die Organentwicklung verzögert sind. In diesem Zusammenhang weist Spreng (2015) auch darauf hin, dass die Gefahr einer Diabetes-Erkrankung und unnötiger Fett-Einlagerungen im Körper zunimmt. Diese Annahme wird durch eine kanadische Studie unterstützt, die gezeigt hat, dass der Anteil übergewichtiger Kinder bzw. jener mit Fettsucht bei ehemaligen Krippen-/Kita-Zöglingen um 50 % höher liegt als bei jenen Kindern, die in einer Normalfamilie betreut worden sind. So sind z. B. in Schweden und Finnland, wo das durch GM motivierte Fremdbetreuungsprinzip populär ist, psychische Folgen für die untergebrachten Kinder nachgewiesen. Insbesondere bei Mädchen ist eine starke Zunahme seeli-

> scher Erkrankungen innerhalb der letzten 20 Jahre festgestellt worden. So ist z. B. die Selbstmord-Rate schwedischer und finnischer Mädchen die höchste in ganz Europa, und 39 % der 24-jährigen finnischen Frauen zeigen Symptome einer Depression. Männliche Personen sind während der Jugendphase etwas resistenter gegen diese Depot-Unterbringung; ein ähnlicher Trend wurde aber festgestellt, obwohl die Krankheitssymptome weniger intensiv ausgeprägt waren als bei Mädchen. Das sogenannte ADHS (Aufmerksamkeits-Defizit-Hyperaktivitäts-Syndrom), auch Zappelphilipp-Krankheit genannt, steigt bei Dauerstress von Kindern, die ohne mütterliche Bezugsperson über Jahre hinweg „gehältert“ werden, deutlich an. Eine spätere Bindungsangst wurde bei ansonsten gesunden jungen Erwachsenen detektiert, die Fachleute auf eine durchlebte mehrjährige Krippen-Unterbringung zurückgeführt haben.

Zusammenfassend kommt Spreng (2015) zur Schlussfolgerung, dass bei weiterer genderistischer Unterwanderung des Krippen-, Kindergarten- und Schulsystems nicht nur Frauen in ihrer Identität infrage gestellt werden und somit mit psychisch-körperlichen Störungen rechnen müssen, sondern auch Schäden bei Kindern erheblich zunehmen werden – die ausgeprägte Biophobie der meisten Gender-Ideologen sollte nochmals erwähnt werden. Die volkswirtschaftlichen Kosten all dieser neuen „Fälle für den Psychologen“ (hoffentlich nicht im Stil von John Money!) sind schwer zu beziffern; sie dürften aber im „Viele-Millionen-Euro-Bereich“ liegen und möglicherweise an jene vom Staat ausgeschütteten Geldbeträge herankommen, die über fragwürdige feministische GM-Maßnahmen den Steuerzahler schwer belasten (Spreng et al. 2015).

In Ergänzung zu den Schlussfolgerungen des Humanphysiologen Spreng (2015) sei erwähnt, dass der Moneyismus auch die These beinhaltet, pädophile Männer als normal zu bezeichnen und deren Handlungen mit Kindern zu akzeptieren. Die politische GM-Forderung nach einer 50 : 50-Frau-Mann-Gleichstellung in Kindergärten passt zu dieser Psycho-Religion: Es werden sich mit Sicherheit pädophile Männer melden, die dann in den Kitas ihre Opfer finden – alles im Sinne des Papstes der Gender-Religion John Money (Colapinto 2000).

## Moneyismus im deutschen Schulunterricht 2015

Am Sonntag, den 21. Juli 2015, nur vier Wochen vor dem 50. Geburtstag von Bruce (David) Reimer (22. August 1965) (Abb. 8.2), ist in der *Frankfurter Allgemeine Zeitung* (FAZ) unter der Überschrift „Leben: Neunzig Minuten sexuelle Vielfalt“ ein Bericht über die gendergerechte Sexualkunde im Biologieunterricht einer deutschen Gesamtschule erschienen. Dort werden von der Journalistin Katrin Hummel u. a. die folgenden Ereignisse beschrieben: „... Potsdam, Sexualkundeunterricht an der Voltaire-Gesamtschule, in einer sehr leistungsstarken achten Klasse. Thema der Doppelstunde: ‚Männlich, weiblich und was noch?‘ Guido Mayus, 49, Bio- und Erdkundelehrer und schwul, möchte den Schülern verschiedene Konstruktionen und Dimensionen von Geschlecht vermitteln. Ein Ansinnen, das im Rahmen des Konzepts der ‚sexuellen Vielfalt‘ Einzug in die Lehrpläne vieler Bundesländer gefunden hat oder demnächst finden soll, das von Teilen der Union, der *Alternative für Deutschland* (AfD) und Initiativen wie dem ‚Familien-Schutz‘ indessen als Frühsexualisierung der Kinder und Eingriff in die Erziehungshoheit der Eltern geschmäht wird.“

*Kommentar:* Die Frage, ob ein Lehrer homo- oder heteroerotisch veranlagt ist, ist ebenso bedeutungslos wie das Problem, ob er Briefmarken oder Zinnsoldaten sammelt – er hat als vom Steuerzahler alimentierter Angestellter bzw. Beamter objektiv und neutral Lehrinhalte zu vermitteln, ohne seine private Ansicht einfließen zu lassen. Mit dem Hinweis auf die CDU, die AfD sowie den Familienverband soll suggeriert werden, nur politisch konservative Personenkreise würden die Genderisierung ablehnen. Das ist jedoch nicht der Fall.

„Lehrer Mayus bittet die Schüler, in Kleingruppen typische Merkmale von Mädchen und Jungen zu erarbeiten. Es kommt heraus: Jungen haben kurze Haare, tragen flache Schuhe, haben unrasierte Beine, kantige Gesichter, wollen cool sein und Feuerwehrmann werden. Mädchen sind zickig, unsportlich, lieben Rosa, tragen enge Klamotten und Röcke. Was in den Augen der 14 Jahre alten Schüler für beide Geschlechter gilt: Sie benutzen Parfum, können sportlich sein und Hosen tragen. Die Schüler stellen auch fest, dass man nicht pauschal sagen kann, dass Jungen ‚so‘ sind und Mädchen ‚so‘. Die Unterrichtsmaterialien, die

Mayus einsetzt, stammen nicht aus dem Biologiebuch der Schüler, sondern aus dem *Internet* oder vom *Lesben- und Schwulenverband.* Auch die AG ‚Schwule Lehrer' bei der *Gewerkschaft Erziehung und Wissenschaft* (GEW) in Berlin hat einige Arbeitsblätter beigesteuert, ‚vor allem solche, die sich mit der sexuellen Orientierung befassen', sagt Mayus. Wenn es nach der Gewerkschaft geht, sollen die Schulbuchverlage künftig bei der Konzeption von Schulbüchern berücksichtigen, ‚dass Zweigeschlechtlichkeit lediglich eine gesellschaftliche Norm, nicht aber eine biologische Tatsache ist', und ‚viel mehr Menschen zeigen, die zum Beispiel homo- oder bisexuell sind'".

*Kommentar:* Genau wie bibeltreue Kreationisten, die ihr eigenes christlich-fundamentalistisches Lehrmaterial im Biounterricht einsetzen, verwendet auch der homoerotisch veranlagte Lehrer private Dokumente zur Vermittlung seiner Weltanschauung – das ist eine unakzeptable Indoktrination der Schüler. Der Glaubenssatz, Zweigeschlechtlichkeit sei keine biologische Tatsache, sondern gesellschaftlich vorgegeben, entspricht, in andere Worte gekleidet, dem Fundamentaldogma des Gender-Papstes John Money (Abb. 8.2).

„Der Lehrer fragt, welche Vorteile der Junge durchs Junge-Sein hat und das Mädchen durchs Mädchen-Sein, und welche Nachteile.... Die Schülerinnen und Schüler melden sich sofort rege, und es entsteht eine interessante Gedankensammlung: Die Nachteile der Mädchen seien, dass sie empfindliche Brüste hätten, Kinder bekommen können und ihre Regel bekämen. Die Vorteile: dass es Frauenparkplätze gebe, dass Mädchen Jungen schlagen dürften und dass sie weinen dürften, wann sie wollten. Ein weiterer Vorteil: Dass man als Mädchen keinen Jungen ansprechen müsse – die Kontaktaufnahme übernähmen meist die Jungen. ‚Will da jemand widersprechen?', fragt Mayus, der auf Rollenklischees aufmerksam machen will. Aber niemand meldet sich.

Franziska sagt dann noch, die Menstruation sei eher ein Vorteil, denn man könne dann deswegen sagen, dass man nicht in die Schule gehen könne. Mayus lacht. Jeremias zeigt jetzt auf, er findet: ‚Das Kinderkriegen ist wirklich ein Nachteil, aber als Mutter ist man, glaube ich, gar nicht so verärgert darüber, wenn das Kind dann erst mal da ist.' Mayus ergänzt: ‚Viele Männer sind dann auch neidisch auf die Frau, weil die Bindung des Kinds zur Mutter anders ist, als ein Mann sie zum Kind haben kann.'"

*Kommentar:* Die Mutter-Kind-Bindung ist das stärkste innerartliche Band, das wir kennen. Männliche Säugetiere sind, als „gebärunfähige Variationen-Generatoren" (Kutschera 2015 a), nicht in der Lage, derartige Gefühlsbindungen zu ihrem gezeugten Nachwuchs zu entwickeln. Dieses Faktum aus der Evolutionsbiologie hat weitreichende Konsequenzen für die genderistische Ideologie einer „Mann-Frau-Gleichheit", bzgl. des Brutpflegeinstinkts (dieser fehlt bei männlichen Säugern).

„Jetzt sind die Jungen dran. Die Vorteile am Junge-Sein sind ihrer Meinung nach, dass sie im Stehen pinkeln könnten, Glatzen haben dürften und dass das Haarewaschen schnell gehe. Nachteile findet gerade keiner der Schüler, daher stellt Mayus die Hausaufgabe: ‚Wie sähe dein Tag aus, wenn du einen Tag lang ein anderes Geschlecht hättest?' Mayus stellt diese Hausaufgabe, weil er findet, dass guter Sexualkundeunterricht ‚die Vielfalt sexueller Identitäten berücksichtigen muss'. Er als schwuler Lehrer sei zur Vermittlung dieser Lerninhalte mindestens genauso gut in der Lage wie ein heterosexueller Lehrer. Denn Voraussetzung dafür sei eine gewisse Reflexion über die eigene Sexualität. ‚Die muss man kennen, um bestimmte Dinge zu vermeiden wie eine Tradierung oder Stereotypisierung von Geschlechterrollen. Wenn ich als Hetero immer Dinge wiederhole, die gang und gäbe sind, also zum Beispiel immer einen Jungen den Overheadprojektor tragen lasse, weil der schwer ist, dann baue ich keine Vorurteile ab. Und erst recht keine Vorbehalte gegen Homosexuelle und Transsexuelle.'"

*Kommentar:* Junge Männer haben eine erheblich höhere Muskelmasse als gleichaltrige Mädchen und einen ganz anderen, auf mechanische Arbeit hin evolvierten Körperbau (s. Kapitel 6). Daher ist es vernünftig und sinnvoll, dass die Jungen, und nicht pubertierende Mädchen, den Overhead-Projektor zu tragen haben (Sexual-Dimorphismus).

„Die GEW sieht in dieser Hinsicht auch bei den Schulbuchverlagen viel Nachholbedarf. Eine Analyse im Auftrag der *Bundeszentrale für gesundheitliche Aufklärung* ergab, dass in Baden-Württemberg noch im Jahr 2004 ‚homosexuelle Lebensgemeinschaften' nur im Lehrplan für katholische Religion des Gymnasiums vorkamen, und zwar unter der Überschrift ‚Problemfeld der Sexualität'. Als weiteres Problemfeld wurde an gleicher Stelle Aids genannt. Und daran hat sich bis heute nicht allzu viel geändert, ...“ Lehrer Mayus erzählt, dass die Frage: „Bin ich schwul oder lesbisch, und wie finde ich es heraus – im Vorfeld des Sexualkundeunterrichts an ihn herangetragen wurde. Diese Frage bzgl. der sexuellen Orientierung möchte der Biolehrer jetzt beantworten. Er fragt: ‚Was ein Geschlecht ausmacht, ist das eigentlich über die Biologie definiert oder über das, was ihr denkt?‘ Dazu wirft er ein Arbeitsblatt an die Wand, auf dem die Unterschiede zwischen biologischem sowie psychischem und sozialem Geschlecht – also ‚Gender‘ – erklärt werden, außerdem der Begriff der sexuellen Orientierung und der Begriff ‚intersexuell‘ (‚von beiden biologischen Geschlechtern etwas‘). Die Schüler lernen, dass es ‚verschiedene Konstruktionen von Geschlecht‘ gebe, unter anderem die soziale, die etwas darüber aussagt, wie man als geschlechtliches Wesen wahrgenommen werden will: als männlich, als weiblich oder als etwas dazwischen, was als transsexuell, als ‚Übergangsform in der Mitte‘, bezeichnet wird.“

*Kommentar:* Die widerlegten Glaubensinhalte des Moneyismus (Gender Identity), 1955 erstmals formuliert, werden in diesem Zitat 60 Jahre später deutschen Schülern als Stand der Biowissenschaft vermittelt. Das ist im höchsten Maße verwerflich und kann nur als Ideologisierung bzw. genderistische Hirnwäsche deklariert werden.

„Mayus erklärt den Schülern, dass es von der Gesellschaft abhänge, in der man lebt, was als typisch männlich oder als typisch weiblich angesehen wird. Das variiere in jedem Kulturkreis, es sei eine Konstruktion oder Absprache, die man nicht bewusst treffe, ‚die aber in den Köpfen drin ist‘. Dann sagt er noch, dass sich Menschen, ‚die sich im Kopf gar nicht festlegen wollen und die Vorteile beider Geschlechter nutzen wollen‘, als ‚queer‘ bezeichnen.“

*Kommentar:* Unabhängig von der Gesellschaft gibt es, evolutionär bedingt, typisch männliche und weibliche Verhaltensweisen. Der „Queer-Begriff“ ist nicht klar definiert und die sich so klassifizierenden Personen müssen als heterogene Gruppe deklariert werden. Darunter gibt es mit Sicherheit viele „Mode-Queer-er/innen“, d. h. heranwachsende Durchschnittsjugendliche, die etwas Besonderes sein wollen und daher eine von der Norm abweichende Sex-Identität vorspielen. Man sollte sich durch originelle Leistungen aus der Masse hervorheben und nicht durch die Erfindung erotischer Sonder-Vorlieben darstellen.

„Die Schüler reagieren sehr unaufgeregt… Manche von den Jungs sind noch nicht in der Pubertät und auch noch nicht im Stimmbruch; sie wirken wie Kinder, und sie nähern sich der so umstrittenen Gender-Problematik mit wachem Geist, aber auch mit großer Gleichgültigkeit.“

*Kommentar:* Die Tatsache, dass vorpubertäre Kinder kein Interesse an den völlig realitätsfremden und konstruierten Gender-Vorstellungen ihres homoerotisch gepolten Lehrers haben, ist nicht verwunderlich. Da über 90 % der Schüler heteronormale Eltern haben, ist diese inszenierte Homo-Lektion des Lehrers für die meisten Schüler einfach nur peinlich.

„Dennoch hat beispielsweise in Baden-Württemberg die geplante Änderung des Bildungsplans hin zur ‚Akzeptanz sexueller Vielfalt‘ im vergangenen Jahr dazu geführt, dass von ‚Umerziehung‘ der Schülerinnen und Schüler geredet wurde. Mit mehreren Demonstrationen meldeten sich die Gegner des Konzepts zu Wort, der Realschullehrer Gabriel Stängle sammelte in einer Online-Petition 192 000 Gegenstimmen. ‚Weder Grundgesetz noch Schulgesetz stellen irgendwo ein Vielfaltgebot auf‘, sagt Stängle. ‚Mit den Vielfalts- und Akzeptanzaufforderungen wird ein Verfassungsgrundsatz ausgehebelt.‘ Über den Begriff der ‚Akzeptanz‘, so kritisiert er, sollten Dinge, die in der Gesellschaft strittig sind, als ‚neue normative Instanz eingeführt werden‘. Damit einher gehe eine ‚Dekonstruktion von Heterosexualität und eine Entnaturalisierung der Kernfamilie, also eine völlige Negierung dessen, was bis jetzt gesellschaftlicher Konsens ist.‘“

*Kommentar:* Die in diesem Abschnitt dargelegten Argumente gegen den Moneyismus sind sachlich korrekt und mit biologischen Fakten kompatibel. Da sie jedoch von einer kleinen radikal-feministischen Sekte politisch ungewollt sind, bringt man sie mit „rechtem Gedankengut“ in Verbindung, was völlig aus der Luft gegriffen ist. John Money hat in der gleichen Weise argumentiert.

„Lehrer Mayus in Potsdam jedenfalls gibt ganz unumwunden zu, dass er den Schülern zumindest punktuell beibringen kann, was er will: ‚Da guckt keiner drauf.‘ Deswegen teilt er jetzt Arbeitsblätter aus, die ihm ein befreundeter, ebenfalls schwuler Lehrer überlassen hat. Darauf steht, dass die sexuelle Selbstbestimmung ein Menschenrecht sei, das die Frage nach der Wählbarkeit der sexuellen Identität mit einschließe. Außerdem steht da, dass unser Verständnis von Geschlecht zweigeteilt sei, dass also der Eindruck entstehe, als müsse sich jeder Mensch für ein Geschlecht entscheiden, in welchem er zu leben habe. Und dass alle drei Formen der sexuellen Orientierung, also heterosexuell, homosexuell und bisexuell, völlig normal seien. Sie kämen nur unterschiedlich häufig vor. In Kleingruppen sollen sich die Schüler nun mit den Arbeitsblättern beschäftigen.

*Kommentar:* Es ist unakzeptabel, dass ein vom Steuerzahler alimentierter Biolehrer in Deutschland 2015 seinen Schülern private Lebensphilosophien bzw. Religionen beibringen kann und diese somit in eine genderistische Richtung indoktriniert. Selbstverständlich sollten auch homoerotisch veranlagte Männer als normal bezeichnet werden, da diese Neigung mit bis zu 4 % pro Generation in allen bisher untersuchten Menschenpopulationen vorkommt. Da aber in der Regel nur heteronormale Menschen Nachkommen hinterlassen und dieses Phänomen ein „Merkmal des Lebens" darstellt, darf dieser Aspekt nicht zu einem untergeordneten Thema abgewertet werden.

„Mit diesem Arbeitsauftrag geht Biolehrer Mayus konform mit den neuen Richtlinien für Sexualerziehung, die zum Beispiel in Nordrhein-Westfalen, aber auch anderswo so ähnlich gelten. Dort heißt es, dass Sexualerziehung ihren Beitrag leisten müsse ‚zum Abbau der Homosexuellenfeindlichkeit und zur Beseitigung der Diskriminierung von homo-, bi- und transsexuellen Menschen'. Mayus bringt den Schülern aber auch bei, was die *Gesellschaft für Sexualpädagogik*,... fordert. Nämlich, dass die Schüler lernen sollen, dass es ‚keine ‚richtige', ‚natürliche' oder ‚gelungene' Form von Liebe, Beziehung und Sexualität gebe."

*Kommentar:* Säugetiere wie Mäuse, Schimpansen und Menschen pflanzen sich zweigeschlechtlich fort und diese Mann-Frau-Sexakte (Befruchtung) repräsentieren die evolvierte Standard-Version zum Erhalt der Population (sowie des Rentensystems) – es handelt sich um ein natürliches Merkmal aller Lebewesen. Dieses biologische Faktum muss im Biounterricht berücksichtigt werden, ohne jedoch eine kinderlose Minderheit zu diskriminieren. Das Hinterlassen von Nachkommen ist normal und gehört daher zum Standard-Repertoire des Menschen.

„Der Pressesprecher des *Lesben- und Schwulenverbandes*, Markus

Ulrich, nennt Beispiele, wie man das machen könnte: ‚Im Englischunterricht könnte man beim Thema Romeo und Julia fragen, welche Beziehungen die Schüler noch kennen, die gegen den Willen der Eltern gelebt werden. In Mathe könnte man schreiben, dass Melanie, Anna und ihre drei Kinder ein gemeinsames Haushaltsbudget haben. Und in Musik könnte man darauf hinweisen, dass Tschaikowsky schwul war.‘ Eine Kritikerin verweist auf eine sechs Jahre alte Entscheidung des *Bundesverwaltungsgerichts*, in der es heißt: ‚Die Schule muss den Versuch einer Indoktrinierung der Schüler mit dem Ziel unterlassen, ein bestimmtes Sexualverhalten zu befürworten oder abzulehnen.‘“

*Kommentar:* Das Beispiel „Peter & Antonia Tschaikowsky“ sollte in der Tat im Schulunterricht angeführt werden als Beleg dafür, dass eine homoerotische Neigung beim Menschen angeboren ist und nicht um- oder aberzogen werden kann. Mit diesem Sachargument können die Schüler darüber aufgeklärt werden, dass der Moneyistische Gender-Glaube eine seit langem widerlegte, feministische Sekten-Religion ist, die nichts im Lehrplan des deutschen Biologieunterrichts verloren hat.

„In Potsdam neigt sich die Doppelstunde unterdessen allmählich ihrem Ende zu. Nachdem sich die Schüler in Kleingruppen mit den Arbeitsblättern beschäftigt haben, will Mayus sehen, ob sie verstanden haben, was er ihnen beigebracht hat. Dazu legt er ihnen Aussagen vor, zu denen sie Stellung beziehen sollen. Die erste lautet: ‚Weil die meisten Menschen heterosexuell leben, ist Heterosexualität normal.‘ Mayus fragt: ‚Was denkt ihr jetzt darüber, nachdem ihr in den Gruppen wart?‘ Maximilian zeigt auf: ‚Das ist falsch. Die meisten Menschen denken nur nicht daran, dass nicht nur die Mehrheit normal ist. Minderheiten können auch normal sein.‘ ‚Genau‘, sagt Mayus zufrieden. ‚Da die Mehrheit heterosexuell ist, betrachtet die Mehrheit das als normal, obwohl das gar nicht so ist. Das nennt man Heteronormativität.‘“

*Kommentar:* Wie in Kapitel 7 dargelegt, werden ca. 96 % der Männer und Frauen heteronormal geboren, und viele davon hinterlassen Nachkommen. Der Begriff „Heteronormativität“ ist ein unsinniges Kunstwort zur Verbreitung einer Ideologie. Die Familie mit Vater, Mutter und Kind kommt im Moneyistischen Weltbild nicht mehr vor, was belegt, wie weit ein vollkommener Biologie- (d. h. Realitäts-)-Verlust führen kann.

„Die zweite Hausaufgabe in dieser Doppelstunde lautet: ‚Macht euch Gedanken über folgende Aussagen: Das biologische Geschlecht ist das natürliche Geschlecht eines Menschen. Und: Bei der Mehrzahl der Menschen stimmen biologisches, psychisches und soziales Geschlecht miteinander überein.' Wenn es nach der *Gesellschaft für Sexualpädagogik* (GSP) geht, sollten nicht nur die Schüler diese Hausaufgabe lösen. In einem Statement zur sexuellen Vielfalt heißt es, die ‚oft sehr unsachlich und hitzig geführte öffentliche Diskussion' um die Reform des Sexualkundeunterrichts mache deutlich, dass nicht nur Kinder und Jugendliche Sexualerziehung nötig hätten, sondern auch ‚Eltern und andere Erwachsene, die im Erziehungs- und Bildungswesen tätig sind.'"

*Kommentar:* Die im Wesentlichen aus Soziologen u. a. Geisteswissenschaftlern bestehende „Sexualpädagogen-Gesellschaft" sollte sich erst einmal über die biologischen Grundlagen des Menschen (Evolution, Sexual-Dimorphismus, Reproduktion usw.) informieren, bevor sie erwachsenen Männern und Frauen mit Erziehungsauftrag irgendwelche Vorschriften macht. Die mit der GSP geistesverwandte *Deutsche Gesellschaft für Sozialwissenschaftliche Sexualforschung* (DGSS) hat 2002 John Money in Anerkennung seiner Leistungen eine „Hirschfeld-Medaille" verliehen, was für sich selbst spricht.

*Fazit:* Dieser FAZ-Artikel zum 50. Geburtstag von Bruce (David) Reimer belegt, dass z. B. die GEW Berlin noch 2015 die widerlegte Money'sche Irrlehre vertreten hat: „Zweigeschlechtlichkeit sei lediglich eine gesellschaftliche Norm, nicht aber eine biologische Tatsache", glaubt man in diesen Kreisen. Dieses biophobe Fundamentaldogma des Moneyismus 1955 wurde Jahre später zur Grundlage der „Gender Mainstreaming-Ideologie" (s. Kapitel 1) sowie der daraus abgeleiteten, hier dargestellten „Sexualpädagogik der Vielfalt" (Money 1988).

## Kinderarzt angeklagt: Sind pädophile Handlungen akzeptabel?

Wie bereits eingangs erwähnt, hat sich der Urvater der Gender-Ideologie, John Money, in Interviews befürwortend zur Frage bzgl. pädophiler Handlungen von Männern gegenüber Kindern geäußert (Colapinto 2000). Wir müssen daher die Pädophilie als Komponente der

Moneyistischen Weltanschauung interpretieren. Gab es derartige Neigungen in öffentlichen Darstellungen bereits in früherer Zeit?

**Abb. 8.7**: Väterliche Kinderliebe und ein vermeintliches Gender-Experiment im 19. Jahrhundert. Charles Darwin (1809–1882) im Alter von 43 Jahren mit seinem ältesten Sohn William Erasmus (1839–1914). In der damaligen Zeit hat man Jungen wie Mädchen dieselbe praktische Kleidung, oft Kleider, angezogen. Dennoch war man sich bewusst, dass Jungen und Mädchen grundverschieden sind und daher auch z. B. andere Spielzeuge bevorzugen.

Es ist vielfach belegt, dass im 19. Jahrhundert die Jungen bis zum Beginn der Schulzeit Mädchenkleider getragen haben. Diese „Verweiblichung" der heranwachsenden Jungs hat aber nichts mit dem „Gender-Glaube" zu tun. Auch Charles Darwin ist in einem berühmten Bild mit seinem ältesten Sprössling in Mädchenkleidung abgebildet worden (Abb. 8.7). Es gibt aber keinerlei Hinweise, dass der Urvater der Evolutionsforschung diesbezüglich eine derartige Veranlagung gehabt hätte. Darwin war zeitlebens ein ideologiefrei argumentierender Naturforscher bzw. liebend-fürsorglicher Familienvater; er hätte das Moneyistische Gedankenkonstrukt als Pseudowissenschaft bezeichnet und strikt abgelehnt (Kutschera 2009 a, 2013 a, Krause 2012).

Nach Money (1988) kann eine pädophile Neigung problemlos aus einer „übersteigerten Kinderliebe der Eltern" abgeleitet werden. Dieses Thema soll nachfolgend in unsere Betrachtungen integriert werden.

Am 18. Juni 2015 berichtete die *Süddeutsche Zeitung* über einen Massenmissbrauch von Kindern durch einen sympathisch-erfolgreichen, in seinem sozialen Umfeld äußerst beliebten Kinderarzt. Der 40-jährige Mediziner war sieben Jahre lang Vorstandsmitglied beim Augsburger *Roten Kreuz* und soll während dieser Zeit 20 Jungen im Alter zwischen 4 und 10 Jahren sexuell missbraucht haben. Als erfahrener Arzt verabreichte er seinen Opfern u. a. Betäubungsmittel, um daraufhin seinen erotischen Neigungen an den schlafenden männlichen Opfern nachgehen zu können. Da er sich seiner Sache sicher fühlte, fertigte er von seinen Kinderschändereien Filme und Fotos an, die die Staatsanwaltschaft Augsburg auf seinem Privatcomputer finden konnte. Daraufhin wurde Anklage wegen schwerem sexuellen Missbrauchs von Kindern u. a. Straftaten erhoben. Die lange Liste der Vergehen des Mediziners liest sich wie ein Horrorfilm. Im Juni 2012 soll der Arzt in München-Moosach einen vierjährigen Jungen in einer Tiefgarage missbraucht haben. Weiterhin soll er im August 2014 einem Fünfjährigen Narkosemittel verabreicht haben. Nach dem Missbrauch hat er das Kind gewaschen und es wieder dort auf der Straße ausgesetzt, wo er es gefunden und gefangen genommen hatte. Noch perfider ging er im Zusammenhang mit angebotenen, kostenlosen Grundschul-Ausflügen vor. Hierbei erzählte der seriös wirkende Arzt den Schulleiterinnen, dass es sich um offizielle Aktivitäten des *Bayerischen Roten Kreuzes* (BRK) handele. Der pädophile Mediziner organisierte Übernachtungen in Pensionen oder Appartements und soll dort 6 Kinder missbraucht haben. Der beschuldigte Arzt war am Augsburger Klinikum und später auch an der Medizinischen Hochschule Hannover im Bereich Kindermedizin tätig. Es wurde nach seiner Festnahme allerdings von den jeweiligen Arbeitgebern versichert, der Täter hätte im Klinikum keine Möglichkeit gehabt, Straftaten an Kindern zu begehen. Da der Kinderarzt nach der

Festnahme durch die Staatsanwaltschaft des Weiteren beschuldigt wurde, kinderpornographisches Material gesammelt zu haben, war man in seinem sozialen Umfeld schockiert: Er war doch immer einer von den Guten, wurde argumentiert.

Nach einer Verurteilung drohen dem pädophilen Arzt Freiheitsstrafen von 2 bis 15 Jahren. Die Liste der Straftaten, die er begangen haben soll, ist lang: Entziehung Minderjähriger, gefährliche Körperverletzung, Nötigung, Freiheitsberaubung, Besitz kinderpornographischer Schriften, Anfertigung von Bildaufnahmen und Beleidigung. Der pädophile Mediziner wurde im Oktober 2014 in Untersuchungshaft genommen – eine Verurteilung erfolgte Ende 2015.

*Kommentar:* Wie John Money in Interviews und Fachbeiträgen dargelegt hat, sind in seiner Weltsicht pädophil veranlagte Männer (und Frauen) ganz normal: Es handelt sich hierbei lediglich über eine „übersteigerte Kinderliebe", so argumentierte der kinderlose Menschenforscher mit einem Master in Psychology & Education. Daraus folgt, dass die Akzeptanz pädophiler Neigungen Bestandteil der Weltanschauung des Moneyismus ist (der „Erleuchtete" hat es so zum Ausdruck gebracht). Wie stellt sich diese Aussage im Lichte der oben wiedergegebenen Straftaten an 20 Jungen, verübt von einem 40-jährigen sympathischen Kinderarzt dar?

Evolutionsbiologisch betrachtet sind erotische Akte mit Kindern, die nicht geschlechtsreif sind (Befruchtung ausgeschlossen), widersinnig. Es handelt sich hierbei um von der Norm abweichende, vermutlich angeborene und nicht therapierbare Neigungen, die zu Lasten der „Sexualpartner" durchgeführt werden. Da wir im genderisierten Deutschland 2015 das Wort „abnormal" nicht benutzen dürfen (Diskriminierungs-Vorwurf!), wollen wir uns wie folgt ausdrücken. Pädophile Männer, wie der oben zitierte sympathische Kinderarzt (und vermutlich auch John Money), sind, als „Design-Fehler der Natur", von Geburt an ausgestattet mit einer biologisch unsinnigen krankhaften Neigung, die sie zum Schutze unserer Kinder nicht ausleben dürfen. Pädophilie ist aber in der Money'schen Gender-Ideologie Gegenstand kontroverser Diskussionen – zu einer klaren Aussage, dass es sich hierbei um eine perverse, abnormale, widernatürliche Neigung handelt, kommt wohl kaum eine Genderistin, da man ja „Menschen, die nun mal so sind", diskriminieren würde.

Exakt zwei Wochen vor Bruce (David) und Brian Reimers 50. Geburtstag (22. August 1965) befasste sich die *Tageszeitung* (TAZ) in einer Titelstory mit dem Moneyistischen Thema „Pädophilie in Berlin-Kreuzberg". Auf mehreren Seiten wurde im Detail dargelegt, dass während der 1980er Jahre dieser links-alternative Ortsteil von Berlin ein Ort pädo-krimineller Netzwerke war. Es gab regelrecht Jagdreviere, in denen sich Intensivtäter, die als Sozialarbeiter getarnt, und im „Bereich Schwule der Alternativen Liste" tätig waren, austoben durften. Die paradoxerweise biophobe Partei *Die Grünen* setzte sich während der Anfangsjahre für die Rechte der pädosexuellen Männer ein. Insbesondere in Berlin-Kreuzberg wurden mindestens zwei verurteilte Straftäter von der Partei geduldet, und das bis Mitte der 1990er Jahre. Diese Männer, die wiederholt wegen Kindesmissbrauchs im Gefängnis gesessen haben, durften ihre pädosexuellen Ansichten offen in Parteigremien vertreten. Im Bereich homoerotisch veranlagter Männer waren Propagandisten von straffreiem „Sex" zwischen Kindern und Erwachsenen sogar in der Mehrheit. Obwohl damals öffentlich bekannt war, dass Kreuzberger Kinder von organisierten *Grünen* Pädosexuellen vergewaltigt worden waren, wagte es nur eine Frauengruppe, Kritik zu üben.

Wie kam es dazu? Ich gehe nicht davon aus, dass diese ehrwürdigen Herren, die mit einer Broschüre „Ein Herz für Sittenstrolche" ihre kriminellen Machenschaften öffentlich verteidigt haben, die anspruchsvollen Schriften des US-Psychologen John Money gelesen haben (z. B. Money und Ehrhardt 1972). Als Erklärung dieser *Grünen* Pädophilie-Lobbyarbeit möge die quasi-religiöse Ideologie der „Alternativen" angeführt werden (Stichwort: wir leben unsere *Life Style*-Entscheidungen aus). Da die „Heteronormalen" als konservativ-altmodisch deklariert waren und man nach „anderen Lebensformen" Ausschau hielt (z. B. Schwulen-Verbände), war es eine logische Konsequenz, das „Bedürfnis homoerotisch gepolter Männer nach jugendlichem Frischfleisch" zu befürworten.

Dieses Beispiel zeigt, dass politisch-religiöse Ideologien durchschnittlich intelligente Menschen komplett von einer vernunftorientierten logisch-rationalen Denk- und Lebensweise abbringen können. Meiner Ansicht nach hat der kinderlose Gender-Papst John Money das Zwillingspaar Reimer eindeutig missbraucht, wobei wir pädophile Neigungen aus den erhaltenen Berichten herauslesen können – Kinderschändung und Frühsexualisierung (verbunden mit biophober Kritik) sind somit Bestandteil der Moneyistischen Ideologie.

In seinem letzten populären Buch mit dem bezeichnenden Titel *Gay, Straight, and In-Between* beschreibt Money (1988) sogenannte „Love maps". In diesen „Liebes-Karten" wird auch die Pädophilie als normale und moralisch akzeptierte Variante zur Geschlechtsbefriedigung bei erwachsenen Männern und Frauen beschrieben. Mit diesem Dokument hat sich der „Hirschfeldt-Medaillen-Träger 2002" der DGSS ein Denkmal gesetzt und bewiesen, dass er sich selbst in die Gruppe der „Kinderliebhaber" stellt, kombiniert mit einer sadistischen Veranlagung.

## Feministische Biophobie und Pandoras Money-Box

Abschließend sei an die französische Feministin Simone de Beauvoir (1908–1986) erinnert, die mit ihrem berühmten Satz „Man wird nicht als Frau geboren, sondern dazu gemacht" zu einer Kronzeugin der Gender-Ideologie aufgestiegen ist (Butler 1990, 2004; Degele 2008, Hark und Villar 2015). Wie viele Feministinnen, war auch die vor sich hin philosophierende Frau Beauvoir den Naturwissenschaften wenig zugeneigt (Vandermassen 2005). Diese Dame wurde von ihrem Vater als „hässliches Entlein" bezeichnet und entwickelte daher im Laufe ihrer Jugend einen Selbsthass, den man auch als Minderwertigkeitsgefühl interpretieren kann. Möglicherweise u. a. dadurch bedingt entwickelte Frau de Beauvoir, die als lesbische Dame kinderlos starb, eine pädophile Neigung. Im Jahr 1939 wurde sie von ihrer Lehrer-Stelle suspendiert, weil sie, als Erzieherin, wegen der Vergewaltigung einer Schülerin (minderjährig) angeklagt worden war (Galster 2015). Da auch John Money zumindest tendenziell pädophil war und mit Sicherheit seine „Sex-Spielchen" mit den Nacktobjekten Bruce (Brenda) und Brian Reimer nicht ohne Eigennutz durchgeführt hat, müssen wir die moralisch verwerfliche Pädophilie mit dem Gender-Glauben 2015 in Verbindung bringen – der Moneyismus hat seinen heiligen Urvater auch diesbezüglich unsterblich gemacht.

**Abb. 8.8**: Feministischer Moneyismus in bildhafter Darstellung. Anfang der 1970er Jahre haben Frauenrechtlerinnen die Thesen von John Money in ihre Politik-Agenda integriert. Mit der Öffnung dieser „Pandora-Büchse“ wurden zahlreiche Übel in die Normal-Mütter-/Kinderwelt eingebracht, die bis heute ihre Wirkungen zeigen (nach einer Zeichnung von S. Savage aus den 1930er Jahren).

Wie die Abbildung 8.8 veranschaulicht, haben die Feministinnen in den 1970er Jahren mit der naiv-kritiklosen Übernahme der Irrlehren von John Money eine wahre „Pandora-Box“ geöffnet: Mit der Integration des Money'schen Gedankenguts wurde neben der Heterophobie (Ablehnung von Vätern/Müttern mit Kindern), der Früh-Sexualisierung (Kopulationsübungen, Bordellspiele), der Pädophilie, den psychisch-körperlichen Störungen diffamierter Normal-Frauen sowie dem Rechtsradikalismus/Rassismus-Vorwurf an alle Kritiker dieser Glaubenslehre auch die Biophobie in diese Anti-Männer-Agenda aufgenommen (Vandermassen 2005). Diese aus der soziologischen „Biologie-Kritik“ entstandene Abneigung gegen die logisch-rationalen, physikalisch-chemisch ausgerichteten *Life Sciences* wird im nächsten Kapitel exemplarisch thematisiert.

# 9. Die Berliner Gender-Debatte 2015 und der pflanzliche Super-Homosex

In der deutschen Bundeshauptstadt Berlin leben zahlreiche Journalisten und Schriftsteller, die sich wiederholt öffentlichkeitswirksam in die Kreationismus- bzw. Gender-Debatte eingebracht haben. So veröffentlichte z. B. ein Berliner Journalist Mitte 2008 einen Artikel in der Wochenzeitung *Freitag 26*, in dem er mich als den „McCarthy aus Kassel" bezeichnet hat. Der Mann aus Berlin verteidigte in diesem Beitrag die kreationistische Grundtypen-Lehre der evangelikalen *Studiengemeinschaft Wort und Wissen* (W+W) und lobte den „wissenschaftlichen Gehalt" der 6. Auflage 2006 des sogenannten „Evolutionskritischen Lehrbuchs" von Junker und Scherer (2013). Meine naturalistische Grundposition sowie die daraus resultierende Kritik an einer Vermischung biblischer Glaubensinhalte (*Credo:* „vor ca. 10.000 Jahren wurden die Grundtypen erschaffen") mit der Tatsache Makroevolution (Artbildungsprozesse, Zeitrahmen ca. 1 Millionen Jahre) wies der Berliner Journalist scharf zurück. Er behauptete, ich sei lediglich auf dem Gebiet der Pflanzenphysiologie qualifiziert, ohne Expertise in anderen biologischen Bereichen. Dieses auch von anderen Kreationisten gegen mich vorgebrachte Argument geht letztendlich auf das biblische Dogma zurück, Pflanzen wären keine Lebewesen – nur „fleischliche Organismen", d. h. Tiere und Menschen, seien lebendig, glaubten die Autoren dieser Sammlung archaischer Mythen und Wundergeschichten (Abb. 9.1). Weiterhin lehnt der Berliner W+W-Anhänger eine Trennung naturwissenschaftlicher Fakten von religiösen Dogmen ab – der *Naturalismus* sei eine willkürlich gewählte Weltanschauung (Ideologie), wird sinngemäß behauptet (Kirsch 2010). Tatsache ist jedoch, dass nur durch die Separation von Wissen und Glauben, d. h. eine konsequent naturalistische

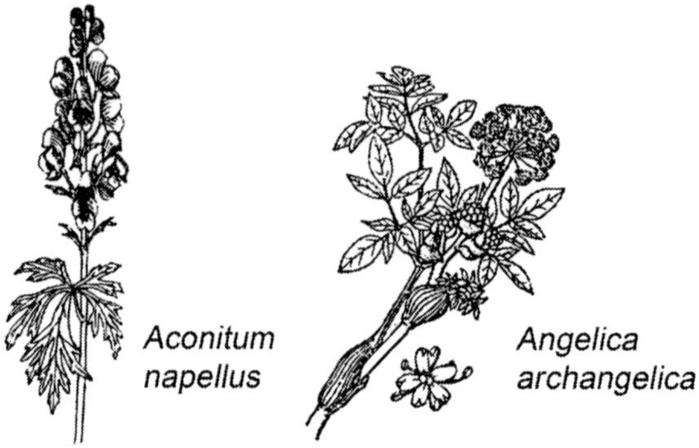


**Abb. 9.1**: Fleischlose Lebewesen ohne Lobby. Obwohl die bedecktsamigen Blütenpflanzen (Angiospermen), als photosynthetisch aktive Produzenten, seit Jahrmillionen die Vegetation dominieren, werden diese grünen, sessilen Organismen in der Bibel als tote Gegenstände betrachtet. Noch heute klingt diese biblische Sicht der Biologie in Urteilen naturwissenschaftlicher Laien (Kreationisten, Gender-Ideologen) nach. Die komplexe Physiologie der Pflanzen ist außerhalb der Biologie weitgehend unbekannt. Abgebildet sind zwei Wildgewächse, der Eisenhut (*A. napellus*) und die Engelwurz (*A. archangelica*), mit Blüte (Originalgrafik 2015).

Denk- und Arbeitsweise, biologische Forschung sowohl in der Physiologie als auch bzgl. der Abstammungsfrage möglich ist. Glaubenssätze zur Motivation naturwissenschaftlicher Studien (z. B. Bibel-inspirierte „Schöpfungsforschung" der Sg W+W) führt zu einem Gedankenkonstrukt, das ich an anderer Stelle als „Theo-Biologie" bzw. Pseudowissenschaft bezeichnet habe (Kutschera 2004, 2007 a, 2013 a, 2015 a).

Am 29. Mai 2015 fand im Berliner *Café Dallmayr – Museum für Kommunikation* eine Vortragsveranstaltung statt, die von der Alumni-Vereinigung der *Studienstiftung in Berlin-Brandenburg* organisiert war. Ich wurde gebeten, zum Thema „Charles Darwin und der Wissens-Glaubens-Konflikt" zu referieren und legte im Wesentlichen jene Thesen meinen Ausführungen zugrunde, die im Buch *Tatsache Evolution* niedergeschrieben sind (Kutschera 2009 a). In der anschließenden Diskussion wurde ich auch zum Thema Genderismus befragt. Es entwickelte sich ein lebhaft-konstruktives Berliner Gespräch, wobei ich darüber erstaunt war, dass die meisten der anwesenden Frauen meine Gender-kritischen Anmerkungen befürworteten. Bei dieser Vortragsveranstaltung war auch der Berliner Moderator und Redakteur Ingo Kahle anwesend. Wir vereinbarten, ein Interview für das *Inforadio Berlin-Brandenburg* (rbb) zum Thema „Gender Mainstreaming“ durchzuführen, um diese aktuelle Frage etwas ausführlicher erörtern zu können. Das am 11. Juli 2015 im Rahmen der Sendung „Zwölfzweiundzwanzig“ vom *rbb* verbreitete, ca. 35 Minuten lange Interview „I. Kahle/U. Kutschera“ löste eine bundesweite Gender-Debatte aus, die nachfolgend, in kommentierter Version, dargelegt ist. Wir werden einerseits die argumentativen Parallelen in der Kreationismus- bzw. Gender-Debatte herausstellen, und andererseits Einblicke in die abstruse Gedankenwelt der soziologisch denkenden deutschen Geschlechter-Forscherinnen gewinnen. Am Ende dieses Kapitels soll das „Pflanzensex-Thema“ aufgegriffen und vertiefend behandelt werden.

## Inforadio rbb: Gender Mainstreaming – Unfug, Religion, feministische Sekte

Bereits einen Tag vor der Sendung (10. Juli 2015) mit dem o. g. Titel wurde ein entsprechender Ankündigungstext im *Internet* verbreitet. Die dort nachlesbaren Stichworte sind in der Tat provokativ – wir wollten mit unserer „I. Kahle/U. Kutschera“-Diskussion eine Debatte auslösen, und dazu sind klare Sätze immer hilfreich. Unter der Überschrift „Zu Gast bei Ingo Kahle: Prof. Dr. Ulrich Kutschera, Evolutionsbiologe Uni Kassel. Ein Gespräch darüber, warum Frauen und Männer nicht gleich sind“ wurden dann die Kernthesen des „Gender Mainstreaming“ (GM) wie folgt charakterisiert. Gemäß der feministischen GM-Weltsicht ist „Geschlecht“ nichts biologisches, sondern sozial bedingt, d. h. anerzogen. Aus diesem Grund seien Männer und Frauen gleich. Anhängerinnen dieser „Frau gleich Mann-Ideologie“ fordern z. B. „genderperspektivische Analysen vermeintlicher Geschlechtsunterschiede des Menschen bzgl. der Sexualhormone“. Biologen wissen aber z. B. aus der Altersforschung, dass das männliche Geschlechtshormon Testosteron mit dafür verantwortlich ist, dass Männer durchschnittlich fünf Jahre früher sterben als Frauen: Die „Herren der Schöpfung“ wurden offensichtlich über die natürliche Selektion derart evolutiv herausgebildet, dass sie früher aus dem Leben scheiden als ihre weiblichen Artgenossen (die entsprechenden, u. a. auf August Weismanns Publikationen zurückführbaren Theorien zu Altern und Tod können hier nicht thematisiert werden) (s. Kapitel 5).

Im Ankündigungstext zur rbb-Sendung wurde u. a. auf die Tatsache hingewiesen, dass die Gender-Forschung in Deutschland inzwischen gut etabliert ist und über ca. 200 Professorinnen-Stellen eine solide Propaganda-Basis aufbauen konnte. Der Vorspann zum Interview endet mit dem bereits erwähnten *hpd*-Textausschnitt: „Evolutionsbiologen sollten den Genderismus, eine universitäre Pseudowissenschaft, die den deutschen Steuerzahler jährlich viele Millionen Euro kostet, mit demselben Ernst analysieren und sachlich widerlegen wie den damit geistesverwandten Kreationismus“ (Originalzitat U. Kutschera, 13. April 2015). Nachfolgend ist das rbb-Interview in einer sprachlich nachgebesserten und gekürzten Fassung widergegeben, wobei aber keine inhaltlichen Veränderungen vorgenommen worden sind.

*I. Kahle:* Kindern und Jugendlichen bringt man heute bei, dass das Geschlecht eines Menschen nichts biologisches ist, sondern lediglich eine gesellschaftliche Norm. Anatomie ist ein soziales Konstrukt, lautet der Kernsatz der feministischen Theoretikerin Judith Butler aus den USA. Man nennt dieses Gedankengebäude Gender Mainstreaming (GM). Gender ist im Englischen das soziale Geschlecht, Sex das biologische. Rechtlich wird unter GM das Leitprinzip der Geschlechtergerechtigkeit verstanden... GM wurde zunehmend zum Kampfbegriff der sogenannten LSBTIQ-Verbände, die die Akzeptanz von Lesbisch-, Schwul-, Bisexuell-, Transgender-, Intersexuell-, Queer-Geschlechtlichkeit fordern... Aber muss man zur Vermeidung von Diskriminierung dieser geschlechtlichen Orientierungen biologische Tatsachen leugnen? Dagegen regt sich international Widerstand von Biologen. Einer von ihnen ist heute mein Gast... Herzlich willkommen, Professor Dr. Ulrich Kutschera!

*U. Kutschera:* Vielen Dank für die freundliche Einführung.

*I. Kahle:* Herr Professor Kutschera, bei Adam und Eva kann ich bei Ihnen ja nicht beginnen, für Sie gibt es ja gar keinen Gott.

*U. Kutschera:* Ja, ich habe mich Jahrzehnte lang mit dem Kreationismus beschäftigt und das hat auch meine Karriere enorm gefördert. So hatte ich z. B. 2006 einen Artikel in *Nature*; dieser wurde über 1 Mio. mal down-geloaded und war im Dezember 06 in den „Nature Top 10". Ich bin daher den Kreationisten zu großem Dank verpflichtet. Jetzt muss ich aber leider feststellen, dass eine andere quasi-religiöse Strömung... unter dem Schlagwort oder Deckmantel bzw. der Tarnkappe des GM Fuß fasst und immer mehr, gleich einem Krebsgeschwür, alle Fachgebiete erobern möchte. Wir stehen kurz vor der Genderisierung der Biologie... dagegen werden wir uns verwahren.

*I. Kahle:* Jetzt mal langsam... wir müssen erstmal klären, was Kreationismus ist, bitte.

*U. Kutschera:* Kreationismus ist ein wörtlich verstandener, auf Realwelt-Phänomene übertragener biblischer Schöpfungsglaube. Kreationisten lehnen die Evolution im Makromaßstab ab, also die Tatsache, dass sich im Laufe der Jahrmillionen neue Körperbaupläne herausgebildet haben. Kreationisten würden z. B. argumentieren, Menschen und Schimpansen sind doch so verschieden – sie können doch nicht von einem gemeinsamen Vorfahren, der 5 bis 7 Millionen Jahre vor unserer Zeit gelebt haben soll, abstammen. Man negiert bzw. leugnet biologische Fakten, die aber sehr gut belegt sind.

*I. Kahle:* Und warum halten Sie jetzt den Genderismus, wie Sie das nennen, für eine Art Kreationismus?

*U. Kutschera:* Ich sehe, bedingt durch meine intensive Beschäftigung mit dem Kreationismus, viele Parallelen und möchte ein Beispiel nennen. Was heißt GM? Der Begriff wurde 1995 auf einer Feministinnen-Konferenz über politische Tricksereien gegen massive Widerstände durchgesetzt. Das hat mit einer Gleichberechtigung der Geschlechter nichts zu tun. Würde GM Gleichberechtigung bedeuten, dann bräuchten wir nicht dieses Kunstwort. Es ist letztlich eine fundamentalistisch-feministische „Mann-gleich-Frau-Ideologie" unter Leugnung der Unterschiede, die Biologen seit über 200 Jahren herausgearbeitet haben.

*I. Kahle:* Es gibt nun in Deutschland 200 Lehrstühle für die sogenannte Gender-Forschung. Wie erleben Sie diese denn an den Universitäten?

*U. Kutschera:* Da muss ich Sie leider korrigieren; ich bin Inhaber eines Lehrstuhls (C4-Professor), aber heutzutage gibt es nur noch W2- und W3-Stellen. Die meisten Gender-Professuren sind, Gott sei Dank, nur noch W2-besoldet, das ist ein besseres Lehrergehalt, für mich ein kleiner Trost. Es ist aber leider so, dass diese GM-Ideologie, also eine quasi-religiöse Weltanschauung, die sich gegen die etablierte Evolutionswissenschaft wendet, Fuß fasst und dass man Projekte bearbeitet, bei welchen Naturwissenschaftler nur den Kopf schütteln können. Das ist alles lokalisiert in den sogenannten Sozial- oder Geisteswissenschaften und hat nichts mit Naturwissenschaft zu tun… Naturwissenschaftler erforschen reale Dinge, die wirklich existieren. Unsere Theorien basieren auf Fakten, während in der Sozialkunde, in aller Regel, vor sich hin theoretisiert wird und Fakten wenig zählen…

*I. Kahle:* Das Thema, über das wir hier reden, spielte im Februar 2015 in San Jose/CA, USA, bei der Jahrestagung der renommierten *American Assosiation for the Advancement of Science* (AAAS) eine Rolle. Trauen sich die Biologen also jetzt gegen die Gender-Macht anzugehen?

*U. Kutschera:* Es gab im Anschluss an die Kreationismus-Session eine informelle Diskussion mit Kollegen aus Dänemark, Schweden und den USA, ich war als Deutscher dabei. Wir alle kamen bald zu dem Schluss, dass, wenn man diese Dogmen betrachtet, es deutliche Parallelen zum Kreationismus gibt. Sie können die Gender-Ideologie auch mit Wünschelruten-gehen oder mit Homöopathie homologisieren, das ist im Grunde alles dasselbe. Und es hat auch wenig Sinn, mit Leuten zu diskutieren, die nicht über die faktische Grundlage verfügen, auf der unsere Theorien aufbauen. Jetzt stehen wir aber vor der Situation,… dass wir über politische Maßnahmen unter dem Deckmantel GM, für mich ist das das Gleiche wie Intelligent Design (ID) im Kreationismus, eine Einflussnahme befürchten müssen – diese steht ganz praktisch an. Die Gender-Ideologie, um es nochmal klarer zu sagen, basiert auf der These, das biologische Geschlecht sei gesellschaftlich determiniert; das ist im Grunde die Behauptung, dass alles, was Biologen seit über 200 Jahren in tausenden von Publikationen niedergelegt haben, auf der Müllkippe zu entsorgen sei. Das steht uns nun bevor, und damit müssen wir uns auseinandersetzen. Ich kann Ihnen schon jetzt sagen, wir werden uns das nicht gefallen lassen. Mein Kollege Hans-Peter Klein (Universität

Frankfurt) hat bereits in der FAZ einen sehr guten Artikel publiziert, worin geschrieben steht, auf welcher Basis wir argumentieren werden (Klein 2015).

*I. Kahle:* Herr Professor Kutschera, Lehrmaterial der *Arbeitsgemeinschaft Schwule Lehrer* der *Gewerkschaft für Erziehung und Wissenschaft* (GEW) werden im Sexualkundeunterricht verwendet und darin heißt es, Zweigeschlechtlichkeit sei lediglich eine gesellschaftliche Norm, nicht aber eine biologische Tatsache. Darüber reden wir jetzt... Aber in Ihrem Lehrbuch Evolutionsbiologie 2015 steht geschrieben: Die Mehrzahl aller Tiere sei eingeschlechtlich. Was denn nun?

*U. Kutschera:* In der Biologie unterscheiden wir zwischen Gonochoristen und Hermaphroditen; das sind Grundbegriffe, das A und O der Biologie. Was sind Gonochoristen? Das sind Tiere und Pflanzen, bei denen die Sexualorgane (männlich oder weiblich) in einem Körper lokalisiert sind. Menschen und andere Wirbeltiere sind somit Gonochoristen. Bei uns gibt es männliche Tiere, definiert als Spermien-Produzenten – Mann gleich Spermien-Produzent und weibliche Organismen, definiert als Eizellen-Produzenten. Noch ein ganz wichtiger Punkt: Sex bedeutet in der Biologie seit ca. 250 Jahren (vereinfacht) Befruchtung. Wenn also ein Spermium, von einem männlichen Gonochoristen abgegeben, über eine innere Befruchtung (nur das können wir Landwirbeltiere mit Hilfe unserer Kopulationsorgane)... mit einer Eizelle verschmilzt und eine Zygote entsteht, ist das Sex. Daher gibt es nur Heterosex, weil Spermien mit Spermien nicht fusionieren; ebenso wenig würde eine Eizelle mit einer Eizelle eine Zygote bilden... Im Umgangs-Sprachgebrauch bezeichnet man erotische Handlungen (ohne Befruchtung) als Sex, was aber, biologisch betrachtet, Unfug ist.

*I. Kahle:* Die Gender-Lehrenden, um mal in dieser Sprache zu bleiben, sprechen ja von Heteronormativität... Wieviel Prozent der Menschen sind homosexuell?

*U. Kutschera:* Das Kunstwort Heteronormativität entspricht im Kreationismus den erschaffenen Grundtypen, die als polyvalente Stammformen bezeichnet werden ... Pseudowissenschaftler, wie Wünschelrutengänger, Homöopathen, Genderisten, Kreationisten usw. benutzen einen gemeinsamen Trick... Man prägt Kunstworte, die auf den Laien den Eindruck erwecken, man würde Wissenschaft betreiben...

Das Wort Heteronormativität interpretiere ich wie folgt: Wir wissen, dass ca. 95 % aller Menschen weltweit und in allen Kulturen heteronormal sind. Das heißt, Männer empfinden eine Zuneigung zu Frauen und umgekehrt. Und diese Heteronormalen, der von mir geprägte Begriff wird umgemünzt in Heteronormativität, werden zur Norm erhoben. Die Heteronormalität ist aber die Grundlage unserer Existenz. Wären unsere Eltern nicht hetero (d. h. normal) gewesen, und hätte es nicht eine Fusion eines Spermiums vom Vater mit der Eizelle der Mutter zu einer Zygote gegeben, wären wir nicht hier. Die sexuelle, d. h. zweigeschlechtliche Fortpflanzung zwischen Spermien-Produzenten (Männer) und Eizell-Produzenten (Frauen) ist die Grundlage dafür, dass wir hier sitzen und diskutieren ... Von den 95 % Heteronormalen... kann man ca. 15 % abziehen. Das sind Männer und Frauen, die, biologisch bedingt, steril sind (z. B. Eileiter verklebt, Spermien-Missbildung durch Mutation). Etwa 80 % der Population ist somit heteronormal und pflanzt sich zweigeschlechtlich fort. Deshalb bleibt die Menschheit erhalten, das ist die Grundlage unseres Daseins.

*I. Kahle:* Nun ist das in der Schule folgendermaßen: Die Lehrenden sollen sich mit diesem Satz auseinandersetzen: „Da die Mehrheit heterosexuell ist, betrachtet die Mehrheit das als normal, obwohl das gar nicht so ist. Das nennt man Heteronormativität." Also, mit anderen Worten: Jede Form der Sexualität soll normal sein. Ja, warum eigentlich auch nicht?

*U. Kutschera:* Nun muss ich Sie wieder korrigieren: Es gibt nur eine Form der Sexualität, das ist die Fusion Spermium mit Eizelle zu einer Zygote. Alles andere sind erotische Handlungen ohne Sex, d. h. a-sexuelle erotische Akte, das hat mit Sex nichts zu tun. Wir Biologen benutzen den Begriff seit über 200 Jahren und bestehen darauf, dass er nicht umdefiniert wird. Wir sind 1. Landwirbeltiere, d. h. wir leben nicht im Wasser... Wir sind 2. Gonochoristen, d. h. es gibt Männer und Frauen... Wir haben 3., um uns an Land fortzupflanzen, Kopulationsorgane für die innere Befruchtung. Das ist letztlich die Erklärung, warum ca. 80 % in der Population evolutionär so gepolt sind, dass sie dafür sorgen werden, dass die Population erhalten bleibt. Die Tatsache, dass es ca. 15 % heteronormale Menschen gibt, die steril sind, würde ich als Design-Fehler in der Natur bezeichnen. Darüber habe ich 2013 ein Buch publiziert. Die 5 %, über die wir jetzt sprechen, umfassen auch ca. 1 % Menschen, die als intersexuell bezeichnet werden. Dieser Begriff wurde vor 10 Jahren offiziell aus dem wissenschaftlichen Vokabular gestrichen. Wir sprechen seither von DSD-Personen (Disorders in Sex Development)... Fehlgeleitete Geschlechtsausbildung, basierend z. T. auf Chromosomenschäden... Diese Menschen sind steril, d. h. nicht fortpflanzungsfähig und nicht eindeutig durch männliche bzw. weibliche Kopulationsorgane gekennzeichnet. Die ca. 4 %, die noch übrig bleiben, sind homoerotisch veranlagte Männer bzw. Frauen, die per definitionem natürlich a-sexuell sind, weil sie nicht eine Zuneigung zum anderen Geschlecht empfinden; daher kann es auch nicht zu einer Fusion eines Spermiums mit einer Eizelle zu einer Zygote kommen. Niemand würde argumentieren, schon gar nicht ein Biologe, dass man DSD-Menschen oder homoerotisch veranlagte Männer bzw. Frauen in irgendeiner Form diskriminieren darf... Nichts ist perfekt in der Biologie.

*I. Kahle:* Wenn Schwule, also Männer, sagen, das sei ihr soziales Geschlecht... das ist ja auch so etwas, das man den Kindern sagt. Diese sollen sich entscheiden können und manche haben sich dann auch entschieden, welches Geschlecht sie jetzt leben wollen. Liegt das eigentlich in der Freiheit des Mannes?

*U. Kutschera:* Das ist auf der Grundlage der mir vorliegenden Fachliteratur 2015 sachlich falsch... Homoerotisch gepolte Männer kommen mit dieser Veranlagung auf die Welt. Sie müssen nur die Biographie von Peter Tschaikowsky lesen. Tschaikowsky kam als homoerotisch gepolter Mann auf die Welt und konnte sich nie damit abfinden. Er hat zunächst geheiratet, dann wollte er sich das Leben nehmen, weil er unfähig war, ein Kind zu produzieren, weil er sich von dieser Frau, obwohl sie 10 Jahre jünger und sehr attraktiv war, überhaupt nicht erotisch angezogen gefühlt hat. Im Alter von 53 Jahren hat er sich das Leben genommen. Peter Tschaikowsky, ein hoch intelligenter Professor und Komponist, hat versucht, sich die homoerotische Neigung abzugewöhnen und das hat nicht funktioniert – nach heutigem Kenntnisstand kommen wir als homoerotisch oder heteroerotisch gepolte Menschen auf die Welt, das hat eine genetische Ursache. Bei Frauen ist das aber ganz anders.

*I. Kahle:* Und zwar?

*U. Kutschera:* Sie können homoerotisch veranlagte Männer mit entsprechend gepolten Frauen, die jeweils etwa 4 bis 5 % der Population ausmachen, überhaupt nicht vergleichen, weil die homoerotische Veranlagung bei Frauen wie folgt funktioniert: Frauen mit homoerotischer Neigung besitzen denselben Mutterinstinkt wie Hetero-Geschlechtsgenossinen, d. h. sie haben einen starken Wunsch nach einem Kind. In der Urzeit gab es das Phänomen bereits, und homoerotisch veranlagte Frauen haben sich damals mit Männern gepaart – das ist überhaupt keine Frage – und Kinder zur Welt gebracht. Es gibt Befunde, die zeigen, dass homoerotisch veranlagte Frauen in einer Frühphase der Menschheitsentwicklung (ein paar 100 bis 1.000 Jahre vor heute) gleichviele Kinder hatten, d. h. dieselbe Darwin'sche Fitness besaßen wie ihre Hetero-Genossinnen. Das wird auch interpretiert als Schutzmechanismus gegen aggressive Männer. Wir müssen auch eine Sache berücksichtigen: Männer hatten schon immer die Tendenz, irgendwann einmal die Frau mit Kindern zu verlassen. Das ist evolutionär bedingt und naturgegeben, aber moralisch verwerflich, keine Frage. Aber es war schon immer so, dass Männer irgendwann einmal „tschüss" gesagt haben, und daraufhin mussten sich Frauen zu Gruppen zusammenschließen, um gemeinsam Kinder großzuziehen… das homoerotische Verhalten von Frauen kann aber auch in gewisser Weise anerzogen werden. Frauen können sich vom Hetero- zum Homo-Verhalten wenden. Das scheint, soweit ich die Fachliteratur kenne, bei Männern nicht belegt zu sein. Männer kommen somit entweder als homo- oder heteroerotisches Wesen auf die Welt, bei Frauen gibt es eine gewisse Flexibilität, weil die beiden Phänomene, biologisch betrachtet, nichts miteinander zu tun haben.

*I. Kahle:* Wenn es nach der *Gesellschaft für Sexualpädagogik* (GSP) und dem von der rot-grünen Landesregierung von Baden-Württemberg mit den LSBTIQ-Verbänden vereinbarten Aktionsplan geht, sollen alle Menschen, von der Wiege bis zur Bahre, den gleich folgenden Satz verneinen… Nach dem vom Schwulen- und Lesbenverband zur Verfügung gestellten Unterrichtsmaterial mussten Achtklässler einer Potsdamer Gesamtschule den Satz in einer Hausarbeit erörtern: „Das biologische Geschlecht ist das natürliche Geschlecht eines Menschen und bei der Mehrzahl der Menschen stimmen biologisches-, psychisches- und soziales Geschlecht miteinander überein"... welche Lösung bietet denn der Evolutionsbiologe?

*U. Kutschera:* Ja, der erste Teil des Satzes stimmt...

*I. Kahle:* Das würde aber schon einen Punkt-Abzug geben.

*U. Kutschera:* Das haben wir alles schon x-mal gesagt: Über 99 % aller Babys kommen als Junge oder Mädchen zur Welt – gehen Sie in eine Klinik, dort können Sie das überprüfen. Die Prägung erfolgt bereits im Mutterleib. Eine Umprägung homoerotischer Männer in die Heterorichtung funktioniert nicht, siehe Tschaikowsky. Ich würde zur Aufgabe sagen: Ja, das stimmt. Das biologische ist das natürliche Geschlecht des Menschen...

*I. Kahle:* Naja, wenn Sie jetzt aber so antworten, dann kriegen Sie womöglich eine 6 ... weil das ja eigentlich nicht die gewünschte Antwort ist.

*U. Kutschera:* Auf welcher faktischen Grundlage möchte denn ein Lehrer eine andere Antwort hören? Wo sind die Fakten? Wo sind die Tatsachen? Wo sind die Belege?

*I. Kahle:* Das ist nicht mein Ding, dieses zu beantworten.

*U. Kutschera:* Ich möchte einmal Klartext reden. Der Kreationismus ist ein wörtlich verstandener biblischer Schöpfungsglaube, der sich auf eine Dogmen-Grundlage stützt, unter Ablehnung evolutionsbiologischer Fakten. Der Genderismus, d. h. die Gender-Ideologie, letztendlich das uns politisch aufgedrückte sogenannte Gender Mainstreaming (GM), d. h. die Frau-gleich-Mann-Ideologie, ist genauso ein Glaubenskonstrukt. Man ignoriert die gesamte Biologie und prägt ein Dogma. Wir kommen geschlechtsneutral auf die Welt und werden hinterher in Richtung Mann oder Frau gepolt, und wir können dann noch beliebig das Geschlecht wechseln. Das ist absoluter Unfug, jenseits aller Faktengrundlagen und ich möchte gerne von der Genderfraktion einmal hören, wo sind die Tatsachen? Worauf basiert das Ganze? Ich habe mir die Mühe gemacht, einige seriös klingende deutsche Gender-Bücher anzusehen, und es ist einfach unmöglich! Schon sprachlich-inhaltlich unakzeptabel. Da steckt überhaupt nichts dahinter, das ist eine Religion bzw. eine Sekte. Eine feministische Sekte, die uns da ihren Unsinn aufdrückt und alle machen widerstandslos mit. Das ist meine Bewertung.

*I. Kahle:* Zwölfzweiundzwanzig, zu Gast bei Ingo Kahle. Heute

Ulrich Kutschera, Professor für Evolutionsbiologie an der Universität Kassel und Stanford/Kalifornien (USA). Herr Kutschera, ein bisschen Biologieunterricht bitte. Eines der biologischen Grundprinzipien heißt Sexual-Dimorphismus… zweigestaltig und bedeutet, wie sich also innerhalb einer Art Männchen und Weibchen… unterscheiden. Was bedeutet das jetzt bezogen auf unser Thema?

*U. Kutschera:* Wir sind vor etwa 2 Millionen Jahren als Gattung *Homo* aus Urwaldformen hervorgegangen, die an heutige Schimpansen erinnern. Wir haben also eine … lange Evolution, bevorzugt unter Savannen-Verhältnissen, hinter uns. Wir konnten nur immer wieder in unseren Nachkommen überleben, weil es diese Geschlechterverschiedenheit (Sexual-Dimorphismus) gibt. Ich habe schon wiederholt gesagt: An Land in der Savanne kann man sich nur fortpflanzen, wenn man kopuliert, wenn also die Spermien, die der Mann produziert, in das Weibchen injiziert werden… d. h. es muss eine innere Befruchtung erfolgten. Die Weibchen… stellen große, nährstoffreiche Eizellen bereit und produzieren wenige davon, sie sind auch nur eine kurze Zeit fruchtbar. Männer sind viel länger fruchtbar. Die Weibchen haben die Aufgabe, die befruchtete Eizelle zur Entwicklung zu bringen, das Kind zu gebären und dieses zu säugen. Die Muttermilch baut das Immunsystem auf, ein ganz wichtiger Punkt. Und nur durch dieses Arbeitsteilung, auf der einen Seite die testosterongesteuerten Männer, die für die groben Arbeiten zuständig waren… Heute sind Männer noch immer das Urgeschlecht. Auf der anderen Seite die weibliche Linie – Frauen, die dafür gesorgt haben, dass die befruchteten Eizellen, die nach dem Sexakt (Befruchtung) entstanden sind, letztendlich überlebt haben. Hätten sich unsere Eltern nicht fortgepflanzt, wären wir nicht hier – der Sexual-Dimorphismus hat es ermöglicht, dass wir heute (2015) hier sitzen und darüber diskutieren können, was Genderisten glauben.

*I. Kahle:* Weibchen wählen ja Sexualpartner mit besonders ausgeprägten Merkmalen aus. Also der schönste Pfau wird dann natürlich gewählt. Das soll es bei Männern auch geben. In Ihrem Lehrbuch Evolutionsbiologie schreiben Sie, erst in den letzten Jahren sei die Gute-Gene-Hypothese aufgehellt worden. Was bedeutet sie?

*U. Kutschera:* Jetzt müssen wir auf Charles Darwin zu sprechen kommen, der ist ja der Teufel im Weltbild der Genderisten sowie der Kreationisten, beide Glaubensrichtungen lehnen Evolution im Darwin'schen Sinne ab. Dieser hat das Prinzip der geschlechtlichen Zuchtwahl (sexuelle Selektion), d. h. die Damenwahl im Tierreich, übernommen von Erasmus Darwin – das Konzept stammt eigentlich von seinem Großvater. Darwin hat sich gefragt: Warum wählen Weibchen aus, während sich die Männer um die Weibchen bemühen? Das ist so umfassend belegt, dass schon vor 150 Jahren kein Zweifel mehr bestanden hat. Darwin hat aber eine völlig fehlgeleitete, ihm nicht angemessene Antwort geliefert: Er vermutete, dass es einen „Schönheitssinn" der Weibchen gibt. Es war Alfred Russel Wallace, der Mann im Schatten von Charles Darwin, der als erster erkannt hat, dass Weibchen über die Signale der Männchen deren genetische Qualität abschätzen. Das können Sie wunderbar bei Amseln beobachten... Männliche Vögel, die einen dunkelroten Schnabel haben, sind die Super-Playboys. Diese Stars begatten die meisten Weibchen, weil diese „intuitiv wissen", dass ein tiefroter Schnabel ein starkes Immunsystem signalisiert. Und in der Tat ist die Überlebensrate jener Kinder, die der dunkelschnäbelige Amselmann gezeugt hat, wesentlich höher. Diese Gute-Gene-Hypothese konnte über jahrzehntelange Studien mit einer eindeutigen Signifikanz positiv belegt werden: Weibchen suchen sich jene Kopulationspartner aus, die letztendlich die Überlebenschancen des Nachwuchses optimieren. Das gilt im Tierreich, aber auch für Menschen...

*I. Kahle:* Nun ist es in der Gender-Auffassung ja sogar so, dass man versucht, Geschlechtsunterschiede als „vermeintlich" zu bezeichnen, die aber ja doch, so weiß man es aus der Alterungsforschung, sehr eindeutig sind. Nämlich die Hormone. Wie ist das mit dem Testosteron?

*U. Kutschera:* Das Testosteron ist ein Steroidhormon, und ich erforsche an der Stanford University Steroide bei Pflanzen, bin also ein Insider, allerdings auf der „grünen Line" (Gewächse)... Viele Wochen vor unserer Geburt ist der Testosteronpegel im Jungen doppelt so hoch wie im Mädchen. Das Testosteron spielt somit eine entscheidend wichtige Rolle für die Geschlechtsausbildung; Hoden reifen unter dem Einfluss von Testosteron heran. Bei jugendlichen und erwachsenen durchschnittlichen Männern, ich spreche immer vom Durchschnitt, nicht von den Extremen,... ist der Testosteronlevel 10 bis 20fach höher als bei der

Durchschnittsfrau und das hat gravierende Konsequenzen für unser gesamtes zwischenmenschliches Leben.

*I. Kahle:...* Das Testosteron ist mit dafür verantwortlich, dass Männer fünf Jahre kürzer leben als Frauen. Frauen bevorzugen an den fruchtbaren Tagen starke Männer, sonst aber eher weiche... d. h. also die Evolution funktioniert unbewusst noch immer.

*U. Kutschera:* Ja, selbstverständlich! Kreationisten und Gender-Ideologen versuchen das Mensch-Sein zu erklären... indem sie 2 Millionen Jahre Hominiden-Evolution abschneiden – wir sind quasi erschaffene Unisex-Wesen bzw. von Gott kreierte Adam und Eva-Abbildungen. Das ist unsinnig. Unser gesamter Körper ist das Produkt einer Jahrmillionen langen Stammesentwicklung. Wir sind adaptiert an ein Überleben in der Savanne. Hätten Weibchen nicht über die sexuelle Selektion (geschlechtliche Zuchtwahl) immer wieder mutige, kräftige, intelligente Männer als Paarungspartner intuitiv ausgesucht, hätten wir uns gar nicht in diese Richtung weiterentwickelt. Die sexuelle Selektion ist, insbesondere bei Artbildungsprozessen, bei vielen Tieren ganz entscheidend wichtig, und es ist ein großes Glück, dass natürlich-normal gebliebene Frauen noch immer das evolutionäre Erbe in sich tragen und sich in der Regel... den Alpha-Männchen zuwenden. Wir wissen, dass es in der Natur enorme Fortpflanzungshierarchien gibt. In natürlichen Menschenpopulationen haben wir z. B. 10 Männer. Der Rudelführer hat 20 Kinder, die zwei Stellvertreter haben 3 Kinder und die anderen gehen leer aus... weil sich Frauen eben an diesen Signalen orientieren. Das ist heute noch genauso ausgeprägt wie früher. Das kann und sollte man den Frauen auch nicht aberziehen, wobei selbstverständlich gesellschaftliche Faktoren prägend einwirken. Das würde ich als Wissenschaftler niemals leugnen.

*I. Kahle:* Kommen wir mal zur Partnerwahl. Das ist ja außerhalb der Biologie ganz interessant. Die Psychologin Maja Storch schreibt in ihrem Buch „Die Sehnsucht der starken Frau nach dem starken Mann“... über die beiden Männertypen Wolf und Rosenschenker: „Wir haben aus dem wilden Wolf einen Schoßhund gemacht und der Schoßhund war uns lästig.“ Wie ist das denn bei der Partnerwahl selbst bei der beamteten Frau Professor?

*U. Kutschera:...* Es gibt Studien, interkulturell, die zeigen, dass

Männer, unabhängig davon ob sie jetzt in Arabien leben oder in Israel, Deutschland oder Russland, über alle Kulturen hinweg deutlich jüngere, attraktive, fertile, nicht besonders wortgewandte Frauen bevorzugen. Männer sind quasi die Urviecher in uns – die Affen in uns sind wir Männer, d. h. wir Männer wollen einfach eine nette Frau, mit der man nicht groß diskutieren muss. Jung, attraktiv, gut kochen muss sie können, Kinder groß ziehen, und das geht durch alle Kulturen. Da kann ich Ihnen die Literatur zeigen... Ich bin selber schockiert, wenn ich das immer wieder lese.

*I. Kahle:* Ja, man muss das aber anders leben dürfen, nicht wahr?

*U. Kutschera:* Frauen suchen hingegen, das werden Sie auch als Provokation empfinden, gemäß der mir vorliegenden Fachliteratur, einen Versorger. Ich rede von der Durchschnittsfrau, die einen durchschnittlichen Testosteronspiegel hat. Es gibt Spitzensportlerinnen, die haben natürliche Testosteronpegel, die so hoch sind wie jene weicher Männer. Ich spreche somit immer vom Mittelmaß einer Population, nie vom Extremfall...

*I. Kahle:...* Aber, nochmal, wie ist das denn mit der Partnerwahl so an den Universitäten?

*U. Kutschera:* Da haben wir inzwischen eine ganz schwierige Situation. In der Biologie, aber auch in anderen Bereichen, gibt es immer wieder Doktoren der Naturwissenschaften, zum Teil haben sie sogar den Ehrentitel Apl. Professor, ohne dass man irgendwelches Geld dafür bekommt. Diese Herren werden aufgrund harter Quotenregelungen immer wieder aus dem System herausgekickt und sind dann irgendwann einmal arbeitslos. Sie haben zwar das Wissen, aber eben nicht die finanziellen Ressourcen. Und jetzt kommt das sogenannte Hypergamie-Gebot ins Spiel. Ich weiß nicht, ob Sie das schon mal gehört haben?

*I. Kahle:* Nö.

*U. Kutschera:* Psychologen wissen seit Langem, dass Männer bereit sind, wenn sie entsprechend finanzielle Ressourcen haben, z. B. ein Chefarzt, Professor oder Geschäftsführer, ihr Geld zu teilen. Der Mann sagt sich: „Ich habe doch selber mein Geld und nehme mir eine arme Frau, wenn sie jung ist, attraktiv und meine Kinder groß zieht." Männer haben kein Problem damit. Jetzt kommt aber das Hypergamie-Problem ins Spiel. Hochqualifizierte Frauen sind nicht dazu bereit, einen unterprivilegierten Mann zu heiraten. Sie sind oft sogar nicht einmal dazu bereit, einen solchen Mann als Vater potenzieller Kinder zu akzeptieren, der wegen der Quote rausgefallen ist, d. h. Frauen suchen Männer, die gleich oder höher qualifiziert sind. Das Problem ist aber, wenn jetzt die hochdotierten Stellen von Quotenfrauen belegt sind, dann fehlen diese noch höher qualifizierten Super-Männer, Stichwort Hypergamie-Paradoxon… Hochqualifizierte „Möchtegern Alpha-Weibchen" sterben oft kinderlos aus, d. h. sie finden keinen Paarungspartner – ich rede jetzt bewusst vom Paarungspartner; vom Lebenspartner will ich gar nicht sprechen, mit einem solchen würden sie sich sowieso nicht zufrieden geben. Wir haben immer mehr Männer, die nicht gut genug sind für hochqualifizierte Frauen, und das ist natürlich ein Grund, warum studierte Menschen so eine beschämend geringe Darwin'sche Fitness haben (Geburtenrückgang).

*I. Kahle:* Darwin'sche Fitness: Ist das die Rate, wie man sich fortpflanzt?

*U. Kutschera:* Ja, das ist die Zahl der Nachkommen. Diese Darwin'sche Fitness ist bei hochqualifizierten Frauen erschreckend niedrig und bei Männern, die aus dem System herausfallen, auch. Akademisch gebildete Männer, die nicht Fuß fassen konnten und entsprechende Positionen erhalten konnten, sterben auch kinderlos – das sind Probleme, über die sich Politiker einmal Gedanken machen müssten, aber das ist ja zu viel Biologie.

*I. Kahle:* Herr Professor Kutschera, die Forderungen der LSBTIQ-Verbände gehen ja weiter: Nach Legalisierung von Leihmutterschaft… inklusive dem Recht für Lesben auf Spermien-Spenden per Krankenkassen-Kosten. Evolutionsbiologisch haben Sie dazu eine sehr klare Haltung und ich möchte, dass Sie diese hier auch äußern dürfen.

*U. Kutschera:* Ich habe vor einiger Zeit im humanistischen Pressedienst… einen Artikel publiziert mit dem Titel: „Leihmutterschaft: Frauenfeindliche Menschenzucht". Inzwischen muss ich sagen, dass das, was ich in diesem Beitrag geschrieben habe, noch viel zu harmlos ist – ein paar Fakten aus der Biologie. Nach deutschem Gesetz gilt die Frau als Mutter und bekommt einen Mutterpass, die ein Kind geboren hat. Wenn wir also eine Leihmutter haben, d. h. eine angemietete Legehenne, die der Art *Homo sapiens* angehört, die ihren Körper vermietet (das würde ich als Prostitution bezeichnen), dann gilt diese als Mutter. Die genetische Mutter, d. h. die eigentliche biologische Mutter, ist aber die Eizellspenderin, und diese ist anonym. Der Spermienspender ist der biologische Vater. Es werden also Kinder generiert, die niemals erfahren werden, wer ihre biologische Mutter war. Hinzu kommt, dass der Fötus schon sehr früh die Stimme der Mutter hört, sodass Babys nach der Geburt absolut fixiert sind auf die Stimme der eigenen Mutter. Weiterhin wissen wir, dass die Muttermilch nicht nur Nährstoffe liefert, sondern das Immunsystem aufbaut. Da werden also Kinder erzeugt, die der Mutter entrissen werden, die nie wissen werden, von wem sie abstammen, die keine Muttermilch abbekommen, denen man die Prägung an die Stimme der leiblichen Mutter wegnimmt. Das ist für mich eine eklatante Menschenrechtsverletzung vergleichbar mit der Massenhaltung von Hühnern im Stall, aber gut, das ist ja auch alles in Deutschland erlaubt.

*I. Kahle:* Man kann dieser Auffassung sein, und auf Zahlen schauen. Es werden jährlich weltweit etwa 130 Millionen Kinder geboren, 1,9 % sind durch medizinisch assistierte Empfängnis entstanden… und ganz grob geschätzt wachsen in Deutschland etwa 20.000 Kinder bei 2 Müttern oder 2 Vätern auf… Herr Professor Kutschera, ich danke Ihnen sehr für dieses Gespräch.

*U. Kutschera:* Vielen Dank!

Wie nicht anders zu erwarten war, lösten diese Bemerkungen eine Diskussions-Lawine aus. Zum einen erhielten wir zahlreiche persönliche Zuschriften, die individuell beantwortet worden sind. Ein negativer Kommentar wurde bereits in Kapitel 4 vorgestellt und kommentiert. Auf der anderen Seite erschienen am 17. Juli 2015 von zwei in Berlin tätigen Pro-Gender-Frauen verfasste, in überregionalen Onlinemedien erschienene Kommentare (Berliner Tageszeitung *TAZ* und der Hamburger *Zeit Online*). Es folgte am 7. August 2015 ein weiterer Pro-Gender-Artikel, geschrieben von einer Berlinerin. Als weitere Konsequenz der *rbb*-Sendung vom 11. Juli 2015 meldete sich bei mir eine Gender-kritische Journalistin und Autorin, die mit einem erfolgreichen Sachbuch zu diesem Themenbereich bekanntgeworden ist (Kelle 2015). Abschließend soll die „Stuttgarter Erklärung 2015 – Geschlecht. Selbst. Bestimmt.“ erörtert werden, die ich mit unterzeichnet habe. In den nachfolgenden Abschnitten werden wir zunächst einige private Zuschriften in Ausschnitten kennenlernen und danach auf die Beiträge der Journalistinnen eingehen.

## Von sozialdarwinistisch-reaktionären Pöbeleien zum rbb-Beitrag des Jahres

Die beim Moderator Kahle sowie bei mir eingegangenen Schreiben zur Sendung waren vielfältiger Natur. Sie reichten von harscher Kritik, z. B. dem Vorwurf, wir hätten in einer „primitiven Steinzeitshow... sozialdarwinistisch-reaktionäre Pöbeleien“ verbreitet, bis zur Würdigung, Herr Kahle hätte „die Sendung des Jahres 2015“ produziert. Da die negativen Kommentare durch eine irrationale Biophobie (d. h. Abscheu vor den physikalisch-chemisch ausgerichteten *Life Sciences*) gekennzeichnet sind, wurden nur einige davon in unserer Darlegung erwähnt. In diesem Abschnitt sind einige repräsentative Stellungnahmen wiedergegeben und kurz kommentiert.

In der am Sendetag (11.07.2015) eingegangenen ersten Zuschrift verteidigte ein Berliner Soziologe seine Disziplin mit den folgenden Worten: „Sehr geehrter Prof. Kutschera, habe gerade Ihr sehr interessantes Interview gehört. Insbesondere hat mir gefallen, dass Sie auf die Parallelität zwischen Kreationisten und Gender Mainstream hingewiesen haben... Aber als Soziologe möchte ich drauf hinweisen, dass Ihre Kritik an der Soziologie zu pauschal ist. Die wirklich spannenden Soziologen haben gerade zum Verständnis des Verhältnisses von Natur und Geist, von Biologie und Soziologie, Vieles und Wesentliches beigetragen. Sie haben natürlich Recht, dass die Gender Mainstreamer keine Ahnung haben und sich weigern, die relevanten Untersuchungen überhaupt zur Kenntnis zu nehmen, weil sie vorab schon alles zu wissen glauben oder weil sie von vornherein einer bestimmten politischen Perspektive verpflichtet sind. Warum aber denken sie so, wie haben sie sich institutionell eingenistet, wie kommt es dazu, dass diese Halbwahrheiten in die Lehrpläne kommen, wie kommt es zu entsprechenden Lehrplänen usw.? Einiges kann man sich mit Laienverstand erklären und da sind Biologen nicht besser gestellt als Bildungspolitiker oder Talkshowbeiwohner, aber in die Tiefe gehend können das eher Soziologen, Wissenschaftstheoretiker usw. interpretieren."

*Kommentar:* Ich stimme mit diesen Ansichten überein und habe in diesem Buch an vielen Stellen die Analogien zwischen kreationistischen und genderistischen Ideologien offen gelegt. Wie in jeder Disziplin gibt es selbstverständlich auch in der Soziologie kreative Denker, die originelle Werke von bleibendem Wert hervorgebracht haben. Allerdings habe ich den Eindruck, dass sich in den Sozialwissenschaften besonders viele Personen wiederfinden, die in schwergewichtigeren, insbesondere naturwissenschaftlichen Gebieten, keine Chancen hätten. Dieser Eindruck mag falsch sein, kommt aber in dem populären Begriff „Soziologengequatsche" treffend zum Ausdruck.

Am selben Tag erhielt ich ein äußerst aufschlussreiches Schreiben eines Berliner Mannes, der sich in die Gruppe der Intersexuellen stellt. Sein Brief ist nachfolgend in Ausschnitten wiedergegeben: „Sehr geehrter Herr Prof. Kutschera, ich habe heute mit großem Interesse und weitreichender Sympathie Ihren Beitrag im Inforadio... gehört, weil auch ich mich an Begriff und Ideologie stoße, aber – an einer Berliner Universität tätig – immer wieder damit konfrontiert bin. So muss bei Stellenausschreibungen regelmäßig diese Formel verwendet werden. Nichts gegen Geschlechtergerechtigkeit, aber es sollten ebenso die Unterschiedlichkeit wie individuelle Überwindungsversuche wertgeschätzt werden. Auch ich stoße mich an der Ideologie der Konstruktion und Wählbarkeit von Geschlecht. Sicher sind Geschlechtsrollen kulturell unterschiedlich gestaltbar. Aber selbst im akademischen Bereich und intellektuellen Milieu stoßen wir auf Rudimente – man mag sie biologisch begründen oder für steinzeitlich halten, doch sind sie wirkkräftig – dass auch Akademikerinnen sich unbewusst ‚nach oben' orientieren, wo die Luft dann dünn wird und sie keinen Partner mehr finden.

Doch nicht deshalb schreibe ich Ihnen. Vielmehr möchte ich deutlich machen, dass die Ideologie des Gender Mainstreaming zwar ein falscher Weg ist, die Absicht aber richtige, falsch begründete Elemente enthält. Eine rein biologistische Argumentation, wie Sie sie in o. g. Interview vertreten (müssen), legt zwar den Schwerpunkt auf heutzutage aus political correctness unterdrückte Aspekte, aber entbehrt natürlich auch nicht der Einseitigkeit. Denn der Mensch ist ja nicht nur ein biologisches, sondern auch ein gesellschaftliches und kulturelles Wesen.“ Nach diesen einführenden Sätzen kommt der Kommentator auf seine persönliche Situation zu sprechen:

„Ich engagiere mich hier deshalb so sehr, weil ich ‚das Pech‘ habe, einer biologischen Randgruppe anzugehören: hormonell intersexuell (‚Hormonstörung‘), wie sich seit der Pubertät herausstellte, und damals dann auf das *Transsexuellengesetz* (TSG) angewiesen, um meinen rechtlichen und gesellschaftlichen Status anzupassen. Gerade als Betroffener habe ich mir von Kindheit an vorwerfen lassen müssen, ein ‚bevölkerungspolitischer Blindgänger‘ zu sein (was rein biologisch betrachtet stimmt), und im Erwachsenenalter vor 20 Jahren von den juristischen Möglichkeiten des TSG profitiert, das ja eine Wählbarkeit des Geschlechts insinuiert. Als Betroffener wie als Beobachter kann ich nur bestätigen: es ist nicht wählbar. Ausschlaggebend als letzte Instanz neben den jeweiligen genetischen, chromosomalen, hormonellen, morphologischen Faktoren ist letztlich, davon natürlich determiniert, das psychische, das ‚Gehirngeschlecht‘ – nämlich wie das betroffene Individuum sich erlebt. Sicherlich ist Ihnen das Experiment von John Money an David Reimer, ein Menschenversuch, bekannt, das zu den feministischen Gründungsmythen von der Konstruierbarkeit des Geschlechts gehörte. Dass der unfreiwillige Proband es nicht überlebt hat, sondern aus dem Leben schied, hat bisher in interessierten Kreisen nicht zu der Erkenntnis der Nichtwählbarkeit der Geschlechtlichkeit geführt.“

Den Fall Reimer/Money haben wir in Kapitel 8 dargelegt. Im nächsten Abschnitt unterstützt der Kommentator meine Thesen bzgl. der nicht änderbaren sexuellen Identität in den folgenden Worten: „Die Ideologie von der Wählbarkeit des Geschlechts halte ich für eine Hilfskonstruktion. Sie wäre unnötig, wenn gesellschaftlich akzeptiert wäre, dass es *minderheitliche, aber nicht minderwertige* biologische Varianten und Abweichungen von der Norm gibt und diese in keiner Weise zu diskriminieren sind.“ Nachfolgend geht der Berliner Autor dieses Schreibens auf den Begriff Lesbian, Gay, Bi-, Trans-, Intersex, Queer, d. h. ‚LGBTIQ‘ ein: „Auch das ‚LGBTIQ‘-Wortungetüm ist nur ein Lippenbekenntnis aus Gutmenschentum, welches mit der Lebenswirklichkeit der anhängenden letzten drei Minderheiten wenig zu tun hat. Auch da wird gutbiologisch von den ersten drei zwischenmenschlich diskriminiert. Ich selber schätze mich glücklich, dass ich mich trotz körperlicher Zweideutigkeiten immer psychisch eindeutig zuordnen konnte, doch kenne ich Intersexuelle, denen dies beim besten Willen nicht möglich ist – gerade weil es sich nicht um Wahl und Willensentscheidung handelt."

Anschließend kritisiert der Kommentator den von mir im Interview verwendeten Begriff „Disorders in Sexual Development" (DSD): „Ich kann Ihnen nur vollkommen recht geben, aber ich möchte gerade deshalb an Sie appellieren, nicht den gesellschaftlich-kulturellen Aspekt aus dem Blick zu verlieren. Naturwissenschaftler wissen, dass das Gesetz, die Norm, immer nur eine statistische Häufung ist. Für die statistischen Minderheiten aber ist jede abwertende Einstufung, z. B. als ‚DSD', nicht nur die Menschenwürde verletzend, sondern oft mit gesellschaftlichen, bis in die physische Integrität eingreifenden Konsequenzen verbunden. Viele Menschen mit DSD sind in keiner Weise in ihrer Gesundheit beeinträchtigt, manche ‚nur' in ihrer Fortpflanzungsfähigkeit. Viele Intersexuelle wurden durch ‚normalisierende' medizinische Eingriffe aber erst krank gemacht."

Das Schreiben endet mit dem folgenden wertvollen Hinweis: „Reiner Biologismus darf daher, sofern es um Menschen geht, nicht die alleinige Norm setzen. Ich würde mir wünschen, dass Naturwissenschaftler wie Sie gerade aus ihren Erkenntnissen heraus ethisch die Gleichwertigkeit aller Menschen unabhängig von ihrer biologischen Disposition, also auch der Varianten und Minderheiten, vertreten würden und auf diese Weise solch abstrusen ideologischen Hilfskonstruktionen wie Gender Mainstreaming den Boden entziehen würden. Dazu möchte ich Sie ermutigen!"

*Kommentar:* Der Text enthält äußerst originell dargelegte Gedanken zur GM-Debatte, verfasst von einem „Insider", der, als Intersexueller, aus eigener Erfahrung spricht. Zentrale Thesen in diesem Buch finden wir bestätigt, wodurch die Überzeugungskraft der hier vorgetragenen Argumente gestärkt wird. Den abschließenden Appell, nicht nur die Biologie, sondern auch sozio-kulturelle Aspekte bei der Bewertung kontroverser Sachverhalte mit einzubeziehen, unterstütze ich. Allerdings lehne ich den Begriff „Biologismus" ab, da die *Life Sciences* per Definitionem naturalistisch und daher ideologiefrei sind.

Am 11. Juli 2015 ging kurz vor Mitternacht noch die folgende Mitteilung ein: „Lieber Herr Kahle, zur Ihrer heutigen Sendung fällt mir nur ein Wort ein: Danke!!!, dass das Thema durch ihren Gast sozusagen mal biologisch ‚vom Kopf auf die Füße' gestellt wurde, verbunden mit dem Kompliment ..."

*Kommentar:* Das Gleichnis, die GM-Thematik wäre in unserem Interview vom politisch-theoretischen Kopf auf die empirisch-naturwissenschaftlichen Beine umgestellt worden, ist treffend und originell. Meiner Ansicht nach sollte bei all jenen Debatten, die sich um Aspekte des „Menschseins" drehen, die humanbiologische Grundlage zuerst dargelegt werden, gefolgt vom philosophisch-sozialwissenschaftlichen Überbau.

Ein Tag später (12.07.2015) erreichte uns eine wenig differenzierte Zuschrift: „Ich habe heute Ihren Beitrag mit Prof. Kutschera... verfolgt. Die Idee, Gender Mainstreaming und Biologie gegenüber zu stellen und von der jeweils anderen Seite kommentieren zu lassen, finde ich sehr interessant. Ich musste jedoch mit Entsetzen feststellen, dass sie in diesem Rahmen einer Person eine Plattform gegeben haben, die ausgesprochen undifferenziert mit einem Thema umgeht, in dem es kein Schwarz und Weiß geben kann. Die Verneinung der Existenz von transgeschlechtlichen Menschen, die Aussage über die Unveränderbarkeit der Sexualität bzw. sexuellen Ausrichtung, die Tatsache, dass Heterosexualität als Heteronormalität bezeichnet wird, das fehlende Verständnis dafür, dass Sexualität ein Spektrum und keine Hetero-Homo-Dichotomie darstellt, die fehlende Einsicht dafür, dass Begriffe in der Alltagssprache anders verwendet werden als in der Wissenschaft, was wiederum zu gravierenden Missverständnissen führen kann (z. B. das Wort ‚Sex', welches von Herrn Kutschera durchweg im biologistischen Sinne verwendet wird, ohne die Anerkennung anderer Bedeutungszuschreibungen) sind an sich schon schlimm genug. Auch die Tatsache, dass Gender-Forschung... durchweg und bei beinahe jeder Erwähnung mit dem Kreationismus verglichen und oft gleichgesetzt wird, trägt nicht zur Seriösität Ihres Gastes bei. Besonders erschreckend fand ich jedoch, dass seine Ausführungen, die oftmals herabwürdigend und verletzend waren, vom Moderatoren vollkommen unkommentiert blieben. Es gab keine Diskussion, keinen Versuch der Relativierung oder des Perspektivwechsels. Von einem sensiblen Thema wie diesem, welches die Identität und Persönlichkeit vieler Personen betrifft (die damit auch ohne Ihren Beitrag bereits oftmals zu kämpfen haben) hätte ich einen sensibleren Umgang, zumindest aber eine kontroversere Debatte erwartet, mit mehr Platz für Gegenargumente. Nicht jedoch einen Monolog, der die Grenze zur Homo- und Transphobie mehrmals überschritt. Ich verstehe, dass die Biologie oftmals andere Sichtweisen auf menschliches Sexualverhalten und -empfinden vertritt als die Gender-Forschung, dennoch ist es eine Unerhörtheit, derartig einseitigen Meinungen und verletzenden Argumenten Platz zu machen."

*Kommentar:* Ich stimme mit dem Autor überein, dass oftmals sehr deutliche Worte benutzt worden sind, welche auf Andersdenkende provokativ bzw. verletzend wirken können. Wie wir in verschiedenen Kapiteln jedoch, immer mit Quellenverweisen, erfahren haben, sind die Hauptaussagen des frei gesprochenen rbb-Interviews korrekt. Zur Definition des Begriffs „Homophobie" verweise ich auf Kapitel 7 (Tschaikowsky-/Schopenhauer-Zitate).

In einer befürwortenden, aber kritischen Stellungnahme äußerte sich ein interessierter Zuhörer wie folgt: „Vielen Dank, dass Sie einer kontroversen Meinung zum Thema Gender vs. biologischem Geschlecht in Ihrer gestrigen Sendung 12:22 Kahle/Kutschera Raum gaben! Ich las im Anschluss auch den zitierten *FAZ*-Artikel von Klein (2015). Ihr Rundfunkbeitrag war für mich als Laie in Bezug auf Terminologie und Form der Auseinandersetzung sehr erhellend. Ich empfand es als ausgesprochen wohltuend, dass sich Herr Kutschera ohne Widerspruch äußern konnte! Intuitiv hege ich seit längerem den Verdacht, dass in dieser Diskussion politische Machtinteressen eine wissenschaftliche Auseinandersetzung unterdrücken. Sollte sich der Verdacht bestätigen, wäre das meines Erachtens ein gesellschaftlicher Skandal, der zum Wohl demokratischer Meinungsvielfalt öffentlich gemacht werden sollte! Vielfalt ist ja durchaus auch ein biologisches Thema, deshalb ermuntere ich die beiden Herren Klein und Kutschera in Ihren Bemühungen um Transparenz und Aufklärung nicht nachzulassen. Vielen Dank!"

*Kommentar:* Der Autor legt klar, dass in der GM-Debatte Ideologie an erster Stelle steht, während wissenschaftliche Fakten aus der Biologie weitgehend ignoriert werden. Das ist in der Tat eine unakzeptable Strategie, der man bei jeder Gelegenheit verbal entgegentreten sollte.

Am Montag (11.07.2015) erreichte uns eine Stellungnahme, in der heftige Angriffe gegen meine Gender-kritischen Aussagen formuliert sind: „Prof. Dr. Ulrich Kutschera behauptet, dass das ‚Durchschnitts-weibchen' immer einen ihr überlegenen, ‚starken Mann' sucht (das sei weltweit so) und Professorinnen von keinem Mann gewollt würden, weil Männer immer ‚einfache Frauen', die hübsch seien, ‚nicht viel diskutieren' wollten und Kinder kriegen könnten, bevorzugen würden ... Die gleichgeschlechtliche Ehe ist für ihn widernatürlich, ebenso die Leihmutterschaft, die er mit ‚Hühnerzucht' vergleicht. Wie können Sie solche Positionen unkommentiert senden? Das ist skandalös und empörend. Weiterhin geben Sie auf Ihrer Info-Seite Informationen zu entsprechend antifeministischer Literatur."

*Kommentar:* Das von mir angesprochene „Hypergamie-Prinzip" ist empirisch belegt (s. Kapitel 7), und von der Homo-Ehe habe ich in keinem Satz gesprochen. Zur Problematik der Leihmutterschaft verweise ich auf Kapitel 2.

Ein Privatdozent aus Berlin (Fachgebiet Turkologie) bedankte sich mit dem folgenden Schreiben für die klaren Worte in der „I. Kahle/U. Kutschera-Diskussion": „Herzlichen Dank für diese wundervolle Sendung. In wenigen Minuten wieder einmal, aus berufenstem Mund, Argumente wider die sexistische und menschenverachtende Genderreligion, deren Opfer ich selbst auch immer wieder werde. 183 Professuren leistet sich Deutschland für diesen Unfug, während ‚kleine' Fächer wie meines, die Turkologie, durch Sparen zerstört werden – dabei hat die Erforschung der Turkvölker im Unterschied zu der sexistischen Beschaffungsindustrie eine reale Grundlage. Wir leben in einem dekadenten, verfallenden Land. Danke für Ihren Mut zur Aufklärung. Sie haben mir neue Munition und neuen Mut gegeben, meine Stimme gegen die Quotenmentalität und Männerunterdrückung und damit gegen den qualitativen Ausverkauf Deutschlands zu erheben."

*Kommentar:* Der Berliner PD spricht ein wichtiges Thema an. Aus welchen rational nachvollziehbaren Gründen werden die „Gender Studies" seit Jahrzehnten immer mehr ausgebaut, während z. B. die Turkologie, aber auch Teilgebiete der Biowissenschaften (z. B. Systematik und Biodiversität der Organismen) demontiert werden? Ist die „Gender-Forschung“ wirklich für ein Überleben der Spezies *Homo sapiens* von so zentraler Bedeutung, dass immer mehr universitäre Ressourcen in diese intellektuelle Sackgasse investiert werden müssen?

Ein Berliner Student der Politologie lobte das *rbb*-Interview in den folgenden Worten: „Die Sendung gestern mit Herrn U. Kutschera hat für mich Potenzial zur Ausgabe des Jahres! Ich studiere an der FU Berlin Politik und bin des Öfteren mit diesen – wie ich sie nenne – Gendervögeln konfrontiert. Viel zu oft bleibt dieser quasireligiöse Blödsinn unwidersprochen. Berlin leistet sich gleich zwei solche Professuren. Wo ich als Student dann andererseits erfahren muss, wie andere Stellen für Professoren unbesetzt bleiben, weil die Uni keine geeigneten Leute findet, die für die angebotenen befristeten Verträge mit miesem Gehalt arbeiten wollen. Vielen Dank, dass der Mann aus Kassel,... Klartext in dieser außergewöhnlich deutlichen Form reden durfte! Die Luftschlösser, die sich diese so genannte Genderwissenschaft errichtet, werden sonst noch immer größer. Dabei gibt es eigentlich genug wissenschaftliche Erkenntnisse, nicht nur aus der Biologie, die den Gendermainstream doch deutlich widerlegen. Als Argumente für eine Diskussion mit solchen Leuten taugen diese Erkenntnisse erfahrungsgemäß nicht so viel, aber so ist das halt, wenn man belegte Fakten nicht hören will. Ein Punkt, der alle Vertreter dieser Zunft charakterisiert, die ich bisher kennenlernen musste. Ich empfand die gestrige Sendung – vor dem Hintergrund dessen, dass diese Genderei doch immer weiter in den Meinungskanon vordringt – als sehr mutig.“

*Kommentar:* In diesem Schreiben kommt ein gravierender Mangel aller „Gender Studies“ zum Ausdruck: Das Ignorieren belegter Tatsachen aus der Biologie. Daher habe ich wiederholt die Gender-Forschung als universitäre Pseudowissenschaft bezeichnet, eine Schlussfolgerung, die in dem hier reproduzierten Schreiben bestätigt wird.

Eine interessante Frage bzgl. der Auslesefaktoren im Verlauf der Humanevolution erreichte mich am Montag, den 13.07.2015: „Das genannte Gespräch habe ich mit Interesse verfolgt. Leider habe ich nicht die Stellung der Evolutionsbiologie zu der Frage, wie das Verhalten von überdurchschnittlich intelligenten Frauen zu deuten ist, erkennen können. Sie haben mehrmals betont, dass Sie immer nur über Durchschnittsmenschen reden. Was macht aber die Evolution mit den Schwankungen um den Mittelwert? Nach Ihrer Darstellung bleiben diese Frauen und auch zum Teil Männer oftmals kinderlos. Das genetische Material dieser Menschen wird also von der Natur verworfen. Geschieht das, um den Mittelwert zu erhalten? (Würden diese Menschen auch noch Kinder in signifikanter Zahl bekommen, könnte das ja auch den Durchschnitt verändern.) Geschieht das vielleicht auch, um Schwankungen um den Mittelwert zu dämpfen? Möchte die Natur Menschen haben, die nicht allzu intelligent sind? Sind das Fragen, mit denen sich die Evolutionsbiologie auch beschäftigt oder liegen sie außerhalb dieser Disziplin?"

*Kommentar:* Der Brief spricht eine wichtige Frage an. Die Kinderlosigkeit hochgebildeter Frauen (und Männer) kann formal mit dem Wirken der stabilisierenden Selektion erklärt werden. Extreme Phänotypen werden hierbei herausgelesen, sodass das „Mittelmaß" erhalten bleibt und bevorzugt die Durchschnittstypen ihr Erbgut in die nächste Generation bringen. Die Frage, was „die Natur" damit bezweckt, kann nicht beantwortet werden, da es sich in diesem Falle um freie Willensentscheidungen einzelner Personen handelt. Diese stellen materiellen Wohlstand und ein bequemes Leben über das naturgegebene Fortpflanzungsverhalten und eliminieren sich somit in der Regel selbst aus der variablen Menschenpopulation – ein kurioses Beispiel für „Selbst-Selektion".

Eine ehemalige Gewerkschafts-Bundesvorsitzende äußerte sich in den folgenden abwertenden Worten: „Grade höre ich die hanebüchenen Thesen von Prof. Kutschera. Wer glaubt, die Krone der Wissenschaft sei ausschließlich die eigene, kann nur zu kurz springen! Wer Biologie zur ausschließlichen Erklärung der Welt, der Gesellschaft und der zwischenmenschlichen Beziehungen heranzieht und gleichzeitig Gender Mainstreaming (bewusst?) missversteht,... dass es ein ‚gesellschaftliches Geschlecht und davon zu unterscheiden das biologisches Geschlecht' gibt, wird schlicht geleugnet und behauptet, Gender Mainstreaming unterstelle ausschließlich biologische Gleichheit. Schwer auszuhalten, das anzuhören!! Ich hoffe, bald wird eine Sendung zu hören sein, in der alle betroffenen Wissenschaftsfakultäten zu Wort kommen." In diesem Zusammenhang sei daran erinnert, dass eine erzürnte Berliner Dame meine Aussagen als „reaktionäre Pöbeleien" bezeichnet hat und mir „sozialdarwinistische Propagandamethoden" unterstellte. Diese Ausführungen passen zu den oben dargelegten Sätzen und sollen daher gemeinsam angesprochen werden.

*Kommentar:* Es ist verständlich, dass politisch-ideologisch indoktrinierte Gender-Damen derart entsetzt reagieren. Fakten aus der Realwissenschaft Biologie sind für diese Frauen eine Provokation, und „von Chemie haben wir sowieso nie etwas verstanden" (populäres Zitat). Wer jedoch die Chemie nicht versteht, wird niemals in der Lage sein, die biologischen Grundlagen des Menschseins zu erfassen (Physiologie basiert auf Physik und Chemie).

Ein Rechtsanwalt lobte meine Aussagen und regte an, das Thema weiter in die Öffentlichkeit zu tragen: „Mit Interesse habe ich ihr Interview im rbb zum ‚Genderismus' verfolgt. Ich kann Sie nur bestärken, sich im Rahmen ihres Faches nicht verbiegen zu lassen. Gleichzeitig möchte ich Sie dazu ermutigen, auch wenn es gesellschaftlich problematisch erscheint, auch politische Anknüpfungspunkte zu suchen. Meines Wissens vertritt derzeit nur die *Alternative für Deutschland* (AfD) als relevante Partei einen kritischen Standpunkt zu diesem Thema. Letztlich wird es langfristig auch unerlässlich sein, die politische Deutungsherrschaft auf diesem Feld zu erkämpfen. Natürlich wissen Sie, dass Politiker mit entsprechenden Standpunkten, wie Sie sie vertreten, gerne als ‚Biologisten' verschrien werden, was auch daran liegt, dass unseren noch überschaubaren politischen Vertretungen der wissenschaftliche Hintergrund fehlt. Jedenfalls mein Lob und meine Anerkennung zur Formulierung Ihres Standpunktes."

*Kommentar:* Dem gut gemeinten Hinweis, politisch aktiv zu werden, kann ich als Naturwissenschaftler nicht nachkommen. Seit über 30 Jahren Nichtwähler, sind mir christlich-konservative wie auch grünprogressive politische Propaganda-Sprüche in gleicher Weise zuwider. In beiden Fällen handelt es sich um unwissenschaftliche Ideologien, die bei näherer Analyse in krassem Widerspruch zu evolutionsbiologischen Faken stehen (christlicher Schöpfungsglaube auf der einen Seite, quasireligiöse Verherrlichung marxistischer Gleichheitsideale im anderen Extrem).

Mit einer positiven Stellungnahme soll die Auswahl an Spontan-Kommentaren abgeschlossen werden (Zuschrift vom 17.07.2015): „Vielen Dank für Ihre klaren Worte zur Genderproblematik und den davon noch zu erwartenden Gefahren für unsere Gesellschaft. Dieser Wahnsinn muss gestoppt werden – obwohl ich mir nicht so sicher bin, ob das noch möglich ist, sind die Genderisten doch inzwischen und heimlich viel zu gut in Politik und diversen Lobbygruppen vernetzt. Ich wünsche Ihnen weiterhin eine ‚kraftvolle Stimme', die vor allem auch von Ihren Wissenschaftskollegen vernommen und verstanden wird, gegen Genderindoktrination und den schleichenden Umbau unserer Gesellschaft."

*Kommentar:* Die Beobachtung, dass inzwischen ein bundesweit umspannendes Gender-Netzwerk existiert, wird treffend herausgearbeitet. Im Vergleich zu den deutschen Kreationisten ist die Gender-Gruppierung wesentlich besser ausgestattet und wird staatlich mit enormen Summen alimentiert. Daher wird es, beginnend mit dem *hpd*-Artikel vom 13. April 2015 bzw. dem *rbb*-2015-Beitrag, schwierig werden, dieser in politischen Kreisen gut etablierten Ersatzreligion das Wasser abzugraben (Ziel: den Moneyistischen Gender-Sumpf trockenzulegen).

Mit einer zweiwöchigen Verspätung erreichte uns ein abschließender Kommentar, in dem wir ermutigt wurden, in diesem aufklärerischen Sinne weiterzuarbeiten: „Vielen Dank für die Info. Die Kutschera-Sendung war in der Tat sehr interessant, vor allem auch die klaren Reaktionen der Leser auf den albernen Artikel in der *Zeit Online* (s. unten). Leider sind die Ideologen in unserer Gesellschaft politisch extrem aktiv, die haben vielleicht sonst nicht so viel zu tun, mit Erkenntnisgewinn verbringen die ja sehr wenig Zeit. Den Menschen in seiner Natur als biologisches Wesen zu verstehen ist eine große Herausforderung, aber es nützt eben nichts ihm seine Biologie zu verneinen, nur weil man sie nicht verstehen will. Es ist schon alarmierend, dass doch eine erhebliche Anzahl (politisch aktiver) Menschen ohne jede wissenschaftliche Einsicht ihre Denkmuster und Ideologien durchsetzen will. Da sind radikale Tierschützer nicht viel anders als die Genderisten. Schön ist es dennoch zu sehen, wie gesund die meisten Reaktionen darauf sind, es gibt also noch Hoffnung! Intensiv geführte Sendungen wie Ihre sind leider viel zu selten."

*Kommentar:* Der Vergleich der Gender-Ideologie mit den Aktivitäten radikaler Tierschützer ist treffend und sollte als Anregung verstanden werden, auch in diesem Fall Analogien aufzudecken. Viele Tierschützer sind in der Tat „religiöse Eiferer", die sich von einem rationalen Diskurs lange verabschiedet haben.

Mit dieser letzten Zuschrift bzgl. des „I. Kahle/U. Kutschera-Interviews" vom 11. Juli 2015 wollen wir dieses Thema abschließen und uns in den nächsten beiden Abschnitten den Veröffentlichungen erzürnter Berliner Pro-Gender-Journalistinnen zuwenden. In diesen Ausführungen kommen interessante Teilaspekte aus der Moneyistischen Gender-Agenda zum Vorschein, die tiefe Einblicke in jenes Gedankenkonstrukt liefern, das unter dem obskuren Begriff „Gender Mainstreaming" (GM) verborgen liegt.

## Das besorgte Landwirbeltier U. Kutschera in der Kolumne Luft und Liebe

Sechs Tage nach Verbreitung des „I. Kahle/U. Kutschera-rbb-Interviews" publizierte die Berliner Tageszeitung *TAZ* unter dem in der Überschrift genannten Titel einen kritischen Kommentar von Frau Margarete Stokowski, der nachfolgend in Ausschnitten wiedergegeben und kommentiert ist.

Bereits die *Zusammenfassung* der Kolumne verspricht eine spannende Analyse: „Ein Pflanzenforscher klärt über die ‚Genderisten'-Gefahr auf. Ihretwegen würden nämlich Alphafrauen heute alle kinderlos sterben." Im Haupttext regt sich die Berliner Journalistin, aus ihrer Weltsicht heraus völlig gerechtfertigt, über meine Aussagen auf. Sie legt dar, dass „Feministinnen eine Diktatur errichten wollen und alle Naturwissenschaften zerstören"; da sie jedoch „keine Kinder kriegen wollen, werden sie einfach aussterben." Diese Thesen „durfte über eine halbe Stunde lang ein Mann einem Mann erklären,..."; dieser legte dar, „warum Feminismus scheiße ist." Das Folgende „durfte man da lernen: U. K.... hat die Schnauze voll. Er findet, Gender Mainstreaming (also der Versuch, Geschlechtergerechtigkeit herzustellen) ist so eine Art Krebsgeschwür der Wissenschaften." Weiterhin führte die Journalistin in ihrer Berliner Vulgärsprache das Folgende aus: „Die ganzen Genderstudies-Leute hätten zwar nicht so geile Professuren wie er... sie seien aber trotzdem eine Gefahr."

Unter der Überschrift „Experte für Pflanzenphysiologie" wird Herr

U. K. wie folgt zitiert: „Alles, was Biologen seit 200 Jahren in Tausenden von Publikationen erarbeitet haben, das ist alles auf der Müllkippe zu entsorgen – das steht uns jetzt bevor." Nach Darlegung des korrekten Faktums, dass ich für Pflanzenphysiologie und Evolutionsbiologie zuständig sei (Berufungs- bzw. Ernennungsurkunden durch den Ministerpräsidenten des Landes Hessen bzw. den damaligen amtierenden Dekan) regt sich die Berliner Journalistin darüber auf, dass ich glauben würde, „von all den Gendersachen bei Menschen trotzdem Ahnung zu haben", denn U. K. würde die „Gender-Ideologie als Religion bzw. Glaubensinhalte einer feministischen Sekte" bezeichnen, ohne dass es merklichen Widerstand gäbe.

Im Anschluss daran kommentierte die Berliner Journalistin meine Ausführungen zum gut belegten „Hypergamie-Prinzip" (hinter diesem Wort steht die Tatsache, dass Männer kein Problem damit haben, eine ärmere Frau mit zu finanzieren, während die Damen in der Regel Herren auswählen, die mehr verdienen als sie selbst, u. a. auch deshalb, weil ihre Ansprüche mit dem Erfolg entsprechend gewachsen sind, s. Kapitel 7). Die Kommentatorin hat offensichtlich den Schlüsselbegriff „H.-P." noch nie gehört und kommt daher zu ihren wirren, nicht zitierwürdigen Aussagen.

In ihren abschließenden Worten führt die Berliner Journalistin aus, Herr U. K. hätte sich darüber aufgeregt, dass einer seiner Texte zensiert worden ist „in dem er sagte, dass die ‚Genderisten' genauso scheiße sind wie die Kreationisten, und dass sie eine blöde Pseudowissenschaft machen." Die Pro-Gender-Frau schlussfolgert: „Man kann das jetzt natürlich als menschenverachtende, sozialdarwinistische, hetzerische Scheiße beschreiben, die auf Unmengen von Missverständnissen basiert und Hass sät, aber man möchte ja nicht hysterischer dastehen als nötig."

*Kommentar*: Zunächst fällt auf, dass die Berliner Schriftstellerin in ihrem kurzen Text gleich dreimal den für pubertierende Mädchen typischen Begriff „Scheiße" benutzt. In Ihrer von vulgären Ausdrücken durchsetzten Streitschrift argumentiert sie in gleicher Weise wie ihr Berliner Pro-Kreationismus-Kollege, welcher mich 2008 als den „McCarthy aus Kassel" bezeichnet hat, der ausschließlich Pflanzenphysiologe, und daher „Evo-Inkompetent", sei (Kirsch 2010). Ich habe jedoch, wie man leicht recherchieren kann, meine wissenschaftliche Laufbahn auf dem Gebiet der zoologischen Systematik/Evolutionsforschung begonnen (Schwerpunkt: Fortpflanzungsbiologie aquatischer Anneliden, mit Entdeckung-Beschreibung von Arten) und zu diesem Thema, wie auch zu anderen „tierischen Gebieten", von 1982 bis heute, eine lange Liste englischsprachiger Fachpublikationen vorzuweisen (u. a. die Entdeckung des Homosex bei Egeln). Erst sekundär habe ich mich auf dem mit physikalisch-chemischen Sachverhalten durchsetzten, anspruchsvollen Gebiet der Pflanzenphysiologie qualifiziert (Abb. 9.1). Da jedoch die Gewächse, genau wie Tiere, gemäß dem „Darwin-Wallace- Prinzip" evolvieren, wäre diese Expertise ausreichend gewesen, um qualifiziert biowissenschaftlich zu argumentieren. Mit welcher Begründung sollen gemäß der kreationistischen „Anti-Physiologie-Logik" z. B. die Schriften des Oxford-Biologen Richard Dawkins ernst genommen werden? Dieser hat seit Jahrzehnten keine Original-Forschungsarbeiten mehr publiziert, sondern „nur noch populär geschrieben" – wo ist hier der auf eigenständiger Naturerkundung basierende, originäre biologische Unterbau?, könnte ein Kritiker gemäß der oben zitierten Logik fragen.

Der gesamte Berliner *TAZ*-Artikel ist fachwissenschaftlich derart verfehlt, dass man ihn, ähnlich wie manche Pamphlete der kreationistischen *Studiengemeinschaft W+W*, bestenfalls dazu benutzen kann, um zu illustrieren, wie Leute, die von naturwissenschaftlicher Forschung keine Ahnung haben, denken – schon deshalb muss der Gender-Glaube in die Schranken gewiesen werden. Wie in Kapitel 2 dargelegt, soll die Biologie nach Genderisierung zu einer weichgespülten, verweiblichten „Sozial- Lebenskunde" degradiert werden. Anspruchsvolle Teilgebiete, wie z. B. die Physiologie der Pflanzen (Photosynthese, Zellatmung, Sekundärstoffe usw.) sollen immer mehr in den Hintergrund treten, das versteht sowieso kaum jemand (Tiere beobachten ist spannender als physiologische Experimente durchzuführen, da man in diesem Fall abstrakt, physikalisch-chemisch denken muss). Die beschreibende Biologie, Schwerpunkte Ökologie und Verhalten, soll das Schul-Feld übernehmen, da dies alle nachvollziehen können und somit keine „Exklusion" (der physikalisch-chemisch unbegabten Menschen) vorgenommen wird. Dieser Trend hin zu einer weichgespülten „Gender-Biologie" ist gefährlicher als die kreationistische Grundtypen-Biologie, und daher habe ich es auf mich genommen, dieses Buch zu verfassen.

## Gender Studies: Wer hat Angst vor einem anderen Leben?

Nahezu zeitgleich mit dem Erscheinen des im letzten Abschnitt kommentierten *TAZ*-Beitrags erschien am 17. Juli 2015 im Internet-Medium *Zeit Online* ein zweiter kritischer Kommentar zu meinen Aussagen im *rbb*-Interview. Unter der o. g. Überschrift beklagte die Berliner Kulturjournalistin Catherine Newmark den wachsenden Widerstand gegen die Genderisierung aller Lebensbereiche Deutschlands. In der *Zusammenfassung* des Artikels wird die wesentliche Botschaft sofort klar: „Die akademischen Gender Studies werden polemisch als Ideologie beschimpft – mit breitenwirksamem Erfolg. Haben wir Emanzipierten einen großen Fehler gemacht?"

In ihren einführenden Worten wird das „I. Kahle/U. Kutschera-Interview" als „etwas ganz Furchtbares, Gruseliges" bezeichnet, das man kaum anhören könne. Ein Professor der Biologie, U. K., zog gegen den „unwissenschaftlichen Unsinn" der Gender-Ideologie her. Leider war der Moderator während des ganzen Gesprächs nicht in der Lage, sachliche oder gar kritische Fragen zu stellen. Der Berliner Moderator und Redakteur unterstützte den „bösartigen Biologen" in seinen Ansichten, dass die Gender Studies „eine fundamentalistische feministische Ideologie" seien, die von einer vollständigen „sozialen Konstruiertheit des biologischen Geschlechts ausging". Der Evolutionsforscher U. K. nannte sie eine „quasi-religiöse Strömung", die er mit dem christlichen Kreationismus auf eine Stufe stellte – er sprach sogar von einem „Krebsgeschwür" (am Wirtskörper des deutschen Universitätsbetriebs). Die Berliner Journalistin schreibt ganz frustriert: „Nun, antifeministische Rhetorik, den sogenannten *Backlash*, gibt es, seit es den Feminismus gibt... Vor allem das *Internet* scheint heutzutage der ideale Ort für maskulinistische Verschwörungstheorien von der feministischen Weltherrschaft." Hinter den „akademischen Gender Studies" in den Sozial- und Geisteswissenschaften stände die Vermutung, „nicht alle gesellschaftlich etablierten Rollenzuschreibungen und Normen seinen naturgegeben, gottgewollt oder evolutionsbiologisch begründet." Weiterhin verteidigt die Kommentatorin den „progressiven Sexualkundeunterricht", der, gemäß dem GM-Dogma, davon ausgeht, Kinder könnten sich dafür entscheiden, ob sie homo- oder heterosexuelle Neigungen besäßen, was sachlich falsch ist (s. Kapitel 7 und 8).

Gegen Ende ihrer Klageschrift kommt die Berlinerin aber zu einem für uns Kritiker wichtigen Punkt. Sie kommentiert den Gender-Begriff als „... sozusagen die kommunistische Gefahr der Jetztzeit“, und verweist daraufhin auf die Thesen eines Lebenskunst-Philosophen. Dieser plädiert dafür, das in Misskredit geratene Gender-Wort zu differenzieren. „Man müsse zwischen einem ‚harten‘ und einem ‚weichen‘ Begriff von Gender unterscheiden“, argumentierte dieser Autor. Der zuerst Genannte „sei tatsächlich die ‚Speerspitze gegen die Anerkennung von Unterschieden jedweder Art‘ und sehe in den Geschlechtern ausschließlich eine ‚soziale Konstruktion ohne Daseinsberechtigung‘,... aber glücklicherweise existiert auch die ‚weiche‘ Version.“ Dieser zweite, weniger radikale Gender-Begriff zeigt eine „Bereitschaft, Unterschiede anzuerkennen.“ Die Berliner Journalistin akzeptiert diese Unterscheidung nur bedingt: Sie sieht darin nicht zwei Begriffsdefinitionen, sondern „die Linie zwischen dem weichen feministischen Begriff und dessen harter polemischer Verfälschung durch die Gegner von Frauen, Gleichberechtigung oder wissenschaftlicher Beschäftigung“ (mit diesen Themengebieten).

Im Gegensatz zum gleichzeitig erschienenen *TAZ*-Artikel enthält der *Zeit Online*-Beitrag keine Vulgärbegriffe und ist in weiten Teilen sachlich gehalten. Man kann diese Ausführungen ernst nehmen und kritisch diskutieren, da, insbesondere im letzten Abschnitt, durchaus wertvolle Aspekte angesprochen sind. In der Tat hat Deaux (1985) im *Annual Review of Psychology* – der Basis-Artikel aller seriösen Gender Studies – die „weiche“ Gender-Definition präsentiert. Der Autor unterscheidet zwischen dem biologischen Geschlecht (Sex) und den soziokulturell bedingten Geschlechterrollen von Männern und Frauen (Gender) und postuliert eine Reihe sinnvoller Fragestellungen. Gleichzeitig distanziert sich Deaux (1985) von der radikal-feministischen Gleichmacher-Ideologie (*Credo:* „Man wird nicht als Frau geboren, sondern dazu gemacht“). Leider wird in den mir zugänglichen deutschsprachigen „Gender-Lehrbüchern“ dieser Basisbeitrag (Deaux 1985), wie auch z. B. das wissenschaftlich gehaltvolle Lehrbuch von Johnson (2013) ignoriert – ein Markenzeichen dieser universitäre Pseudowissenschaft.

Der *Zeit Online*-Beitrag wurde innerhalb weniger Tage über 850 Mal kommentiert. Diese im *Internet* verfügbaren Beiträge vernunftbegabter, sachkundiger Männer (und einiger Frauen) sind eine Fundgrube wertvoller Gedanken zur Gender-Problematik. Die Thesen der Berliner Gender-Journalistin, die den ca. 95 % heteronormal lebenden Menschen vorwirft, sie hätten „Angst vor einem anderen Leben", werden Punkt für Punkt auseinandergenommen. Da ich selbst kaum in der Lage wäre, diese Dinge inhaltlich so gut zum Ausdruck zu bringen wie die über 850 Kommentatoren es getan haben, möchte ich nachfolgend aus diesem Fundus einige originelle Stellen anführen.

Der Kommentar Nr. 21 sei stellvertretend für ähnliche, befürwortende Stellungnahmen in Ausschnitten zitiert. Der Autor kritisiert den Beitrag der Journalistin in folgenden Worten: „Ihr Artikel ist reinste Polemik. Für mich und viele andere MINT-Wissenschaftler (also nicht quotendurchgefütterte Ideologen wie die meisten Ihrer Kollegen) sind sie nur Zweitklassenintellektuelle, die mit ihrer Ideologie den Geist der Wissenschaft zerstören. Und ja, sie sind Parasiten. Sie besetzen wertvolle Plätze an der Uni, die besser für vernünftige Soziologen oder MINTler reserviert werden sollten. Verunstalten unsere Sprache mit lächerlichem ‚Neusprech' und bilden sich sogar noch ein, jeder Kritik als ‚Backlash' von angeblich rassistischen, homophoben oder irgendwie anders gearteten Schlechtmenschen zu denunzieren. Ich verachte Sie von ganzem Herzen und werde Sie niemals als gleichgestellte Wissenschaftler akzeptieren."

Im Kommentar Nr. 48 wird eine wissenschaftstheoretische Frage angesprochen: „Das Problem des Gender Mainstreaming liegt darin, dass hier wieder versucht wird, eine Theorie in der Realität (z. B. in den alltäglichen Sprachgebrauch oder in der Politik) zu etablieren. Dies ist hoffentlich zum Scheitern verurteilt. Der Welt wäre einiges erspart geblieben, hätte man Theorien dort belassen, wo sie hingehören: zwischen den Buchdeckeln. Wenn eine Theorie zur alleingültigen Politik wird, dann hat man eine Ideologie, und die endet oft in der Katastrophe. Die progressive Sexualkunde, von der der Artikel spricht, wird jetzt übrigens gerade bei der Partei *Die Grünen* aufgearbeitet, die Opfer hoffentlich entschädigt (Pädophilie-Anklage). Gut, dass sich die Stimmen derer mehren, die sich dieser Ideologie entgegenstellen."

Ähnlich argumentiert auch der Autor des Kommentars Nr. 52: „Es geht um eine verklärte Weltsicht, mangelnde Selbstreflektion und eine oft hetero- oder zumindest männerfeindliche Grundeinstellung, die dazu führt, dass eine Ungleichbehandlung stattfindet – und das, obwohl gerade die Gender-Ideologen so oft von Gleichberechtigung reden... Beim Thema Gleichstellung geht es um künstliche Parität in vielen Bereichen (Forschung, Wirtschaft etc.). Und das ist meines Erachtens ein großer Fehler, aber das Wort hört sich für viele ‚Gutmenschen' (meine Definition: wollen Gutes tun, haben gute Absichten, aber verkennen das Thema bzw. dessen Auswirkungen) eben schön und toll an." Die hier präsentierte Begriffsbestimmung des deutschen Gutmenschen ist treffend und originell.

Von besonderer Schlagkraft ist Kommentar Nr. 37. Unter der Überschrift „Kennt die Kulturjournalistin wirklich, was sie verteidigt?" folgt eine exzellente Analyse: „Warum bestreiten die Gender Studies-Vertreter in der Diskussion wieder besseren Wissens ihre eigenen Behauptungen, die der biologischen Wissenschaft Hohn sprechen? Aus einem Workshop 2010 zum Thema ‚Heteronormativität/Aktionstage gegen Sexismus und Homophobie' des Referats Politische Bildung der TU Dresden – ‚die Vorstellung einer vermeintlichen und klar voneinander abzugrenzenden Zweigeschlechtlichkeit sowie das natürliche Zusammenleben von Frau und Mann halten sich nach wie vor hartnäckig' – und genau das ist der Mainstream in der Gender Studies-Pseudowissenschaft! Ein Zitat von einer Soziologin mit Arbeitsschwerpunkt ‚feministische Theorie', TU Berlin, 2012, bestätigt diese Schlussfolgerung: ‚Die Annahme, dass Geschlecht eine soziale Konstruktion ist, kann in weiten Teilen der Frauen- und Geschlechterforschung als eine Art Minimalkonsens gelten... Die biologisch begründete Zweigeschlechtlichkeit ist ein spezifisches Kulturphänomen, das nicht auf natürliche Letztbegründungen zurückgeführt werden kann'. Das ist ein Bestreiten aller biowissenschaftlichen Fakten."

Im Kommentar Nr. 36 geht es noch massiver zur Sache: „Ach guck mal, eine Frau, die unter anderem in Richtung Feministische Theorie forscht, ist beleidigt, dass jemand die Gender Studies kritisiert. Und dann auch die Polemik kritisieren? Dabei sind doch gerade die Feministinnen und Genderideologen immer ganz vorne, wenn es um Unsachlichkeit geht. Der Vorwurf, dass Gender Studies unwissenschaftlich sind, ist nicht so leicht von der Hand zu weisen... Statt die Kritik ernst zu nehmen, werden die Kritiker allesamt als Chauvinisten/Männerrechtler bezeichnet... das nennt man Doppelmoral, zumal Feministen sich angeblich für Gleichberechtigung einsetzen... Die Kritik ist meiner Meinung nach vollends verdient und ich hoffe, dass es auch stärker in den Mainstream schwappt, denn leider werden viele Streitthemen sehr linkslastig beleuchtet."

*Kommentar:* Diese Stellungnahmen sprechen für sich selbst – die Autoren haben mit großer Fachkompetenz und didaktischem Geschick die Gender-Problematik charakterisiert. Bemerkenswert ist, dass in Kommentar Nr. 37 überzeugende Belege geliefert werden, die der Berliner Journalistin nicht gefallen werden: In zwei unabhängigen Stellungnahmen wird dargelegt, dass man in der deutschen Gender-Szene an den „harten" Gender-Begriff glaubt – Zweigeschlechtlichkeit soll nicht biologisch determiniert, sondern eine soziale Konstruktion sein und somit an- bzw. umerzogen werden können – ein radikalfeministisches Dogma ohne faktische Grundlage.

Viele hundert exzellente Beiträge mit wertvollen inhaltlichen Darlegungen folgen. Wir wollen abschließend auf die Kommentare Nr. 827, 828, 831 und 835 zu sprechen kommen. In zwei Beiträgen mit dem Titel „Gender Studies und Biologie" (Nr. 827) wird zunächst dargelegt, dass „Gender-Ideologen" anthropologische Thesen aufstellen, denen empirisch-naturwissenschaftliche Tatsachen entgegenstehen. Damit setzt man sich aber nicht sachlich auseinander, sondern verleugnet und tabuisiert sie und stellt die biologischen Fakten unter Ideologieverdacht. Das Ergebnis dieser Praxis ist natürlich, dass der ideologische Charakter der Gender Studies selbst für jeden sichtbar wird, der sich außerhalb dieser Blase befindet. In den Gender Studies steht das Ergebnis dieser ‚Erforschung' von Geschlecht und Gender am Beginn des Unternehmens und bildet den Ausgangspunkt, nicht erst das Ende der ‚Forschung'. Es beginnt mit dem Gefühl eines ungerechten Machtgefälles, einer Hierarchie zwischen den Geschlechtern, welche nicht hingenommen werden soll. Diese Hierarchie ist in der Praxis der Geschlechteridentitäten eingeschrieben. Um sie abschaffen zu können, müssen die Geschlechteridentitäten verändert werden, und dazu müssen sie überhaupt erst einmal veränderbar sein, sonst wäre das politische Projekt der Aufhebung der behaupteten Hierarchie gar nicht möglich."

In Kommentar Nr. 828 wird dieser wertvolle Gedanke weitergeführt: „Wenn aber handfeste empirische Tatsachen dagegen sprechen – und die stammen in dem Fall aus der Biologie – wie unterschiedliche Körperbeschaffenheit, Hormonhaushalte und Gehirnstrukturen, dann müsste das Projekt sein Scheitern eingestehen. Stattdessen werden allerdings die Ergebnisse der Biologie verteufelt und mit dem Label ‚Biologismus' zu diskreditieren versucht."

In Kommentar Nr. 831 wird der Fall David Reimer, den wir in Kapitel 8 ausführlich besprochen haben, als Argument in die Debatte gebracht: „Im Übrigen geht es hier nicht um die reine Lehre der Erkenntnistheorie, sondern darum, dass die Axiome der Gender Studies spätestens seit ca. 1995 biologisch widerlegt sind. Tatsächlich war bereits das Bruce/Brenda Reimer-Experiment von John Money 1978 krachend gescheitert, d. h. die These von der sozialen Formbarkeit des Geschlechts war bereits damals jenseits jeder vernünftigen Zweifel widerlegt."

Abschließend sei ein Schlüsselzitat aus Kommentar Nr. 835 wiedergegeben: „Die Kritik am Physikalismus ist ein wichtiger Aspekt der Gender Studies. Diese steht damit in einer Reihe mit ‚Kritik' an weiteren abwertenden Gender-Begriffen, wie u. a. Patriarchat, Heteronormativität und Rape Cultur. Diese Begriffe haben alle gemeinsam, dass es die angeblich bezeichnenden Phänomene real überhaupt nicht gibt."

*Kommentar:* Den Autoren der hier in Ausschnitten zitierten Stellungnahmen sei für die brillanten Analysen und deutlichen Worte gedankt. Diese Sätze belegen, dass es im „genderisierten Deutschland" noch immer klar denkende Köpfe gibt, die sich nicht ideologisch-politisch vernebeln lassen und auf dem Boden der naturwissenschaftlichen Tatsachen stehen. Leider wird aber die politische Arena von „Schwafelköpfen" dominiert, die nichts zum naturwissenschaftlichen Erkenntnisfortschritt beitragen, jedoch destruktive Elemente darstellen, die den *Life Sciences* permanent Schaden zufügen.

## Die Moneyistischen Grundannahmen der Gender Studies 2015

Am 7. August 2015 ist, ein zweites Mal bei *Zeit Online*, unter der Überschrift „Schafft doch gleich die Geisteswissenschaften ab“, ein dritter Jammer-Artikel erschienen, auch diesmal verfasst von einer in Berlin/Potsdam tätigen Gender-Forscherin, Frau Marion Detjen. In ihrem Beitrag behauptet die Autorin, dass die meisten Geistes- und Sozialwissenschaftler keine Solidarität mit ihren Kollegen in den Geschlechter-Forschungen bekunden und das sei gefährlich. Die genderistisch indoktrinierte Berliner Dame kommt in ihrer Anklageschrift auf das eingangs wiedergegebene „I. Kahle/U. Kutschera-Interview“ zu sprechen: „... Mit dem Evolutionsbiologen und Lehrstuhlinhaber Ulrich K. hat vor drei Wochen zum ersten Mal ein Naturwissenschaftler versucht, einen Aufschlag zu landen, indem er mit der Autorität und im Namen der Wissenschaft die Gender Studies als den Fakten der Biologie widersprechend, als unwissenschaftlich diffamierte... In der Wissenschaft herrscht Klärungsbedarf.“ Die Gender-Forscherin betrachtet ihre Geistesproduktionen zur vermeintlichen Gleichheit von Frau und Mann als „Wissenschaft“ und präsentiert anschließend vier Punkte, die sie als die „Grundannahmen und Voraussetzungen der Gender Studies“ bezeichnet. Da sie ihre vier Thesen zur Diskussion stellen will, wollen wir sie nachfolgend, in gekürzter Form, auflisten und kritisch kommentieren.

Zitat 1: „Die Verhältnisse, in denen wir Menschen (und auch viele Tiere) leben... also auch die Geschlechterverhältnisse, also auch unsere geschlechtlichen Identitäten, also auch der Sex, sind sozial konstruiert und das heißt nicht, dass Gene, Fortpflanzungsorgane, Hormone und sonstige Materialitäten keine Rolle spielen würden, sondern nur, dass sie alleine nichts zwangsläufig festlegen und erst durch sozialen Umgang für die geschlechtliche Identität, für den Sex und die Geschlechterverhältnisse relevant werden.“

*Kommentar:* Sogenannte „Materialitäten“, wie z. B. Fortpflanzungsorgane oder Hormone können bei Menschen und anderen Tieren alleine nichts festlegen, sondern erst durch sozialen Umgang relevant werden? Dieser Satz widerspricht der Tatsache, dass auch unsozial-einzelgängerisch veranlagte Männer und Tiere (z. B. Katzen) wie sozial gepolte Herden-Menschen (z. B. Wölfe) unpolitisch/hormonell gesteuert ihre Reproduktionsorgane zur Kopulation einsetzen. Arthur Schopenhauer war ein introvertierter Einsiedler, aber dennoch bekennender Frauenliebhaber (zwei uneheliche leibliche Töchter, s. Hübscher 1987).

Zitat 2: „Wenn die Verhältnisse nicht naturwüchsig oder von Gott gegeben, sondern sozial gemacht sind, dann liegt es an uns,... ob und wie wir sie vielleicht verändern wollen. Es ergeben sich politische Fragen."

*Kommentar:* Arthur Schopenhauer hat freiwillig als Einzelgänger über Jahrzehnte hinweg in Frankfurt gelebt und wollte, als menschenverachtender Selbst-Denker, sein isoliertes soziales Umfeld nicht ändern. Viele geniale Männer lebten introvertiert/zurückgezogen und vermieden die große Masse, wie z. B. auch der deutsche Komponist Julius Weismann (s. Kapitel 4). Dennoch haben die meisten Geistesgrößen der Vergangenheit, auch wenn sie relativ einsam ihre Sache verfolgt haben, leibliche Kinder hinterlassen.

Zitat 3: „Wissenschaft funktioniert nach ihren eigenen Regeln, und trotzdem nicht unabhängig von der Politik. Die Geschlechterforschung, genauso wie die Evolutionsbiologie,... all diese Forschungen verdanken ihre Existenz, nicht ihre Ergebnisse, letztlich politischen Entscheidungen und stehen in politischen Kontexten, weil irgendjemand sie ja institutionalisieren und finanzieren muss."

*Kommentar:* Die dogmatisch-soziologische „Gender-Forschung" mit der ergebnisoffenen Evolutionsbiologie zu vergleichen, ist völlig verfehlt. Aus der Tatsache, dass die Evolutionsforschung an Universitäten über Steuermittel finanziert wird, folgt nicht, dass sie in irgendeinem „politischen Kontext" steht – ebenso wenig wie z. B. die Pflanzenphysiologie oder Biochemie. So waren z. B. meine zahlreichen Arten-Entdeckungen und -Beschreibungen von jeglicher Sozio-Ideologie losgelöst. Es ging mir darum herauszufinden, welchen Spezies-Status die von mir untersuchten Tierarten hatten – wertfrei und aus reinem Erkenntnistrieb (z. B. Kutschera 1987, Kutschera et al. 2013).

Zitat 4: „Die Sprache, mit der wir uns ausdrücken, ist ebenfalls kein Naturprodukt, sondern ein Ergebnis sozialer Prozesse und leider wurde sie über Jahrtausende so ausgeprägt, dass sie männliche Perspektiven reproduziert, für die das Weibliche das Andere ist, das markiert werden muss, um überhaupt zur Sprache zu kommen... Die Vorschläge der feministischen Linguistik – das Binnen-I, der Unterstrich, das Sternchen ... können das Problem nicht lösen... sie wecken Sensibilität."

*Kommentar:* Die „feministische Linguistik" ist eine staatlich subventionierte Verunstaltung der historisch gewachsenen deutschen Sprache. Viele vernunftbegabte, zum eigenständigen Denken fähige Männer und Frauen lehnen diese Vorgaben ab. Beispiele für diese Sprachverhunzung sind geschlechtsneutralisierte Ersatz-Begriffe wie z. B. „Studierende" (was machen diese stetig dem Erkenntnisgewinn gewidmeten Personen in der Mittagspause, sind sie dann „nicht studierende Lebensmittel-Konsumenten"?). Des Weiteren seien ganannt: „Lehrkräfte" (klingt wie Kfz-Mechaniker) oder „Kindertagespflegepersonen" (erinnert an Mitarbeiter in einem Pflegeheim). Die „feministische Linguistik" als Teildisziplin der Gender Studies ist so unsinnig wie die Versuche, Bibelsprüche geschlechtsneutral umzuschreiben. Nach Martin Luther heißt es z. B. „Ein Weib empfängt und gebiert ein Knäblein". In der gendergerechten Bibel steht dann in feminisierter Version das Folgende: „Eine Frau, die Samen hervorbringt und einen männlichen Nachkommen gebiert" (Zastrow 2006). Samen sind die aus Embryo, Nährgewebe und Schutzhülle bestehenden Verbreitungseinheiten der Blütenpflanzen (Kutschera 2002). Der genderisierte Bibelspruch ist somit nicht nur unsinnig, sondern auch sachlich falsch (bei Tieren, wie z. B. dem Großsäuger Mensch, gibt es Spermien, aber keine Samen).

Danach beschreibt die Berliner Genderistin das Fundamentaldogma ihrer Disziplin: „In den Geistes- und Sozialwissenschaften gehört die Grundannahme, dass unsere Verhältnisse – inklusive Volk, Staat, Nation, Subjekt, Familie... und eben auch Körper, Sprache und Geschlecht – nicht naturwüchsig existieren, sondern sozial konstruiert und veränderbar sind, seit Jahrzehnten zum Kernbestand. Wer etwas anderes behauptet, disqualifiziert sich wegen Essentialismus... In der Biologie scheint in den Fragen des Geschlechtes wenig Einigkeit zu herrschen... Wenn (die Geistes- und Sozialwissenschaften) nicht in der Lage sind, anderen zu erklären, warum Sex eine soziale Konstruktion ist, werden sie auch nicht in der Lage sein zu erklären, warum Nation, Volk, Geschichte, Gesellschaft sozial konstruiert sind."

*Kommentar:* Das Volk (Menschenpopulation), die Familie (arbeitsteilig organisierte Lebensgemeinschaft), der Körper (Organismus) und das Geschlecht (Mann oder Frau) sollen nicht von Natur aus existieren, sondern ein „soziales Konstrukt" darstellen? – eine absurde Behauptung, die wir noch kommentieren werden (Sozial-Konstruktivismus, Kapitel 10). Biologen wissen sehr wohl, was „Sex und Gender" bedeuten: Befruchtung (Zygotenbildung) bzw. die Ausbildung von Geschlechtstieren bzw. -Pflanzen (Bell 1982, Low 2000, Delph und Wolf 2005, Anthes et al. 2005, Lorenzi und Sella 2013). Das Einzige, was in der Tat „sozial konstruiert" wurde, ist die irrationale Gender-Ideologie bzw. die politische GM-Agenda: Ein pseudowissenschaftliches Hirngespinst ohne faktische Grundlage.

## Die pflanzenlose Genderwelt im Internet-Radio

Nur wenige Tage nach Ausstrahlung des *rbb*-Interviews „I. Kahle/U. Kutschera" wurde ich eingeladen, für den von der Journalistin Birgit Kelle mit betriebenen *Internet*-Radiosender *KingFM* ein entsprechendes Interview zu geben. Unter der schlagkräftigen Überschrift „Birgit Kelle: Evolutionsbiologie meets Gendergaga" wurde am 17. Juli 2015 ein ca. 30 Minuten langes Interview „B. Kelle/U. Kutschera" über diesen populären Radiosender verbreitet. Im Ankündigungstext sind einige Kernthesen vorweggenommen: „Prof. Ulrich Kutschera ist Evolutionsbiologe, Verfasser zahlreicher Bücher, lehrt in Kassel und Stanford/Kalifornien, und ein Mann deutlicher Worte. Gender Studies hält er für feministische Sektiererei und bescheinigt diesen Studien das gleiche wissenschaftliche Niveau wie dem Kreationismus. Schlüsselzitat: ‚Die Behauptung, Heterosexualität sei nur ein Produkt kultureller Prägung, ist so idiotisch, als würden Sie sagen, die Erde ist 10.000 Jahre alt und eine Scheibe, weil es so in der Bibel steht', so argumentierte Kutschera im Kelle-Interview. Was die sogenannten „Gender Studies" an deutschen Universitäten von sich geben, widerspricht nach Ansicht von Kutschera 500 Millionen Jahre Evolutionsgeschichte und 200 Jahre wissenschaftlicher Forschung."

Im *KingFM*-Premium-Interview wurden dann u. a. die absurden Behauptungen deutscher „Gender-Forscherinnen" dargelegt (s. oben), wobei hervorgehoben wurde, dass die sexuelle Reproduktion früh in der

Evolution entstanden ist: Wie homologe Gensequenzen bei Mäusen und Süßwasserpolypen bzgl. bestimmter Proteine, die bei der Meiose notwendig sind, gezeigt haben, müssen wir den Ursprung der Zweigeschlechtlichkeit in das Kambrium verlegen (mindestens 500 Millionen Jahre vor heute). Details zum Ursprung der sexuellen Fortpflanzung sind im Lehrbuch *Evolutionsbiologie* dargelegt (Kutschera 2015 a).

Neben zahlreichen positiven Kommentaren haben auch in dieser „Welt der *Internet*-Radiohörer" einige weibliche Kritiker religiöse Argumente angeführt. So wurde zum einen behauptet, in der Bibel würde nirgendwo stehen, die Erde sei eine Scheibe. Das ist unzutreffend. Im biblischen Weltbild gingen die Autoren selbstverständlich von einer Erdscheibe aus – die noch heute aktiven *Flat Earthers* (Kreationisten, die an eine flache Erde glauben) leiten ihre Weltanschauung aus Bibelzitaten ab. Außerdem wurde im Buch *Design-Fehler in der Natur* der Konflikt von Alfred Russel Wallace mit einem prominenten Flat Earther dargelegt; der bibeltreue Schöpfungsgläubige hat dem Evolutionsforscher Wallace im Verlauf dieser Kontroverse sogar mit dem Tod gedroht, sodass die Polizei eingeschaltet werden musste. Das „Vergehen" des Biologen und Geologen Wallace hatte darin bestanden, dass dieser, als ausgebildeter Vermessungstechniker, bewiesen hatte, dass die Erde eine Krümmung zeigt und somit Kugelform besitzt (Kutschera 2013 a). In diesem Zusammenhang wurde von einem Wallace-verachtenden britischen Flache-Erde-Kreationist immer wieder explizit die Bibel als „Flat-Earth-Book" angeführt (mit Verweis auf entsprechende Bibelstellen, aus welchen diese urchristliche Weltanschauung hervorgeht).

Eine andere Kommentatorin hat das bereits eingangs zitierte Berliner „McCarthy-aus-Kassel" Argument angeführt, offensichtlich ohne zu wissen, dass dies von Kreationisten (und Genderisten) bereits zuvor gegen mich verwendet worden ist. Da der ehemalige US-Senator Joseph McCarthy (1908–1957) als fanatischer Anti-Kommunist bekannt war und ich als Gegenpart der Kreationisten gelte, ist dieser Vergleich durchaus originell. Hauptbestandteil des „McCarthy-Arguments" ist jedoch der Vorwurf, U. Kutschera sei „nur ein Pflanzenphysiologe" und wäre daher auf dem Gebiet der Evolutionsforschung bzw. Humanbiologie nicht ausgewiesen (Kirsch 2010). Diese Behauptung ist, wie oben dargelegt, unzutreffend. Offensichtlich sind Kreationisten und Gender-

Ideologinnen der irrigen Ansicht, die festgewachsenen, grünen Landpflanzen (Embryophyten) (Abb. 9.1, 9.2) sowie deren nächste Verwandte, die Grünalgen (Chlorophyta) seien, wie in der Bibel vermerkt, keine Lebewesen bzw. nur „dahinvegetierende, minderwertige Organismen". Genau das Gegenteil ist jedoch der Fall. Im Gegensatz zu Tieren (einschließlich des Menschen), die über eine einfache primäre Endosymbiose entstanden sind, verfügen Pflanzenzellen nicht nur über Mitochondrien, sondern enthalten darüber hinaus auch Chloroplasten. Diese Photosynthese-Organellen sind die Orte der Sonnenlicht-getriebenen Kohlendioxid-Assimilation (Photosynthese) und erhalten, über die Biosynthese organischer Substanzen und der Freisetzung von molekularem Sauerstoff, das Leben auf der Erde aufrecht. Pflanzen sind somit, als Produzenten der Erde, physiologisch-biochemisch betrachtet, den tierischen Organismen überlegen – viele tausend verschiedene chemische Substanzen werden von Pflanzenzellen synthetisiert, ein Vielfaches dessen, was Tiere bzw. Menschen hervorbringen können (Kutschera 1998, 2002, 2013 a, 2015 a).

Im nächsten Abschnitt werden wir auf die „zweigeschlechtlichen Normabweichung" beim Menschen zu sprechen kommen und danach die ausgeklügelten, komplexen Sexualvorgänge bei den verschmähten Pflanzen darlegen.

## Die Stuttgarter Geschlechter-Erklärung und das Platonische Ideal

Ein für mich erfreuliches Nebenresultat des Berliner *rbb*-Interviews vom 11. Juli 2015 war die Anfrage, ob ich bereit wäre, die im Januar 2015 von Ärzten, Psychotherapeuten und Menschenrechtlern verfasste „Stuttgarter Erklärung – Geschlecht. Selbst. Bestimmt. Menschenrechtskonforme Behandlung Trans-/Intersexualität" mit zu unterzeichnen. Im Jahr 2013 hatte ich als Visiting Scientist der kalifornischen Stanford University die Gelegenheit, mit einer jungen XY-Trans-Frau, die der Gruppe „Kardinal Kink" angehört und sich für meine Egel (Hermaphroditen)-Studien interessierte, zu diskutieren. Die Stanford-Studentin kam in einer kalifornischen Kleinstadt als Junge zur Welt, fühlte sich aber ab dem 12. Lebensjahr als Mädchen. Eindrucksvoll und überzeugend legte die 19-Jährige in einem zweistündigen Gespräch dar, wie schwer erträglich ihre Lage früher war und warum eine Geschlechts-Angleichung für ihr psychisches Wohlbefinden unabdingbar geworden ist.

Zurück zur Stuttgarter Erklärung. Nach Durchsicht der informativen und mit hoher Sachkompetenz verfassten Erklärung habe ich mich als Sachkundiger prinzipiell bereiterklärt, dieses Vorhaben zu unterstützen. Es geht hierbei um den folgenden Sachverhalt. Weltweit ist ein menschenrechtlicher Trend zu erkennen, jenen Personen, die sogenannte „geschlechtliche Normabweichungen“ zeigen, wie z. B. transsexuelle und intersexuelle Menschen, in ihrem „eigentlichen Geschlecht“, das vom standesamtlich eingetragenen abweichen kann, einen eigenen Rechtsstatus einzuräumen. Kurz gesagt, bemüht man sich, neben „männlich“ und „weiblich“ eine dritte Kategorie „sonstige“ einzuführen – diese Personen weichen vom „Platonischen Ideal“ (Mann oder Frau) ab und müssen genau in dieser Identität in jeder Beziehung respektiert werden.

Im Speziellen geht es hierbei darum, Menschen mit sogenannten „geschlechtlichen Normabweichungen“ eine medizinische Behandlung bzw. psychotherapeutische Maßnahme zukommen zu lassen, die ohne geschlechtliche Deutung auskommt. Personen, die nicht eindeutig männlich oder weiblich sind, fühlen sich diskriminiert (s. die entsprechende Zuschrift auf S. 347).

Ich habe daraufhin die Organisatoren der Stuttgarter Erklärung gebeten, ihr Dokument geringfügig zu ergänzen. Wie wir in Kapitel 6 erfahren haben, wird die Zahl von Menschen, die vom „Platonischen Ideal“ des perfekten Sexual-Dimorphismus abweichen (männlich, weiblich) auf 0,2 bis 2 % geschätzt, wobei man mit einem Durchschnittswert von 1 % vermutlich die Realität erfasst. Dieses Faktum sollte im Text erwähnt werden. Weiterhin wäre es angemessen, die Unterscheidung zwischen inter- bzw. transsexuellen Menschen zu präzisieren: Bei den zuerst genannten Personen (Intersexuelle) liegt eine biologische Ursache zugrunde (m/w, bzw. nicht eindeutig m oder w), während sogenannte Transsexuelle anatomisch „normale“ Männer und Frauen sind, die jedoch, im Gehirn, sich dem anderen Geschlecht zugehörig fühlen (z. B. die zitierten XY-Trans-Frauen).

Meine Empfehlungen wurden am 30. Juli 2015 in die Stuttgarter Erklärung aufgenommen, die ich dann mit unterzeichnet habe. Dies bedeutet jedoch nicht, dass es, biologisch betrachtet, mehr als zwei Geschlechter gibt. In der Evolution der Gonochoristen (Tiere, Pflanzen) sind männliche und weibliche Individuen entstanden, die sich anatomisch-morphologisch-hormonell derart unterscheiden, dass eine erfolgreiche Fortpflanzung erfolgen kann (Fertilität). Die ca. 1 % „Mischwesen", d. h. Tiere bzw. Menschen, die nicht eindeutig männlich oder weiblich sind, pflanzen sich in der Regel nicht fort, d. h. sie sind infertil (d. h. steril). Da nichts in der Evolution als fehlerlos bzw. perfekt zu klassifizieren ist, kann das Vorhandensein dieser wenigen nicht eindeutig männlichen bzw. weiblichen Individuen innerhalb variabler Populationen, wertneutral und objektiv, als ein „Design-Fehler in der Natur" gedeutet werden (Kutschera 2013 a).

## Homosex und Gender im Pflanzenreich

Kommen wir abschließend zu den Gewächsen zurück. Wie wir in Kapitel 8 erfahren haben, wurden intersexuelle Menschen früher einmal u. a. von Money (1952) fälschlicherweise als „Hermaphroditen" bezeichnet. Diese Zwitter existieren aber tatsächlich, insbesondere bei wirbellosen Tieren. So sind z. B. Egel und Regenwürmer (Hirudinea, Oligochaeta) echte Hermaphroditen, d. h. die Tiere verfügen über männliche und weibliche Gonaden (Testes, Ovarien) und entsprechende Kopulationsorgane (Kapitel 1).

Im Pflanzenreich sind Hermaphroditen (Zwitter) die Regel – in einer einhäusigen (monoecischen) Blüte existieren männliche wie weibliche Geschlechtsorgane nebeneinander (Staubblätter und Fruchtknoten; Linnaeus 1735, George 2014). Diese zwittrigen Blüten (Abb. 9.2) würden, bei stetiger Selbstbestäubung und daraus resultierender Selbstbefruchtung, in eine evolutionäre Sackgasse laufen, was jedoch in der Realwelt in den meisten Fällen verhindert wird. Über komplexe, der sexuellen Fortpflanzung dienende Mechanismen wird in der Regel eine Fremdbestäubung vollzogen: Hierbei gelangen Pollenkörner fremder Individuen auf die Narben der geöffneten Nachbar-Blüte. Über das Pollenschlauchwachstum und den Transfer von zwei Sperma-Kernen wird eine doppelte Befruchtung herbeigeführt, die 1875 von Eduard Strasburger entdeckt worden ist (Kapitel 1). Vereinfacht formuliert, passiert das Folgende: Zum einen verschmilzt Sperma-Kern 1 mit der Eizelle (Sex-Akt Nr. 1, Zygotenbildung, diploide befruchtete Ez); zum anderen fusioniert Sperma-Kern 2 mit den zwei Nuclei im Embryosack, woraus dann das triploide Nährgewebe (Endosperm) entsteht. (Vyskot und Hobza 2004)

Die photosynthetisch aktiven, festgewachsenen „grünen Produzenten der Biosphäre" sind somit mehrheitlich einhäusige Gewächse (d. h. echte Hermaphroditen), die über einen „doppelten Sexual-Akt" ihre zweigeschlechtliche Fortpflanzung vollziehen (Kutschera 2002, 2010). Das kann, im wörtlichen Sinne, als „grüner Super-Sex" bezeichnet werden, über den viele „Gender-Forscher" offensichtlich nicht informiert sind – sonst hätten sie nicht derart Bibel-kompatibel von den grünen Bewohnern unserer Erde gesprochen (Pflanzen als „primitive" Lebewesen, die nicht „vollwertig" sein sollen usw.).

Regelmäßig werde ich gefragt, ob es denn auch bei Pflanzen Homosexualität gibt. Unter natürlichen Bedingungen scheint das nicht der Fall zu sein, aber in der Pflanzenzucht werden homosexuelle Hybride erzeugt, die besonders ertragreich sind. Ein Beispiel soll diesen Sachverhalt verdeutlichen. Die Gacfrucht (*Momordica cochinchinensis*) ist ein zweihäusiges (dioecisches) Kürbisgewächs, d. h. es gibt männliche und weibliche Individuen (diese Gender-Situation entspricht jener der Gonochoristen im Tierreich). Durch Zugabe bestimmter Chemikalien können weibliche Pflanzen (nur Blüten mit Fruchtknoten, zur Gender-Expression dieser Gewächse, s. Delph und Wolf, 2005) in Hermaphroditen umgewandelt werden. Das Gender-Verhältnis beträgt in diesem Fall 1/2, d. h. Häufigkeit m/w zu je 50 % in der Population. Werden zwei weibliche Pflanzen (mit zwittrigen Blüten) gekreuzt (Homosexualität), so entstehen nach der doppelten Befruchtung dickere Früchte mit zahlreichen Samen als bei heterosexueller Verpaarung (normale Kreuzung, d. h. Sexualakt zwischen männlicher und weiblicher Pflanze) (Sanwal et al. 2011).

Dieses Beispiel belegt, dass bei Pflanzen echter, fruchtbarer Homosex künstlich herbeigeführt werden kann, d. h. Homosexualität existiert bei gewissen Gewächsen, obwohl diese „weiblich 1-weiblich 2-Befruchtungen" nur unter speziellen experimentellen Bedingungen her-

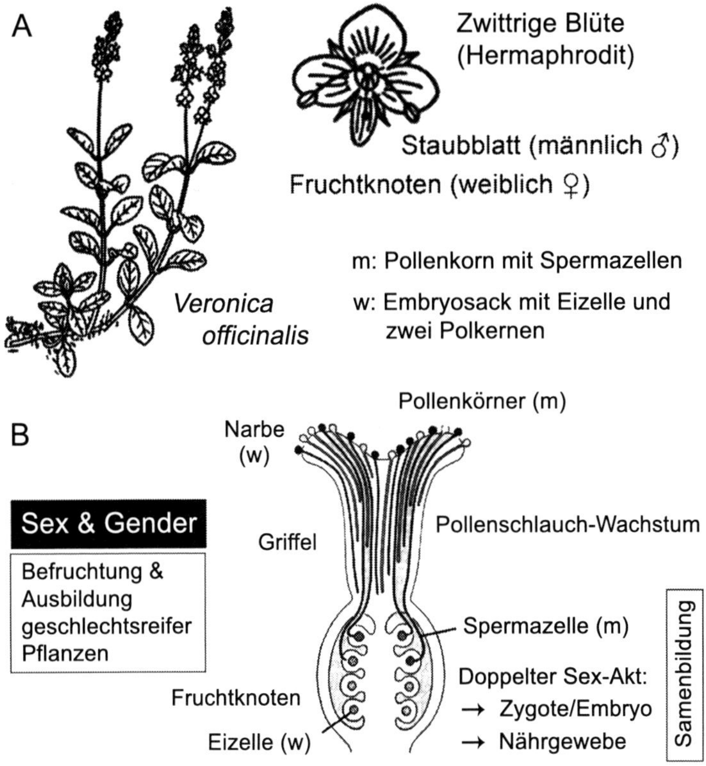


**Abb. 9.2**: Illustration der doppelten Befruchtung (Super-Sex) bei Blütenpflanzen. Der abgebildete Echte Ehrenpreis (*V. officinalis*) wächst auf trockenen Wiesen und ist durch hellblaue, dunkel geäderte Blüten gekennzeichnet (A). Auf der Narbe des Griffels (weibliches Blütenorgan) werden Pollenkörner abgelagert, die unter geeigneten Bedingungen auskeimen (männliches Kopulationsorgan) (B). Der wachsende Pollenschlauch enthält zwei Spermakerne, die mit der Eizelle bzw. den primären Embryosack-Kernen verschmelzen (Sex-Akte 1 und 2). Aus der Zygote entsteht ein Embryo, der mit dem Nährgewebe, umgeben von einer Schutzhülle, zu einem Samen heranreift (Ausbreitungseinheit). Eine Frucht enthält einen oder zahlreiche Samen (Kerne) (Originalgrafik 2015).

beigeführt werden können. Diese hier zitierte wissenschaftliche Definition von Homosexualität bei Pflanzen (Sanwal et al. 2011) und jene, die für hermaphroditische Egel eingeführt worden ist (Kapitel 1), stimmen nicht überein. In beiden Fällen wurde aber das „Homo-Wort“, im wissenschaftlich korrekten Sinne, mit dem Kopulations- bzw. Befruchtungs-Modus des betreffenden Lebewesens kombiniert, sodass die jeweilige Terminologie korrekt ist.

*Fazit*: Nicht nur Befürworter des wörtlich verstandenen biblischen Schöpfungsglaubens (Kreationisten), sondern auch viele Gender-Ideologen, sind über die Grundlagen der Biowissenschaften nur unzureichend informiert und haben daher immer wieder dasselbe unsinnige „nur Pflanzen“-Argument in die Debatte gebracht. Offensichtlich muss bei diesen Personen eine ausgeprägte Biophobie diagnostiziert werden. Wären sie fachkompetent, so hätten sie gerade umgekehrt argumentiert: Biologen, die nicht nur Menschen und Tiere kennen, sondern *sogar* die Physiologie der hoch komplex gebauten Gewächse verstehen bzw. erforschen, verfügen über ganz spezielle Kenntnisse, die in allen Teilgebieten der *Life Sciences* von Bedeutung sind (z. B. die oxigene Photosynthese als lebenserhaltender Schlüsselprozess der Biosphäre, s. Geber et al. 1999, Kutschera 1998, 2002, 2015 c).

# 10. Epilog: Gender Biomedizin und der Psychoterror der Moneyistisch indoktrinierten Mann-Weiber

Ein maskuliner amerikanischer Schauspieler, der in seinen Filmen üblicherweise die Rolle des muskulös-dominanten Playboy-Typs übernommen hatte, sagte einmal sinngemäß das Folgende: „Früher sahen Frauen aus wie Frauen und Männer wie Männer; heute sehen Frauen aus wie Männer, die wie Frauen aussehen wollen.“ Mit diesem treffenden Spruch ist die „Frau-gleich-Mann-Ideologie“, d. h. das Fundamental-Dogma des Gender Mainstreaming (GM)-Politikprogramms, humorvoll umschrieben.

Wie in Kapitel 1 dargelegt, ist die Moneyistische Gender-Lehre, historisch betrachtet, mit der kommunistischen Weltanschauung, wie sie in der ehemaligen DDR verwirklicht war, geistesverwandt. Der Einfluss der Schriften von Karl Marx und Friedrich Engels auf das politische Gleichmacher-Ideal bzgl. der in Staatsbetrieben arbeitenden Frauen wurde von Brown (2014) im Detail belegt. Anknüpfend an unsere Abbildungen 1.1 und 1.4 (S. 16 und 25) soll dieser Zusammenhang in einem allgemeinen Rahmen diskutiert werden. Unter Verwendung einer alten DDR-Propagandazeichnung können wir unsere zentrale Schlussfolgerung wie folgt veranschaulichen (Abb. 10.1). Die tragende, linke Säule I der Gender-Welt wird durch die Thesen des US Psycho-Erziehers John Money repräsentiert. Das Fundamentaldogma, die „Neutralität-bei-Geburt-Theorie der menschlichen Entwicklung“, wurde 1955 erstmals publiziert und ist vom Urvater Money, in zahlreichen Varianten, immer wieder aufs Neue dargestellt worden (z. B. Money et al. 1955, Money 1963, 1975, 1985, 1987; Money und Ehrhardt 1972, Money und Tucker 1975). In seinem letzten Buch hat Mo-

**Abb. 10.1**: Illustration der von John Money auf Grundlage seiner Hermaphroditen-Studien beim Menschen abgeleiteten Weltanschauung, die über das politische Aktionsprogramm des Gender Mainstreaming (GM) bundesweit umgesetzt wird. Die Irrlehren von Money wurden u. a. über die Schriften von Judith Butler in die deutsche Feministinnen-/Gender-Literatur eingebracht (nach einem SED-Plakat aus den 1950er Jahren).

ney (1988) darüber hinaus die Pädophilie als normale und akzeptable Handlung erwachsener Männer und Frauen erklärt („juveniles as lust partners").

Obwohl der Biologe Diamond (1965) der Money'schen Hypothese einer geschlechtsneutralen Geburt mit nachfolgender soziokultureller Prägung in die m/w-Richtungen mit Sachargumenten entgegengetreten ist, führte der Psychologe dennoch sein verbrecherisches

Menschen-Experiment an seinem Opfer Bruce (David) Reimer durch, der auf dem „Altar der Moneyistischen Ersatzreligion“ gestorben ist (Gottvater/Jesus-Verhältnis: lange Qualen des gepeinigten, kastrierten Jungen, gefolgt von Selbstmord, während sich der allmächtige Täter von Feministinnen als Held bzw. Gay-/Lesbian-Befreier feiern ließ).

Money hat zeitlebens die Erkenntnisse der Biowissenschaften kleingeredet bzw. bekämpft, d. h. die Naturwissenschafts-Kritik ist integraler Bestandteil seiner soziologisch begründeten Ideologie. Als Säule II ist das Thesengebäude der Sozio-Feministin Judith Butler eingezeichnet (Abb. 10.1). Diese einflussreiche Ideologin hat, insbesondere in ihrem Bestseller *Undoing Gender* (Butler 2004), mit einer Beschreibung des Falls Money/Reimer, die absurde These einer angeblich geschlechtsneutralen Geburt mit anschließender Erziehung in Richtung Mann bzw. Frau in die deutsche Gender-Szene eingeschleust (s. Degele 2008, Schößler 2008, Allmendinger 2009, Braun und Stephan 2013, Hark und Villa 2015). Bemerkenswert ist, dass John Money, als „weißer Alpha-Mann“, von den Butler-Anhängerinnen ignoriert wird. Die US-Feministin Lorber (1995) erwähnt Urvater Money in nur einigen wenigen Sätzen. Sie vertritt die absurde Ansicht, dass nicht nur das soziale Geschlecht, sondern auch die ganze Biologie eine soziale Konstruktion darstellt.

In diesem *Epilog* wollen wir die Money-Butler’sche Gender-Ideologie bzw. das daraus erwachsene politische Programm (GM) mit der naturwissenschaftlich begründeten geschlechtergerechten Biomedizin (GB) vergleichend betrachten und unser Thema mit Beispielen aus der Tagespresse abrunden.

## Die Frau als das primäre Geschlecht und die Gender Biomedizin

Der mehrfach aufgezeigte Zusammenhang zwischen der DDR-Ideologie und dem Ideal einer „egalitär-geschlechtsneutralen Gesellschaft“ (Schroeder 2013) soll in einer „Sozialismus zu Kapitalismus-Karikatur“ veranschaulicht werden (Abb. 10.2). Die dort illustrierte politische Revolution kann als Entwicklung vom Maskulinismus (Männer beherrschen die Welt) zur Frauen-Dominanz aller Lebensbereiche ver-

**Abb. 10.2**: Von der Männer-Vorherrschaft (Patriarchat, Maskulinismus) über den Klassenkampf zum real existierenden Sozialismus (Frauen regieren den Staat). Diese politische DDR-Karikatur verdeutlicht die versteckten Ziele der GM-Ideologie. Vermeintlich „unterdrückte" Frauen (symbolisiert durch einen deutschen Arbeiter und einen Dritte Welt-Mann) sollen ihren fetten Peiniger eliminieren und dann in allen Lebensbereichen die Weltherrschaft übernehmen (nach einer DDR-Karikatur aus den 1960er Jahren).

sinnbildlicht werden (Feminismus). Ähnlich wie Butler (2004) zitieren die deutschen Ableger der Moneyistischen Glaubenslehre besonders oft und detailliert die französische Feministin Beauvoir (1947) – diese Dame war pädophil-lesbisch veranlagt und, wie Money, kinderlos (Galster 2015). Nach Hark und Villa (2015) kann das Money'sche Fundamentaldogma, aus Zitaten von Beauvoir (1947) zusammengesetzt, wie folgt resümiert werden: „Frauen sind nicht schon zur Frau – und damit zur Unterwerfung bzw. dem Anderssein – geboren... das Sein von Frauen ist eine gesellschaftliche und nicht eine biologische Tatsache – ‚Frau' ist eine gesellschaftliche Erfindung". Diese These gipfelt in der Beauvoir'schen Aussage: „Es ist die Gesamtheit der Zivilisation, durch die die Frau zur unfreien-Frau (und Mutter) wird" (Hark und Villa 2015). Die Feministin Beauvoir war selbst nie Mutter und redet somit (wie viele ihrer Nachfolgerinnen) über Dinge, die ihr zeitlebens fremd geblieben sind.

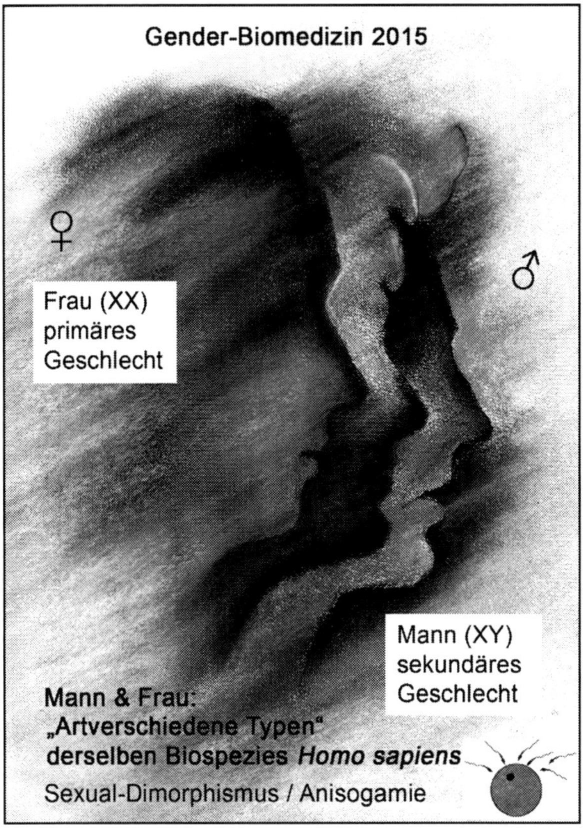


**Abb. 10.3**: Die geschlechtergerechte Biomedizin (GB) als ergebnisoffenes Forschungsprogramm mit Anwendungen in der Heilkunde. Bei Frauen und Männern (primäres bzw. sekundäres Geschlecht) werden die XX- bzw. XY-Chromosomen-assoziierten Gene nicht nur in den Gonaden, sondern in jeder Körperzelle exprimiert. Gemäß dem GB-Konzept müssen Frauen und Männer als genetisch/biochemisch/physiologisch/psychologisch grundlegend verschiedene, evolvierte Menschentypen interpretiert werden (Originalgrafik 2015, nach einem Aquarell von Alfred Kutschera, 1982).

Nach Darlegung dieser absurden Vorstellungen zu „Sex und Gender“, die bzgl. Ausdrucksweise und Naivität zu unserer Karikatur passen (Abb. 10.2), wollen wir aus der „Gender-sensiblen Phantasyworld“ in die Realität zurückkehren. Wie in den Kapiteln 1, 6 und 7 im Detail dargelegt, beginnt die Entwicklung des Menschen mit einem „Mann-Frau-Sex-Akt“ (innere Befruchtung). Die Zygote, d. h. das Fusionsprodukt von Spermium und Eizelle, entwickelt sich, obwohl weibliche (XX) und männliche (XY) Varianten gebildet werden, im Mutterleib, mit undifferenzierten Vorläufer-Gonaden ausgestattet, zunächst in weibliche Richtung. Erst ab der 6. Schwangerschaftswoche (ca. 2. Monat) wird das nur bei etwa 50 % der Embryonen (XY) vorhandene SRY-Gen aktiv und es kommt zur Vermännlichung des primär weiblichen Embryos (Ausbildung von Hoden aus un-spezialisierten Gonaden mit nachfolgender Testosteronbildung; maskulinisiertes Gehirn usw.). Dieses von Kashimada und Koopman (2010), Bao und Swaab (2011), Wolpert (2014) sowie anderen Biologen ausgearbeitete Modell der „Frau als primärem Geschlecht“ (Abb. 10.3) wird u. a. durch die „männlichen Brustwarzen“ belegt– funktionslose Relikte aus der frühen Embryonalentwicklung, als „Mann“ sich noch in die weibliche Richtung entwickelt hat, d. h. vor der SRY-Umpolung (der genetischen Maskulinisierung, McCarthy 2015).

Diesen Fakten ist noch hinzuzufügen, dass die Eizelle, neben der DNA, auch sämtliche Mitochondrien einbringt, sowie der Befund, dass bei natürlicher Vaginalgeburt der erste Bakterienbesatz, Vorläufer der frühkindlichen Darmflora, von der leiblichen Mutter bereitgestellt wird – Babys werden weitgehend steril (keimfrei), nicht aber geschlechtsneutral geboren (Kutschera 2007 b, 2015 a).

Zahlreiche biochemische Studien sowie DNA-Sequenzanalysen haben darüber hinaus gezeigt, dass sich Mann und Frau, ähnlich wie Schimpanse und Mensch, genetisch um ca. 1,5 % voneinander unterscheiden. Diese u. a. Befunde haben das 1993 vom FDA (und dem *US National Institute of Health*, NIH) initiierte Konzept der Gender Biomedizin (GB) fest etabliert (Bellott et al. 2014, Cahill 2014, Humphries 2014, Hurn 2014, Miller 2014, Schiebinger 2014, Leeman and Brunet 2014, Graves 2015, Hughes und Page 2015). Als zentrale Erkenntnis der GB gilt das Faktum, dass die Geschlechtschromosomen nicht nur in den Gonaden, sondern in allen Körperzellen exprimiert werden – ein Mann ist durch XY- und eine Frau durch XX-Zellen sowie eine entsprechende Physiologie-Biochemie, gekennzeichnet (Abb. 10.3). Die Schlüsselbegriffe „Sexual-Dimorphismus“ und „Anisogamie“ (Geschlechter-Verschiedenheit bzw. unterschiedliche Gameten-Größen) sind der Gra-

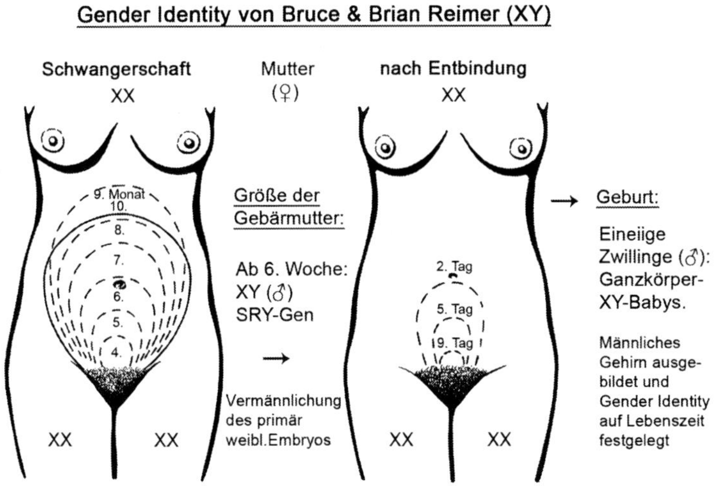


**Abb. 10.4**: Vorgeburtliche Festlegung der Geschlechts-Identität (Gender Identity) ab der 6. bis 8. Schwangerschaftswoche, illustriert am Beispiel der Zwillingsbrüder Reimer (XY). Die beiden Jungen waren bereits im Mutterleib (XX) über die Aktivität des SRY-Gens maskulinisiert und daher von Geburt an „Ganzkörper XY-Männer". Eine Änderung der Gender Role (bzw. Identity) ist daher nicht möglich und das Moneyistische Fundamentaldogma der Gender-Ideologie damit endgültig widerlegt (Originalgrafik 2015).

fik beigefügt (Schärer et al. 2012). Es sei angemerkt, dass der Mann-Frau/Schimpanse-Mensch-Vergleich 2013/2015 von zwei Professoren der Molekulargenetik, Herrn Dr. David A. Page (USA) und Frau Dr. Jennifer A. Graves (Australien), formuliert worden ist, mit jeweils unabhängigen Datensätzen und Rechenmodellen – ein „Gender Bias" kann daher ausgeschlossen werden.

Auf Grundlage unseres Ganzkörper XY- bzw. XX- Modells vom Menschen können wir, mit Bellott et al. (2014) als Schlüsselpublikation, nun das verwerflich-kriminelle Money'sche Baby-Kastrationsexperiment aus dem Jahr 1965 verstehen (u. a. dargestellt im Bestseller Money und Ehrhardt 1972 sowie in dem populären Sachbuch Money und Tucker 1975). Nach der damaligen Vorstellung sollte ein kastriertes männliches Baby (Hoden entfernt), nach Estrogen-Zugaben, wie ein Hühnervogel (Hartmann 1946, 1947) eigentlich zur Frau werden – die Testosteron-liefernden Keimdrüsen sind weg, und Bruce (David) Reimer hat daher gefälligst ein Mädchen zu sein, so argumentierte der pädophile Kindes-Misshandler John Money, der sich seiner Sache immer ganz sicher war (obwohl Money als liberal-weltoffener Vertreter der Gay- und Lesbian-Rechte gefeiert wurde, war er paradoxerweise ein intolerant-dogmatischer Herrscher, der keinen Widerspruch duldete). Wie Abb. 10.4 verdeutlicht, war bei den Brüdern Reimer, im Leib ihrer Ganzkörper XX-Mutter, ab dem 2. Monat das SRY-Gen aktiv, welches eine Vermännlichung des primär weiblichen Embryos bewirkt hat. Beide Brüder kamen daher als Ganzkörper-XY-Babys zur Welt, mit einem vorgeburtlich entwickelten männlichen Gehirn (Dean III et al., s. S. 235). Die Geschlechts-Identität, von Money als „Gender Identity" bezeichnet, lag somit bereits fest und konnte weder durch Erziehung, noch durch Kastration und nachfolgende Hormonzugaben geändert werden.

Zwillingsstudien haben darüber hinaus zur folgenden Erkenntnis geführt. Über 99 % aller Menschen kommen als Junge oder Mädchen zur Welt, wobei sämtliche Eigenschaften (17.804 davon wurden bisher analysiert) erblich sind, mit einem Grad von durchschnittlich 50 %. Diese an über 14 Millionen Zwillingspaaren über 50 Jahre hinweg durchgeführten Studien, in 2.748 Publikationen niedergelegt, haben gezeigt, dass unser genetisches Programm, d. h. die Biologie, das Entscheidende ist, wobei die Umwelt modifizierend eingreift (Phänotypische Plastizität) (Polderman et al. 2015). Eine soziologisch-Moneyisitsche „Humanwissenschaft" ohne Biologie ist daher so unsinnig wie der alchimistische Versuch, aus altem Eisen das Edelmetall Gold herstellen zu wollen.

## Mann vs. Frau: Gender-Pricing und inkompetente Alpha-Frauen

Wie die vorherigen Kapitel belegt haben, sind die Unterschiede zwischen typischen Jungen bzw. Männern und Mädchen bzw. Frauen unüberbrückbar groß (Abb. 10.3, 10.4). Sie umfassen zahlreiche körperliche wie geistig-seelische Merkmale, vom Fettgehalt des Leibes über das Genom bis zur Neigung, an Depressionen zu erkranken. Eine Studie von Del Giudice et al. (2012) ergab, dass sich Mann und Frau bzgl.

ihrer Persönlichkeitsmerkmale nur um ca. 10 % überschneiden, als wären sie Bewohner von „Mars und Venus“ (d. h. etwa 90 % Unterschiede m/w). Männer sind primär an Gegenständen, wie z. B. technischen Geräten, interessiert, während Frauen an Menschen bzw. sozialen Interaktionen Gefallen finden. Diese Charakter-Differenzen setzen bereits im Kleinkindalter ein und sind in allen bisher untersuchten Kulturen in ähnlicher Form ausgeprägt (Lippa 2005, 2010, Pinker 2008, Beltz et al. 2011, Zheng et al. 2011). Auch bei der Kriminalität gibt es erhebliche Gender-Differenzen. So geht aus Daten des Statistischen Bundesamts (2011) hervor, dass ca. 75 % aller Tatverdächtigen Männer sind, während nur 25 % dem weiblichen Geschlecht zugeordnet werden konnten. Unter den Strafgefangenen und Sicherheitsverwahrten waren 2011 ca. 94 % Männer und nur 6 % Frauen. Ohne eine Quelle angeben zu müssen, ist allgemein bekannt, dass Yoga- sowie Tanz-Kurse und Veranstaltungen zur Homöopathie zu 80 bis 90 % von Frauen besucht werden, und das auch von Damen, die ein Universitätsstudium absolviert haben. Diese Sachverhalte können durch zwei Kasseler Medienberichte vom 30. Mai 2015 mit unabhängigen Fakten untermauert werden.

Unter der Überschrift „Darf es ein bisschen teurer sein?“ berichtete die Verbraucherzentrale die bekannte Tatsache, dass Frauen nicht nur auf die Aufmachung und Farbe verschiedener Produkte (Kosmetikartikel usw.) positiver reagieren als Männer, sondern dass sie auch eher dazu bereit sind, deutlich mehr Geld auszugeben als die klassischen Hauptverdiener. Diese Befunde sind durch unzählige empirische Studien belegt und wurden schon von Schopenhauer (1851) in seiner bekannten „Weiber-Charakterisierung“ angesprochen (s. Kapitel 4).

Dieser biologische Befund, der auf unser evolutionäres Erbe aus der Jäger- und Sammlerzeit zurückgeführt werden kann (Frauen als Aufbewahrer von Sachgütern für schlechte Zeiten, s. Kirchengast 2010, 2014), wird von Herstellern und Händlern unterschiedlicher Waren ausgenutzt, um höhere Profite zu erzielen. So zahlen z. B. Frauen bei einem Frisör für dieselbe Leistung deutlich mehr Geld als Männer; Kosmetikartikel (z. B. Rasierschaum) werden in teureren Rosa-Verpackungen an die weibliche Kundschaft verkauft und mit blauem Aufdruck versehen den Herren günstiger angeboten. Grundsätzlich neigen Männer dazu, nur ungern und dann auch relativ rasch-gezielt einzukaufen, während

Frauen gerne und ausgiebig „shoppen" gehen. Sogenannte „Unisex-Tarife" (wie sie widersinnigerweise bei Krankenkassen als Konsequenz der GM-Ideologie per Anordnung von oben durchgesetzt worden sind) wären hier angebracht. Im US-Bundesstaat Kalifornien ist es z. B. per Gesetz verboten, dieses „Gender Pricing" als Marktstrategie zur Gewinnmaximierung umzusetzen – hier könnten sich unsere deutschen Genderistinnen konstruktiv einbringen.

Am gleichen Tag berichtete eine Kasseler Tageszeitung unter der Schlagzeile „Nur jeder 5. Chef ist eine Frau" den Sachverhalt, dass bei der Stadt Kassel von 206 Führungspositionen nur 41 dieser Stellen in Aufsichts-, Verwaltungsräten, Geschäftsführungen und Geschäftsposten von Frauen besetzt sind. Unter diesen 20 % weiblichen Führungskräften gibt es aber diesem Medienbericht zufolge „keine einzige Sachkundige". Sämtliche unabhängigen Experten, welche die Gremien beraten und als kompetente Fachleute die eigentliche Arbeit erledigen, sind Männer. Darunter fallen auch die „14 sachkundigen Bürger" der Stadt Kassel. Die Frage an einen Stadtabgeordneten, warum denn unter den sachkundigen Entscheidungsträgern keine Frauen sind, wurde nicht beantwortet. Offensichtlich wird von den 20 % inkompetenten „Alpha-Damen" der Stadt Kassel nur das verkündet, was die hart arbeitenden, sachkundigen Männer im Hintergrund vorbereitet haben: Das ist echte Frauen-Dominanz und Männer-Unterdrückung, wie es im irrationalen Weltbild mancher Gender-Ideologinnen festgeschrieben ist (Abb. 10.2, 10.5).

Am 3. Mai 2015 konnte man im Lokalteil einer Kasseler Wochenzeitung die folgende Schlagzeile lesen: „Neue Pfleger – 18 Betreuer erhalten Zertifikat". Kinder sind, wie erwachsene Menschen, soziale Wesen und können ohne Kontakte zu Artgenossen auf Dauer nicht überleben. Daher ist es durchaus sinnvoll, Kindern ab dem 2. Lebensjahr zumindest stundenweise an eine Tagesmutter zu übergeben, wo das Kleinkind mit anderen Winzlingen in Kontakt steht. Der Begriff „Tagesmutter" ist allerdings der GM-Ideologie zum Opfer gefallen: Seit einiger Zeit existiert das geschlechtsneutrale Wort „Kindertagespflegepersonen" (gemäß dieser unsinnigen „Gender-Linguistik" werden Studenten als „Studierende", Lehrer als „Lehrkräfte" usw. bezeichnet). In dem genannten Zeitungsbeitrag wird mit Stolz verkündet, dass diese (politisch gefor-

**Dominante Mann-Weiber und Mythos Männermacht**

**Abb. 10.5**: Realwelt-Szene der Beziehungen zwischen Männern und Frauen in hochindustrialisierten Ländern (z. B. Europa, USA). Die hier dargestellte humorvolle Geschichte ist in vielen Familien verwirklicht, d. h. die Frauen geben das vom Ehemann erwirtschaftete Geld aus, als wären sie die Hauptverdiener (nach einer Grafik in Farrell, W.: The Myth of Male Power. Berkley Trade, New York).

derten) gemischt-geschlechtlichen Personenkreise zur Übernahme der Tagespflege von Kindern inzwischen existieren: 18 Betreuer erhielten ein Zertifikat, 17 Frauen und ein Mann (d. h. Frauenquote ca. 94 %). Auf einem beigefügten Foto waren 17 strahlende, lächelnde, winkende Frauen mit einer Rose in der Hand abgebildet; der einzige Quoten-Mann schaute betroffen auf den Boden und schien sich irgendwie deplatziert vorzukommen.

Es sei erwähnt, dass immer wieder Meldungen kursieren, aus denen hervorgeht, dass besorgte Mütter es nicht gerne sehen, dass ihre vier- bis sechsjährigen Töchter von „Kindergärtnern“, heute als „Erzieher“ bezeichnet, betreut werden. Häufig liest man von Vorwürfen einer „sexuellen“ (d. h. erotischen) Belästigung, obwohl doch der Männeranteil in den Kindergärten noch viel zu gering ist. Wie bereits dargelegt, ist die vorgegebene GM-Zwangsquote von 50 % „Kita-Männer“ ganz im Sinne des pädophilen Kindesmisshandlers John Money und seiner deutschen Epigoninnen.

## Kinderlosigkeit als *Life Style* und Freudenhäuser für Gender-Damen

In dieser Abhandlung wurde dargelegt, dass ca. 99 % aller Menschen eindeutig biologisch männlich oder weiblich sind (ca. 1 % transgender), während ca. 4 % eine homoerotische Neigung zeigen (d. h. 95 % Heteronormalität) (Camperio Ciani et al. 2015). Weiterhin wissen wir, dass in Populationen inter- bzw. transsexuelle Menschen immer wieder aufs Neue entstehen. All diese von der Norm abweichenden Personen dürfen in keiner Weise diskriminiert werden. Sie repräsentieren, populationsbiologisch betrachtet, die „Ränder“ der naturgegebenen Variabilität innerhalb der betreffenden Menschengruppen (Normalverteilung aller Merkmale, wie z. B. Körpergröße, s. Abb. 6.1, S. 197). Mit der Aufhebung bzw. Diskreditierung des Begriffs „Heteronormalität“ (d. h. der Tatsache, dass nur heteroerotisch veranlage Männer und Frauen Kinder hinterlassen können und somit den Bestand der Population aufrecht erhalten) und der einseitigen Propagierung eines Homo-*Life Styles* ergibt sich die folgende Frage. Wo ist eine Grenze der „Normalisierung“ aller erotischen Neigungen zu ziehen? Bei der Akzeptanz von Kindes-Adoptionen durch homoerotisch veranlagte Männer und Frauen (Schwulen- bzw. Lesbenehepaare, die Kinder aufziehen) und dem u. a. von Money (1988) als normal akzeptierten Trans-Phänomen (z. B. XY-Frauen als Vorbild für das kastrierte Money-Opfer Bruce [Darvid] Reimer) müsste man dann, im nächsten Schritt, auch das Inzest-Verbot aufheben. Diese Thematik wurde 2014 im Ethik-Rat der Bundesregierung diskutiert und hat zu kontroversen Stellungnahmen geführt. Mit welcher Begründung sollte z. B. ein 50-jähriger Vater nicht seine gleichalte Ehefrau „entsorgen“ und seine 20-jährige Tochter heiraten, um wieder frischen Nachwuchs hervorzubringen? Weiterhin könnte man auch das mittelalterliche Harem-System wiederbeleben: Aus welchem Grund soll einem wohlhabendenden deutschen Mann verboten werden, arme, verzweifelte junge Damen aus Indien, Vietnam oder Russland zu importieren und diese als Zweit- und Drittfrauen in seinem Haus zu halten? Wie wir gesehen haben, wurde es in den Medien begrüßt, dass eine 65-jährige Berlinerin ukrainische Frauen via Reproduktions-Prostitution dazu benutzt hat, um ihren fragwürdigen „Fortpflanzungswillen“, verbunden mit lukrativen TV-Auftritten, zu verwirklichen (s. Kapitel 2). Was spricht weiterhin dagegen, dass pädophile Männer (z. B. Priester usw.) unschuldige Jungs, vor Eintritt der Pubertät, für ihre widernatürlichen Neigungen gebrauchen, und diese Handlungen legalisiert werden (s. Partei *Die Grünen*)? In seiner Monographie zur erotischen Vielfalt des Menschen hat Money (1988) in sogenannten „Love maps“ (Liebes-Karten) derartige Handlungen, aus der Sicht eines Mannes, befürwortend dargestellt – alles ist normal und erlaubt, was den Erwachsenen Spaß macht!

Denkt man logisch-konsequent die Forderungen der Genderisten nach Aufhebung der Heteronormalität und Akzeptanz aller andersartigen erotischen Neigungen durch, wird klar, dass diese Entwicklung letztlich zu einer gesellschaftlichen Degeneration führt, verbunden mit dem Aussterben der betreffenden Menschenpopulation.

Ein weiteres schlagendes Argument gegen die Gender-Ideologie mit der Kernthese, Männer und Frauen seien wesensgleiche gesellschaftliche Erziehungsprodukte (Abb. 10.1) und keine biologisch geprägten Hominiden (Degele 2008, Schößler 2008, Allmendinger 2009, Braun und Stephan 2013, Hark und Villa 2015), ist im Phänomen der weltweit verbreiteten Prostitution zu erkennen. Seit es Aufzeichnungen zur Menschheitsgeschichte gibt, ist belegt, dass jüngere Frauen in Not ihren attraktiven Körper zahlungskräftigen Männern gegen Bargeld zur Verfügung stellen, d. h. es existieren sogenannte „Bordelle“ mit männlichen Kunden und weiblichem Servicepersonal (etwa 18 % aller Männer in Deutschland sollen regelmäßig Kunden sein, Frommel 2015). Ziel: Durchführung a-sexueller, heteronormaler erotischer Akte ohne Sex (d. h. Befruchtung). Das Gegenstück, d. h. Institutionen, wo attraktive junge Männer als „Liebesdiener" zahlenden Frauen ihre Serviceleistungen anbieten, ist kaum belegbar: Gemäß der GM-Politagenda ist aber in allen Lebensbereichen eine 50 : 50-Mann-Frau-Quote einzuhalten. Aus historischen Dokumenten geht eindeutig hervor, dass nur das klassische Mann (Kunde) / Frau (Dienstleisterin)-Modell mit hoher Frequenz weltweit etabliert ist und seit Jahrhunderten ein florierendes Business darstellt.

Vertreter der Gender-Ideologie würden jetzt argumentieren, dass aber „Callboys" existieren, d. h. man würde meine oben dargelegte Argumentation anzweifeln bzw. auf den Kopf stellen – Freudenhäuser für Alpha-Genderistinnen muss es gemäß der GM-Ideologie geben, Frauen und Männer sind sozial konstruierte Unisex-Wesen! Des Weiteren könnte man anführen, dass es Berichte gibt, in welchen dargelegt ist, dass sich ältere (sterile) Post-Menopause-Damen von einem jungen (fertilen) Mann begatten lassen – diese erotischen Akte sind garantiert Sexfrei (eine Befruchtung ist ausgeschlossen); über die Häufigkeit derartiger Beziehungen liegen mir leider keine Angaben vor. Den oben erwähnten „Frau-gleich-Mann-Behauptungen" bzgl. erotischer Wünsche/Partnerwahl sind die folgenden Fakten entgegenzustellen:

1. In der Bundesrepublik Deutschland gab es 2015 mehrere hundert sogenannte „Freudenhäuser", wo Frauen auf männliche Kunden warten. Ein Bordell, wo männliche Anbieter weibliche Kundschaft umwerben, existiert nicht. In Berlin soll es nach Auskunft eines dort tätigen Biologen einmal eine derartige „Mann für Frau-Service-Institution" gegeben haben. Diese Firma musste allerdings kurz nach Eröffnung mangels weiblicher Kundschaft wieder geschlossen werden.
2. In der weltweiten Erotik-Kontaktbörse „Adultfriendfinder.com" gab es 2015 in Deutschland etwa 1.000.000 männliche Suchende und nur 40.000 weibliche Personen. Das entspricht einem Mann/Frau-Verhältnis von 25 : 1, oder anders formuliert: ca. 96 % der Erotik-Partnersucher sind Männer und weniger als 4 % Frauen.
3. Als im August 2015 das internationale Seitensprung-Portal „As-

hley Madison.com“ über Veröffentlichung von Kunden-Namen in die Schlagzeilen geraten ist, stellte sich der folgende Betrug heraus: Von den weltweit ca. 32 Millionen suchenden Männern und ca. 5 Millionen gemeldeten „Seitensprung-gewillten (S-g) Damen“ waren die Herren allesamt reale Personen. Ein Großteil der „S-g-Frauen“ waren aber vom Anbieter gefälschte „Lockvögelinnen“, die kreiert worden waren, um die an außerehelichen erotischen Akten (ohne Sex) interessierten Herren (die keine Väter werden wollten) zu zahlenden Kunden zu machen. Bei nur einigen Tausend „echten S-g-Damen“ kann ein reales m/w-Seitensprung-Verhältnis von über 99 % Männer zu weniger als 1 % Frauen ermittelt werden.

4. Vor einigen Jahren hat man in den USA wiederholt das folgende „Freiland-Menschenexperiment“ durchgeführt (ich berichte aus einer kalifornischen TV-Darstellung im Jahr 2008). Auf einem Uni-Campus hat eine attraktive 25-jährige Studentin Männer angesprochen und diesen ihre Visitenkarte gegeben mit der Aufforderung, sie abends kostenfrei zu besuchen. Etwa 80 % der Männer haben spontan zugesagt, einige entschuldigten sich, sie hätten Interesse, aber heute Abend keine Zeit, und nur wenige (ca. 10 %) erteilten eine Absage. Bedenken wir nun, dass es in der US-Bevölkerung ca. 4 % homoerotisch veranlagte Männer gibt und einige angesprochene potenzielle Partner wahrscheinlich gerade mit einer neuen Freundin beschäftigt waren, so ist dieses Ergebnis eindeutig: eine spontane Zusage nahezu aller verfügbaren heteroerotisch gepolten Männer. Das umgekehrte Experiment war ernüchternd. Ein optimal aufgemachter 25-jähriger sportlich/maskuliner Student sprach Frauen an mit dem Angebot, sie am Abend zu besuchen. 90 % der Frauen sagten sofort ab, oft mit abfällig-beleidigenden Nebenbemerkungen, die nicht zitierfähig sind. Die wenigen freundlichen Zusagen führten jedoch nur zu Diskussionen, d. h. die Erfolgsquote des präparierten Super-Möchtegern-Playboys lag bei null.

All diese Fakten (1. bis 4.) lassen sich ausschließlich biologisch und nicht sozio-kulturell erklären: Die im Verlaufe der Wirbeltierevolution herausgebildete Anisogamie und der Sexual-Dimorphismus sind die Ursachen dieser geschlechter-spezifischen Verhaltensweisen bzgl. der erotischen Neigung/Partnerwahl (Morbeck et al. 1997) (Abb. 10.3, 10.4).

## Gender-Ideologie als kreationistisches Gedankengut: Unabhängige Belege

Während der Monate April bis November 2015, als das hier dargelegte Faktenmaterial in Buchform gebracht worden ist, pflegte ich mit einem Berliner Fachkollegen einen konstruktiven Gedankenaustausch. Der Biologe äußerte sich bzgl. meiner Genderismus-Analyse u. a. wie folgt: „Man macht sich mit Kritik, auch wenn sie konstruktiv ist, leider nicht beliebt, insbesondere dann nicht, wenn sich diese gegen aktuell moderne Trends richtet. Ich teile nicht nur Ihre Kritik am Kreationismus, sondern auch die am Genderismus. Ich gehe wie Sie davon aus, dass alle Phänomene sexueller Identitäten rein biologischen Ursprungs sind, wobei auch die Neurobiologie eine entscheidende Rolle spielen kann. Spirituelle Erklärungsversuche einer angeblich rein gesellschaftlich zustande kommenden Geschlechteridentität lehne ich als eine Version kreationistischen Denkens ab. Dies berührt im Übrigen nicht meine Toleranz für verschiedene Lebensentwürfe, zu denen auch Phänomene wie Transsexualität etc. gehören."

Zur Frage bzgl. einer vermeintlichen Unterdrückung der Frauen durch Männer im Berufsleben (Abb. 10.5) äußerte sich der Fachkollege wie folgt: „Auch weise ich eine irgendwie geartete, eher spirituell und mystisch-geheimnisvoll anmutende Schuld der Gesellschaft oder gar der Männerwelt daran ab, dass Frauen seltener in bestimmten beruflichen Positionen landen als Männer. Offenbar verfügen Frauen aus Gründen ihrer Biologie über manche Fähigkeiten nicht, die dazu notwendig sind, in bestimmte berufliche Stellungen zu gelangen. Dies ist keine Diskriminierung der Frau. Frauen verfügen gemäß der Verhaltensbiologie, aber auch der Neurobiologie, über gleichwertige intellektuelle Fähigkeiten von Problembewältigungen. Doch die Hirnmorphologien unterscheiden sich ebenso wie die Denkstrategien. Daraus eine boshafte Unterdrückung der Frau durch den Mann zu konstruieren, halte ich für ebenso falsch wie unwissenschaftlich. Auch zu diesen Behauptungen sind mir keine fundierten Erklärungsversuche bekannt. Ich stufe sie daher ebenfalls als kreationistische Ansätze ein."

Das damit verbundene Verfahren, Männer zu benachteiligen, wurde von diesem originellen „Selbstdenker" mit den folgenden Worten kommentiert: „Die per se-Bevorzugung weiblicher Bewerber, zum Beispiel in den Naturwissenschaften, richtet großen Schaden an. Frauen gelangen rein aufgrund ihres Geschlechts in gute Positionen, ohne je die Erfahrung machen zu müssen, dass Karriere mit Durststrecken und Fleiß sowie besonderem Engagement verbunden ist. Sie können daher in vielen Fällen nicht anders als einen zu geringen Horizont in den ihnen geschenkten beruflichen Positionen aufzuweisen. Den Schaden trägt zum Beispiel die Wissenschaft; großen Schaden tragen außerdem auf der Strecke gebliebene, aber fähige männliche Wissenschaftler."

Zu den hochschulpolitischen Konsequenzen dieser GM-Agenda vertritt der Biologe die folgende Ansicht: „Die Dynamik in der willkürlichen Frauenbevorzugung hat beeindruckende Züge. An der Freien Universität Berlin gibt es für fast jedes Institut eine eigene Frauenbeauftragte. Männer hingegen haben keine Anlaufstelle und keine Lobby. Es gibt dort nicht einmal einen neutralen Gleichstellungsbeauftragten." Diese Tatsache ist eine eklatante Verletzung der Männer-Rechte; der angesprochene Aspekt wurde sachkundig und umfassend von anderen Autoren behandelt (s. Farrell 1993, Hoffmann 2007, Sonnefeld 2005, 2014).

Auch zum Thema „Homo-Ehe" erhielt ich zahlreiche Zuschriften. Ein Beispiel soll nachfolgend angeführt werden. Ein homoerotisch veranlagter Mann fasste seine Ansichten zur gleichgeschlechtlichen Ehe, wie sie u. a. im Rahmen der Politik-GM-Agenda gefordert wird, wie folgt zusammen: „Als Homo spreche ich mich gegen die vollwertige Ehe für Homosexuelle aus, weil ich weiß, dass die Mehrheit der Betroffenen die damit verbundene emotionale Nähe zu einer Person nicht auf sich nehmen will. Es geht nur um steuerliche Vorteile, insbesondere um Fragen der Staatsbürgerschaften. Wie bekomme ich trotz Unattraktivität und vorzeitiger Alterung aufgrund meines Drogenkonsums noch einen jungen, knackigen Partner, der mir so ohne Weiteres auch nicht weglaufen kann? Man heiratet einfach jemanden aus einem Drittweltland, der hofft auf wirtschaftliche Verbesserungen und gerät doch nur in die Unfreiheit! In Berlin ist halb Schöneberg bevölkert von jungen (homoerotischen) Brasilianern, alle ohne Ausbildung und ohne Job, ohne selbstständige Zukunftsaussichten. Sie alle berichten auf Anfrage, einen ‚älteren Mitbewohner' zu haben oder geben frei zu, mit einem älteren Mann verheiratet zu sein. Sie bekommen hierfür großzügige Geschenke, tragen nur Markenkleidung und besitzen stets das modernste und teuerste Handy. Zur Aufbesserung ihres Taschengeldes jedoch müssen sie sich etwas dazu verdienen, meist über Drogenhandel und Prostitution, weil sie darüber hinaus nichts können. Ich fordere daher eine Gleichstellung homosexueller Paare mit weniger Rechten als es jetzt schon gibt, um solche Phänomene zu unterbinden".

Da ich weder Einblicke in die deutsche (bzw. kalifornische) Homo-Szene noch Kontakte zu ihr habe, kann ich diese Einschätzung eines Insiders nicht kommentieren. Ich halte diese Stellungnahme dennoch für mitteilenswert – insbesondere bezüglich des 2017 beschlossenen Kindes-Adoptionsrechts für schwule Männer-„Ehepaare".

Kurz vor Fertigstellung der 1. Auflage des Buchtextes ist die Gender-Analyse der Politikwissenschaftlerin Repo (2016) erschienen. Die Autorin führt die Gender-Ideologie auf die widerlegten Thesen von John Money zurück und bestätigt somit die von mir aus zahlreichen Originalquellen zusammengetragenen Schlussfolgerungen.

## Sozial-Konstruktivismus und biblischer Schöpfungsglaube

Mein Vergleich der Gender-Ideologie mit dem Kreationismus, erstmals dargelegt im zensierten *hpd*-Beitrag vom 13. April 2015 (Kapitel 2) sowie auf *Spiegel Online* (04.09.2015) und im Magazin *Focus Online* (12.09.2015), ist auf besonders heftige Kritik und Widerstand gestoßen (s. auch das *rbb*-Interview in Kapitel 9 und Kissler 2015 sowie Frommel 2015). Vertreter dieser Geschlechter-Weltsicht haben mir in verschiedenen Schmähschriften vorgeworfen, ich würde ein „rechtsextremes Weltbild" sowie den „Rassismus" verbreiten. Daher möchte ich nachfolgend meine Analogiebetrachtung in einer weiterführenden Darlegung nochmals auf den Punkt bringen.

Das Fundamental-Dogma aller Gender Studies ist die Annahme, das Geschlecht des Menschen sowie andere gesellschaftliche Phänomene würden „sozial konstruiert" werden (Degele 2008, Hark und Villa 2015). Mit diesem durch keinerlei empirische Fakten belegbaren Glauben verfolgen die Sozial-Konstruktivisten ein politisches Ziel. Der Mensch sei auch dekonstruier- und daher beliebig formbar, nach dem

Gender-Motto: Heute hetero- und morgen homoerotisch gepolt; von der Frau zum Mann und umgekehrt usw. (Lorber 1995).

Diese in die Massenmedien (Mainstream) gebrachte GM-Politikagenda geht, wie bereits dargelegt, auf die Irrlehren von John Money (und Judith Butler) zurück (Abb. 1.1) und ist eine durch empirische Fakten widerlegte Illusion (Abb. 10.3, 10.4). Völlig analog denken und argumentieren die deutschen Kreationisten. Deren Glaubenssatz lautet, der biblische Schöpfergott (bzw. der Intelligent Designer) hätte vor maximal 10.000 Jahren „Grundtypen des Lebens" ins Dasein gerufen. Diese „göttlich konstruierten Basiswesen" (analog zu Adam und Eva) hätten sich dann über fiktive Hochgeschwindigkeits-Mikroevolutionsprozesse zur rezenten Biodiversität weiterentwickelt (Junker und Scherer 1986, 2013). Das politische Ziel der Intelligent Design (ID)-Kreationisten ist es, u. a. über Evangelische Bekenntnisschulen christlich-religiöse Missionierung zu betreiben.

Der imaginäre „Sozial-Konstrukteur" der Gender-Gläubigen ist ebenso ein Phantasieprodukt wie der biblische Designer-Gott, den wir auch, im kreationistischen Weltbild, als „Grundtypen-Konstrukteur" umdefinieren können.

Daraus folgt: GM entspricht ID, d. h. die Moneyistische Gender-These ist eine spezielle Variante des pseudowissenschaftlichen Menschen-Schöpfungsglaubens (s. S. 49). Da Gender Studies (wie die GM-Agenda) eine ideologisch-politische Grundlage haben, sind sie per definitionem unwissenschaftlich – ergebnisoffene Fragen werden in diesem Zweig der Sozialwissenschaften weitgehend ausgeklammert.

Genau wie die Kreationisten wissen die Gender-Studierenden, gemäß ihrem Fundamental-Unisex-Dogma, immer schon von Anfang an, was sie als Resultat ihrer Bemühungen finden werden. Eine empirische Grundlage, wie sie z. B. die Physiologie oder die Evolutionswissenschaft haben, ist in den Gender Studien bestenfalls rudimentär erkennbar. Weiterhin vermute ich, dass die Sozial-Konstruktivisten, die sich gerne auch als „Sozial-Ingenieure" aufspielen (beliebige Menschen-Formung), einem grundlegenden Irrtum unterliegen. Ihr soziologisch begründeter Konstruktivismus ist eine Fiktion: Menschen und andere Lebewesen konstruieren sich nicht selbst, sondern evolvieren im Laufe Jahrmillionen langer unvorhersehbarer, umweltabhängiger, über

Symbiogenese (Zellfusions)-Ereignisse, die Erdplatten-Dynamik und die gerichtete natürliche Selektion angetriebene Abstammungsprozesse (Kutschera 2009 a, b, c, 2015 a). Weiterhin verwechseln die Sozio-Konstruierenden möglicherweise das u. a. von der Neurobiologie angestoßene Konzept des Radikalen Konstruktivismus. In dieser naturwissenschaftlichen Disziplin geht es darum, die Frage zu klären, ob die vom Erkenntnisapparat unabhängige Wirklichkeit über unsere Wahrnehmung (und somit erforschbare neuronale Hirnprozesse) hervorgerufen wird.

Zum Rassismus-/Rechtsradikalentum-Vorwurf der beleidigten Gender-Fraktion sei der Hinweis erlaubt, dass der US-Kindermisshandler John Money, wie auch führende deutsche Kreationisten (u. a. Mitglieder der *Zeugen Jehovas*), exakt in dieser Weise ihre Kritiker attackiert haben. In den Monographien *Streitpunkt Evolution* und *Kreationismus in Deutschland* (Kutschera 2004, 2007 a) bin ich im Detail auf die Anti-U.Kutschera-Hasskampagnen christlicher Fanatiker eingegangen, die seit 2015 von deutschen Gender-Ideologen nachgeahmt werden (s. auch Blancke et al. 2014).

Die Frage, ob der streng christlich-evangelikal erzogene John Money ein Kreationist war, kann nicht eindeutig beantwortet werden. In seinen wichtigsten Publikationen (Money 1952, 1963, 1975, 1985, 1988, Money et al. 1955, Money und Ehrhardt 1972, Money und Tucker 1975) fehlen direkte Bezüge zur Biologie und Evolution (keine Darwin-, Wallace- und Weismann-Referenzen). Wie Vandermassen (2005) darlegt, war Money ein feministischer Sozialwissenschaftler mit deutlich ausgeprägter Biophobie. Diese Abneigung gegenüber den Biowissenschaften kommt exemplarisch in der überheblich-abfälligen Money-Kritik zum Ausdruck, die z. B. der Biologe Diamond (1965, 2004) hinnehmen musste. John Money hat sich offiziell von seinem in der Kindheit eingeimpften religiösen Glauben gelöst (Bullough 2003), aber seine „Zwitter-Gott-Bibel-Exegese", kombiniert mit der für Sozialwissenschaftler typischen Biophobie, lassen die folgende Schlussfolgerung zu: Im Unterbewusstsein spielte der Gottes-Glaube möglicherweise eine Rolle, d. h. der Moneyismus hat vermutlich auch eine religiöse Komponente.

## Der Psychoterror vermännlichter Feministinnen und die Krebsgeschwür-Analogie

Das vorliegende Fachbuch trägt den Titel *Das Gender-Paradoxon*, wobei mir die Dissertation von Money (1952), in welcher der Autor u. a. sein verfehltes Gleichnis von den „paradoxen menschlichen Hermaphroditen" darlegt, als Inspiration gedient hat. Weiterhin wurde im Vorgänger-Werk *Design-Fehler in der Natur* das „Sauerstoff-Paradoxon" abgehandelt (Kutschera 2013 a), und in einigen Kapiteln haben wir bereits Paradoxa in Bezug zum Gender-Thema dargestellt.

In diesem Abschnitt wollen wir das seit einigen Jahren in Fachkreisen diskutierte „Feminismus-Paradoxon" thematisieren und die folgende Frage behandeln: Durch welche biologischen Eigenschaften sind typische Gender-Ideologinnen (d. h. Vertreterinnen des radikal-fundamentalistischen, sekten-artigen Feminismus) ausgezeichnet? In einer lesenswerten Monographie hat Scharff (2012) den Begriff „Feminist paradox" definiert. Worum geht es hierbei?

Obwohl etwa 75 % aller US-Frauen (und ca. 47 % der Männer) es für wichtig halten, die Rechte der Frauen in allen Lebensbereichen zu berücksichtigen (Verfechter der Gleichberechtigung, zu welchen auch der Autor zählt), bezeichnen sich nur 16 bis 30 % aller Frauen als Feministinnen. Dieses Paradoxon – die Gender-Vertreterinnen versprechen allen Frauen eine bessere Welt, werden aber nur von einer Femina-Minderheit respektiert, hat teilweise ganz banale Ursachen. In einer repräsentativen Umfrage unter jungen Frauen (England, Deutschland) hat Scharff (2012) nachgewiesen, dass ca. 75 % der befragten Damen die Ideologie des Feminismus als „unweiblich, assoziiert mit Lesbentum und Männerhass" einstufen. In der radikalisierten Version der GM-Ideologie werden Männer als Vergewaltiger, Verbrecher, Frauen-Schänder usw. bezeichnet und die weltweit in allen Kulturen seit Jahrhunderten etablierte Familie (Vater, Mutter mit Kindern) abgelehnt bzw. bekämpft (Zastrow 2006, Schulze et al. 2012).

Etwas subtiler nachgefragt, kann das Feministinnen-Paradoxon in der folgenden Hypothese zusammengefasst werden: Sind radikale Gender-Vertreterinnen besonders maskuline (vermännlichte) Frauen? Diese Problematik hat das gemischt-geschlechtlich zusammengesetzte

Forscherteam Madison et al. (2014) ergründet. Auf einer Feministinnen-Party in Schweden wurden die Teilnehmerinnen (Alter 20 bis 45 Jahre) bzgl. ihrer vorgeburtlichen Testosteron-Exposition (Fingerlängen-Test D2/D4, s. Vermeesch et al. 2008) und der Eigenschaften Dominanzverhalten/Aggressivität untersucht. Als Kontrollgruppe diente eine gleichaltrige Population durchschnittlich heteronormaler Standard-Frauen. Das Resultat war wie erwartet: Vertreterinnen der Gender-Ideologie sind durch ein kleineres D2/D4-Verhältnis (in männliche Richtung) als Durchschnittsfrauen und dominant-aggressive Charaktereigenschaften gekennzeichnet. Diese Daten unterstützen die Maskulinisierungs-Hypothese (Scharff 2012) und belegen, dass Feministinnen vermännlichte, von der weiblich-empathischen Norm in Richtung „dominanter Herrscher" abweichende Personen sind (Madison et al. 2014). Populationsbiologisch betrachtet, repräsentieren sie den „rechten Rand" der Normalverteilung im Maskulinisierungs-Spektrum (links beginnt diese Glockenkurve mit femininen Frauen, in der Mitte ist der Durchschnitt angesiedelt, und rechts sammeln sich dann die vermännlichten Damen an).

Schlussfolgerung: Die Mehrheit der Normalfrauen (ca. 75 %), die den Genderismus ablehnen, wird von einer kleinen, meist kinderlosen und lesbisch veranlagten selbsternannten „Befreierinnen-Minderheit" (Mann-Weiber) terrorisiert (Abb. 10.5). Diese durch wissenschaftliche Studien belegte Schlussfolgerung (Scharff 2012, Madison et al. 2014) kann leicht überprüft werden – man schaue sich nur die Physiognomien prominenter Gender-Damen an, und man wird diese These bestätigt finden. Wie Buss (1989), Sefczek et al. (2007) und andere Autoren gezeigt haben, mögen die meisten Männer keine vermännlichten „Kampf-Emanzen", sondern bevorzugen feminine, fertile Frauen, die häuslich und kinderlieb sind: Gegensätze ziehen sich an. Dennoch breitet sich die männerfeindliche GM-Anti-Normalfrauen-Agenda stetig aus.

Wie im *Vorwort* erwähnt, wurde im Februar 2015-Entwurf zum Bildungsplan 2016 des Bundeslandes Baden-Württemberg eine Früh-Sexualisierung der Schüler à la Money (1988) vorgeschlagen. Nach heftigen Protesten wurde dann im September 2015 das Moneyistische Gedankengut aus diesen Bildungsvorgaben entfernt und es ist nur noch der folgende diesbezügliche Inhalt nachlesbar: Die „Sexualität des Menschen" wird unter dem Leitmotiv „Toleranz" abgehandelt. Die Schüler sollen „unterschiedliche Formen der sexuellen Orientierung wertfrei beschreiben können und werden über die im Grundgesetz beschriebene besondere Stellung der Familie aufgeklärt" (Internet-Dokumente 09/15).

Trotz dieses bescheidenen Sieges der Vernunft ist die „Gender-Agenda" (O'Leary 1997, Zastrow 2006, Repo 2016) eine deutsche Erfolgsgeschichte ohne Beispiel. Wie aus einem Artikel in der Tageszeitung *Die Welt* vom 15. März 2015 hervorgeht, gab es im 50. Geburtstagsjahr des Money-Opfers Bruce (David) Reimer (1965–2004) 146 Gender-Professuren an deutschen Universitäten plus 50 an Fachhochschulen. Diese Zahl, bestätigt in der Monographie von Meiners und Bauer-Jelinek (2015), entspricht in etwa den 191 Pharmazie-Professuren im gesamten Bundesgebiet. Da die Hochschul-Gender-Lehrstellen zu 95 % von Frauen besetzt sind, andererseits aber die GM-Vorgabe einer 50 : 50-Quote für alle Lebensbereiche gilt, liegt hier ein weiteres Gender-Paradoxon vor. Bei über 2.000 weiblichen Hochschul-Gleichstellungsbeauftragten, den in Kapitel 3 erwähnten LaKoF-Veranstaltungen und vielen anderen Gender-Projekten (Studiengänge usw.) wird eine Sache klar: Es geht hierbei primär um den Abzug von staatlichen Geldern im Rahmen eines politischen Umerziehungsprogramms. Wie Degele (2008) erwähnt, sind die „Gender Studies" ohnehin keine echte Wissenschaft, sondern als getarnte Frauen-Politik zu kennzeichnen.

Aus diesen Gründen bleibe ich bei meiner *hpd*-Aussage vom 13. April 2015, mit der diese Anti-Gender-Agenda eröffnet worden ist. Die Gender Studies sind, mit ihrem GM-Politikprogramm, eine mit dem Kreationismus geistesverwandte universitäre Pseudowissenschaft bzw. ein akademischer Wildwuchs, der sich wie ein Krebsgeschwür ausbreitet und seinem Wirtskörper Hochschule die Lebensgrundlage streitig macht (Abzug vitaler Ressourcen, Einmischung bzw. Ideologisierung naturwissenschaftlicher Fachgebiete, Verunstaltung der Sprache durch Unisex-Begriffe und ganz allgemein eine Diskreditierung des gesamten universitären Forschungs- und Lehrbetriebs).

Unabhängig von meiner Bewertung kommt der Evolutionsbiologe Meyer (2015) zum selben Resultat: „Paradoxerweise macht gerade die Ideologie, die die Bedeutung des biologischen Geschlechts kleinredet, das biologische Geschlecht zu einem entscheidenden Qualifikationsmerkmal für den Beruf!" Zum GM-Politprogramm äußerte sich der Naturwissenschaftler wie folgt: „Gender Mainstreaming basiert auf einer die biologischen Fakten großteils ignorierenden politischen Ideologie" (Meyer 2015). Anders gesagt: die Biophobie ist integraler Bestandteil der GM-Politikagenda, die wir auch als Staats-Feminismus bezeichnen können.

## Opportunistisches Gegendere als Leitprinzip: Money, Money, Money …

In Kapitel 2 wurde erwähnt, dass der Berliner *hpd* ursprünglich geplant hatte, im September 2015 eine Diskussions-Serie zur Gender-Frage zu eröffnen, an der ich beteiligt sein sollte. Dieser Plan wurde jedoch nicht realisiert. Stattdessen hat dann aber der Berliner *Tagesspiegel* ab September 2015 eine Artikel-Serie „Gender in der Forschung" publiziert, ohne dass eine Gegendarstellung vorgesehen war. Die beiden ersten Beiträge sind für uns von besonderem Interesse. Im Artikel von Ilse Lenz „Keine Angst vor dem bösen Gender" (1.9.2015) wird u. a. das Money'sche Prinzip der Diskreditierung aller Gender-Kritiker als „rechtsradikale Anti-Frauenrechtler" vorgestellt. Männer werden als „Frauenunterdrücker" gekennzeichnet (Abb. 10.5) und die Biologie unter die Knute der irrationalen Gender-Ideologie gestellt. So sollen Biologen im Mikroskop keine wirklich vorhandenen Zellen sehen, sondern kulturell geformte Konstrukte erkennen. Money-Verteidigerin Judith Butler wird lobend erwähnt, wie auch die amtierende Bundeskanzlerin – diese soll stetig „Gender machen".

Nur wenige Tage nach Erscheinen dieses GM-Werbeartikels hat die allmächtige (kinderlose) Alpha-Frau Deutschlands verkündet, dass ab sofort (5. Sept. 2015) „unbegrenzt Bürgerkriegsflüchtlinge aus Syrien" in die Bundesrepublik Deutschland einreisen dürfen. Bis zum 15. Oktober 2015 (innerhalb von 6 Wochen) wurden diesem Lockruf der Kanzlerin folgend ca. 409.000 Personen erfasst (die reale Zahl der Einwanderer ist unbekannt). Etwa die Hälfte stammt aus Syrien, der Rest aus anderen, bevorzugt arabisch-afrikanischen Regionen der Welt, wo kein Bürgerkrieg herrscht. Wie unabhängige Berichte und Bilder belegen, waren unter den Einwanderern ca. 80 % gesunde junge Männer zwischen 18 und 28 Jahren, aber nur ca. 10 % Frauen mit Kindern. Gemäß der GM-Leitvorgabe der Bundeskanzlerin und ihrem Hofstaat gilt aber für alle Lebensbereiche die 50 : 50-Mann-Frau-Quotenregelung. Diese wird bei ca. 8 Männern pro einer Frau (plus 1 Kind) paradoxerweise missachtet. Da die jungen, Testosteron-getriebenen Männer aus „Kriegsregionen, wo Elend und Not herrschen“ stammen sollen, ergibt sich die Frage, wie denn dort die zurückgelassenen Frauen und Kinder bis zum geplanten Nachzug schutzlos überleben sollen, und warum fast nur die jungen Männer davongelaufen sind (bis 02/2018 ca. 1.5 Millionen Zuwanderer; wer soll nach Beendigung des Krieges das Land wieder aufbauen – die „Trümmerfrauen“ mit ihren Kindern?).

Die Moneyistische Gender-Ideologie beantwortet dieses Zuwanderer-Quoten-Paradoxon wie folgt (Abb. 10.1): Mann und Frau sind dieser Glaubenslehre gemäß biologisch gleiche Unisex-Wesen – die Damen mit Nachwuchs sind dann ganz einfach selbst daran schuld, dass sie nicht, wie ihre sportlichen Männer, davonlaufen. Wer zuerst flüchtet, kommt ins sichere Sozialhilfe-Gender-Germany, nach dem Motto: „Gesund-kräftige Jungmänner vorweg, Mütter und Kinder zuletzt“. Aus Sicht der Evolutionsforschung ergibt sich mit der „Flüchtlingskrise“ langfristig das folgende populationsbiologische Problem. Frauen empfinden die Massen-Zuwanderung junger, männlicher Fachkräfte aus fremden Kulturen, darunter nach Medienberichten Sept. 2015 viele syrische Ärzte, in der Regel als Bereicherung. Normale Männer sehen das aber anders und reagieren, Testosteron-gesteuert, abweisend bis aggressiv auf diese Konkurrenten aus anderen Kulturen (Grundprinzip: „male competition vs. female choice“, s. Chapman 2006, Kappeler 2006, Krebs und Davies 2012).

Die oben beschriebene opportunistische Gender-Moral kommt in einer ministeriellen Werbe-Postkarte, verteilt vom BFSFJ zum 25. Jahrestag der deutschen Wiedervereinigung, vortrefflich zum Ausdruck (Abb. 10.6). Die Botschaft lautet wie folgt. Eine kräftige, junge Frau kann ebenso wie ihr verweiblichter Mann mit einer schweren Kettensäge arbeiten und als Holzfällerin ihr Geld verdienen – das grobe Werkzeug ist ein adäquater Baby-Ersatz. Es ist offensichtlich, dass sich ca. 75 % der nicht-feministischen Normalfrauen (Scharff 2012, Madison et al. 2014) mit diesem Holzfällerbraut-Gleichnis auf den Arm genommen fühlen, aber unseren Testosteron-gesteuerten Kampf-Emanzen spricht dieses Bild aus dem Herzen.

Kommen wir zum zweiten Beitrag in der Serie „Gender in der Forschung“. Am 8.9.2015 behauptete Kerstin Palm im Berliner *Tagesspiegel* unter dem Titel „Das Biologische ist auch sozial“, dass in den *Life Sciences* eine männerzentrierte (androzentrische) und oft „das Weibliche verunglimpfende“ Perspektive verbreitet werde. Des Weiteren beklagt die Genderistin „sexistische Verunglimpfungen“ von Frauen in der biologischen Literatur sowie eine „Ideologie des Androzentrismus“. Die medizinische Grundlagenforschung sei auf männliche Versuchstiere ausgerichtet. Als Lösung schlägt sie vor, männliche und weibliche Tiere für Experimentalstudien einzusetzen, um eine „geschlechtergerechte Medizin“ vorzunehmen (Chrisler und McCreary 2010).

Die Behauptung, in der seriösen biologischen Fachliteratur würde „das Weibliche sexistisch verunglimpft“, ist absurd und entbehrt jeglicher Grundlage. Die erwähnte Gender-Dame möge die Postkarte aus dem BFSFJ betrachten (Abb. 10.6) – dort wird, im Rahmen der GM-Agenda, das „Weibliche“ lächerlich gemacht und die Ideologie vermittelt, Normal-Frauen wären als kinderlose Kettensäge-Waldarbeiterinnen genauso zufrieden wie als Mütter leiblicher Kinder. Es sei an die bereits zitierten Werke von Darwin (1859, 1862, 1866, 1872) und Wallace (1889, 1900, 1905, 1913) erinnert. In keinem Satz haben diese Pioniere der Evolutionsforschung, wie z. B. auch Weismann (1883, 1886, 1889, 1892, 1913), Mayr (1982, 2001, 2004) oder Dawkins (1976, 2006) Frauen-verachtende Thesen publiziert, wie sie jedoch über die BFSFJ-Postkarte gleichnishaft verbreitet werden.

Die Berliner Gender-Ideologin vereinnahmt, wie auch andere ihrer Kolleginnen, die geschlechtergerechte Biomedizin (GB), und das ist das zentrale, bereits in früheren Kapiteln angesprochene Gender-Paradoxon. Die GM-Ideologie geht von dem Money'schen Unisex-Menschen aus, d. h. sie ist eine pseudowissenschaftliche Frau-gleich-Mann-Religion (Abb. 10.1, 10.6). Paradoxerweise befürworten aber viele Moneyistinnen dennoch die GB, d. h. ein naturwissenschaftliches Forschungsprogramm, das auf den evolvierten *Unterschieden* der Geschlechter basiert (Abb. 10.3, 10.4). Ähnlich wie die deutschen Kreationisten Junker und

**Abb. 10.6**: Postkarte aus dem Bundesministerium für Familie, Senioren, Frauen und Jugend (BFSFJ) zur Bewerbung der Gender Mainstreaming (GM)-Politikagenda (*unten*), ergänzt durch die Kernthesen des Moneyismus plus Hermaphroditen-Bilder (Meeresqualle, Regenwurm) (*oben*). Das BFSFJ-Foto verdeutlicht das Ideal dieses neuen deutschen Menschenbildes: Verweiblicht-unterdrückter Mann und eine Holzfäller-Domina, die statt einem Baby auch gerne eine schwere Kettensäge im Arm hält (harte Männerarbeit als Kinder-Ersatz) (ergänzt nach einer Werbekarte des BFSFJ, 2015).

Scherer (1986, 2013) vermischen die Gender-Ideologinnen Fiktionen (Glaubensinhalte) mit Fakten (Tatsachen) und basteln sich dann ihr irrationales Weltbild zusammen (Degele 2008, Schößler 2008, Allmendinger 2009, Braun und Stephan 2013, Hark und Villa 2015). Die zitierten Damen mögen sich an der Künstlerin und Biologin Maria S. Merian sowie anderen kreativen Frauen (z. B. der Schriftstellerin Johanna Schopenhauer) ein Beispiel nehmen. Diese *edlen Ladies* waren echte, mutige

Vorkämpferinnen für eine rationale Gleichberechtigung und verdienen daher mehr Beachtung und Respekt als bisher (Ray 2015, Swaby 2015).

Während der pseudowissenschaftliche Kreationismus, mit dem biblischen Schöpfer und dem geopferten Sohn Jesus als Symbolträger, zumindest vielen Gläubigen Trost und Zufriedenheit bringt, hat der Genderismus, mit „Gottvater" John Money und dem missbrauchten, in den Selbstmord getriebenen Opfer Bruce (David) Reimer als Leitfiguren, den Frauen insgesamt erhebliche Nachteile gebracht (Spreng 2015). Wie die Soziologinnen Stevenson und Wolfers (2009) im Detail nachgewiesen haben, ist die Selbst-Zufriedenheit der Frauen in den USA und Europa zwischen 1972 (vor Beginn der Feministinnen-Agenda) und 2006 (intensive GM-Propaganda) deutlich zurückgegangen, obwohl gleichzeitig die Lebensbedingungen für die Damenwelt erheblich verbessert werden konnten (u. a. bedingt durch Fortschritte in der Biomedizin). Dieser Verlust an weiblichem Lebensglück steht im Kontrast zur relativ konstanten Zufriedenheit der Männer – die meisten Herren ignorieren die GM-Agenda oder betrachten sie als kurioses Schauspiel. Diese Fakten (Stevenson und Wolfers 2009) belegen, dass der Moneyismus, im Gegensatz zur Gender Biomedizin, vielen Normal-Frauen erheblichen psychischen Schaden zugefügt hat, obwohl die GM-Ideologie, paradoxerweise, den Steuerzahler unvorstellbar viel Geld kostet:

„Money, Money, Money..."

lautet das *Credo* der vermännlichten „Mitgliederinnen" dieser biophoben, radikal-feministischen Gender-Sekte (Abb. 10.6).

# Literatur

Abendroth, W. (1982) Arthur Schopenhauer. Rowohlt Verlag, Reinbek bei Hamburg.

Ah-King, M. (Ed.) (2013) Challenging Popular Myths of Sex, Gender and Biology. Springer-Verlag, Berlin, New York.

Ah-King, M. (2014) Genderperspektiven in der Biologie. Philipps-Universität Marburg, Marburg.

Ainsworth, C. (2015) Sex redefined. Nature 518, 288–291.

Alexander, G. M., Saenz, J. (2012) Early androgenes, acitivty levels and toy choices of children in the second year of life. Horm. Behav. 62, 500–504.

Allmendinger, J. (2009) Frauen auf dem Sprung. Wie junge Frauen heute leben wollen. Verlag Pantheon, München.

Annas, G. J. (1997) Standard of Care: The Law of American Bioethics. Oxford University Press, Oxford.

Anthes, N., Putz, A., Michiels, N. K. (2005) Gender trading in a hermaphrodite. Curr. Biol. 15, R792–R793.

Austad, S. N. (2015) The human prenatal sex ratio: A major surprise. Proc. Natl. Acad. Sci. USA 112, 4839–4840.

Bachinger, E. M. (2015) Kind auf Bestellung. Ein Plädoyer für klare Grenzen. Deuticke Verlag, Wien.

Bagemihl, B. (1999). Biological Exuberance: Animal Homosexuality and Natural Diversity. St. Martin's Press, New York.

Bao, A.-M., Swaab, D. F. (2011) Sexual differentiation of the human brain: Relation to gender identity, sexual orientation and neuropsychiatric disorders. Front. Neuroendocrinol. 32, 214–226.

Beauvoir, S. de (1949) Das andere Geschlecht. Sitte und Sexus der Frau. Rowohlt Taschenbuchverlag, Reinbeck bei Hamburg (1992).

Behlau, W. (2015) Distelblüten – Russenkinder in Deutschland. Conthor Verlag, Ganderkesee.

Bell, G. (1982) The Masterpiece of Nature. The Evolution and Genetics of Sexuality. University of California Press, Berkeley.

Bellott, D. W., Hughes, J. F., Skaletsky, H. et al. (2015) Mammalian Y-chromosomes retain widely expressed dose-sensitive regulators. Nature 508, 494–499.

Beltz, A. M., Swanson, J. L., Berenbaum, S. A. (2011) Gendered occupational interests: Prenatal androgen effects on psychological orientation to things versus people. Horm. Behav. 60, 313–317.

Bergfeld, R. (1977) Sexualität bei Pflanzen. Verlag Eugen Ulmer, Stuttgart.

Blackless, M., Charuvastra, A., Derryck, A., Fausto-Sterling, A., Lauzanne, K., Lee, E. (2000) How sexually dimorphic are we? Review and synthesis. Amer. J. Hum. Biol. 12, 151–166.

Blancke, S., Hjermitslev, H. H., Kjaergaard, P. C. (Eds.) (2014) Creationism in Europe. Johns Hopkins University Press, Baltimore.

Bogaert, A. F., Skorska, M. (2011) Sexual orientation, fraternal birth order, and the maternal immune hypothesis: A review. Front. Neuroendocrinol. 32, 247–254.

Bogaert, A. F., Skorska, M. N., Wang, C., Gabrie, J., MacNeil, A. J., Hoffarth, M. R., Van der Laan, D. P., Zucker, K. J., Blanchard, R. (2018) Male homosexuality and maternal immune responsivity to the Y-linked protein NLGN4Y. Proc. Natl. Acad. Sci. USA 115, 302–306.

Braun v., C., Stephan, F. (Hg.) (2013) Gender @ Wissen: Ein Handbuch der Gender-Theorie. Böhlau Verlag, Wien, Köln, Weimar.

Brooks, W. K (1883) The Law of Heredity. A Study of the Cause of Variation and the Origin of Living Organisms. John Murphy, Baltimore.

Brown, H. (2014) Marx on Gender and the family: A summary. Monthly Review – An Independent Socialist Magazine 66/02, 1–12.

Bublitz, H. (2002) Judith Butler zur Einführung. Junius Verlag, Hamburg.

Bullough, V. L. (2003) The contributions of John Money: A personal view. J. Sex. Res. 40, 230–236.

Butler, J. (1990) Gender Trouble. Routledge, New York.

Butler, J. (2004) Doing Gender. Routledge, New York.

Buss, D. M. (1989) Sex differences in human mate preferences: Evolutionary hypotheses tested in 37 cultures. Behav. Brain. Sci. 12, 1–49.

Buss, D. M. (2015) Evolutionary Psychology: The New Science of the Mind. 4th Ed. Allyn & Bacon, Boston.

Cahill, L. (2014) Fundamental sex differences in human brain architecture. Proc. Natl. Acad. Sci. USA 111, 577–578.

Camperio Ciani, A., Battaglia, U., Zanzotto, G. (2015) Human homosexuality: A paradigmatic arena for sexually antagonistic selection? Cold Spring Harb. Perspect. Biol. doi:10.1101/cshperspect.a017657

Carrel, L., Willard, H. F. (2005) X-inactivation profile reveals extensive variability in X-linked gene expression in females. Nature 434, 400–404.

Chapman, T. (2006) Evolutionary conflict of interest between males and females. Curr. Biol. 16, R744–R754.

Chrisler, J. C., McCreary, D. R. (Eds.) (2010) Handbook of Gender Research in Psychology. Springer Science & Business Media, New York.

Churchill, F. B., Risler, H. (Hg.) (1999) August Weismann. Ausgewählte Briefe und Dokumente. Bd. 1 u. 2. Universitätsbibliothek Freiburg, Freiburg i. Br.

Churchill, F. B. (2015) August Weismann. Development, Heredity and Evolution. Harvard University Press, Cambridge, Massachusetts.

Clay, Z., Zuberbühler, K. (2012) Communication among female bonobos: sex effects of dominance, solicitation and audience. Scientific Reports 2/291, 1–8.

Colapinto, J. (2000) As Nature Made Him: The Boy Who Was Raised as a Girl. Harper Perennial, New York.

Coleman, E. (Ed.) (1991) John Money: A Tribute. On the Occasion of His 70th Birthday. The Haworth Press, New York.

Darwin, C. (1859) On the Origin of Species by means of Natural Selection, or the Preservation of Favoured Races in the Struggle for Life. John Murray, London (6. Ed., 1872).

Darwin, C. (1862) On the Various Contrivances by which British and Foreign Orchids are fertilized by Insects. John Murray, London.

Darwin, C. (1868) The Variation of Animals and Plants under Domestication. Vols. 1 and 2. John Murray, London.

Darwin, C. (1871) The Descent of Man, and Selection in Relation to Sex. Vols. 1 and 2. John Murray, London.

Dawkins, R. (1996) The Blind Watchmaker. W. W. Norton & Company, New York.

Dawkins, R. (2006) The God Delusion. Bantam Books, New York.

Dean III, D. C., Planalp, E. M., Wooten, W. et al. (2018) Investigation of brain structure in the 1-month infant. Brain Struct. Funct., doi.org/10.1007/s00429-017-1600-2.

Deaux, K. (1985) Sex and Gender. Annu. Rev. Psychol. 36, 49–81.

Degele, N. (2008) Gender/Queer-Studies. Eine Einführung. W. Fink, Paderborn.

Del Giudice, M., Booth, T., Irwing, P. (2012) The distance between Mars and Venus: Measuring global sex differences in personality. Plos One 7/1: e29265.

Delph, L. F., Wolf, D. E. (2005) Evolutionary consequences of gender plasticity in genetically dimorphic breeding systems. New Phytol. 166, 119–128.

Diamond, M. (1965) A critical evaluation of the ontogeny of human sexual behavior. Quart. Rev. Biol. 40, 147–175.

Diamond, M. (2004) Sex, gender and identity over the years: a changing perspective. Child & Adolescent Psychiatric Clinics of North America 13, 591–607.

Diamond, M., Sigmundson H. R. (1997) Sex reassignment at birth. Long-term review and clinical implications. Arch. Pediatric Adolescent Med. 151, 298–304.

Dickinson, T. (2015) Curing Queers: Mental Nurses and Their Parents, 1935–1974. Manchester University Press, Manchester.

Ellis, L., He, P. (2014) Sex differences in fetal activity and childhood hyperactivity. Res. J. Dev. Biol. doi:10.7243/2055-4796-1-1, 1–6.

Emerson, S. B. (2008). The giant tadpole of *Pseudis paradoxa*. Biol. J. Linn. Soc. 34, 93–104.

Farrell, W. (1993) The Myth of Male Power. Why Men are The Disposable Sex. Berkley Trade, New York.

Federman, D. D. (2006) The biology of human sex differences. N. Engl. J. Med. 354, 1507–1514.

Frommel, M. (2015) Gender: Plädoyer für postfeministische Forschung. Novo Argumente-Online. Artikel 00025-12, 1–8.

Futuyma, D. J. (2005) Evolution. Sinauer Associates, Sunderland, Massachusetts.

Gärditz, K. (2018) Politisches Mäßigungsgebot und verbeamtete Wissenschaft. Forschung & Lehre 25/2, 116–118.

Galster, I. (2015) Simone de Beauviour und der Feminismus. Argument Verlag, Hamburg.

Gaupp, E. (1917) August Weismann – Sein Leben und sein Werk. Verlag Gustav Fischer, Jena.

Geber, M. A., Dawson, T. E., Delph, L. F. (Eds.) (1999) Gender and Sexual Dimorphism in Flowering Plants. Springer-Verlag, Berlin Heidelberg.

George, S. (2014) Carl Linnaeus, Erasmus Darwin und Anna Seward: Botanical Poetry and female education. Sci. & Educ. 23, 673–694.

Gilbert, S. F. (2006) Developmental Biology. 8th Ed. Sinauer Associates, Sunderland, Massachusetts.

Graf, D., Lammers, C. (Hg.) (2015) Anders heilen? Wo die Alternativmedizin irrt. Alibri Verlag, Aschaffenburg.

Graves, J. A. (2015) Differences between men and women are more than the sum of their genes. The Conversation-July 30/015, 1–4.

Grebe, K. (1992) Georg Philipp Telemann. Rowohlt Taschenbuch Verlag, Reinbek bei Hamburg. 8. Auflage.

Haeckel, E. (1866) Generelle Morphologie der Organismen. Allgemeine Grundzüge der organischen Formen-Wissenschaft, mechanisch begründet durch die von Charles Darwin reformierte Descendenz-Theorie. Verlag von Georg Reimer, Berlin.

Haig, D. (2004) The inexorable rise of gender and the decline of sex: Social change in academic titles, 1945–2001. Arch. Sex. Behav. 33, 87–96.

Hakim, C. (2011) Honey Money: The Power of Erotic Capital. Allan Lane, London.

Hamlin, K. A. (2014) From Eve to Evolution: Darwin, Science, and Women's Rights in Gilded Age America. University of Chicago Press, Chicago.

Hark, S., Villa, P.-I. (Hg.) (2015) Anti-Genderismus. Sexualität und Geschlecht als Schauplätze aktueller politischer Auseinandersetzungen. Transcript Verlag, Bielefeld.

Hartmann, M. (1946) Die Sexualität. Das Wesen und die Grundgesetzlichkeiten des Geschlechts und der Geschlechtsbestimmung im Tier- und Pflanzenreich. Verlag Gustav Fischer, Jena.

Hartmann, M. (1947) Allgemeine Biologie. Eine Einführung in die Lehre vom Leben. Verlag Gustav Fischer, Jena.

Hassett, J. M., Siebert, E. R., Wallen, K. (2008) Sex differences in rhesus monkey toy preferences parallel those of children. Horm. Behav. 54, 359–364.

Helm, E. (1977) Peter I. Tschaikowsky. Rowohlt Taschenbuchverlag, Reinbeck bei Hamburg.

Hermanussen, M. (Hg.) (2013) Auxology: Studying Human Growth and Development. Schweizerbart, Stuttgart.

Hilgemann, M., Kortendiek, B., Knauf, A. (Erarbeiterinnen) (2012) Geschlechtergerechte Akkreditierung und Qualitätssicherung – Eine Handreichung. Analysen, Handlungsempfehlungen & Gender Curricula. 2. Auflage. Studiennetzwerk Frauen- und Geschlechterforschung NRW. Universität Duisburg-Essen, WAZ Druck, Essen.

Hines, M. (2011) Prenatal endocrine influences on sexual orientation and on sexually differentiated childhood behavior. Front. Neuroendocrinol. 32, 170–182.

Höxtermann, E., Hilger, H. (Hg.) (2007) Lebenswissen. Eine Einführung in die Geschichte der Biologie. Verlag Natur & Text, Rangsdorf.

Hoffmann, A. (2007) Männer-Beben. Das starke Geschlecht kehrt zurück. Lichtschein Medien und Werbung, Düsseldorf.

Hoppe, T., Kutschera, U. (2010) In the shadow of Darwin: Anton de Bary's origin of myxomycetology and a molecular phylogeny of the plasmodial slime molds. Theory Biosci. 129, 15-23.

Hossfeld, U. (2012) Biologie und Politik. Die Herkunft des Menschen. Landeszentrale für Politische Bildung Thüringen, Erfurt.

Hossfeld, U. (2016) Geschichte der biologischen Anthropologie in

Deutschland. Von den Anfängen bis in die Nachkriegszeit. 2. Auflage. F. Steiner-Verlag, Stuttgart.

Hübscher, A. (1987) Arthur Schopenhauer: Gesammelte Briefe. 2. Auflage. Bouvier Verlag Herbert Grundmann, Bonn.

Hughes, J. F., Page, D. C. (2015) The biology and evolution of mammalian Y-chromosomes. Annu. Rev. Genet. 49, 1–21.

Humphries, C. (2014) Sex differences: Luck of the chromosomes. Nature 516, S10–S11.

Hurn, P. D. (2014) 2014 Thomas Willis Award Lecture: Sex, stroke, and innovation. Stroke 45, 3725–3729.

Hyde, J. S. (2014) Gender similarities and differences. Annu. Rev. Psychol. 65, 373–398.

Ingalhalikar, M., Smith, A., Parker, D., Satterthwaite, T. D., Elliott, M. A., Ruparel, K., Hakonarson, H, Gur, R. E., Gur, R. C., Verma, R. (2014) Sex differences in the structural connectome of the human brain. Proc. Natl. Acad. Sci. USA 111, 823–828.

Jahn, I., Schmitt, M. (Hrsg.) (2001) Darwin & Co. Eine Geschichte der Biologie in Portraits. Verlag C. H. Beck, München.

Jarne, P., Auld, J. R. (2006) Animal mix it up too: The distribution of self-fertilization among hermaphroditic animals. Evolution 60, 1816–1824.

Johnson, M. H. (2013) Essential Reproduction. 7th Ed. Wiley-Blackwell, Oxford.

Junker, R., Scherer, S. (1986) Entstehung und Geschichte der Lebewesen. Daten und Deutungen für den Biologieunterricht. Weyel Lehrmittelverlag, Gießen.

Junker, R., Scherer, S. (2013) Evolution. Ein kritisches Lehrbuch. 7. Auflage. Weyel Lehrmittelverlag, Gießen.

Junker, T. (2009) Evolution des Menschen. 2. Auflage. C. H. Beck, München.

Junker, T., Hossfeld, U. (2009) Die Entdeckung der Evolution. Eine revolutionäre Idee und ihre Geschichte. 2. Auflage. Wissenschaftliche Buchgesellschaft, Darmstadt.

Kallmann, F. J. (1952) Twin and sibship study of overt male homosexuality. Amer. J. Hum. Genet. 4, 136–146.

Kappeler, P. (2006) Verhaltensbiologie. Springer-Verlag, Berlin, Heidelberg.

Karkazis, K., Jordan-Young, R. (2015) Science and Society: Debating a testosterone „sex gap“. Science 348, 858–860.

Kashimada, K., Koopman, P. (2010) Sry: the master switch in mammalian sex determination. Development 137, 3921–3930.

Kelle, B. (2015) Gender Gaga. Wie eine absurde Ideologie unseren Alltag erobern will. Adeo Verlag/Gerth Medien, Asslar.

Kirchengast, S. (2010) Gender differences in body composition from childhood to old age: an evolutionary point of view. J. Life Sci. 2, 1–10.

Kirchengast, S. (2014) Human sexual dimorphism – a sex and gender perspective. Anthropol. Anz. 71, 123–133.

Kirchhoff, A. (1897) Die Akademische Frau. Gutachten hervorragender Universitätsprofessoren, Frauenlehrer und Schriftsteller über die Befähigung der Frau zum wissenschaftlichen Studium und Berufe. Hugo Steinitz Verlag, Berlin.

Kirkwood, T. B. L. (2008) A systematic look at an old problem. Nature 451, 644–647.

Kirsch, B. (2010) Naturalismuskritik: Interventionen gegen den wissenschaftlichen Imperialismus 2007-2009. Tredition, Hamburg.

Kissler, A. (2014) Gender Studies. Hokuspokus, aber keine Wissenschaft. Cicero Online/57240-18.3.014, 1–2.

Kissler, A. (2015) Auf den Barrikaden. Der Biologe Ulrich Kutschera schreibt ein Standardwerk über die Entstehung der Arten. Er kam dabei zur Erkenntnis: Die Gender-Theorie widerspricht der Evolutionsforschung. Cicero 8/015: 118–119.

Klein, H. P. (2015) Heldenhafte Spermien und wachgeküsste Eizellen. Frankfurter Allgemeine Zeitung, 30.05.2015.

Knauth, M. R. (Ed.) (2006) Handbook of the Evolution of Human Sexuality. The Hawthorne Press, New York.

Kniep, H. (1928) Die Sexualität der niederen Pflanzen. Verlag Gustav Fischer, Jena.

Knoflacher, M. (Hg.) (2011) Faktum Evolution – Gesellschaftliche Bedeutung und Wahrnehmung. Verlag Peter Lang, Frankfurt/Main.

Kramer, K. L. (2011) The evolution of human parental care and recruitment of juvenile help. Trend Ecol. Evol. 26, 533–540.

Krause, J. (2012) Was Charles Darwin geglaubt hat. Wartburg Verlag, Weimar und Eisenach.

Krebs, J. R., Davies, N. B. (2012) An Introduction to Behavioural Ecology. 4. Ed. Blackwell Science, Oxford.

Kutschera, U. (1987) Notes on the taxonomy and biology of leeches of the genus *Helobdella* Blanchard 1896 (Hirudinea: Glossiphoniidae) Zool. Anz. 219, 321–323.

Kutschera, U. (1998) Grundpraktikum zur Pflanzenphysiologie. Quelle & Meyer Verlag, Wiesbaden.

Kutschera, U. (2002) Prinzipien der Pflanzenphysiologie. 2. Auflage. Spektrum Akademischer Verlag, Heidelberg.

Kutschera, U. (2004) Streitpunkt Evolution. Darwinismus und Intelligentes Design. LIT-Verlag, Münster (2. Auflage, 2007).

Kutschera, U. (Hg.) (2007 a) Kreationismus in Deutschland. Fakten und Analysen. LIT-Verlag, Münster.

Kutschera, U. (2007 b) Plant-associated methylobacteria as co-evolved phytosymbionts: a hypothesis. Plant Signal. Behav. 2, 74–78.

Kutschera, U. (2008) From Darwinism to evolutionary biology. Science 321, 1157–1158.

Kutschera, U. (2009 a) Tatsache Evolution. Was Darwin nicht wissen konnte. (3. Auflage 2010). Deutscher Taschenbuch-Verlag, München.

Kutschera, U. (2009 b) Symbiogenesis, natural selection, and the dynamic Earth. Theory Biosci. 128, 191–203.

Kutschera, U. (2009 c) Charles Darwin's *Origin of Species*, directional selection, and the evolutionary sciences today. Naturwissenschaften 96, 1247–1263.

Kutschera, U. (2010) Sprengel-Darwin principle of cross fertilisation and the queen of problems in evolutionary biology. Ann. Hist. Phil. Biol. 15, 159–172.

Kutschera, U. (2011) Darwiniana Nova. Verborgene Kunstformen der Natur. LIT-Verlag, Berlin.

Kutschera, U. (2013 a) Design-Fehler in der Natur. Alfred Russel Wallace und die Gott-lose Evolution. Lit-Verlag, Berlin.

Kutschera, U. (2013 b) The age of man: A father figure. Science 43, 1287.

Kutschera, U. (2014 a) Alfred Russel Wallace: An early champion of women's rights. Nature 510, 218.

Kutschera, U. (2014 b) From aquatic biology to Weismannism: Science versus ideology. J. Marine Sci. Res. Dev. 4, e131. 1–2.

Kutschera, U. (2015 a) Evolutionsbiologie. Ursprung und Stammesentwicklung der Organismen. 4. Auflage. Verlag Eugen Ulmer, Stuttgart.

Kutschera, U. (2015 b) A prescient view on woman in evolution. Nature 523, 35.

Kutschera, U. (2015 c) Comment: 150 years of an integrative plant physiology. Nature Plants 1/15131, 1–3.

Kutschera, U., Elliott, J. M. (2010) Charles Darwin's observations on the behaviour of earthworms and the evolutionary history of a giant endemic species from Germany, *Lumbricus badensis* (Oligochaeta: Lumbricidae). Appl. Environm. Soil Sci. 2, 1–11.

Kutschera, U., Elliott, J. M. (2014) The European medicinal leech *Hirudo medicinalis* L.: Morphology and occurrence of an endangered species. Zoosyst. Evol. 91, 271–280.

Kutschera, U., Hossfeld, U. (2013) Alfred Russel Wallace (1823-1913): the forgotten co-founder of the Neo-Darwinian theory of biological evolution. Theory Biosci. 132, 207–214.

Kutschera, U., Niklas, K. J. (2004) The modern theory of biological evolution: an expanded synthesis. Naturwissenschaften 91, 255–276.

Kutschera, U., Niklas, K. J. (2009) Evolutionary plant physiology: Charles Darwin's forgotten synthesis. Naturwissenschaften 96, 1339–1354.

Kutschera, U., Wang, Z.-Y. (2012) Brassinosteroid action in flowering plants: a Darwinian perspective. J. Exp. Bot. 63, 3511–3522.

Kutschera, U., Wang, Z.-Y. (2016) Growth-Limiting Proteins in maize coleoptiles and the auxin-brassinosteroid hypothesis of mesocotyl elongation. Protoplasma 253, 3–14.

Kutschera, U., Weisblat, D. A. (2015) Leeches of the genus *Helobdella* as model organisms for Evo-Devo studies. Theory Biosci. 134, 93–104.

Kutschera, U., Wirtz, P. (1986) Reproductive behaviour and parental care of *Helobdella striata* (Hirudinea: Glossiphoniidae): a leech that feeds its young. Ethology 72, 132–142.

Kutschera, U., Wirtz, P. (2001) The evolution of parental care in freshwater leeches. Theory Biosci. 120, 115–137.

Leeman, D. S., Brunet, A. (2014) Stem Cells: Sex specificity in the blood. Nature 505, 488–490.

Linnaeus, C. (1735) Clavis Systematis Sexualis. In: Systema Naturae, 1. Edition. Joannis Wilhelmi de Groot, Leiden.

Lippa, R. A. (2005) Sexual orientation and personality. Annu. Rev. Sex Res. 16, 119–153.

Lippa, R. A. (2010) Gender differences in personality and interests: When, where, and why? Social and Personality Psychology Compass 4/11, 1098–1110.

Lorber, J. (1995) Paradoxes of Gender. Yale University/Vail-Ballon Press, New York.

Lorenzi, M. C., Sella, G. (2013) In between breeding systems: Neither dioecy nor androdioecy explains sexual polymorphism in functional dioecious worms. Integr. Comp. Biol. 53, 689–700.

Low, B. S. (2000) Why Sex Matters. A Darwinian Look at Human Behavior. Princeton University Press, Princeton.

Lüdemann, G. (2013) Der echte Jesus: Seine historischen Taten und Worte. Zu Klampen Verlag, Springe.

Madison, G., Aasa, U., Wallert, J., Woodley, M. A. (2014) Feminist activist woman are masculinized in terms of digit-ratio and social dominance: a possible explanation for the feminist paradox. Frontiers in Psychology 5/1011, 1–11.

Markens, S. (2007) Surrogate Motherhood and the Politics of Reproduction. University of California Press, Berkeley.

Mayr, E. (1982) The Growth of Biological Thought. Diversity, Evolution, and Inheritance. Harvard University Press, Cambridge, Massachusetts.

Mayr, E. (2001) What Evolution Is. Basic Books, New York.

Mayr, E. (2004) What Makes Biology Unique? Considerations on the Autonomy of a Scientific Discipline. Cambridge University Press, New York.

McCarthy, M. M. (2015) Sex differences in the brain. The Scientist. Article No. 44096, 1–8.

Meier, M. (2015) Lernen und Geschlecht heute. Zur Logik der Geschlechterdichotomie in edukativen Kontexten. Königshausen & Neumann, Würzburg.

Meiners, J., Bauer-Jelinek, C. (2015) Die Teilhabe von Frauen und Männern am Geschlechterdiskurs und an der Neugestaltung der Geschlechterrollen. Entstehung und Einfluss von Feminismus und Maskulismus. Club of Vienna, Wien.

Meyer, A. (2015) Adams Apfel und Evas Erbe. Wie die Gene unser Leben bestimmen und warum Frauen anders sind als Männer. C. Bertelsmann, München.

Miller, V. M. (2014) Why are sex and gender important to basic physiology and translational and individualized medicine? Am. J. Physiol. Heart Circ. Physiol. 306, H781–H788.

Money, J. (1952) Hermaphroditism: An Inquiry Into the Nature of a Human Paradox. Doctoral Dissertation, Harvard University, Cambridge, Massachusetts.

Money, J. (1963) Cytogenetic and psychosexual incongruities with a note on space-form blindness. Amer. J. Psychiatr. 119, 820–827.

Money, J. (1975) Ablatio penis: normal male infant sex-reassignment as a girl. Arch. Sex Behav. 4, 65–71.

Money, J. (1985) Gender: History, theory and usage of the term in sexology and its relationship to nature/nurture. J. Sex Martial Ther. 11, 71–97.

Money, J. (1987) This Week's Citation Classic. Money J. & Erhardt A. A. Man & Woman 1972. Current Contents 11/March 16, 12.

Money, J. (1988) Gay, Straight, and In-Between: The Sexology of Erotic Orientation. Oxford University Press, New York.

Money, J., Hampson, J. G., Hampson, J. L. (1955) An examination of some basic sexual concepts: The evidence of human hermaphroditism. Bull. Johns Hopkins Hosp. 97, 301–319.

Money, J., Ehrhardt, A. A. (1972) Man and Woman, Boy and Girl: Gender Identity from Conception to Maturity. John Hopkins University Press, Baltimore (New Ed. 1996 – Masterwork Series).

Money, J., Tucker, P. (1975) Sexual Signatures on Being a Man or a Women. Little Brown & Company, Boston.

Morbeck, M. E., Galloway, A., Zihlman, A. L. (1997) The Evolving Female. A Life-History Perspective. Princeton University Press, Princeton.

Moskowitz, D. S., Sutton, R., Zuroff, D. C., Young, S. N. (2015) Fetal exposure to androgens, as indicated by digit ratios (2D:4D), increases men's agreeableness with women. Personality and Individual Differences, 75: 97 DOI: 10.1016/j.paid.2014.11.008

Ngun, T. C., Ghahramani, N., Sánchez, F. J., Bocklandt, S., Vilain, E. (2011) The genetics of sex differences in brain and behavior. Front. Neuroendocrinol. 32, 227–247.

Niklas, K. J., Cobb, E. D., Kutschera, U. (2014) Did meiosis evolve before sex and the evolution of eukaryotic life cycles? Bioessays 36, 1091–1101.

Niklas, K. J., Kutschera, U. (2014) Amphimixis and the individual in evolving populations: does Weismann's Doctrine apply to all, most or a few organisms? Naturwissenschaften 101, 357–372.

Niklas, K. J., Kutschera, U. (2015 a) Kleiber's Law: How the *Fire of Life* ignited debate, fueled theory, and neglected plants as model organisms. Plant Signal. Behav. 10/7, e1036216, 1–9.

Niklas, K. J., Kutschera, U. (2015 b) Historical revisionism and the inheritance theories of Darwin and Weismann. Sci. Nat. 102/27, 1–3.

Nordling, L. (2015) Homosexuality: African academics challenge homophobic laws. Nature 522, 135–136.

Norris, A. L., Marcus, D. K., Green, B. A. (2015) Homosexuality as a discrete class. Psychological Science 26, 1843–1853.

Nürnberg, R., Höxtermann, E., Voigt, M. (Hg.) (2014) Elisabeth Schiemann 1881 – 1972. Vom Aufbruch der Genetik und der Frauen in den Umbrüchen des 20. Jahrhunderts. Basilisken-Presse, Rangsdorf.

O'Leary, D (1997) The Gender Agenda. Re-Defining Equality. Huntington House Publishers, New York.

Pinker, S. (2008) The Sexual Paradox. Men, Women, and the Real Gender Gap. Scribner/Simon & Schuster, New York.

Poiani, A. (2010) Animal Homosexuality: A Biosocial Perspective. Cambridge University Press, Cambridge.

Polderman, T. J. C., Benyamin, B., de Leeuw, C. A., Sullivan, P. F., van Bochoven, A., Visscher, P. M., Posthuma, D. (2015) Meta-analysis of the heritability of human traits based on fifty years of twin studies. Nature Genetics 47, 702–712.

Ray, M. K. (2015) Daughters of Alchemy: Woman and Scientific Culture in Early Modern Italy. Harvard University Press, Cambridge, Massachusetts.

Regitz-Zagrosek, V. (Ed.) (2012) Sex and Gender Differences in Pharmacology. Springer Verlag, Heidelberg, New York.

Repo, J. (2016) The Biopolitics of Gender. Oxford University Press, New York.

Richardson, S. S. (2013) Sex Itself: The Search for Male and Female in the Human Genome. University of Chicago Press, Chicago.

Richardson, S. S. (2014) Darwin and the women. Nature 509, 424.

Rudder, C. (2014) Dataclysm: What We Are When We Think No One's Looking. Crown Publishers-Random House, New York.

Sachs, J. (1865) Handbuch der Experimental-Physiologie der Pflanzen. Verlag Wilhelm Engelmann, Leipzig.

Sachs, J. (1868) Lehrbuch der Botanik. Verlag Wilhelm Engelmann, Leipzig.

Sanwal, S. K., Kozak, M., Kumar, S., Singh, B., Deka, B. C. (2011) Yield improvement through female homosexual hybrids and sex genetics of sweet gourd (*Momordica cochinchinensis* Spreng.). Acta Pysiol. Plant. 33, 1991–1996.

Schärer, L., Rowe, L., Arnquist, G. (2012) Anisogamy, chance and the evolution of sex roles. Trends Ecol. Evol. 27, 260–264.

Scharf, I., Martin, O. Y. (2013) Same-sex sexual behavior in insects and arachnids: prevalence, causes, and consequences. Behav. Ecol. Sociobiol. 67, 1719–1730.

Scharff, C. (2012) Repudiating Feminism: Young Woman in a Neoliberal World. Ashgate Publishing Company, London.

Schiebinger, L. (1993) Nature's Body: Gender in the Making of Modern Science. Beacon Press, Boston.

Schiebinger, L. (2014) Scientific research must take gender into account. Nature 507, 9.

Schlegel, W. S. (1962) Die konstitutionsbiologischen Grundlagen der

Homosexualität. Z. menschl. Vererb.- u. Konstitutionslehre 36, 341–364.

Schößler, F. (2008) Einführung in die Gender Studies. Akademie Verlag, Berlin.

Schopenhauer, A. (1851) Parerga und Paralipomena: Kleine philosophische Schriften. Bd. II. Verlag F. W. Brockhaus, Wiesbaden.

Schopenhauer, A. (1859) Die Welt als Wille und Vorstellung. Bd. II. 3. Auflage. Verlag F. W. Brockhaus, Wiesbaden.

Schroeder, K. (2013) Der SED-Staat. Geschichte und Strukturen der DDR 1949–1990. 3. Auflage. Böhlau Verlag, Wien, Köln, Weimar.

Schulze, H., Steiger, T., Ulfig, A. (Hg.) (2012) Qualifikation statt Quote. Beiträge zur Gleichstellungspolitik. Books on Demand, Norderstedt.

Sefcek, J. A., Brumbach, B. H., Vasquez, G., Miller, G. F. (2007) The evolutionary psychology of human mate choice: How ecology, genes, fertility, and fashion influence mating behavior. J. Psychol. Human Sexuality 18, 125–182.

Seifarth, J. E., McGowan, C. L., Milne, K. J. (2012) Sex and life expectancy. Gender Medicine 9, 390–401.

Sommer, V., Vasey, P.L. (Eds.) (2006) Homosexual Behavior in Animals: An Evolutionary Perspective. Cambridge University Press, Cambridge.

Sonnefeld, K. (2005) Die (un)heimliche Macht der Frauen. Ein kritischer Blick auf das Geschlechterverhältnis im Lichte evolutionsbiologischer, historischer und soziologischer Grundlagen. Schardt Verlag, Oldenburg.

Sonnefeld, K. (2014) Die Geißler. Das Schwarzbuch der Sexualität. Verlag Kern, Bayreuth.

Spreng, M. (2015) Es trifft Frauen und Kinder zuerst. Wie der Genderismus krank machen kann! Verlag Logos Editions, Ansbach.

Spreng, M., Seubert, H., Späth, A. (Hg.) (2015) Vergewaltigung der menschlichen Identität. Über die Irrtümer der Gender-Ideologie. Verlag Logos Editions, Ansbach.

Stanford, C. B. (1999) The Hunting Apes. Meat Eating and the Origin of Human Behavior. Princeton University Press, Princeton.

Stevenson, B., Wolfers, J. (2009) The paradox of declining female happiness. NBER Working Paper No. 14969, 1–48.

Stinson, S., Bogin, B., Huss-Ashmore, R., O'Rourke, D. (2000) Human Biology. An Evolutionary and Biocultural Perspective. Wiley-Liss, New York.

Swaby, R. (2015) Headstrong: 52 Woman Who Changed Science – and the World. Broadway Publishing, New York.

Ulfig, A. (2006) Große Denker. Parkland Verlag, Stuttgart.

Valian, V. (2014) Splitting the sexes. Nature 513, 32.

Vandermassen, G. (2005) Who is Afraid of Charles Darwin? Debating Feminism and Evolutionary Theory. Rowan & Littlefield, Lanham

Verdonk, P., Klinge, I. (2012) Mainstreaming sex and gender analysis in public health genomics. Gender Medicine 9, 402–410.

Vermeersch, H., T'Sjoen, G., Kaufman, J. M., Vincke, J. (2008) 2d:4d, sex steroid hormones and human psychological sex differences. Horm. & Behav. 54, 340–346.

Vyskot, B., Hobza, R. (2004) Gender in plants: sex chromosomes are emerging from the fog. Trends Genet. 9, 432–438.

Wallace, A. R. (1889) Darwinism: An Exposition of the Theory of Natural Selection with Some of its Applications. MacMillan & Co., London, New York.

Wallace, A. R. (1900) Studies Scientific and Social – A Collection of Essays. Vols. 1 and 2. MacMillan & Co., London.

Wallace, A. R. (1905) My Life: A Record of Events and Opinions. Vols. 1 and 2. Chapman & Hall, London.

Wallace, A. R. (1913) Social Environment and Moral Progress. Cassell & Co., London.

Walory, M., Westendorf-Bröring, E. (2014) Biologie Heute 1-Hessen. Westermann Schroedel Diesterweg Schöningh Winklers GmbH, Braunschweig.

Wang, Y., Kosinski, M. (2018) Deep neural networks are more accurate than humans at detecting sexual orientation from facial images. J. Pers. Soc. Psychol. 114, 246–257.

Weismann, A. (1883) Die Entstehung der Sexualzellen bei den Hydromedusen. Zugleich ein Beitrag zur Kenntnis des Baues und der Lebenserscheinungen dieser Gruppe. Verlag Gustav Fischer, Jena.

Weismann, A. (1886) Die Bedeutung der sexuellen Fortpflanzung für die Selektions-Theorie. Verlag Gustav Fischer, Jena.

Weismann, A. (1889) Gedanken über Musik bei Thieren und beim Menschen. Deutsche Rundschau 61, 50–79.

Weismann, A. (1892) Das Keimplasma. Eine Theorie der Vererbung. Verlag Gustav Fischer, Jena.

Weismann, A. (1913) Vorträge über Deszendenztheorie, gehalten an der Universität zu Freiburg im Breisgau. Bd. I u. II. 3. Auflage. Verlag Gustav Fischer, Jena.

Wildman, D. E., Uddin, M., Lin, G., Grossmann, L. I., Goodman, M. (2003) Implications of natural selection on shaping 99,4 % nonsynonymous DNA identity between humans and chimpanzees: Enlarging the genus *Homo*. Proc. Natl. Acad. Sci. USA 100, 7181–7188.

Wolff, E. (1971) Experimentelle Embryologie. Enwicklungsmechanik. Gustav Fischer Verlag, Stuttgart.

Wolpert, L. (2014) Why Can't a Man Be More Like a Woman?: The Evolution of Sex and Gender. Skyhorse Publishing, London.

Wrage, K. H. (1966) Mann und Frau. Grundfragen der Geschlechterbeziehung. Gütersloher Verlagshaus Gerhard Mohn, Gütersloh.

Zastrow, V. (2006) Gender. Politische Geschlechtsumwandlung. Manuskriptum, Waltrop.

Zheng, L., Lippa, R. A., Zheng, Y. (2011) Sex and sexual orientation differences in personality in China. Arch. Sex. Behav. 40: 533–541.

# Anhang 1: Kleines Sex & Gender-ABC

In meinem Lehrbuch *Evolutionsbiologie* (Kutschera 2015 a) ist ein ausführliches Glossar abgedruckt. Die nachfolgend aufgelisteten Begriffsbestimmungen ergänzen die dort publizierten Definitionen aus den Biowissenschaften. m = männlich, w = weiblich.

**Anisogamie:** Größen-Verschiedenheit der *Gameten* bei Tieren und Pflanzen: viele kleine Spermien (m) bzw. wenige große, energiereiche Eizellen mit Mitochondrien (w) mit der Konsequenz, dass nur weibliche Individuen (Eizell-Produzenten) trächtig bzw. schwanger werden und gebären können.

**Biologie:** Wie die Physik, Chemie und Geologie ist die B. (Syn.: Biowissenschaften, *Life Sciences*) eine auf Dokumenten und Experimenten basierende empirische Naturwissenschaft. Ziel: Erforschung der Funktion (Physiologie) und Abstammung (Evolution) rezenter bzw. ausgestorbener fossiler Lebewesen (Organismen), basierend auf den Erkenntnissen der Physik und Chemie.

**Biologismus:** Unsinnige Wortkombination. Die Biologie ist eine weltanschaulich neutrale, ergebnisoffene Naturwissenschaft, während sogenannte „Ismen" *Ideologien* sind, die, in der Regel ohne faktisch-empirische Grundlage, u. a. von Geistes- bzw. Sozialwissenschaftlern formuliert werden (z. B. Katholizismus, Marxismus, Sozialismus usw.). Zum Darwinismus s. *Evolutionsbiologie*.

**Biomedizin:** Im Gegensatz zur Naturwissenschaft *Biologie* ist die Heilkunde (Medizin) nur z. T. eine evidenz-basierte Realwissenschaft. Viele Teilgebiete, wie z. B. die Homöopathie usw. werden als „Alternativ-Medizin" geführt; diese Lehren basieren aber auf widerlegten Glaubenssätzen. Die B. vereinigt die nach naturwissenschaftlichen Standards betriebenen medizinischen Fachdisziplinen mit der *Biologie*.

**Biophobie:** Eine u. a. bei Feministinnen, Geistes- und Sozialwissenschaftlern verbreitete Abneigung, sich mit den Erkenntnissen der *Biologie* auseinanderzusetzen. Der B. liegt die Tatsache zugrunde, dass die Biowissenschaften (*Life Sciences*) auf den Erkenntnissen der Physik und Chemie basieren und, wie ihre Mutterdisziplinen, abstraktes, kritisch-logisches Denken erfordern.

**Erotische Handlungen:** Dem evolutionär verankerten „Fortpflanzungstrieb" folgende Akte zwischen Männern und Frauen (heteronormal), die zu einer Befruchtung (*Sex*) und leiblichem Nachwuchs führen können. Bei gleichgeschlechtlichen E. H. sind Befruchtungen ausgeschlossen.

**Evolution:** Abstammung mit Abänderung, d. h. das genetisch verankerte Andersartig-werden der zu variablen Populationen zusammengeschlossenen Individuen (Tiere, Pflanzen, Mikroben) im Verlaufe unzähliger Generationen-Abfolgen unter stetig wechselnden Umweltbedingungen. E. ist keine *Theorie*, sondern eine belegte Tatsache.

**Evolutionsbiologie:** Interdisziplinäre Wissenschaftsdisziplin, ca. 1945 in den USA gegründet, mit dem Ziel, die *Evolution* historisch zu beschreiben und über Fakten-basierte Theorien bzw. Modelle jene Prozesse zu entschlüsseln, welche die Artentransformationen verursacht haben. Die E. kann als Theoriensystem verstanden werden (z. B. *Theorie* der natürlichen bzw. *sexuellen Selektion* usw.). Der Begriff „Darwinismus" wird in der E. nicht mehr verwendet (historisch: Inhalte von Darwins drei Artenbüchern, 1859, 1868 und 1871 erschienen).

**Feminismus:** Eine aus der 1865 entstandenen Frauenrechte-Bewegung (Forderung nach Gleichberechtigung) entwickelte Gleichstellungs-*Ideologie*, die von einer biologisch/sozialen Geschlechter-Identität ausgeht (Frau-gleich-Mann-Dogmatik). Der F. basiert z. T. auf den Thesen von John Money und wurde ab 1995 zum *Genderismus*, der präziser als *Moneyismus* bezeichnet werden sollte, ausgebaut.

**Feministinnen-Pardoxon:** Vertreter der feministischen Weltanschauung versprechen allen Frauen eine Verbesserung ihrer Lebensbedingungen. Dennoch lehnt die Mehrheit (ca. 75 %) der Frauen diese männerfeindliche Staats-*Ideologie* ab (s. *Moneyismus*, *Paradoxon*).

**Gameten:** Der Fortpflanzung dienende Sexualzellen mit einfachem Chromosomensatz (haploid), d. h. kleine Spermien (m) und große, energiereiche Eizellen (w), s. *Anisogamie.*

**Ganzkörper XY- bzw. XX-Modell:** Ein in diesem Buch aus Originaldaten 2014 abgeleitetes naturwissenschaftliches Bild von Mann und Frau. Die Geschlechter unterscheiden sich in jeder Einzelzelle bzgl. Genexpression, Biochemie und Physiologie voneinander (Stoffwechselrate, Krankheitsanfälligkeit usw.). Das G. XY- bzw. XX-M. bildet die Grundlage der 2014/15 etablierten erweiterten *Gender Biomedizin* (s. *Geschlechtschromosomen*).

**Gender:** Ausbildung männlicher bzw. weiblicher geschlechtsreifer Individuen bei Tieren und Pflanzen im Verlauf der Entwicklung, bezogen auf die Population. Das Gender-Verhältnis (m/w) ist z. B. bei *Hermaphroditen* wie Egel oder Regenwürmer exakt 1 : 1. Es kann aber bei *Gonochoristen* von der 50 : 50-Proportion abweichen. In der Psychologie wird der Begriff G. im Sinne von „sozialem Geschlecht" verwendet (feminine bzw. maskuline Ausprägung des Individuums). Nach John Money soll sich beim Menschen das Geschlecht erst nachgeburtlich in die m/w-Richtung entwickeln s. *Moneyismus.*

**Gender Biomedizin (GB):** Eine erstmals 1993 vom FDA (und NIH) angeregte Forschungsrichtung, die sämtliche dokumentierte Geschlechter-Unterschiede (m/w) zugrunde legt, einschließlich der vorgeburtlichen Vermännlichung des primär neutral/weiblichen Embryos. Ab 2014 wurde die hier dargestellte Version der GB im Zusammenhang mit dem *Ganzkörper XY- bzw. XX-Modell* sowie dem genetischen Unterschied zwischen Mann und Frau (ca. 1,5 %) auf eine erweiterte Grundlage gestellt. Jede einzelne Körperzelle ist entweder m (XY) oder w (XX), mit Konsequenzen für den Zellstoffwechsel.

**Gender-Identity bzw. -Role:** Von John Money geprägte Begriffe, die als Geschlechter-Identität bzw. -Rolle definiert werden. Nach Ansicht der Moneyisten ist die Geschlechts-Identität bzw. -Rolle des Menschen wechsel- bzw. frei wählbar. Dieser Glaubenssatz wurde durch biologische Studien widerlegt (s. *Moneyismus*).

**Gender-Ideologie:** Weltanschauung, die auf den Moneyistischen Geschlechter-Thesen basiert und mit empirischen Fakten im Widerspruch steht. Die G.-I. sollte mit dem Term *Moneyismus* gleichgesetzt werden, da *Gender* ein bereits besetzter, originär biologischer Fachbegriff ist.

**Genderismus:** Ideologie, die sich aus den von John Money etablierten Grundsätzen entwickelt hat. Diese Weltanschauung wurde bereits 1965 mit Sachargumenten ad absurdum geführt und 2014 endgültig widerlegt. Sie lebt dennoch unter Sozialwissenschaftlern bis heute fort (Moneyistische Glaubensvereinigungen, s. *Sekte*).

**Gender-Kreationismus:** Ein in diesem Buch neu geprägter Begriff, der suggerieren soll, dass die *Gender-Ideologie* bzgl. ihrer logischen Struktur mit dem *Kreationismus* geistesverwandt ist. John Money hat 1985 dargelegt, der biblische Schöpfergott sei ein *Hermaphrodit* gewesen (möglicher religiöser Hintergrund seiner Gender-Irrlehre).

**Gender Mainstreaming (GM):** Ein im Jahr 2000 von der damaligen Bundesregierung festgesetztes Politik-Programm zur Durchsetzung der „Geschlechter-Perspektive" in allen Lebensbereichen, insbesondere die 50 : 50 m/w-Quoten-Zwangsregelung (vom Kindergärtner bis zum Aufsichtsrat). Die GM-Agenda basiert auf dem *Moneyismus* und ignoriert die biologischen Unterschiede der Geschlechter bzw. die Erkenntnisse der *Gender Biomedizin* (GB).

**Gender-Paradoxon:** Mehrdeutiger, in diesem Buch eingeführter Begriff. John Money hat menschliche „*Hermaphroditen*" als paradoxe Lebewesen bezeichnet. Vertreter der *Gender-Ideologie* (bzw. der GM-Agenda) propagieren die *Gleichstellung*, bevorzugen aber in der Praxis paradoxerweise Frauen gegenüber den Männern. Die *Gender Biomedizin* (GB) basiert auf den evolvierten Unterschieden der Geschlechter, einschließlich der vorgeburtlichen Festlegung der *Gender-Identität*. Dennoch wird die Anti-Moneyistische GB von manchen Vertretern der soziologischen Gender-Lehre in ihr Dogmengebäude aufgenommen (s. *Paradoxon*).

**Gender Studies:** An zahlreichen deutschen Universitäten etablierte Studienrichtung, welche den *Moneyismus* in verschiedenen Spielarten zum Gegenstand hat. Fundamental-Dogma: Das Geschlecht des Menschen soll nicht biologisch vorgegeben, sondern sozio-kulturell konstruiert sein (s. *Sozial-Konstruktivismus*).

**Geschlechtschromosomen:** Bei Säugetieren jene Chromosomen, die neben den 2 x 22 Autosomen das Geschlecht bestimmen: XX (weiblich) bzw. XY (männlich) im diploiden Satz jeder Körperzelle (2 x 23 = 46 Chromosomen, jeweils eines von der Mutter bzw. vom Vater über Eizelle/Spermium erhalten), s. *Gameten.*

**Gleichberechtigung:** Die 1945 von den United Nations (UN) in San Francisco festgeschriebene rechtliche Gleichbehandlung von Männern und Frauen, 1958 in Deutschland im Gleichberechtigungsgesetz verankert. Die G. ist rational-sachlich begründet und berücksichtigt die biologischen Unterschiede der Geschlechter.

**Gleichstellung:** Aus der Forderung nach einer Macht-Gleichstellung der Frau abgeleitete Politik-Agenda, die 1995 in den Pekinger Beschlüssen (Weltfrauenkonferenz) dogmatisch festgeschrieben wurde. Im Gegensatz zur *Gleichberechtigung* basiert die G. auf der Annahme, Männer und Frauen seien biologisch gleichartige, gesellschaftlich formbare Wesen, die ihre Geschlechter-Identität bzw. -Rolle beliebig ändern können (z. B. kinderlose Holzfällerin wird einer Mutter mit leiblichem Nachwuchs gleichgesetzt). Die G. kann, wie die GM-Agenda, als „Frau-gleich-Mann-Ideologie" gekennzeichnet werden.

**Gonaden:** Jene Organe im menschlichen bzw. tierischen Körper, die für die Bildung der *Gameten* verantwortlich sind, d. h. Hoden (Testes) (m) bzw. Eierstöcke (Ovarien) (w). Der Begriff „Keimdrüsen" wird oft als Synonym für G. benutzt, ist aber nicht korrekt. Bei Pflanzen gibt es entsprechende Sexualorgane (Staubblätter, Fruchtknoten).

**Gonochoristen:** Getrenntgeschlechtliche Tiere, d. h. Arten, bei denen Männchen und Weibchen existieren (z. B. Mäuse und Menschen). Bei Pflanzen entspricht das den zweihäusigen Gewächsen (z. B. Gacfrucht, ein Kürbisgewächs, das homosexuelle Hybride hervorbringen kann).

**Hermaphroditen:** Tiere bzw. Pflanzen, bei denen die männlichen und weiblichen Geschlechtsdrüsen (Gonaden) bzw. Kopulationsorgane in einem Körper vereinigt sind (bei Blütenpflanzen sind das die Staubblätter bzw. Fruchtknoten). Diese *Zwitter* (z. B. Egel, Regenwürmer, einhäusige Pflanzen) paaren sich in der Regel mit einem anderen Individuum (Heterosex), aber auch Selbst-Befruchtungen (Homosex) sind bei einigen Arten nachgewiesen.

**Hetero-/Homophobie:** Wie aus Zwillingsstudien eindeutig hervorgeht, sind homoerotisch veranlagte Männer von Geburt an in dieser Weise „gepolt“ (wie Rechts- bzw. Linkshänder), wobei eine Umorientierung nicht möglich ist. Homoerotisch geborene Männer entwickeln oft eine starke Abneigung gegenüber dem Gedanken, mit einer Frau kopulieren zu müssen. Heterophile „Normalmänner“ (ca. 95 % in der Population) betrachten umgekehrt *homoerotische Handlungen* als eine Unmöglichkeit.

**Homoerotische Handlungen:** Erotische Verhaltensweisen von Männern und Frauen, die sich nicht dem anderen (heteros), sondern demselben (homos) Geschlecht zugeneigt fühlen. In der Umgangssprache als „Homosexualität“ bezeichnet, aber *Sex* bedeutet in der Biologie Befruchtung und diese funktioniert nur in der Hetero-Variante (Spermium plus Eizelle ergibt *Zygote*).

**Heteronormalität:** Tatsache, dass sich bei Menschen und anderen Tieren (*Gonochoristen*) die beiden evolutionär herausgebildeten, sexual-dimorphen Geschlechter (m/w) paaren und über Befruchtungsvorgänge (*Sex*) leiblichen Nachwuchs hervorbringen. Ein hier neu eingeführter Begriff (s. *Heteronormativität*).

**Heteronormativität:** Kunstwort aus der *Gender-Ideologie*. Vorwurf: heteroerotische Beziehungen, die zu *Sex*-Akten (Befruchtung) und Nachwuchs führen können, würden zu einer künstlichen Norm erhoben. Da aber in allen Kulturen, über Jahrtausende hinweg, die Heteronormalität (Mann/Frau, leibliche Kinder) als Standard nachgewiesen ist, muss das Wort H. als inhaltsloser Propagandabegriff zurückgewiesen werden.

**Ideologie:** Eine nicht auf empirischen Fakten (Tatsachen) basierende Weltanschauung, auch als Fiktion bzw. Illusion zu kennzeichnen. Ideologien halten sich lange und ausdauernd, da die meisten Menschen gefühlsgeleitete, irrationale Wesenszüge haben und den Naturwissenschaften fern stehen (Zitat: „Von Chemie habe ich nie etwas verstanden“).

**Intelligent Design (ID):** Kreationistisches Konzept, gemäß welchem der biblische Gott durch ein imaginäres Designer-Wesen (Konstrukteur) ersetzt ist, um Bezüge zur christlichen Religion zu verschleiern. Der Intelligente Designer konnte aber in allen ID-Varianten als der biblische Schöpfergott identifiziert werden. Im Gegensatz zu klassischen Kreationisten akzeptieren ID-Anhänger ausgewählte Fakten der *Biologie*, z. B. Artbildungsprozesse.

**Intersex:** Ein in den 1920er Jahren von Biologen geprägter Begriff, der sich auf die nicht eindeutige Herausbildung m/w Individuen in Populationen von Insekten bzw. Wirbeltieren bezieht. So konnten z. B. durch Kastrationsversuche Intersex-Hühner kreiert werden. Erst in jüngerer Zeit wurde der Begriff I. auf Menschen übertragen (d. h. Individuen mit Geschlechtsorganen bzw. *Gonaden*, die, bedingt durch Entwicklungsstörungen, nicht eindeutig m oder w sind). Im Gegensatz zu I-Menschen leben Trans-Personen im „falschen Körper“ (z. B. XY-Trans-Frau).

**Kreationismus:** Ein wörtlich verstandener, auf Realwelt-Phänomene übertragener biblischer Schöpfungsglaube. Anhänger des K. nehmen die Genesis-Erzählungen im Alten Testament der Bibel wörtlich und vermischen diese Mythen mit Fakten aus der *Biologie* (z. B. der Glaube an „erschaffene Grundtypen des Lebens“).

**Mitochondrien:** Organellen im Cytoplasma aller kernhaltigen Zellen, die als „Kraftwerke“ das für den Zellstoffwechsel notwendige Adenosintriphosphat (ATP) herstellen und abgeben. Die M. werden ausschließlich über die Eizelle (maternal) vererbt und enthalten ein eigenes Genom (mt-DNA).

**Moneyismus:** Pseudowissenschaftliche Ideologie, die ab 1955 von dem US-Psycho-Erzieher John Money (1921–2006) entwickelt worden ist (in diesem Buch neu geprägter Begriff). Der M. kann in drei Komponenten zerlegt werden: 1. Glaube an Geschlechtsneutralität bei der Geburt mit nachfolgender Erziehung/Prägung in männliche bzw. weibliche Richtung. 2. Früh-Sexualisierung der Kinder, z. B. Kopulationsübungen in Kindergärten und Schulen. 3. Biologie-Kritik, d. h. das Ignorieren belegter naturwissenschaftlicher Fakten (*Biophobie*) und die Kennzeichnung kritischer Anmerkungen als rassistisch-rechtsradikales Gedankengut. Die *Gender-Ideologie* (bzw. der *Genderismus*) sowie die *Gender Studies* sollten als M. gekennzeichnet werden, um eine Verwechslung mit der naturwissenschaftlichen *Gender Biomedizin* (GB) zu vermeiden (s. *Ideologie, Rassismus, rechtsradikales Gedankengut*).

**Paradoxon:** Befund, These oder Aussage, die einen nicht auflösbaren Widerspruch enthält. Beispiele: Merian-Harlekin-Frosch, bei dem die Larven größer sind als das geschlechtsreife Tier; Sauerstoff-Paradoxon (s. *Gender*).

**Rassismus:** These, es gäbe beim Menschen überlegene und minderwertige ethnische Gruppen (Rassen). Der R. wurde von Alfred R. Wallace im Jahr 1900 schlüssig widerlegt; er steht im Widerspruch zur Tatsache, dass alle heute lebenden Menschen genetisch sehr nah miteinander verwandt und vor ca. 200.000 Jahren in Afrika entstanden sind. Die Evolutionsforschung hat den R. als politische Ideologie entlarvt, der jegliche biologische Grundlage fehlt.

**Rechtsradikales Gedankengut:** Wiederbelebung absurder Thesen, wie sie in den 1930er Jahren von den Nationalsozialisten aufgestellt worden sind. Die Nazi-Ideologie war eine politische Religion, die sich u. a. über die sog. Rassenkunde gegen die damaligen Erkenntnisse der *Biologie* gestellt hat. Die NS-Dogmatik war esoterisch-okkult geprägt, mit dem Judenhass (Antisemitismus) als zentralem Element. Das R. G. basiert auf einer überholten, anti-naturwissenschaftlichen Weltsicht; es wird aber noch heute von politisierenden Ideologen propagiert.

**Samen:** Verbreitungseinheiten bei Blütenpflanzen, bestehend aus einem Embryo, einem Nährgewebe und einer Schutzhülle, z. B. Erbsen, Sonnenblumenkerne. Fälschlicherweise mit männlichen *Gameten* (Spermien) verwechselt, die es aber auch bei Pflanzen gibt (doppelte Befruchtung; Verschmelzung von Sperma- mit Eizell-Kern).

**Sekte:** Glaubensgemeinschaft ideologisch gleichgeschalteter Menschen, wobei Dogmen als vereinigende Bänder fungieren. Die Glaubenssätze basieren nicht auf wissenschaftlichen Erkenntnissen, sondern repräsentieren religiöse Offenbarungen bzw. irrationale, empirisch widerlegte Ansichten (s. *Kreationismus*, *Gender-Ideologie, Moneyismus*).

**Sex:** Kurzform für sexuelle Fortpflanzung bzw. Sexualität. Vereinfacht: Befruchtung, d. h. die Fusion eines Spermiums mit einer Eizelle unter Bildung einer *Zygote*. Korrekt: Im Zuge der Gametenbildung stattfindende meiotische Rekombination der m- bzw. w-Erbanlagen unter Reduktion des Chromosomensatzes, mit nachfolgender Gameten-Fusion (Syngamie, Zygotenbildung). Im übertragenen Sinne auch biologisches Geschlecht (m/w). Der Sexual-Akt funktioniert nur in der Hetero-Variante (Eizelle plus Spermium). Daher ist der Begriff „Homosex", auf den *Gonochoristen* Mensch übertragen, unsinnig (s. *Erotische Handlungen*).

**Sexual-Dimorphismus:** Verschiedenheit der männlichen bzw. weiblichen Individuen in der Population auf Grundlage anatomisch-morphologisch-biochemischer Merkmale (*Gonaden*, Geschlechtsorgane usw.). Evolvierte Basiseigenschaft der meisten Tierarten, bei der Biospezies Mensch (*Homo sapiens*) stark ausgeprägt (s. *Anisogamie, Gonochoristen, Ganzkörper XY- bzw. XX-Modell*).

**Sexuelle Selektion:** Damenwahl im Tierreich, d. h. die Tatsache, dass bei der großen Mehrheit aller Tierarten, von Fischen über die Vögel bis zu den Säugern, die Männchen um die Weibchen konkurrieren (male competition vs. female choice). Ursache: *Sexual-Dimorphismus* und die *Anisogamie*.

**Sexuelle Vielfalt:** Insbesondere im Algen- und Pflanzenreich gibt es eine Fülle verschiedenster sexueller Fortpflanzungsmodi (Generationswechsel). Diese Diversität in den Befruchtungsmechanismen und Entwicklungsstrategien lassen Rückschlüsse auf evolutionäre Zusammenhänge zu. Der Begriff S. V. wird in der *Gender-Ideologie* sinnentstellend als Synonym für Verschiedenheit erotischer Neigungen beim Menschen verwendet. *Sex* ist bei Säugetieren uniform und nicht vielfältig (Gamentenfusion, s. *Zygote*).

**Sozial-Konstruktivismus:** Fundamental-Dogma der *Gender Studies* und der GM-Politikagenda. Das Geschlecht des Menschen soll nicht primär biologisch festgelegt, sondern sozial konstruiert sein. Durch Evolutionsforschung widerlegter Glaubenssatz des *Moneyismus* (s. *Sekte*).

**Theorie:** Eine auf empirischen Fakten (Experimente, Dokumente) basierende Erklärung realer Phänomene. So ist z. B. *Evolution* (Abstammung mit Abänderung) eine Tatsache, die durch das Theoriensystem Evolutionsbiologie bzgl. vieler Teilaspekte erklärt werden kann (eine sämtliche Abstammungsprozesse erklärende „Evolutionstheorie" gibt es nicht).

**Zwitter:** Tier- bzw. Pflanzenarten, bei denen in ein und demselben Körper weibliche und männliche Keimdrüsen bzw. Kopulationsorgane vorhanden sind. Diese *Hermaphroditen* sind insbesondere bei Ringelwürmern (Anneliden), wie z. B. Egeln und Regenwürmern gut erforscht;

diese Abstammungslinien stellen eine evolutionäre Sackgasse dar. Beim Menschen sind echte Z. in Kulturnationen unbekannt. Nach John Money war der biblische Schöpfergott ein Zwitterwesen (s. *Moneyismus*).

**Zygote:** Befruchtete Eizelle, d. h. eine diploide Zelle, die durch Verschmelzung haploider *Gameten* (Eizelle plus Spermium) über Zell- und Kernfusion entstanden ist. Aus der Z. entwickelt sich bei Tieren und Blütenpflanzen ein Embryo, der wiederum, gemäß dem *Gender*-Prinzip, zu einem geschlechtsreifen Tier bzw. über die Bildung von *Samen* zu einem Gewächs heranwachsen kann (das Gender-Verhältnis m/w ist in der Regel ca. 50 : 50, kann aber auch variabel sein).

# Anhang 2: Internet-Adressen

1. **Arbeitskreis (AK) Evolutionsbiologie**,
   www.evolutionsbiologen.de
   Eine im Oktober 2002 gegründete Vereinigung deutscher Evolutionsbiologen, die sich u. a. mit dem Kreationismus und der Gender-Thematik (Moneyismus) beschäftigt. Weiterhin unterhält der AK Evolutionsbiologie einen YouTube-Kanal mit Lehr-Videos zur Evolution und verwandter Gebiete (http://www.youtube.com/user/evolutionsbiologenDE).
2. **Brainwash (Hjernevask)**,
   http://www.imdb.com/title/tt3153646/
   Eine von dem norwegischen Filmemacher Harald Eia erstellte mehrteilige Dokumentations-Serie (2010). In dieser Reihe sehenswerter Filme werden die Thesen der Gender-Ideologie naturwissenschaftlichen Überprüfungen unterzogen. Die mit Fakten aus der Biologie konfrontierten Gender-Forscherinnen sind in der Regel sprachlos bzw. gehen auf die vorgetragenen Argumente nicht ein. Die Filmserie hatte zur Konsequenz, dass der *Nordic Council of Ministers* das sogenannte *Nordic Gender Institute*, eine Institution zur Beforschung der sozialwissenschaftlichen Gender-Hypothese, geschlossen hat.
3. **FG Gender – Fachgesellschaft Gender Studien**,
   http://www.fg-gender.de/
   Eine 2010 gegründete Vereinigung von Sozialwissenschaftlern, die sich bundesweit für eine Stärkung der Sichtbarkeit der Gender Studies einsetzen, mit den Schwerpunkten Bildungs- und Hochschulpolitik sowie Öffentlichkeitsarbeit. Die FG Gender hatte 2015 mehr als 400 Mitglieder, ist professionell organisiert und belegt die stetige Ausbreitung des Moneyismus in Deutschland.

4. **Frankfurter Erklärung**,
   http://frankfurter-erklaerung.de/
   Eine von Herrn Prof. Dr. Günter Buchholz betriebene Webpage, die sich gegen die Quotenregelung und andere Auswüchse der Gender-Ideologie wendet, mit zahlreichen Links.
5. **Gender Curricula für Bachelor und Master**,
   http://www.gender-curricula.com/gender-curricula-startseite/
   Umfassende Internetseite, in welcher Vorschläge zur gendergerechten Umgestaltung aller 54 in Deutschland etablierten Studiengänge, von den Agrarwissenschaften bis zur Zoologie, publiziert sind. Die G. C. sollen ab 2015, gegen den Willen der meisten Fachdisziplinen, dogmatisch umgesetzt werden (Moneyisierung aller Studienrichtungen).
6. **Richard Dawkins Foundation für Vernunft und Wissenschaft**,
   http://de.richarddawkins.net/
   Eine von dem britischen Evolutionsbiologen Richard Dawkins etablierte internationale Stiftung mit Hauptsitz in Washington (USA) und Ablegern in europäischen Ländern. Die RDF widmet sich der kritischen Analyse religiöser wie auch pseudowissenschaftlicher Glaubensinhalte und klärt über diese Sachverhalte auf. Seit 2015 wird auch die Gender-Kontroverse thematisiet.
7. **Science Files. Kritische Wissenschaft - Critical Science**,
   http://sciencefiles.org/
   Professionell organisierte, 2011 eingerichtete Internetseite, die sich u. a. kritisch mit Pseudowissenschaften, wie dem Kreationismus, der Homöopathie oder den Gender Studies auseinandersetzt. Die Beiträge sind exzellent recherchiert und sehr informativ.
8. **Stanford University's Gendered Innovations**,
   https://genderedinnovations.stanford.edu/what-is-gendered-innovations.html
   Ein im Juli 2009 an der kalifornischen Stanford University initiiertes Projekt mit dem Ziel, die geschlechtergerechte Medizin, aus der die Gender Biomedizin (GB) entwickelt worden ist, besser zu etablieren. Das Projekt basiert auf der Erkenntnis, dass es zwischen Männern und Frauen grundlegende biologische Unterschiede gibt. Von manchen deutschen Vertretern der Gender Studies wird das Stanford-

Projekt mit dem pseudowissenschaftlichen Moneyismus verwechselt. Die *Gendered Innovations* sind aber rein naturwissenschaftlich-biomedizinisch ausgerichtet (die Frau-gleich-Mann-Ideologie à la John Money wird ignoriert).

# Register